2025
AutoCAD
特訓教材 | 3D應用篇

••• 工程設計領域 •••

適用：機械／建築／土木／室內設計／電機／電子／模具／工業設計

商標聲明

AutoCAD 是 Autodesk 公司註冊商標

Microsoft Windows 是屬 Microsoft 公司註冊商標

CSF 是屬於財團法人中華民國電腦技能基金會註冊商標

TQC 是屬於財團法人中華民國電腦技能基金會註冊商標

本書所提及之商標或畫面分屬各公司所有

隨書檔案（請下載並搭配本書，僅供購買者個人使用）

http://books.gotop.com.tw/
download/AEY044900

彩現作品與材料庫圖覽

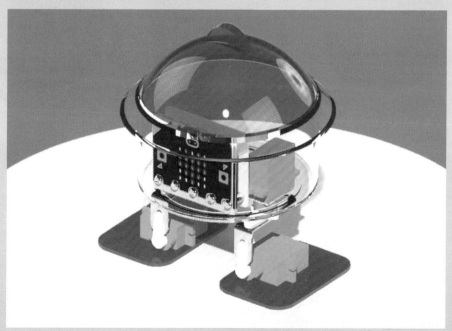

馬可杯變裝秀

原本平淡無奇的馬克杯，開拓出新的商機，接受四面八方的定製要求，不論是寵物與我、花花世界、奧妙宇宙、美麗夕陽...等，保證令您滿意！

打肉槌

媽媽的得意助手，在香噴噴的晚餐時間前，豬肩肉經歷了一次又一次的捶打後煎煮炒炸，入口時 Q 彈的口感滿足了全家人的口腹之慾。

圖釘家族

無數的圖釘小英雄們,調皮的躺在一起,睡姿千奇百怪,期盼著盒子快點打開,好讓他們呼吸新鮮空氣,在公告欄上大展身手!

彩色夾子

原本黑色的金屬夾子,貼上五顏六色的材質後,突然活蹦亂跳了起來,好像醜小鴨變天鵝一般,令人眼睛為之一亮!

小夜燈

在淡藍色的夜中，肆意在從心中
蔓延的寂寞糾纏著心靈，一盞柔
和的小夜燈發散著伴隨的溫暖，
靜靜的乘著馬車將你載往午夜綺
麗的幻夢中...

電話亭

在街頭孤獨聳立的電話亭原是人們
聯繫的橋樑，即使漸顯老舊也能勾
人們的回憶。

美工刀

銳利無比的美工刀，切割削樣樣行，忍不住讓
人想抓一把來用看看。

複音口琴

工作了一整天，你累了嗎？抓一把來隨性吹
奏，安撫疲憊的心靈。

節拍器

答、答、答、答、滴滴答答，急促、緊繃、溫馨、
祥和、緩慢...都在我的掌握中，來、來、來，紅、
藍、綠、橘任你挑，讓我協助你展開人生新節奏。

妳吹主旋律，我來伴奏，人生的旅途上，很高興有妳陪伴，生命更加繽紛多彩...

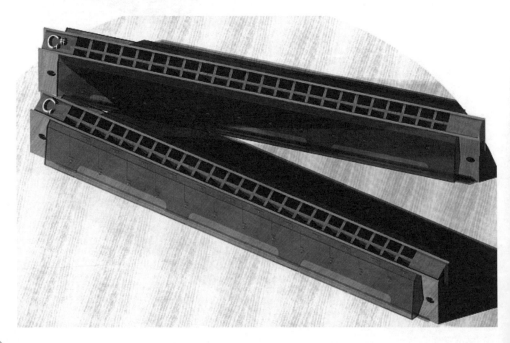

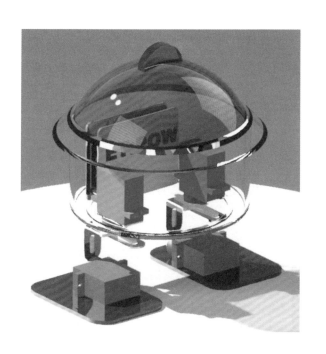

Micor:bit 二足機器人

調味罐不甘躲在廚房陰暗角落，遇到 STEAM 創客教育當紅炸子雞 Micro:bit，立刻變身成二足機器人「傻蛋步兵」，表演 Led Show、翹腳、扭腰、前進、後退、感應光線強度，加上豐富表情，更是可愛、逗趣。

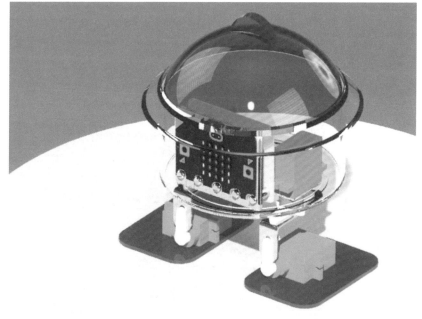

夏日的好涼伴

何時在炎炎的夏日，意識隨著溫度起舞，早已不知前往何處飄遊，一台電風扇是一場夏日的饗宴，滿足渴求於寧靜的靈魂，在桌上不發一語的陪著你，從白天到半夜。

辦公桌

好的彩現作品…

第一步必須先要有能力建立有好的 3D 主角…

第二步是隨心所欲的調整最佳觀測方位，不管是等角或透視…

第三步就要以熟練的技巧，貼附各種材料，讓產品栩栩如生！

第四步是加上打上各種光源，展現真實感與塑造氣氛，如同畫龍點睛之妙！

第五步最後是動畫展示，讓人刮目相看、肅然起敬！

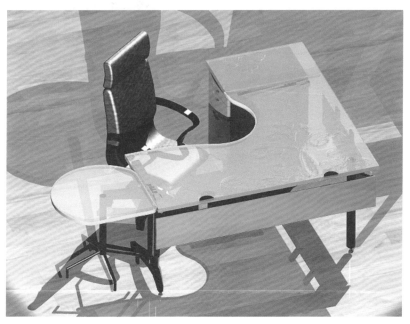

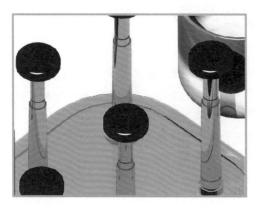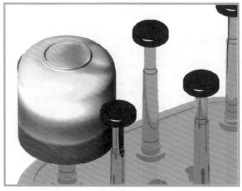

杯架與杯子

親愛的朋友們，來、來、來？坐下來休息一下，難得有機會讓我陪你們坐下來喘口氣，聊聊天，看要喝茶還是喝咖啡，我都無限供應、奉陪到底！

茶壺

創意設計的成果展現，只要下點功夫，就可以無限飛奔，不受限制…

滑鼠

二隻老鼠二隻老鼠，跑得快跑得快
一隻貼上『天真』，一隻貼上『快樂』
真可愛、真可愛！

彩現關鍵技巧

曝光=9 白平衡 6500 日期 2024/9/16 下午 3:00　　　點光源

點光源＋遠光源　　　　　　　　　　　　點光源＋遠光源＋聚光燈

打開點光源 PT1 (強度＝2)、聚光燈 SP1 (強度＝1)　　打開聚光燈 SP1 (強度係數改爲 3)
關閉遠光源 DT1　　　　　　　　　　　　　關閉遠光源 DT1、點光源 PT1

材料與光源關鍵技巧

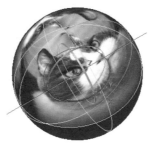

方格：寬度、高度＝10　　寬度、高度＝25　　　　寬度、高度＝20 旋轉＝45　　寬度＝35 高度＝20

木紋：紋理厚度：2　　紋理厚度：5　　　　大理石：　紋理間距＝10　　漸層＋噪波
　　　　　　　　　　　　　　　　　　　　　　　　　　紋理寬度＝1

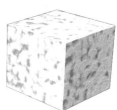

漸層　　　　　　　　漸層　　　　　　　　斑點：大小＝50　　磁磚

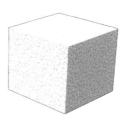

瓷磚

薄殼外觀：
間隙寬度＝0.1

薄殼外觀：
間隙寬度＝0.5

連續式砌法

英國式砌法

細緻連續式砌法

噪波：一般

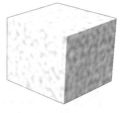

噪波：紊亂

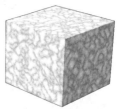

波浪：分佈 3D

分佈 2D

影像：
寬度 3.5 高度 4

飾面凸紋：自訂

浮雕型式：影像

平面貼圖

方塊貼圖

圓柱貼圖

照明：銳利亮顯
日期：2024/8/10
時間：下午 3:00

照明：框亮顯
日期：2024/8/21
時間：下午 1:10

關閉彩現環境和曝光
一般強度係數=1.5
日期：2024/8/30 時間：上午 9:00

基礎照明：廣場
日期：2024/9/06 時間：下午 3:00

基礎照明：乾枯湖床
日期：2024/6/30 時間：下午 2:00

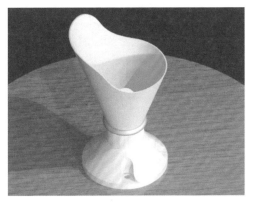

點光源＋聚光燈

點光源＋聚光燈＋遠光源

材料顯示＝材料，顏色＝正常

顏色＝色調，染色模式＝黃

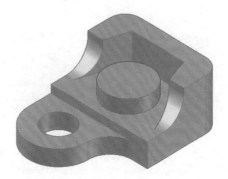

材料顯示＝材料，顏色＝單色

材料顯示＝材料與材質

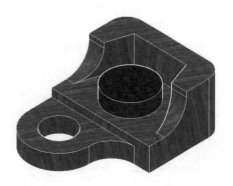

地面陰影

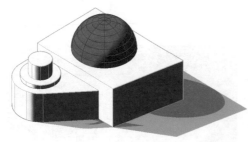

完整陰影

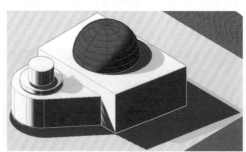

擬真視覺型式

概念視覺型式

X 射線模式＝60

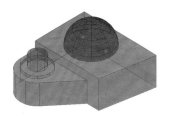

X 射線模式＝20

擬真面型式

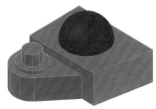

規則顏色面：單色

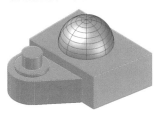

規則顏色面：染色

冷暖面型式

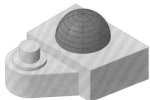

刻面與平滑：刻面

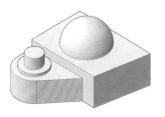

刻面：無邊緣

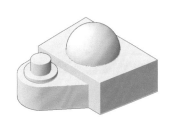

刻面＝刻面邊緣

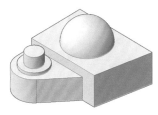

刻面：等角線

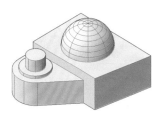

線延伸＝10，縐摺角度＝10

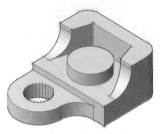

線延伸＝無，抖動＝無
縐摺角度＝0

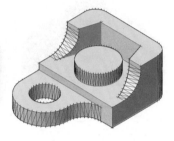

線延伸＝6，抖動＝中
縐摺角度＝10

線延伸＝6，抖動＝高
縐摺角度＝5

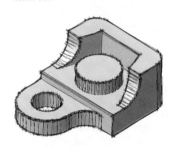

線延伸＝關閉
光暈間隙百分比＝5

剪影邊緣＝6

隱蔽邊緣＝是，顏色＝紅色
線型＝虛線

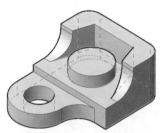

自由環轉

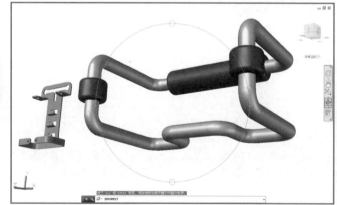

材料資源庫

工地作業－土壤

工地作業－卵石-Heringbone

工地作業－卵石-多色鑲嵌玻璃

工地作業－卵石-淡化多色鑲嵌玻璃

工地作業－卵石-連鎖

工地作業－卵石-藍色-灰色

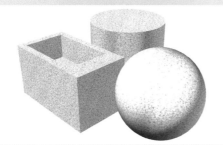

工地作業－沙

工地作業－沙-天然中等

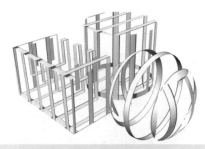

工地作業－防禦柵欄木材

工地作業－河石‧灰漿砌合

工地作業－草‧六月禾

工地作業－草‧百慕達

工地作業－草‧茂密

工地作業－草‧淡黑麥色

工地作業－草‧矮

工地作業－草‧聖奧古斯丁

工地作業－陰影框-格子

工地作業－碎石‧摻雜

工地作業－碎石‧緊密

工地作業－碎石‧碾碎

工地作業－碎石‧鬆散

工地作業－鋪料 -灰色-褐色八角形-正方形

工地作業－鋪料‧灰色-褐色正方形

工地作業－鋪料‧連鎖

工地作業－鋪料-連續式磚塊

工地作業－鋪料-棕褐色-褐色正方形

工地作業－瀝青 3

工地作業－鐵絲網圍欄

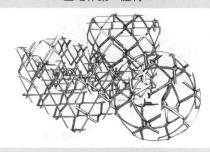

工地作業－鐵絲網圍欄 1

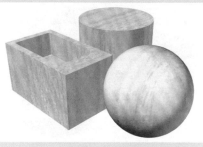

木材－山毛櫸

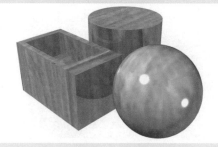

木材－上亮漆

木材－山胡桃木

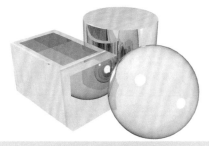

木材－上蟲膠清漆

木材－白色橡木 ‧ 天然中亮度

木材－白橡木

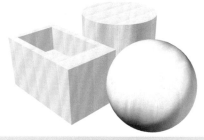

木材－白蠟木

木材－柚木

木材－柚木 ‧ 天然拋光

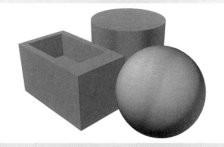

木材－柚木 1

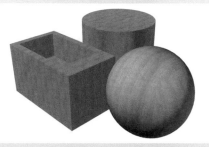

木材－紅木

木材－胡桃木

木材－胡桃木‧天然拋光

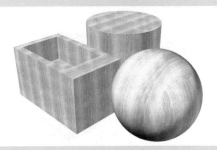

木材－紅樺

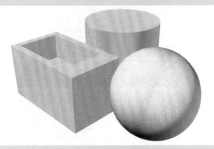

木材－紅橡木

木材－紅橡木‧天然低亮度

木材－英國橡木

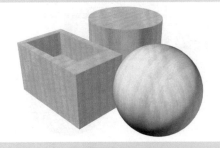

木材－桃花心木

木材－桃花心木‧天然拋光

木材－浮木

木材－崗稔

木材－蛇木

木材－紫檀木 · 天然低亮度

木材－黃色松木 · 深色中亮度

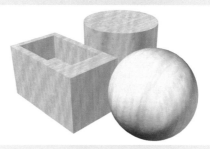

木材－雲杉

木材－黃檀

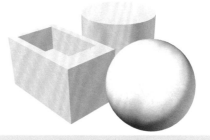

木材－楊木

木材－楓木‧實心天然中亮度

木材－榆樹‧無亮度淡色瘤

木材－漆木

木材－酸渣木

木材－樺木‧天然拋光

木材－櫻桃木‧深色中亮度 1

木材－鐵木

木材嵌板－木板

木材嵌板－泥瓦質硬板

木材嵌板－泥瓦質硬板 - 木栓板

木材嵌板－嵌板 - 黃褐色

木材嵌板－嵌板 - 褐色

木材嵌板－嵌板 1

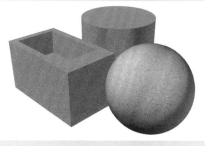

木材嵌板－碎料板

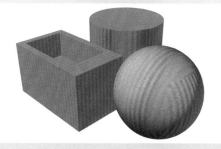

木材嵌板－硬紙板 - 波狀

木材嵌板－碎料板

木材嵌板－膠合板 - 風化

木材嵌板－膠合板 - 新

木材嵌板－壓板

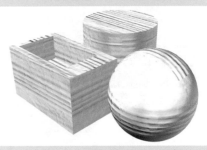

外牆板－4 英吋水平 - 白色

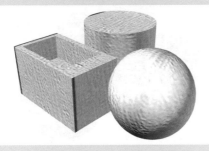

外牆板－6 英吋垂直 - 白色

外牆板－分割記錄

外牆板－木材 - 水平

外牆板－木材 - 水平香柏

外牆板－木材 - 白色水平

外牆板－木材 - 新條板

外牆板－木板 - 條板

外牆板－金屬 - 紅銅色

外牆板－金屬 - 紅銅色有稜紋

外牆板－金屬 - 紅銅色摺板 3

外牆板－金屬 - 銅鏽

外牆板－金屬 - 銅鏽摺板

外牆板－搖動－風化

石材－小型不平坦矩形石材 - 褐色

石材－小型矩形石材 - 灰色

石材－未經拋光

石材－石灰華 - 乳黃色

石材－石材 - 藍色

石材－河石 - 藍色

石材－洗石子

石材－矩形石材 · 淡灰色

石材－粗石 · 西塔里辛

石材－粗石 · 河流

石材－粗石 · 風化

石材－綠色拋光

石材大理石－正方形 · 大型紋理

石材大理石－玫瑰色

石材大理石－粗面拋光 · 白色

石材大理石－細緻拋光‧白色

石材花崗石－拋光‧粉紅色

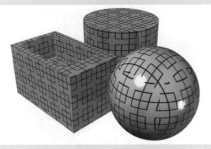

地板乙烯基－二等分‧正方形

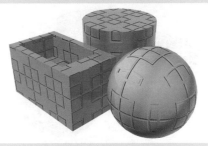

地板乙烯基－二等分‧正方形(1)

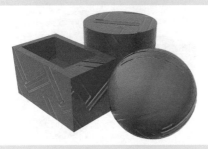

地板乙烯基－方格板

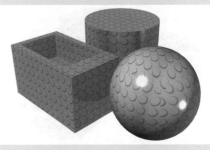

地板乙烯基－灰色點狀花紋

地板乙烯基－格線

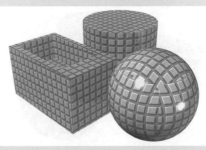

地板乙烯基－格線 1

地板乙烯基－馬賽克

地板乙烯基－菱形

地板乙烯基－菱形‧玫瑰花紋 1

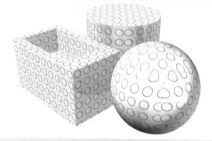

地板乙烯基－點狀花紋 1

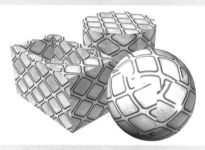

地板乙烯基－鑽形 1

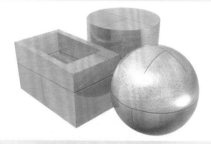

地板木材－山毛櫸‧加里安諾

地板木材－山毛櫸‧爪哇

地板木材－山毛櫸‧巧克力褐色

地板木材－山胡桃木

地板木材－巴西柚木 · 天然

地板木材－天然楓木 · 亮面

地板木材－白色橡木 · 加里安諾

地板木材－白色橡木 · 野莓色

地板木材－白蠟木 · 爪哇

地板木材－白蠟木 · 加里安諾

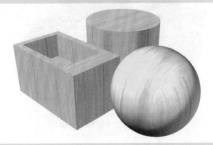

地板木材－竹

地板木材－美國櫻桃木

地板木材－紅橡木‧天然

地板木材－紅橡木‧灰褐色

地板木材－栗木‧天然

地板木材－核桃木‧天然

地板木材－軟木‧粗面

地板木材－軟木‧細緻

地板木材－野櫻桃木‧中褐色

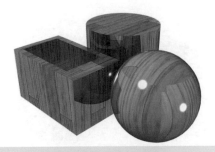

地板木材－硬木 - 厚板

地板木材－硬木 - 格線

地板木材－酸渣木 - 天然

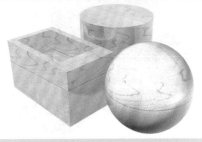

地板木材－銀楓木 - 天然

地板木材－橡木 - 人字形

地板木材－鑲木地板 - 灰色-棕褐色

地板木材－鑲嵌

地板石材－大理石 - 白色

地板石材－大理石 · 白色-綠色

地板石材－大理石 · 灰色

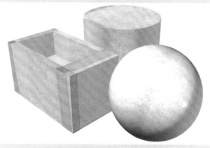

地板石材－大理石 · 米黃色格狀花紋

地板石材－大理石 · 深灰色-藍色正方形

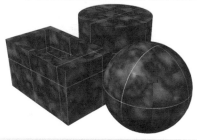

地板石材－大理石 · 深玫瑰色正方形

地板石材－大理石 · 深綠

地板石材－大理石 · 深橙色正方形

地板石材－大理石 · 褐色

地板石材－大理石 - 綠色偏移正方形

地板石材－水磨石 - 白色

地板石材－水磨石 - 白色-褐色

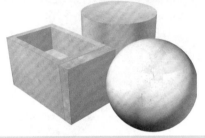

地板石材－石灰華 - 淡紫色正方形

地板石材－石板

地板石材－石板瓦 - 灰色-綠色

地板石材－花崗石 - 多色

地板石材－花崗石 - 啡紫褐色

地板石材－菱形 · 玫瑰花紋

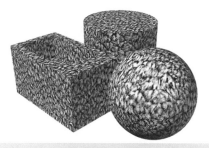

地板地毯－小麥色

地板地毯－中絨毛 · 深灰色

地板地毯－地板地毯 · 打結

地板地毯－地板地毯 · 鉤織

地板地毯－地板地毯 · 鑲綴

地板地毯－西波爾麻 · 波浪飾

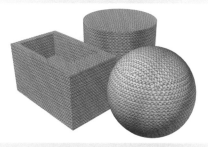

地板地毯－西波爾麻 · 隨機

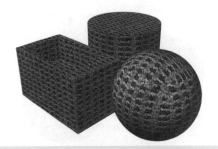

地板地毯－迴路 - 中灰色

地板地毯－迴路 - 淡灰色-綠色

地板地毯－迴路 - 淡褐色

地板地毯－帶花紋

地板地毯－淡褐色 - 深褐色正方形

地板地毯－短絨毛 - 金色

地板地毯－紫灰色

地板地毯－薩克森毛呢 - 彩色花式圖案

地板地毯－薩克森毛呢 - 藍白色花式圖案

地板地毯－藍黃色

地板地毯－襯墊 - 格子狀

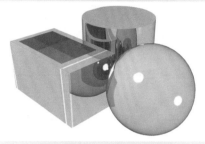

地板瓷磚－正方形 - 深灰色

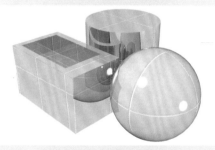

地板瓷磚－正方形 - 棕褐色

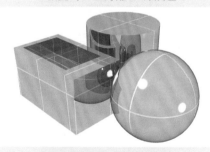

地板瓷磚－正方形 - 褐色

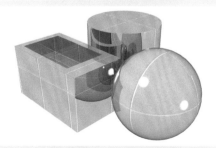

地板瓷磚－正方形 - 藍色

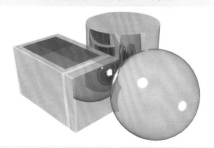

地板瓷磚－赤土色

地板瓷磚－菱形 - 紅色

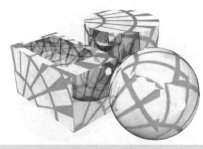

地板瓷磚－圓形馬賽克 - 黑色和白色 1

其它－籃 - 牢固編織

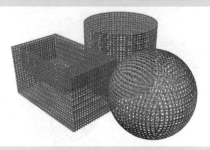

其它－籃 - 鬆散編織

其它－黑色 - 層狀

金屬－方格板 - 45 度

金屬－方格板 - 鑲木地板

金屬－平板 - 灰色鉚接平面

金屬－平板 - 穿孔

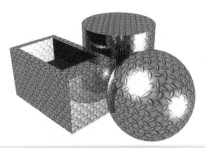

金屬－平板 - 穿孔 1

金屬－平板 - 鉚接 2

金屬－平板 - 網面

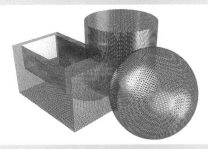

金屬－拉製金屬 01

金屬－金色箔

金屬－青銅 - 緞 1

金屬－青銅 - 鍛造緞

金屬－金屬 1400F 熱度

金屬－金屬 2400F 熱度

金屬－金屬托樑 - 鋼

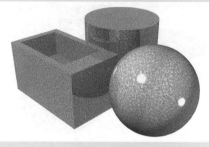

金屬－風化

金屬－砲銅 - 古董色拋光

金屬－鈦 - 拋光

金屬－黃銅 - 拋光

金屬－黃銅 - 重度疏刷緞

金屬－黃銅‧緞過網

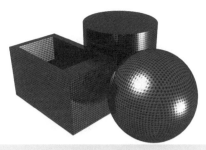

金屬－滑板

金屬－鉻‧拋光疏刷

金屬－鉻酸鋅 1

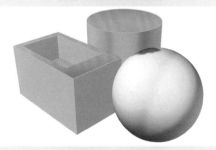

金屬－銅‧古銅色

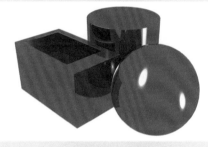

金屬－銅‧拋光

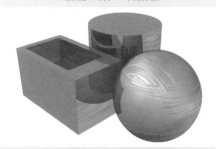

金屬－鋅

金屬－鐵鏽‧重度

金屬－鐵鏽 · 淡

金屬鋁－拋光 · 小型角錐刻痕

金屬鋁－電鍍 · 白色

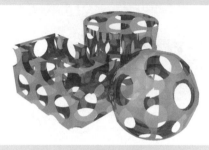

金屬鋼－不鏽鋼 · 緞粗面過網

金屬鋼－凸邊

金屬鋼－生鏽

金屬鋼－拋光菱形板

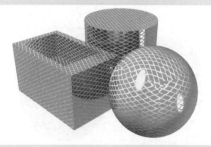

金屬鋼－菱形板

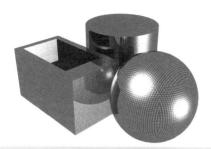

金屬鋼－機刻雕花

金屬油漆－鑲嵌玻璃‧耐火磚

屋頂－石板瓦‧灰色

屋頂－西班牙風格瓷磚‧紅色 2

屋頂－屋頂板‧半圓

屋頂－屋頂板‧平滑 2

屋頂－屋頂板‧米黃色深度陰影瀝青

屋頂－屋頂板‧參差不齊 1

屋頂－蓋屋板 - 傾斜

玻璃－玻璃砌塊

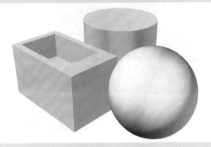

玻璃鑲嵌－毛玻璃

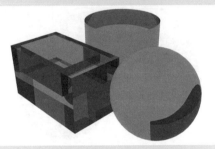

玻璃鑲嵌－反光 - 鍍膜

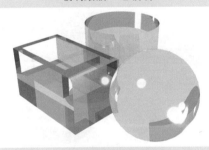

玻璃鑲嵌－夾網

液體－水泡

液體－油

液體－室內水池

液體－熱帶藍色

混凝土－工業地板

混凝土－不均勻‧暖灰色

混凝土－平滑預鑄

混凝土－平滑預鑄結構

混凝土－含石頭 1

混凝土－含石頭 2

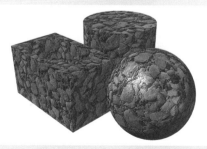

混凝土－洗石子‧暖灰色

混凝土－粗糙 - 粉紅色

混凝土現場澆注－平面 - 灰色 2

混凝土現場澆注－平面 - 灰色風化

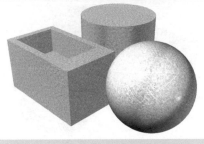

混凝土現場澆注－平面 - 拋光灰色

混凝土現場澆注－有稜紋 - 垂直 1

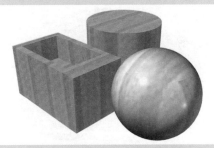

混凝土現場澆注－有稜紋 - 垂直 2

混凝土現場澆注－洗石子 - 嵌壁式

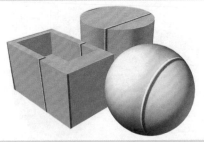

混凝土現場澆注－嵌板 - 分隔縫 3

混凝土現場澆注－噴沙

混凝土現場澆注－模板‧木板

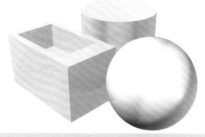

陶製瓷器－沙褐灰色

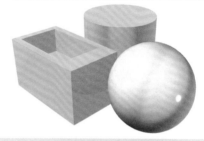

陶製瓷器－金沙土色

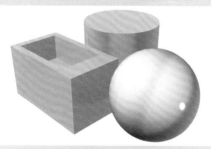

陶製瓷器－海邊藍

陶製瓷器－1 英吋正方形‧灰色馬賽克

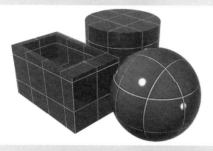

陶製瓷器－1.5 英吋正方形‧灰藍色

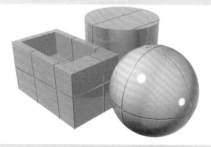

陶製瓷器－2 英吋正方形‧淡橙色

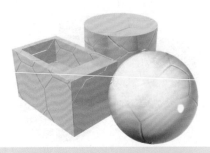

陶製瓷器－3 英吋八角形 - 棕褐色

陶製瓷器－3 英吋正方形 - 赤土色

陶製瓷器－4 英吋正方形 - 米黃色馬賽克

陶製瓷器－4 英吋正方形 - 米黃色馬賽克

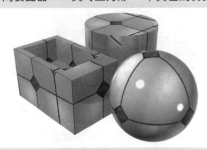

陶製瓷器－4 英吋正方形(內嵌菱形)灰色紅色

陶製瓷器－6 英吋磚塊 - 萊姆綠

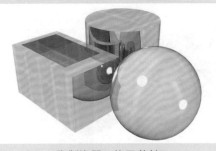

陶製瓷器－格子花紋

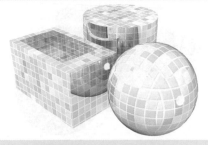

陶製瓷器－馬賽克 - 灰色

陶製瓷器－馬賽克 - 帶花紋玫瑰色-綠色

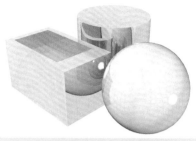

陶製瓷器－馬賽克 - 黃色格狀花紋

陶製瓷器－圓形馬賽克 - 黑白

塑膠－透明 - 橄欖綠

層壓板 - 正常

塑膠－層壓板 - 海軍藍

塑膠－層壓板 - 淡褐色

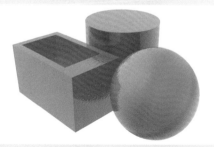

塑膠－褐色

塑膠－優麗漆 1

塑膠－蠟‧紅色木材上黑色

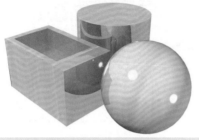

塑膠－蠟‧淡色木材上紅色

磚石 UMC－有稜紋‧堆疊

磚石 UMC－吸音‧梯段

磚石 UMC－風化

磚石 UMC－堆疊分割面‧褐色

磚石 UMC－梯段‧有刻痕

磚石 UMC－裂縫面 - 梯段

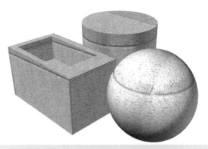

磚石 UMC－順砌磚 - 洗石子梯段

磚石 UMC－過網 - 堆疊

磚石 UMC－噴沙 - 棕褐色

磚石石材－正方形白色黑色大型紋理拋光

磚石石材－大理石 - 正方形白色-黑色拋光

磚石石材－大理石-正方形白色-綠色拋光

磚石石材－方石 - 帶斷層無規則

磚石石材－石灰石 · 粉紅色粗製接合　　磚石石材－石灰石 · 粗製

磚石石材－石灰石 · 層列方石　　磚石石材－石灰華 · 乳黃色

磚石石材－石板瓦 · 紅色　　磚石石材－石板瓦 · 綠色

磚石石材　　磚石石材－花崗岩正方形紅銅色-黑色拋光

磚石石材－花崗岩正方形淡紫色灰色拋光

磚石石材－玻璃砌塊 · 正方形

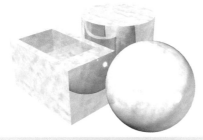

磚石石材－縞瑪瑙 · 玫瑰色

磚石石材－縞瑪瑙 · 黑色

磚石磚－通用

磚石磚－過網

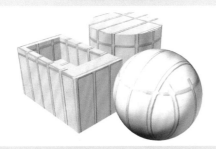

磚石磚－諾曼 · 立砌

磚石磚－織籃式

磚石磚－爐渣

磚石磚－鑲嵌玻璃

牆面－白色帶花紋

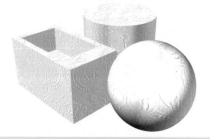

牆面－抽象白色

牆面－抽象淡褐色

牆面－抽象橄欖色

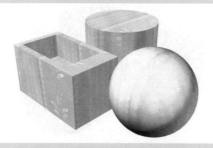

牆面－垂直條 - 粉紅色-米黃色

牆面－垂直條紋 - 多色

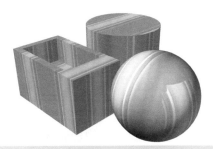

牆面－垂直條紋 · 藍色-灰色

牆面－淡褐色帶花紋

牆面－褐色帶花紋

牆面－壁紙 · 玫瑰圖案

牆面－壁紙 · 條紋飛濺型式

牆面－壁紙 · 幾何圖案

牆面－壁紙 · 黃色花卉圖案

牆面－壁紙 · 維多利亞風格

牆面－壁紙 · 藍色花卉圖案

織物－帆布 · 白色

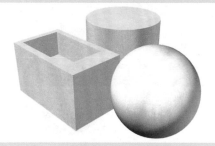

織物－米黃色

織物－亞麻 · 花呢

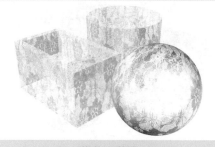

織物－花邊

織物－格子 · 米黃色

織物－格子 · 紅色

織物－格子 1

織物－格子 3

織物－條紋 - 白色-黑色-藍色-灰色 1

織物－條紋 - 黃白

織物－條紋 - 黃灰

織物－條紋 - 黃色-白色 1

織物－網面 1

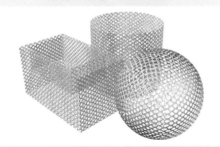

織物－網織品

織物－繃帶

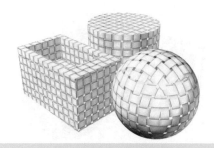

織物－藤製‧棕褐色

織物皮革－卵石‧褐色

織物皮革－棕褐色 1

織物皮革－褐色

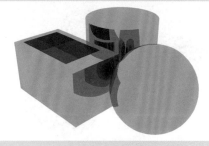

鏡子－冷染色

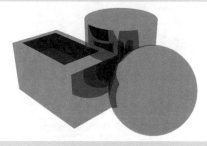

鏡子－梳妝台

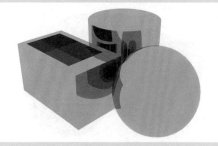

鏡子－浴室

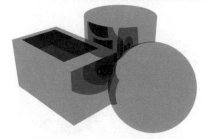

鏡子－基本

序

　　電腦只是工具，人腦才是主導。資訊化社會必須全民使用電腦，各行各業電腦化不但需要優秀的專業人員開發一流電腦軟、硬體，更要熟悉電腦技能的人來操作。在工商業領域中，圖是一種世界性的語言，透過電腦輔助製圖（Computer Aided Design）的運用，更能有效率地處理並傳播各式各樣複雜圖面以滿足各個領域的需求。

　　身處產業競爭的時代，只有利用有效工具快速提高生產力的企業經營者，才能提升競爭力，開創新的經營局面。電腦技能基金會為因應此趨勢的來臨，辦理各項電腦技能測驗、競賽等相關活動，並藉著相關書籍的出版，提供有心想學好各項電腦技能的朋友，一個合適的管道。

　　AutoCAD 自推出以來，廣受各界的好評，這次 AutoCAD 2025 的推出可說是 Autodesk 公司繼 AutoCAD 2024 之後，又一次劃時代之作，不只它的作業環境與操作界面更為友善與便捷，更包含了許多針對全球 AutoCAD 使用者的需求建議所加入的新指令及強化功能。

　　我們誠摯地感謝吳永進和林美櫻二位作者，以其多年的教學與實務經驗，並在電腦技能基金會的策劃下，為讀者編寫這本「TQC⁺ AutoCAD 2025 特訓教材-3D 應用篇」，相信這本書可以成為 CAD 學習者的最佳選擇，誠如作者所說：「用心學習 AutoCAD 2025 期許新手快速成為 CAD 專業工程師，期許 AutoCAD 2008～2023、2024 老手如虎添翼，功力更上一層樓。」

　　若是讀者在經過一段時間的學習之後，想了解自己對本書之觀念及繪圖技巧的掌握以及個人電腦輔助製圖能力之提升狀況，可以繼續使用本會所出版之 TQC⁺ 電腦輔助立體製圖認證相關商品，並歡迎參加本會所舉辦的「TQC⁺ 工程設計領域 電腦輔助立體製圖認證」，不但能肯定自己，使自己更有信心，亦能幫助自己在眾多的競爭者當中脫穎而出。

財團法人中華民國電腦技能基金會

董事長　杜全昌

·編·輯·心·聲·

感謝！！！大家對本中心 AutoCAD 2D、3D 系列特訓教材

多年來的熱烈支持與推薦

每年新版本的 AutoCAD 讓人感到惶恐與壓迫，新手更是不知所措

AutoCAD 2025 3D 持續進化強大 3D 功能於一身

三視圖轉立體圖、立體圖轉四面八方視圖+剖面視圖+詳圖+雲端彩現功能與 3D 列印

3D 導覽速度更流暢，彩現效果更精緻

讓 3D 設計與繪圖展現更高效率

新增智慧圖塊放置與取代、浮動檔案頁籤、計數、追蹤、圖檔比較更是如虎添翼

AutoCAD 網頁應用程式雲端存取圖檔與線上協同作業

更令人愛不釋手

又一次，在電腦技能基金會的全力配合下，我們排除萬難

以『秉持嚴格』、『求好心切』、『追求完美』的負責精神

完成了這一本 AutoCAD 2025 特訓教材【3D 應用篇】

毫不保留的把『最完整』、『最專業』、『最豐富』、『最寶貴』的內容

獻給『想用心教好 AutoCAD2025 3D 卻【苦無良書】的老師們』

與『真正想【紮紮實實】學好 AutoCAD2025 3D 的朋友們』

謝謝您們多年來的『催促、叮嚀、支持、愛護&等待』

翔虹 AutoCAD 技術中心
www.autocad.com.tw

吳永進·林美櫻敬上 2024/09/08

現職	翔虹 AutoCAD 技術中心負責人
翔虹簡介	☆全國最專業、最熱忱、最用心的 AutoCAD 技術中心 ☆中華民國電腦技能基金會 AutoCAD 技術總顧問
網址	www.autocad.com.tw 或 www.autocad.tw
線上教學	AutoCAD 2D 線上課程→https://hahow.in/cr/autocad-2d AutoCAD 3D 線上課程→https://hahow.in/cr/autocad-3d
E-MAIL	acad8899@ms31.hinet.net　　　　acad8899@gmail.com
TEL	02-27336600　　　　　FAX　　02-27331030
地址	台北市基隆路二段 189 號 9F (文普世紀，文湖線六張犁捷運站 3 分鐘)
授權資格	AutoCAD 官方唯一認可與高度肯定的【顧問夥伴】
AutoCAD 特訓教學	➢從【2D→3D】、【0 零→靈活應用】、【陌生→熟練】 ➢從【繪圖→系統規劃→程式設計】、【新手→高手】 ➢嚴格要求、成果豐碩、脫胎換骨、成為 AutoCAD 專業好手 ➢熱忱專業、師資堅強、小班教學、一人一機、保證學會、免費重聽
服務項目	企業→ AutoCAD 輔助自動繪圖、參數設計整合設計→量身定作開發 企業→ AutoCAD&VB&資料庫、算料報價系統開發→量身定作開發 企業→ 包班培訓、顧問輔導 個人→ 專業嚴格特訓協助通過 AutoCAD 技能檢定&輔導就業 企業→ 特惠價購買與租賃 AutoCAD 相關軟體 企業→ 緊急事求人徵求 AutoCAD 工程師之協助&網站刊登 企業→ Part-Time 設計與圖面優秀外包人員之推薦
AutoCAD 相關叢書	AutoCAD R12、R13、R14、2000、2009 系列叢書共 32 本 (基礎篇、3D 應用篇、系統規劃、AutoLISP 精華寶典、基礎實力挑戰等) AutoCAD 程式設計魔法書【AutoLISP&DCL 基礎篇】 AutoCAD 程式設計魔法書【Visual LISP&精選範例篇】 AutoCAD 魔法書【2D 解題技巧篇】 AutoCAD 魔法秘笈－進階系統規劃與巨集篇 AutoCAD 程式設計魔法秘笈【AutoLISP+DCL+Visual LISP 篇】 AutoCAD 電腦輔助繪圖與設計【機械篇】 AutoCAD 2010~2013 特訓教材【基礎篇】與【3D 應用篇】共八本 AutoCAD 2012~2016 電腦輔助平面製圖認證指南解題秘笈共三本 AutoCAD 2014~2021 特訓教材【基礎篇】與【3D 應用篇】共十六本

AutoCAD 相關叢書	AutoCAD 2022 特訓教材【基礎篇】與【3D 應用篇】共二本
	AutoCAD 2023 特訓教材【基礎篇】與【3D 應用篇】共二本
	AutoCAD 2024 特訓教材【基礎篇】與【3D 應用篇】共二本
	AutoCAD 2025 特訓教材【基礎篇】與【3D 應用篇】共二本
經營理念	『熱忱』、『專業』、『用心』、『保證』 以 AutoCAD 為人生夥伴，協助所有用戶，真正【無後顧之憂】

AutoCAD 專案設計與開發

台積電	資料庫&AutoCAD整合自動繪圖系統
盛群半導體	AutoCAD PKDB CAD輔助系統
創為精密材料	AutoCAD設計輔助與自動繪圖系統
翔聯企業	石材&帷幕牆-BOM參數設計與專案管理系統
震旦行辦公家具	辦公家具2D/3D設計專案
欣泰瓦斯	AutoCAD與Google MAP管線資料庫管理系統
大台南瓦斯	AutoCAD與Google MAP管線資料庫管理系統
欣高瓦斯	AutoCAD與Google MAP管線資料庫管理系統
欣芝天然氣	AutoCAD與Google MAP管線資料庫管理系統
欣屏天然氣	AutoCAD與Google MAP管線資料庫管理系統
欣隆天然氣	AutoCAD與Google MAP管線資料庫管理系統
美港聯和	帷幕牆-BOM參數設計與專案管理系統
鴻記工業	樹脂、砂輪、磨棒CAD專案
光鈦國際	AutoCAD整合管理系統專案
英谷企業	MAP 3D地理資訊系統管線資料庫管理系統
優隔設計	高隔間、屏風設計、配置與資料庫整合專案
精材科技	XinTec-CAD封裝Chip參數設計系統
錦鋐企業	AutoCAD窗型參數與報價整合系統
森業營造	台灣高鐵(THSRC)圖面檢核修正系統
工研院	資料庫、Excel與CAD整合自動繪圖系統
京波消防	消防空調快速設計輔助系統

玉鼎精密	線割、沖模設計輔助系統
中國菱電	電梯IDS資料專案
中華民國航測學會	航測、數化、地理資訊系統
長豐工程	山坡地坡度自動分析系統
成源公司	污水化糞池CAD系統

AutoCAD 企業專案特訓

台積電、士林電機、盛群半導體、日月光、上銀科技、台灣高鐵、北市捷運局、中科院、交通部民航局、工研院、億光電子、合美工程、劉培森建築師事務所、大元建築、森海建築、中興工程、大陸工程、超豐電子、華亞科技、金屬工業中心、中華民國航測學會、德州儀器、中興工程、中華顧問、築遠工程、台灣自來水公司、鴻記工業、台塑、台聯工程、仲琦科技、震旦辦公家具(台灣、上海)、國泰建設、三井工程、南亞科技、施工忠昊、麥當勞、百總工程、春原營造、永峻工程、中國石油、明新工程、台灣鐵路管理局、北市交通管制工程處、文曄科技、高力熱處理、大正鋁業、奧亞整合行銷網、遠碩國際工程、唐榮公司、毅鼎工程、亞新工程、元皓工程、吉興工程、台矽電子、唐獅企業、李特土木技師、勤崴科技、鉅藝設計、自在水環境工程、裕祥營造、霖園管理、優美辦公家具、遠雄建設、花蓮港務局、長輝結構技師、泰權鋼鐵、華雨室內設計、吉緻工程、華碩電腦、騰邁固欣、達慶機電、萬鼎工程、金屬工業研發中心、上點建築師事務所、昭凌工程、台灣麒麟啤酒、鴻能機電、金寶電子、高公局、塑恒公司、萬鼎工程、春源鋼鐵、南寶樹脂、中國菱電、屹堅精密、中國端子、景達實業、行健電訊、帆宇公司、實聯實業、玉鼎精密、達欣工程、日進工程、聯勤司令部、禾勤景觀工程、山春建築室內設計、霖園管理、空軍作戰司令部、聯合大地工程、奇美達科技、錦鋐企業…等

❀翔虹小語❀

★ 『學過』並不等於『能畫』→ 指令學一堆，真正面對圖形時，【可能不堪一擊】

★ 『能畫』並不等於『熟練』→ 圖面雖能畫，面臨講究速度時，【心有餘力不足】

★ 『熟練』並不等於『專業』→速度雖夠快，繁瑣技巧當必然，【難以專業服人】

★ 『專業』並不等於『能教』→ 實力雖頂尖，熱忱不足又臭屁，【不會也不能教】

★ 『資深』並不等於『高手』→ 半桶水主角，長江後浪推前浪，【前浪怎能心安】

- ✪ **地　　點：**　翔虹 AutoCAD 技術中心
- ✪ **女 主 角：**　林美櫻老師
- ✪ **男 主 角：**　吳永進老師
- ✪ **男 配 角：**　我們的二十九歲帥哥(挑戰創業&互動藝術)
- ✪ **女 配 角：**　我們的二十四歲湘湘(特教人生&快樂天使)

　　　　　　　　我們的十九歲小公主 (大學生)
- ✪ **劇本：**　　二位 AutoCAD 高手的功力精華持續傳承
- ✪ **特殊音效：**　年邁小狗 (球球) 打呼聲+二隻貓咪 (Mui&Latte) 喵喵叫

大部分　坊間 AutoCAD 的書一本比一本厚,卻用心度不夠,有些作者為求速成,更由他人代筆,再不東翻西譯、大雜鍋、斗大的字幅,湊出驚人的頁數。許多無辜而想學好 AutoCAD 3D 的朋友們,無從選擇下,不得不忍受這一本又一本,教學 AutoCAD 的老師們一定更心有戚戚焉。

感謝您　雪亮眼睛的愛護與支持,本中心持續推動 AutoCAD 3D 不遺餘力,特訓教材從 R14、2000、…、2018、2019、2020、2021、2022、2023、2024 系列,專業的內容、豐富的範例、完整的技術分享與動態教學,希望大家不只會用 AutoCAD 2D,還能夠輕鬆使用 AutoCAD 3D 於工作上,讓圖面呈現更高品質,這也是給我們最好的回饋與鼓勵。

排除萬　難,無數的日夜投入,我們精心完成了這本『TQC+AutoCAD 2025 特訓教材-3D 應用篇』,秉持我們一貫的嚴格用心與求好心切,相信本書將是您所擁有『最好的 AutoCAD 2025 3D 學習寶典』。

豐富的　3D 教學範例,從基礎➔進階,從示範➔挑戰,從 3D 幾何練習➔3D 生活用品,從材質彩現➔精采作品,從靜態展現➔動畫製作,一定能協助您邁向『AutoCAD 3D 專業好手列車』。

本書特 點，篇篇精采，字字珍貴！

- ✪ 完整而詳實的 AutoCAD 2025 3D 功能介紹範例解析
- ✪ 沒有多餘的廢話，句句重點
- ✪ 紮紮實實，讓您學好 AutoCAD 2025 3D
- ✪ 有效而迅速，協助您掌握 AutoCAD 2025 3D
- ✪ 大大的協助您提昇設計與繪圖效率品質
- ✪ 進一步期望您－通過 AutoCAD 3D 技能檢定
- ✪ 更進一步期望您－成為公司器重的 AutoCAD 3D 專業工程師

詳讀之 尤其是在隨書檔案中精心錄製了第二篇術科不少題動態解題技巧教學，請務必用心觀摩熟練之，功力必定更上一層樓，信心大增。

*如影片無法播放，請自行取得支援的影音播放軟體。(例如：KMPlayer、CamPlayer…等)

如果您 是 AutoCAD 的資深用戶或老手，不要讓自己 AutoCAD 功力都停在 2D，因為新手在沒有包袱的虛心學習下，很快就會演出『長江後浪推前浪，前浪死在沙灘上』，您願意嗎？建議您務必利用這一次用心的全面掌握 3D 優異的功能，讓自己彌補多年來不熟於 AutoCAD 3D，以至於圖面無法 2D+3D 整合呈現的遺憾與不安！

如果您 是 AutoCAD 講師，相信您對本書一定愛不釋手，希望在本書精心設計的協助下，您能充分迅速發揮 3D 的威力於課堂之中，輔導學員們通過 AutoCAD 3D 技能檢定，讓您的子弟兵們，高人一等。教學 3D 塑型與編輯指令時，請彈性搭配第二篇~第五篇豐富的精選範例，隨書附贈檔案中錄製的動態解題，也請仔細觀摩參考。3D 新網面+新曲面+基準視圖投影+剖面視圖與詳圖+三視圖與立體圖互轉+平面快照…都是非常精采重要的單元，請務必納入教學規劃中！

期待您 們與我們一起耕耘 AutoCAD 2025 3D，更期待您功力大增，靈活發揮於設計與繪圖實務中！果真如此，則我們的辛苦與堅持就值得了！

男配角 在 Hahow 開線上教學課程【動畫互動網頁程式入門】、【動畫互動網頁動畫入門】、【互動藝術程式創作入門】，傾囊相授+精彩豐富內容，獲得學員們熱烈的迴響，總人數突破 21900 人。紐約大學互動藝術研究所畢業後，因緣際會搭上 NFT 浪潮，在知名 ART BLOCKS 創作，也推出互動作品 Pochi，在施振榮先生的大力支持下，回台灣 101 辦 NFT 生成藝術個展，創立「墨雨互動設計」，六月底在中正紀念堂與樂團表演直播震撼人心，努力創作成為新世代另類的「生成式 AI 演算法藝術家」邁向未來，加油！

女配角 我們暱稱她為小貓咪，持續在工坊學習，苦難多病的她，喜歡五月天、蘇打綠、周杰倫、小小兵、豆豆先生、迪士尼動畫，天真無邪、笑容燦爛、有禮貌、無憂無慮，期待健康平安、快樂長長久久。

小 IVY 聰明機伶、活潑可愛，大一入學前考下機車汽車雙駕照，英文努力三次拿到多益黃金證書，AutoCAD 完成挑戰高階程式設計與 VB 資料庫管理，繼續幫忙北科大培訓 Micro:bit 教練團&魔方教練團，去年底擔任台北市第一屆國中小魔方競賽的教練團隊長圓滿完成任務，今年繼續領軍邁入第二屆，主持國小冬令營&夏令營教學獨當一面，期待累積能量，加油！

最後感 謝『電腦技能基金會長官們』幾年來持續的信任支持，還有教學資源中心同仁細心熱忱的協助校對與出版事宜。

不斷的 仔細校對檢查，力求品質的完美，恐難免有疏漏之處，敬請包涵與指教！

祝您有一個豐收、愉快、充實的 AutoCAD 2025 3D 之旅

吳永進、林美櫻敬上 2024/09/08

目　錄

第三章　**輕鬆掌握 UCS 座標系統**

第四章　**3D 實體塑型**

第五章　3D 重要編修工具

第六章   **3D 新網面塑型**

第七章　3D 曲面塑型

第八章   **輕鬆掌握 3D 配置與出圖**

第十一章　掌握 3D 尺寸標註技巧

第十二章　輕鬆掌握彩現關鍵技巧

第十三章 **輕鬆掌握材料與光源關鍵技巧**

第十四章 **影像控制與活用技巧** （本章內容無紙化，請下載隨書檔案閱讀）

第十五章 **輕鬆掌握視覺型式與 3D 導覽** （本章內容無紙化，請下載隨書檔案閱讀）

第二篇　精選 3D 基礎教學

第三篇　精選 3D 實力挑戰

第四篇　精選 3D 生活用品

第五篇　精選 AutoCAD 技能檢定試題

附　錄　TQC＋ 專業設計人才認證簡章

AutoCAD 2025 3D 特訓精華

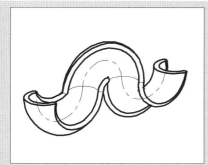

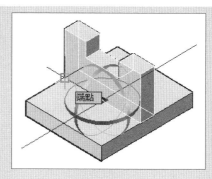

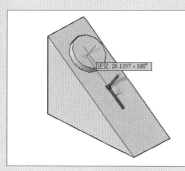

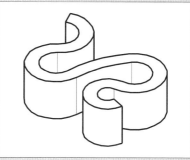

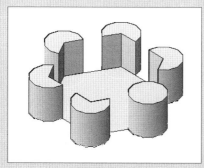

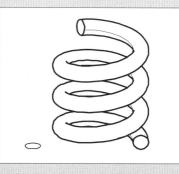

第一篇 第一章

踏出 3D 關鍵的第一步

1　功能區面板速查

快速存取工具列

	工作區	WSSETTINGS
新建　QNEW	退回	U
開啟　OPEN	重做	REDO
儲存　QSAVE	出圖	PLOT
另存　SAVEAS		

常用頁籤

★ 塑型

方塊	BOX	實體圖面	SOLDRAW
圓柱	CYLINDER	實體輪廓	SOLPROF
圓錐	CONE	擠出	EXTRUDE
圓球	SPHERE	斷面混成	LOFT
角錐	PYRAMID	迴轉	REVOLVE
楔形塊	WEDGE	掃掠	SWEEP
圓環	TORUS	聚合實體	POLYSOLID
實體視圖	SOLVIEW	按拉	PRESSPULL

✪ 網面

 平滑物件　MESHSMOOTH

網面精細化　MESHREFINE　　提高平滑度　MESHSMOOTHMORE

降低平滑度　MESHSMOOTHLESS

✪ 實體編輯

聯集	UNION		分離	SOLIDEDIT→B→P
交集	INTERSECT		清理	SOLIDEDIT→B→L
差集	SUBTRACT		薄殼	SOLIDEDIT→B→S
干涉	INTERFERE		檢查	SOLIDEDIT→B→C
切割	SLICE		擠出面	SOLIDEDIT→F→E
增厚實體	THICKEN		錐形面	SOLIDEDIT→F→T
萃取邊緣	XEDGES		移動面	SOLIDEDIT→F→M
蓋印	IMPRINT		複製面	SOLIDEDIT→F→C
轉換為實體	CONVTOSOLID		偏移面	SOLIDEDIT→F→O
轉換為曲面	CONVTOSURFACE		刪除面	SOLIDEDIT→F→D
著色邊緣	SOLIDEDIT→E→L		旋轉面	SOLIDEDIT→F→R
複製邊緣	SOLIDEDIT→E→C		著色面	SOLIDEDIT→F→L

✪ 繪製

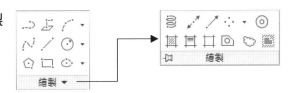

	聚合線	PLINE		建構線	XLINE
	3D 聚合線	3DPOLY		射線	RAY
	弧	ARC		多個點	POINT
	雲形線	SPLINE		環	DONUT
	線	LINE		填充線	HATCH
	圓	CIRCLE		漸層	GRADIENT
	多邊形	POLYGON		邊界	BOUNDARY
	矩形	RECTANG		面域	REGION
	橢圓	ELLIPSE		修訂雲形	REVCLOUD
	螺旋線	HELIX		遮蔽	WIPEOUT
	等距	MEASURE		等分	DIVIDE

✪ **修改**

	3D 鏡射	MIRROR3D		設定為圖層	SETBYLAYER
	3D 移動	3DMOVE		變更空間	CHSPACE
	移動	MOVE		分解	EXPLODE
	複製	COPY		編輯陣列	ARRAYEDIT
	修剪	TRIM		鏡射	MIRROR
	3D 對齊	3DALIGN		對齊	ALIGN
	3D 旋轉	3DROTATE		切斷	BREAK
	旋轉	ROTATE		切斷於點	BREAK→F
	拉伸	STRETCH		接合	JOIN
	圓角	FILLET		調整長度	LENGTHEN
	刪除	ERASE		反轉	REVERSE

	3D 比例	3DSCALE		編輯聚合線	PEDIT
	比例	SCALE		編輯雲形線	SPLINEDIT
	偏移	OFFSET		編輯填充線	HATCHEDIT
	陣列	ARRAY		混成曲線	BLEND
	倒角	CHAMFER		圓角	FILLET

✪ 剖面

	剖面平面	SECTIONPLANE

	即時剖面	LIVESECTION
	加入轉折	SECTIONPLANEJOG
	產生剖面	SECTIONPLANETOBLOCK
	平面快照	FLATSHOT
	萃取邊緣	XEDGES

✪ 座標

	座標	UCS		Z 座標	UCS→Z
	具名座標	UCSMAN		前一個座標	UCS→P
	世界座標	W		Z 軸座標	UCS→ZA
	原點座標	UCS→O		面座標	UCS→F
	X 座標旋轉	UCS→X		物件座標	OB
	Y 座標旋轉	UCS→Y		三點座標	UCS→3

	UCS 圖示性質	UCSICON→P
	在原點展示 UCS 圖示	UCSICON→3
	展示 UCS 圖示	UCSICON→1
	隱藏 UCS 圖示	UCSICON→0

✪ **選取**

　剔除　　　CULLINGOBJ→1

	無篩選	SUBOBJSELECTIONMODE→0
	頂點	SUBOBJSELECTIONMODE→1
	邊	SUBOBJSELECTIONMODE→2
	面	SUBOBJSELECTIONMODE→3
	實體歷程	SUBOBJSELECTIONMODE→4
	圖面視圖元件	SUBOBJSELECTIONMODE→5
	移動控點	DEFAULTGIZMO→0
	旋轉控點	DEFAULTGIZMO→1
	比例控點	DEFAULTGIZMO→2
	無控點	DEFAULTGIZMO→3

✪ **圖層**

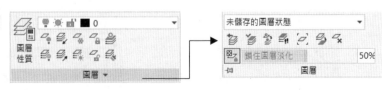

	圖層性質管理員	LAYER		圖層鎖護	LAYLCK
	相符	LAYMCH		變更為目前圖層	LAYCUR
	設定物件圖層為目前圖層	LAYMCUR		圖層解鎖	LAYULK

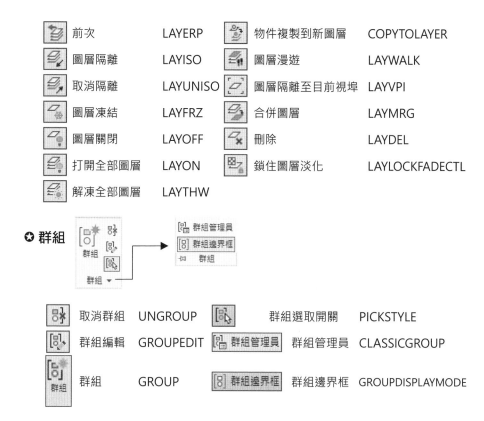

	前次	LAYERP		物件複製到新圖層	COPYTOLAYER
	圖層隔離	LAYISO		圖層漫遊	LAYWALK
	取消隔離	LAYUNISO		圖層隔離至目前視埠	LAYVPI
	圖層凍結	LAYFRZ		合併圖層	LAYMRG
	圖層關閉	LAYOFF		刪除	LAYDEL
	打開全部圖層	LAYON		鎖住圖層淡化	LAYLOCKFADECTL
	解凍全部圖層	LAYTHW			

✪ 群組

	取消群組	UNGROUP		群組選取開關	PICKSTYLE
	群組編輯	GROUPEDIT	群組管理員	群組管理員	CLASSICGROUP
	群組	GROUP	群組邊界框	群組邊界框	GROUPDISPLAYMODE

實體頁籤

✪ 基本型

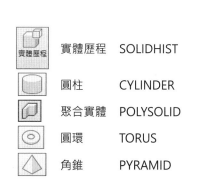

				實體歷程	SOLIDHIST
	方塊	BOX		圓柱	CYLINDER
	圓球	SPHERE		聚合實體	POLYSOLID
	楔形塊	WEDGE		圓環	TORUS
	圓錐	CONE		角錐	PYRAMID

✪ **實體**

	擠出	EXTRUDE	斷面混成	LOFT
	按拉	PRESSPULL	掃掠	SWEEP
	迴轉	REVOLVE		

✪ **布林**

	聯集	UNION	差集	SUBTRACT
	交集	INTERSECT		

✪ **實體編輯**

	切割	SLICE	萃取邊緣	XEDGES
	增厚	THICKEN	聚合實體	POLYSOLID
	蓋印	IMPRINT	偏移邊	OFFSETEDGE
	干涉	INTERFERE	薄殼	SOLIDEDIT→B→S
	圓角邊	FILLETEDGE	檢查	SOLIDEDIT→B→C
	倒角邊	CHAMFEREDGE	分離	SOLIDEDIT→B→P
	錐形面	SOLIDEDIT→F→T	清理	SOLIDEDIT→B→L
	擠出面	SOLIDEDIT→F→E	偏移面	SOLIDEDIT→F→O

曲面頁籤

❂ 建立

	網路	SURFNETWORK		平面	PLANESURF
	斷面混成	LOFT		擠出	EXTRUDE
	掃掠	SWEEP		迴轉	REVOLVE
	混成	SURFBLEND		曲面關聯性 SURFACEASSOCIATIVITY
	修補	SURFPATCH		NURBS 建立 SURFACEMODELINGMODE
	偏移	SURFOFFSET			

❂ 編輯

	圓角	SURFFILLET		修剪	SURFTRIM
	取消修剪	SURFUNTRIM		雕刻	SURFSCULPT
	延伸	SURFEXTEND			

❂ 控制頂點

	CV 編輯線	3DEDITBAR		轉換為 NURBS CONVTONURBS

第一篇　第一章　▼　踏出 3D 關鍵的第一步

 展示 CV　CVSHOW　　 隱藏 CV　CVHIDE

 重新建置　重新建置　CVREBUILD　　移除　移除　　CVREMOVE

加入　　加入　　CVADD

✪ **曲線**

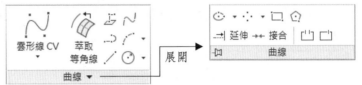

展開　➡　曲線

 雲形線 CV　SPLINE→M→CV　　 手繪雲形線　SKETCH

雲形線擬合　SPLINE→M→F

 萃取等角線　SURFEXTRACTCURVE

✪ **投影幾何圖形**

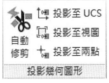 自動修剪　　SURFACEAUTOTRIM

投影至 UCS　投影至 UCS　PROJECTGEOMETRY→PRO→U

投影至視圖　投影至視圖　PROJECTGEOMETRY→PRO→V

投影至兩點　投影至兩點　PROJECTGEOMETRY→PRO→P

✪ **分析**

 分析選項　ANALYSISOPTIONS

斑馬紋　　斑馬紋　　ANALYSISZEBRA

曲率　　曲率　　ANALYSISCURVATURE

拔模　　拔模　　ANALYSISDRAFT

網面頁籤

✪ 基本型

	網面方塊	MESH→B		網面圓環	MESH→T
	網面圓錐	MESH→C		迴轉曲面	REVSURF
	網面圓柱	MESH→CY		邊緣曲面	EDGESURF
	網面角錐	MESH→P		直紋曲面	RULESURF
	網面圓球	MESH→S	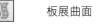	板展曲面	TABSURF
	網面楔形塊	MESH→W			

✪ 網面

 加入縐摺　MESHCREASE

 平滑物件　MESHSMOOTH

 移除縐摺　MESHUNCREASE

 增加平滑度　MESHSMOOTHMORE

降低平滑度　MESHSMOOTHLESS

細分網面　MESHREFINE

✪ 網面編輯

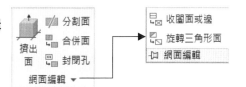

擠出面　EXTRUDE

合併面　MESHMERGE

封閉孔　MESHCAP

 收圍面或邊　MESHCOLLAPSE

	旋轉三角形面	MESHSPIN
分割面	分割面	MESHSPLIT

✪ **轉換網面**

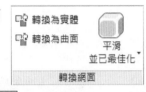

轉換為實體	轉換為實體	CONVTOSOLID
轉換為曲面	轉換為曲面	CONVTOSURFACE
	平滑並已最佳化	SMOOTHMESHCONVERT→0
	平滑但未最佳化	SMOOTHMESHCONVERT→1
	刻面並已最佳化	SMOOTHMESHCONVERT→2
	刻面但未最佳化	SMOOTHMESHCONVERT→3

視覺化頁籤

✪ **具名視圖**

新視圖	新視圖	NEWVIEW		視圖 管理員	視圖管理員	VIEW

✪ **模型視埠**

 　視埠規劃　VPORTS

具名	具名視埠	VPORTS		接合	視埠接合	-VPORTS→J
還原	還原	-VPORTS→T				

✪ 視覺型式

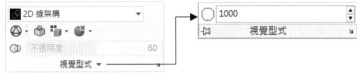

2D 線架構	視覺型式管理員	VISUALSTYLES
1000	平滑化弧圓	VIEWRES
正常	正常	VSFACECOLORMODE→0
單色	單色	VSFACECOLORMODE→1
染色	染色	VSFACECOLORMODE→2
去飽和度	去飽和度	VSFACECOLORMODE→3

	X 線效果	INSERT		隱藏	HIDE
	等角線	VSEDGES→1		無面型式	VSFACESTYLE→0
	無邊	VSEDGES→0		冷暖面型式	VSFACESTYLE→2
	刻面邊緣	VSEDGES→2		擬真面型式	VSFACESTYLE→1

✪ 光源

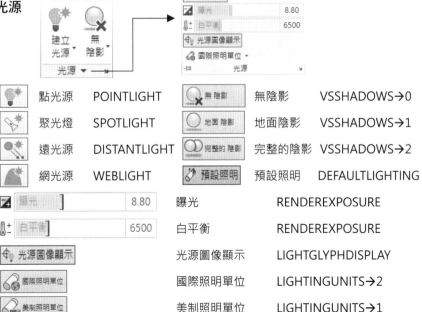

	點光源	POINTLIGHT	無陰影	無陰影	VSSHADOWS→0
	聚光燈	SPOTLIGHT	地面陰影	地面陰影	VSSHADOWS→1
	遠光源	DISTANTLIGHT	完整的陰影	完整的陰影	VSSHADOWS→2
	網光源	WEBLIGHT	預設照明	預設照明	DEFAULTLIGHTING

曝光 8.80	曝光	RENDEREXPOSURE
白平衡 6500	白平衡	RENDEREXPOSURE
光源圖像顯示	光源圖像顯示	LIGHTGLYPHDISPLAY
國際照明單位	國際照明單位	LIGHTINGUNITS→2
美制照明單位	美制照明單位	LIGHTINGUNITS→1

✪ **日光位置**

日光狀態 SUNSTATUS		設定位置	設定位置 GEOGRAPHICLOCATION
關閉天空	關閉天空		SKYSTATUS→0
天空背景	天空背景		SKYSTATUS→1
天空背景與照明	天空背景與照明		SKYSTATUS→2
日期 2018/9/21	日期		SUNPROPERTIES
時間 下午 03:00	時間		SUNPROPERTIES

✪ **材料**

材料瀏覽器	材料瀏覽器	MATBROWSEROPEN
材料/材質關閉	材料/材質關閉	VSMATERIALMODE→1
材料打開/材質關閉	材料打開/材質關閉	VSMATERIALMODE→2
材料/材質打開	材料/材質打開	VSMATERIALMODE→3

平面 平面貼圖 MATERIALMAP→P	方塊 方塊貼圖 MATERIALMAP→B
圓柱 圓柱貼圖 MATERIALMAP→C	球形 球形貼圖 MATERIALMAP→S

移除材料	移除材料	MATERIALASSIGN
依圖層貼附	依圖層貼附	MATERIALATTACH
複製貼圖座標	複製貼圖座標	MATERIALMAP→Y
重置貼圖座標	重置貼圖座標	MATERIALMAP→R

✪ 相機

建立相機	建立相機	CAMERA
展示 相機	展示相機	CAMERADISPLAY

✪ 彩現

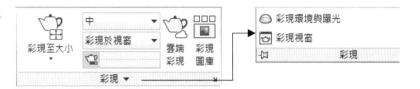

	彩現	RENDER		雲端彩現 RENDERONLINE
彩現視窗	彩現視窗	RENDERWIN	彩現圖庫	彩現圖庫 SHOWRENDERGALLERY
彩現環境與曝光	彩現環境與曝光	RENDEREXPOSURE		
中	彩現預置	RENDERPRESETS		

插入頁籤

✪ 圖塊

	插入圖塊	INSERT	保留屬性顯示	屬性顯示 ATTDISP
	編輯屬性	EATTEDIT	取代	取代 BREPLACE

✪ 圖塊定義

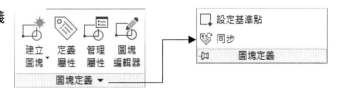

第一篇

第一章 ▼

踏出 3D 關鍵的第一步

建立圖塊	BLOCK		定義屬性	ATTDEF	
管理屬性	BATTMAN		圖塊編輯器	BEDIT	
設定基準點	BASE		同步屬性	ATTSYNC	

✪ 參考

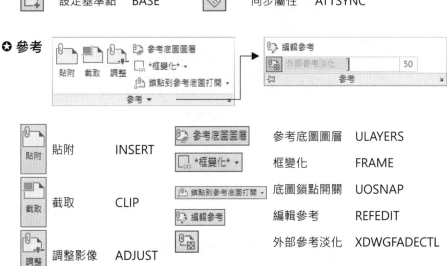

貼附　　　INSERT

截取　　　CLIP

調整影像　ADJUST

參考底圖圖層	ULAYERS
框變化	FRAME
底圖鎖點開關	UOSNAP
編輯參考	REFEDIT
外部參考淡化	XDWGFADECTL

✪ 匯入

匯入 PDF　　PDFIMPORT

✪ 資料

功能變數　　　FIELD

更新功能變數　UPDATEFIELD

OLE 物件　　　INSERTOBJ

超連結　HYPERLINK

❂ 連結與萃取

	資料連結	DATALINK
	萃取資料	DATAEXTRACTION
	上傳至來源	DATALINKUPDATE→W
	從來源下載	DATALINKUPDATE

註解頁籤

❂ 文字

展開

	多行文字	MTEXT		拼字檢查	SPELL
	單行文字	TEXT		對齊文字	TEXTALIGN
文字比例	比例	SCALETEXT		對正	JUSTIFYTEXT

Standard	文字型式	STYLE
尋找文字	尋找及取代	FIND
5	文字高度	TEXTSIZE

❂ 標註

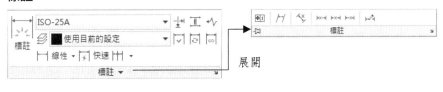

展開

線性	線性	DIMLINEAR		重新關聯	DIMREASSOCIATE

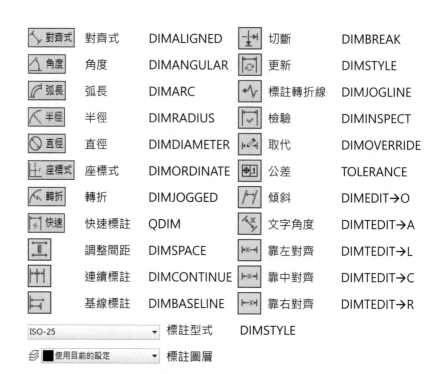

✪ 中心線

中心線	中心線	CENTERLINE
中心標記	中心標記	CENTERMARK

✪ 引線

✪ 表格

 表格　　　　TABLE

從來源下載　DATALINKUPDATE　　上傳至來源　DATALINKUPDATE

萃取資料　萃取資料　　　　DATAEXTRACTION

連結資料　連結資料　　　　DATALINK

Standard ▼　表格型式　　TABLESTYLE

✪ 標記

遮蔽　　WIPEOUT　　　　　　修訂雲形　REVCLOUD

✪ 註解比例調整

 加入目前的比例　AIOBJECTSCALEADD

比例清單　　比例清單　　SCALELISTEDIT

加入/刪除比例　加入/刪除比例　OBJECTSCALE

同步比例位置　同步比例位置　ANNORESET

檢視頁籤

✪ 視埠工具

 UCS 圖示　　UCSICON　　　　 導覽列　　　NAVBAR

 檢視立方塊　　開關 VIEWCUBE

✪ 選項板

　　　 工具選項板　　TOOLPALETTES

性質選項板　PROPERTIES　　　 圖紙集管理員　SHEETSET

 指令行　COMMANDLINEHIDE　　 標記集管理員　MARKUP

圖層性質　LAYER　　　　　　　快速計算機　QUICKCALC

設計中心　ADCENTER　　　　　外部參考　EXTERNALREFERENCES

✪ 介面

　　　 切換視窗

 配置頁籤　LAYOUTTAB　　　 檔案頁籤　FILETABCLOSE

⊟ 水平並排	水平並排	SYSWINDOWS→H
⊞ 垂直並排	垂直並排	SYSWINDOWS→V
⊟ 重疊排列	重疊排列	SYSWINDOWS→C

管理頁籤

✪ 動作錄製器

錄製	錄製	ACTRECORD
插入訊息	ACTUSERMESSAGE	
插入基準點	ACTBASEPOINT	
管理動作巨集	ACTMANAGER	

✪ 自訂

使用者介面	CUI	工具選項板	CUSTOMIZE
匯入	CUIIMPORT	匯出	CUIEXPORT
編輯別名	ACAD.PGP		

✪ CAD 標準

圖層轉換器	圖層轉換器	LAYTRANS
檢查	檢查	CHECKSTANDARDS
規劃	規劃	STANDARDS

第一篇　第一章　▼踏出 3D 關鍵的第一步

輸出頁籤

✪ 出圖

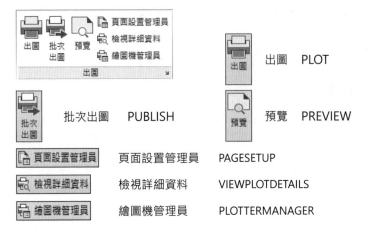

	出圖	PLOT

批次出圖　PUBLISH

預覽　PREVIEW

頁面設置管理員　PAGESETUP

檢視詳細資料　VIEWPLOTDETAILS

繪圖機管理員　PLOTTERMANAGER

✪ 匯出至 DWF/PDF

匯出　EXPORTDWFX

2 先決定您的 3D 圖檔放在哪裡？

步驟一 請先決定您的 AutoCAD 圖檔放在什麼地方，建議以檔案總管在 C:\建立新資料夾 C:\2025_3D-DEMO，再於 2025_3D-DEMO 下建立四個子資料夾 AUTOSAVE、DWT、SUPPORT、TESTDWG。

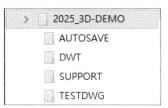

建議直接複製隨書檔案的
2025_3D-DEMO 資料夾到 C:\

AUTOSAVE	自動儲存檔存放
DWT	專屬的樣板檔存放
SUPPORT	相關支援檔案 CUIX、PGP、SHX…集中存放
TESTDWG	測試練習的圖檔

步驟二 新增自己專用的 AutoCAD 2025 捷徑圖示，在視窗桌面上的 AutoCAD 2025 圖示上方按滑鼠『右鍵』，選擇建立捷徑，此時桌面將新增出現另一組 AutoCAD 2025 捷徑圖示，如圖：選取『建立捷徑』。

步驟三 更名新的 AutoCAD 2025 捷徑，在新的 AutoCAD 2025 捷徑上方按滑鼠『右鍵』，選擇『重新命名』請將其改成您專屬的捷徑名稱（如 3D-SAKURA），如圖：

步驟四 調整新的 3D-SAKURA 捷徑內容：

✪ 在新的 3D-SAKURA 圖像上方按滑鼠『右鍵』選擇『內容』，如圖：

修改開始位置
C:\2025_3D-DEMO

✪ 在原目標 C:\ACAD2025\...\acad.exe 或"C:\program files\...\acad.exe" 指定專屬紀要設定名稱，先空一格再加上『/P』，再空一格。

❖ 接著加上自行定義的 " 3D-SAKURA"。

❖ 注意 1： ACAD.EXE 所在資料夾視安裝時各有不同，讀者要特別留意，千萬別亂改才是。

❖ 注意 2： 紀要設定名稱讀者可自定（如 **2D-SAKURA** 或 **3D-SAKURA**），中英文均可，名稱中間亦可加入空白，但名稱內若含有空白字元時，一定要用雙引號『 **"** 』將之括起來，但名稱內若沒有空白時，雙引號則可省略。

步驟五 快樂的以『**3D-SAKURA**』捷徑圖像進入 AutoCAD 2025。

3D-SAKURA 紀要名稱不存在，所以會出現警告的對話框，下一個單元將為您介紹如何佈置一組自己專用的環境設定，請按選『確定』進入 AutoCAD 2025！

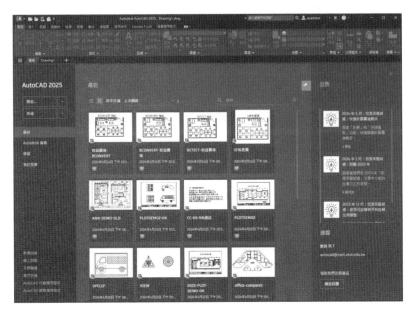

3 佈置一組自己專用的 3D 環境設定

❂ **關鍵指令：OPTIONS**

❂ **啟動方式**

指令	OPTIONS 或 OP 快捷鍵
快顯功能表	滑鼠右鍵之『選項』

掌握基本的環境管理與設定技巧

按滑鼠右鍵執行『選項』，先切至最右邊的『紀要』，注意紀要設定選窗， 有一組『<<未具名紀要>>』是安裝完 AutoCAD 2025 後自動產生的。

還有一組『3D-SAKURA』是我們上一節所新增的『紀要』設定，而且它也正是『目前的紀要設定』。

若有必要將個人設定套用到其他電腦，則可選擇『匯出』與『匯入』ARG 檔案的方式進行，非常的方便。

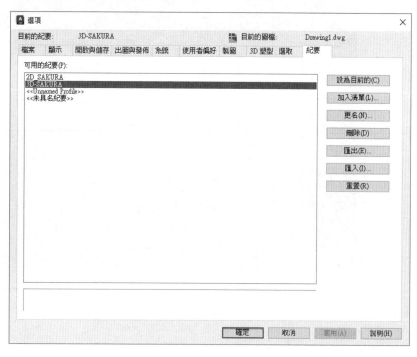

✪ 以下介紹『3D-SAKURA』搭配各選項頁籤內容（由右而左）

檔案	顯示	開啟與儲存	出圖與發佈	系統	使用者偏好	製圖	3D 塑型	選取	紀要

✪ 調整的同時，可選擇『套用』或『確定』

二者的差別是『套用』不會關閉選項對話框，而『確定』將關閉選項對話框。

✪ 選取

此頁籤負責編修物件時『選取動作與掣點』控制，初學者建議可調一調選取框與掣點框大小。

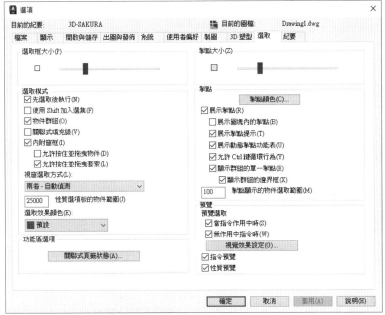

❖ 選取框的預設值太小了，建議各位略為增大一些。

❖ 掣點框未選取顏色，建議改成 2 號黃色。

❖ 特別注意：選取模式中的『先選取後執行』不要誤將此選項關閉，以免無法先選取物件再執行編修指令。

❖ 預覽選取：指當游標靠近物件時，產生預選亮顯效果。

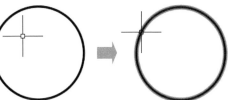

1. **當指令作用中時：**亮顯的效果指出現在指令作用時的開關。

2. **無作用中指令時：**亮顯的效果指出現在無指令預選物件時的開關，若覺得每次移動滑鼠時閃動的很厲害，建議將此項目關閉。

3. **視覺效果設定：**

初學者建議可調一調各種變化與顏色。

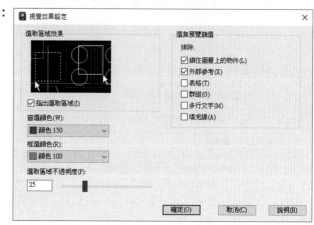

✪ 3D 塑型

此頁籤負責『3D 建構時十字游標』、『視覺型式』、『3D 導覽與 UCS 圖示預設控制』，因為剛接觸 3D 還不清楚相關作用，建議先維持所有預設值。

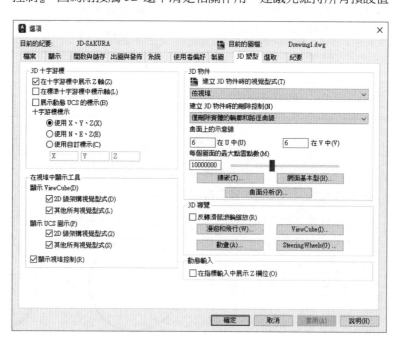

待後續章節更加熟悉 3D 視覺型式與 3D 導覽之漫遊、飛行與動畫製作後,再來進一步視需求狀況調整設定。

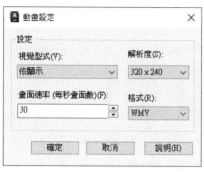
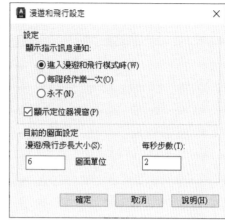

✪ 製圖

此頁籤負責『自動鎖點』與『自動追蹤』控制,右下角還有➔『製圖工具提示』、『光源圖像』與『相機圖像』三種設定。

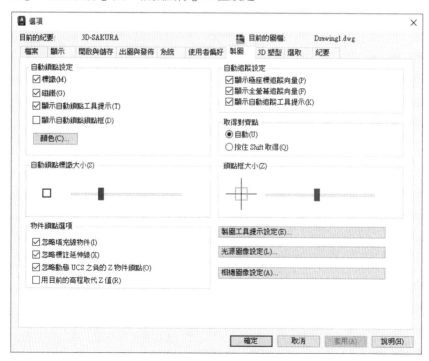

❖ 製圖工具提示設定

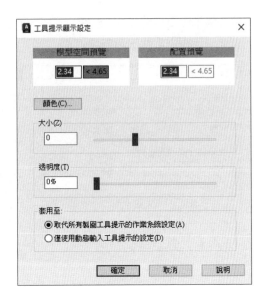

❖ 光源圖像設定

顯示點光源圖示

顯示聚光燈圖示

顯示網光源圖示

❖ 相機圖像設定

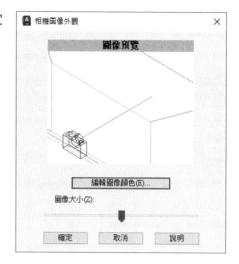

❖ 顏色：圖面顏色設定。

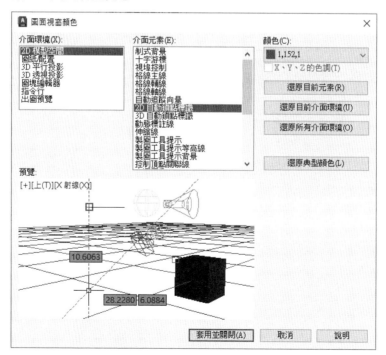

✪ 使用者偏好

❖ 右鍵自訂：

繪圖區域中的快顯功能表開
關，若取消此開關，則右鍵在
繪圖區單純只是 [Enter] 功
能，不建議取消之，進一步自
訂右鍵的模式。

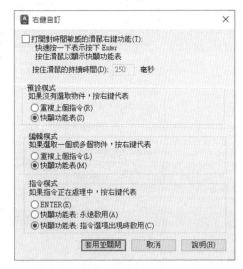

❖ 插入比例：AutoCAD 設計中心的單位設定，請另行參考『TQC+AutoCAD
2025 特訓教材-基礎篇』AutoCAD 設計中心相關章節。

❖ 線粗設定：此時先不動它。

❖ 預設比例清單：建議加上 1:3 並且將它們移到正確位置。

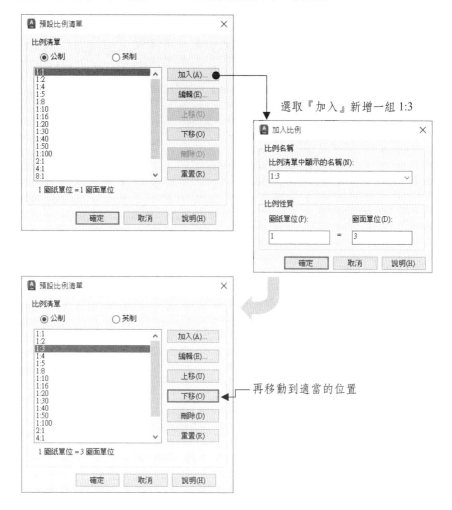

選取『加入』新增一組 1:3

再移動到適當的位置

✪ 系統

❖ **圖形效能：**

控制 3D 效能之感應式
降級與效能微調，亦可
用 **3DCONFIG** 指令呼叫
此設定畫面。

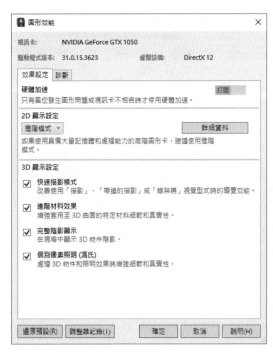

⦿ **硬體設置：**顯示圖形硬體資訊，例如視訊卡、驅動程式版本，以及目前的虛擬設備。

視訊卡:　　　　NVIDIA GeForce GTX 1050

驅動程式版本:　31.0.15.3623　　　虛擬設備:　　DirectX 12

⦿ **效果設定：**設定硬體加速。

啟用硬體加速，並提供目前驅動程式可用的所有效果設定控制。當關閉時，所有效果設定都會停用。

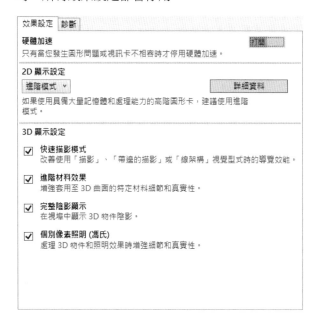

⦿ **進階材料效果：**控制螢幕上進階材料效果的狀態。

⦿ **完整陰影顯示：**啟用要在視埠中顯示的陰影。

⦿ **個別像素照明（馮氏）:** 啟用個別像素的顏色計算。打開此選項後，3D 物件和照明效果在視埠中顯示的更平滑。

⊙ **調整器記錄**：顯示可讀取系統的調整器記錄，並決定是否將軟體或硬體實施用於支援二者的特徵。將打開適用於系統的特徵，關閉可能不適用於系統的特徵。記錄檔顯示的結果將包含與圖形卡有關的資訊。

◎ 出圖與發佈：詳見後續 PLOT 出圖相關章節，目前先不用調整。

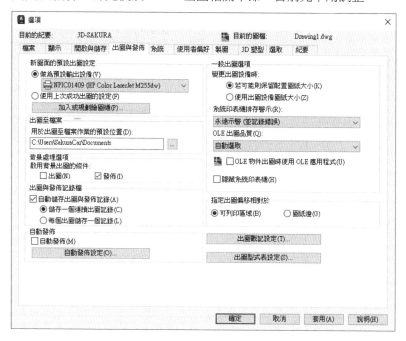

◎ 開啟與儲存：有關檔案的儲存與安全防護要特別注意。

❖ 可指定『另存新檔』時的圖檔版本。

AutoCAD 2018 圖面 (*.dwg)
AutoCAD 2018 圖面 (*.dwg)
AutoCAD 2013/LT2013 圖面 (*.dwg)
AutoCAD 2010/LT2010 圖面 (*.dwg)
AutoCAD 2007/LT2007 圖檔 (*.dwg)
AutoCAD 2004/LT2004 圖面 (*.dwg)
AutoCAD 2000/LT2000 圖面 (*.dwg)

AutoCAD 2018 圖面 (*.dwg)
AutoCAD 2013/LT2013 DXF (*.dxf)
AutoCAD 2010/LT2010 DXF (*.dxf)
AutoCAD 2007/LT2007 DXF (*.dxf)
AutoCAD 2004/LT2004 DXF (*.dxf)
AutoCAD 2000/LT2000 DXF (*.dxf)
AutoCAD R12/LT2 DXF (*.dxf)

面對這麼多不同的 AutoCAD 版本，一般用戶早就搞得頭昏腦脹了

主分類	AutoCAD 各版本	dwg 格式	可儲存圖檔格式
R16	2004、2005、2006	2004	※ 舊版本打不開新版本圖檔
R17	2007、2008、2009	2007	※ 新版本可以開啟舊版本
R18	2010、2011、2012	2010	※ 新版本可另存成舊版本
R19	2013、2014	2013	
R20	2015、2016、2017	2013	
R21	2018 至 2025	2018	

❖ 『自動儲存』：建議改為 10-30 分鐘。

❖ 縮圖預覽設定：可定義主視圖，配合用於 ViewCube 或操控盤切換。

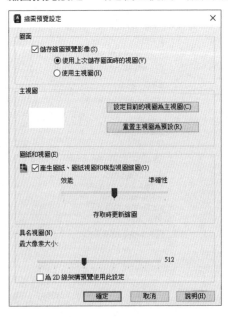

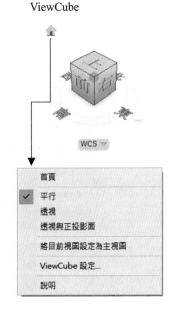

ViewCube

SteeringWheels

◉ **儲存縮圖預覽影像**：勾選之，則於『選取檔案』對話框中的『預覽』區域中可顯示該圖面的影像。

◉ **產生圖紙、圖紙視圖和模型視圖縮圖**：在『圖紙集管理員』中更新預覽影像。圖紙縮圖顯示在『圖紙清單』標籤上，圖紙視圖縮圖顯示在『視圖列示』標籤上，模型空間視圖縮圖顯示在『資源圖面』標籤上。

✪ 顯示

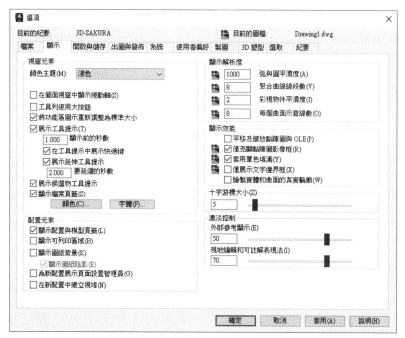

❖『在圖面視窗中顯示捲動軸』建議取消不用：可讓繪圖區更大。

❖『字體』調整：初學者建議調整成標準 12 級。

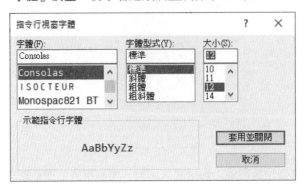

❖ 『顏色』調整：顏色調整項目很多，舊版本使用者建議選擇『還原典型顏色』，與 3D 有關的有『3D 平行投影』與『3D 透視投影』二種，若修改後顏色不理想，還可以輕鬆的還原，不用擔心改壞了。

3D 平行投影

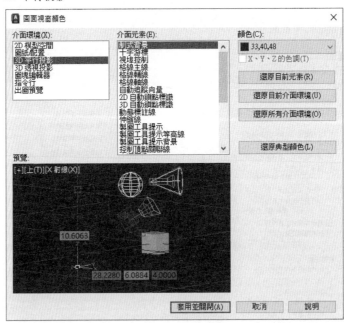

3D 透視投影

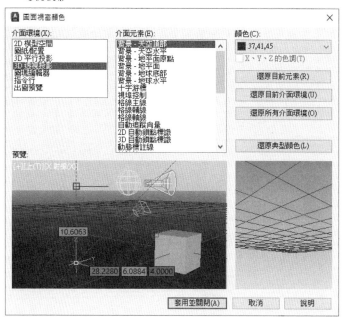

❖『配置元素』：

建議只開啟第一項『顯示配置與模型頁籤』，其餘關閉。

顯示『配置』與『模型』頁籤

關閉『配置』與『模型』頁籤

102.5019, 915.0631, 0.0000　模型 ⊞ ⠿ ▾ ⌐ 🔲 ∟ 🕒 ▾ 🗙 ▾ ∠ 🗔 ▾

❖ 『十字游標大小』調整：

<5%畫面>

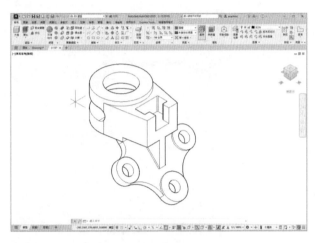

<100%畫面>

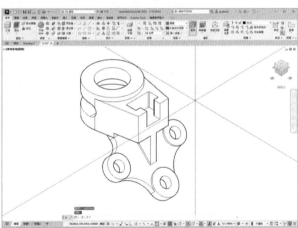

❖ **顯示解析度與效能** (建議設定下列幾項)

   ⊙ 弧與圓的平滑度設為 1000　⊙ 每個曲面示意線數為 8

   ⊙ 彩現物件平滑度設為 2　⊙ 繪製實體與曲面的真實輪廓➔on

❖ **項目的左側有加入『圖面記號 ▓ 』者**

表示該變數反應來自圖面現有設定，修改後的值，亦將反應回該圖面，而非跟著環境選項管理員跑，所以爾後若能在樣板檔內設定這些值，則以後就不用每張圖都要再重新設定一次了。

✪ 檔案

❖『支援檔搜尋路徑』：

完整安裝 AutoCAD 2025 後，請勿隨意刪除任一個支援路徑，以免造成某些支援檔案無法搜尋的錯誤。

❖『自動儲存檔案的位置』：改設定於 C:\2025_3D-DEMO\AUTOSAVE。

❖『圖面樣板檔位置』：改設定於 C:\2025_3D-DEMO\DWT。

❖『QNEW 的預設樣板檔名』：

建議改設定於我們專屬建構的資料夾
C:\2025_3D-DEMO\DWT\ACADISO3D.DWT。

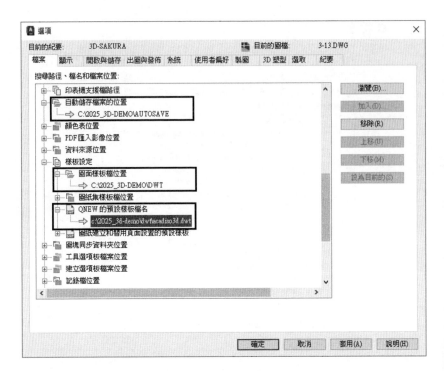

4 　預設的【3D 塑型】工作區

✪ 快速存取工具列→勾選加入『工作區』

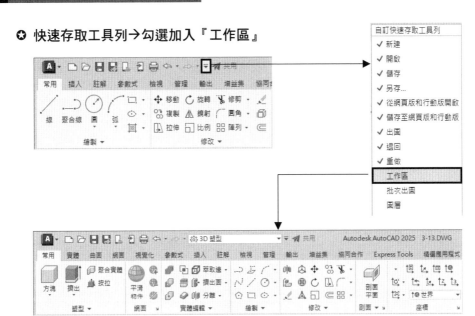

✪ 選取螢幕左上角→工作區切換→3D 塑型，就可以看到以下的畫面

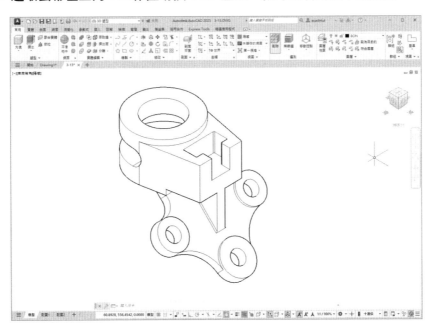

5　掌握新一代功能區面板

✪ **操作介面：**顯示完整功能區面板。

✪ **可切換三種顯示的模式**

點選箭頭切換功能

最小化為頁籤

最小化為面板標題

最小化為面板按鈕

✪ **展示面板標題開關控制：**於頁籤上按選滑鼠右鍵出現功能表。

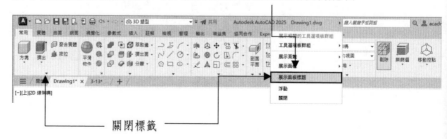

關閉標籤

✪ 可調整擺放的方位 (浮動)

錨定於左側

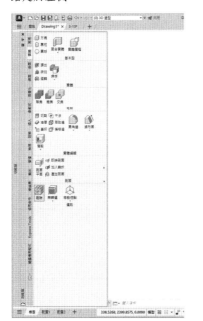

錨定於右側

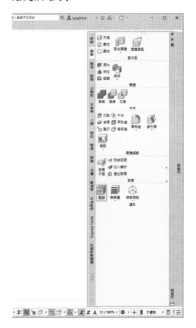

✪ 可單獨拖曳部分功能區面板為浮動的

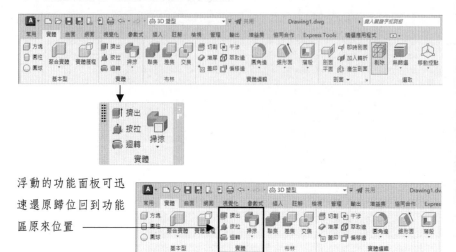

浮動的功能面板可迅
速還原歸位回到功能
區原來位置

✪ 可控制頁籤的開關

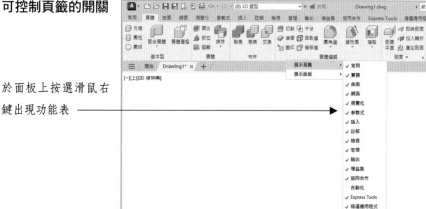

於面板上按選滑鼠右
鍵出現功能表

✪ 可控制面板的開關

6　自訂新一代的【快速存取工具列】

☺ 左上角出現的【快速存取工具列】

預設的功能：新建、開啟、儲存、另存、出圖、重做、工作區。

☺ 自訂快速存取工具列（滑鼠移到該區域按右鍵→快顯功能表）

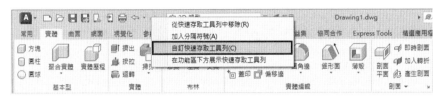

只要選取欲加入的指令，直接拖曳到快速存取工具列即可完成。

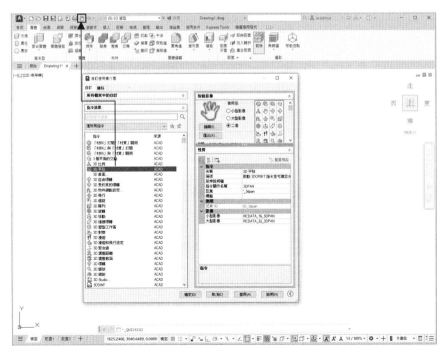

❂ 移到任何功能圖示上方+右鍵就能快速【加入至快速存取工具列】

❂ 勾選【自訂快速存取工具列】下拉選單打開或關閉功能

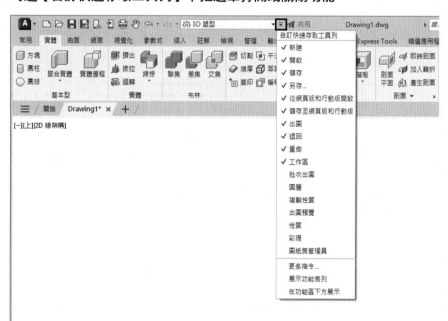

❂ 移除【從快速存取工具列中移除】功能：移到該功能圖示+右鍵。

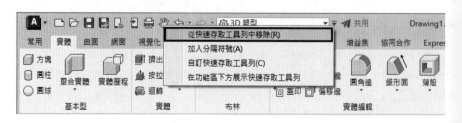

7　整合漏網之魚：自訂新的【3DTOOLS】工具列

✪ **集結 3D 漏網之魚**：將重要零散的 3D 功能集結整合於 3DTOOLS 工具列上。

功能	指令	工具列	種類
邊界	BOUNDARY		繪製
面域	REGION		繪製
剖面	SECTION		繪製
切割	SLICE		繪製
塑型、設置、視圖	SOLVIEW		繪製
塑型、設置、圖面	SOLDRAW		繪製
塑型、設置、輪廓	SOLPROF		繪製
3D 鏡射	MIRROR3D		修改
旋轉 3D	ROTATE3D		修改
平面快照	FLATSHOT		視窗

✪ **呼叫執行 CUI 指令**：請自行新建工具列 3DTOOLS。

共十個 3D 小工具：

繪製類：七個

修改類：二個

視窗類：一個

由下方的指令清單拖曳到上方

完成後的工具列：

8 　靈活佈置工作區→3D-DEMO-A 專業的操作門面

✪ 關鍵指令：CUI

建立新的專屬工作區→3D-DEMO-A

✪ **步驟一：** 重複『3D 塑型』工作區→更名為『3D-DEMO-A』，架著原本的工作
區為基本雛型加以改良，進可攻退可守。

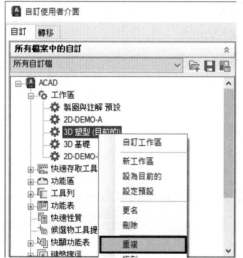

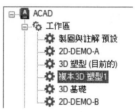

更名為『3D-DEMO-A』並設為目前的

✪ **步驟二：** 新建立專屬的功能區頁籤→『3D-OK』。
　　　　　　由下方功能區『面板』中拖曳七個功能區面板進來。

✪ **步驟三**：3D-DEMO-A 自訂工作區。

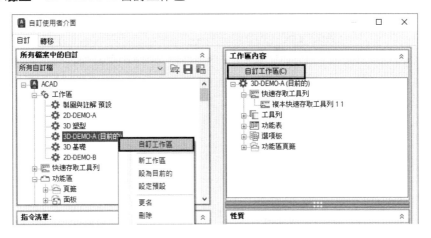

❖ 左邊再勾選新建立的頁籤 3D-OK，再拖曳到右邊第一順位。

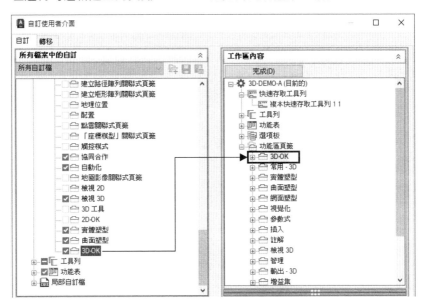

✪ **步驟四**：左側勾選加入七組工具列到右側『3D-DEMO-A』工作區。

❖ 七組工具列：3DTOOLS、彩現、塑型、實體編輯、UCS、視圖、視覺型式。

第一篇　第一章 ▼ 踏出 3D 關鍵的第一步

❖ 按選右上角『完成』按鍵→再確定後離開主畫面。

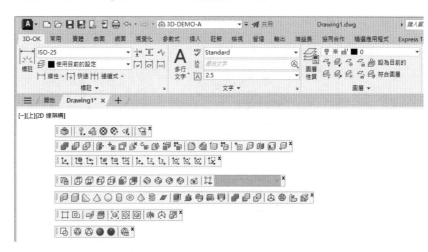

● **步驟五：**七組工具列各就定位。

❖ 左邊放置工具列：塑型、實體編輯。

❖ 右邊上方放置工具列：視圖、UCS。

❖ 右邊下方放置工具列：視覺型式、3DTOOLS、彩現。

✪ **步驟六：**將工作區再另存成 3D-DEMO-A，取代原有之 3D-DEMO-A。

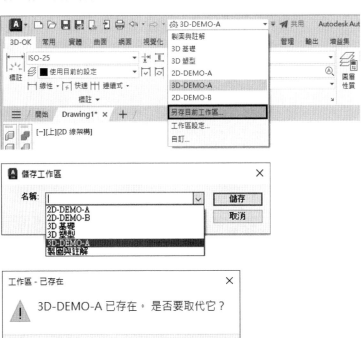

✪ **步驟七：**大功告成，貼心、效率、專業的 3D 新舊整合工作區。

❖ 深色的操作門面效果也不錯。

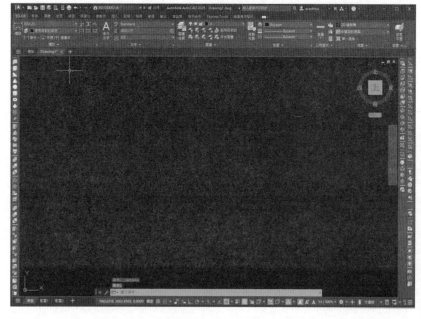

✪ **步驟一：**延續上一單元，將 3D-DEMO-A 工作區先另存 3D-DEMO-B，確保不會破壞原有的 3D-DEMO-A 工作區。

✪ **步驟二：**將重要的性質[Ctrl]+1 固定左側與材料瀏覽器(MAT)錨定左側。

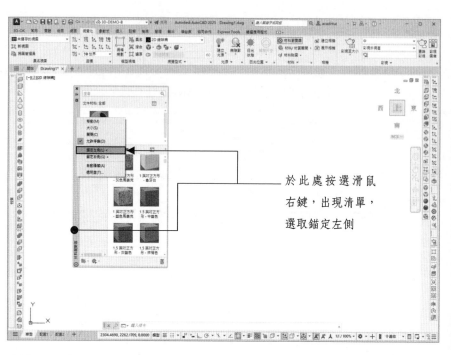

於此處按選滑鼠
右鍵，出現清單，
選取錨定左側

✪ **步驟三：** 右側再加入三組曲面工具列。(不須執行 CUI，只要到左側任一工具
列圖示上方按右鍵即可輕鬆勾選工具列)

曲面建立

曲面建立 II

曲面編輯

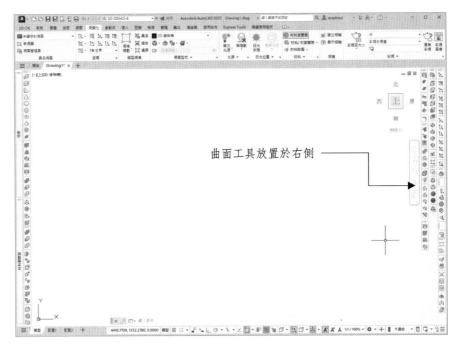

曲面工具放置於右側

✪ **步驟四：**大功告成，將工作區再另存，取代原有之 3D-DEMO-B。

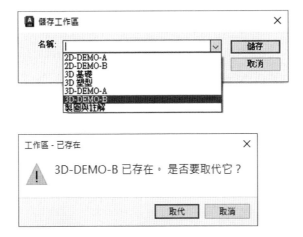

10 輕鬆掌握滑鼠功能鍵控制

二鍵＋中間滾輪滑鼠

左鍵	選取功能鍵 (選圖元、選點、選功能)	
	連續快按二下	進入物件性質修改對話框
右鍵	繪圖區→快顯功能表或【Enter】功能 1.變數 SHORTCUTMENU 等於 0 →【Enter】 2.變數 SHORTCUTMENU 大於 0 →快顯功能表 3.或於選項→使用者設定→繪圖區域中的快顯功能表	
中間滾輪	旋轉滾輪向前或向後	即時縮放(RTZOOM)
	壓住滾輪不放與拖曳	即時平移(PAN)
	連續快按二下	縮放至實際範圍(ZOOM → E)
	[Shift]+壓住滾輪不放與拖曳	3D 導覽→約束環轉 相當於指令 3DORBIT
	[Ctrl]+壓住滾輪不放與拖曳	3D 導覽→迴旋 相當於指令 3DSWIVEL
	[Ctrl]+[Shift]+壓住滾輪不放與拖曳	3D 導覽→自由環轉 相當於指令 3DFORBIT
	Mbuttonpan=0 時(預設值=1) 按一下滾輪	物件鎖點快顯功能表
[Shift] + 右鍵	物件鎖點快顯功能表	
[Ctrl] + 右鍵	物件鎖點快顯功能表	

Shift+中間滾輪 3D 導覽→約束環轉(相當於指令 3DORBIT)

可以不用下達任何指令，快速輕鬆的沿 XY 平面或 Z 軸約束環轉 3D 物件。

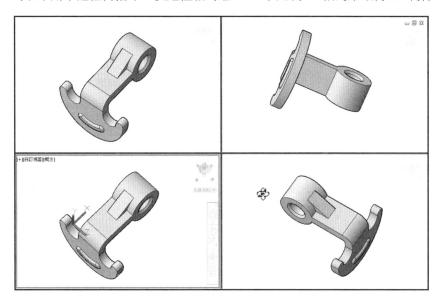

Ctrl+中間滾輪 3D 導覽→迴旋(相當於指令 3DSWIVEL)

可以不用下達任何指令，快速輕鬆的在拖曳的方向上使用相機模擬平移 3D 物件。

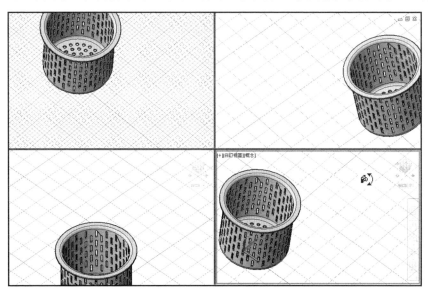

Ctrl＋Shift＋中間滾輪 3D 導覽→自由環轉(相當於指令 3DFORBIT)

可以不用下達任何指令，快速輕鬆的由任意方向的自由環轉 3D 物件。

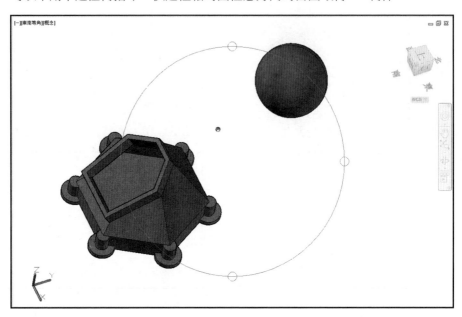

11　3D 座標表示法

3D 座標表示法分別有：

✪ **絕對座標表示法**

✪ **相對座標表示法：** 又分為增減量、距離角度、相對圓柱座標與相對圓球面座標表示法四種。

絕對座標表示法

✪ **表示方法 1：X,Y,Z**

即絕對於 UCS 原點座標表示法

✪ **表示方法 2：*X,Y,Z**

即絕對於 WCS 原點座標表示法

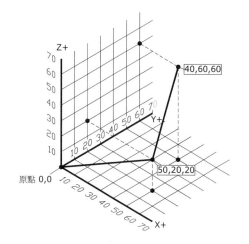

相對座標表示法

即相對應於上一點座標，凡使用相對座標表示法一定要於座標輸入前加入"@"記號，其方法有三種：

✪ **增減量表示法：@△X,△Y,△Z**

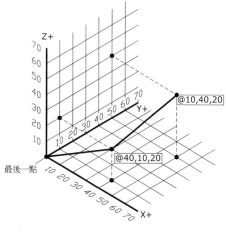

✪ **圓柱座標表示法：**

@距離<XY 平面角度，Z 軸分量

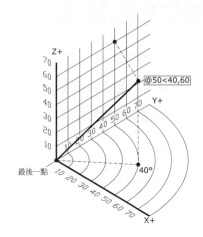

❖ 2D 圓柱投影範例說明：

指令: LINE

指定第一點: 40<60,30

指定下一點或 [退回(U)]: 85<30,50

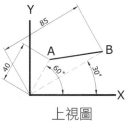

上視圖

A 點 (以 UCS 原點為基準)

B 點 (以 UCS 原點為基準)

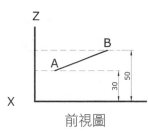

前視圖

指令: LINE

指定第一點: 40<60,30

指定下一點或 [退回(U)]: @85<30,50

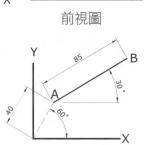

上視圖

A 點 (以 UCS 原點為基準)

B 點 (以 A 點為基準)

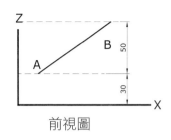

前視圖

✪ **球座標表示法：**

@距離<XY 平面角度<XZ 平面角度

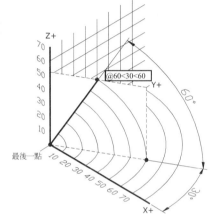

❖ 2D 球面投影範例說明：

指令: LINE

指定第一點: 40<60<45

指定下一點或 [退回(U)]: 85<30<45

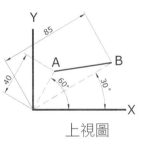

上視圖

A 點 (以 UCS 原點為基準)

B 點 (以 UCS 原點為基準)

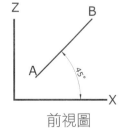

前視圖

指令: LINE

指定第一點: 40<60<45

指定下一點或 [退回(U)]:@85<30<45

上視圖

前視圖

A 點 (以 UCS 原點為基準)

B 點 (以 A 原點為基準)

隨手札記

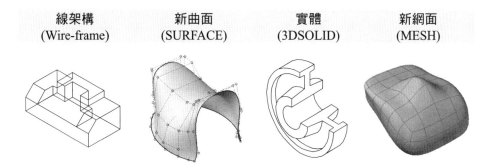

| 線架構
(Wire-frame) | 新曲面
(SURFACE) | 實體
(3DSOLID) | 新網面
(MESH) |

✪ 3D 幾何特性比較表

3D 幾何特性	線架構	新曲面	實體	新網面
表面積	無	有	有	有
體積	無	無	有	無
真正實體質心	無	無	有	無
消除隱線 HIDE	不受影響	受影響	受影響	受影響
貼附材質	No	Yes	Yes	Yes
彩現	No	Yes	Yes	Yes
建立與編輯功能	良好	強大	強大	強大
布林運算交集、聯集、差集	No	No	Yes	No
視覺效果	差	不錯	不錯	不錯
未來發展	落伍了	新主流	持續主流	新主流
學習難易度	容易	容易	容易	容易

第一篇　第一章 ▼ 踏出 3D 關鍵的第一步

❖ 以 LIST 指令產生的差異

❖ 選取線架構物件之回應：

```
                          線圖層:「0」
                          空間: 模型空間
                          處理碼 = b0
         來源點，  X=  40.6921  Y= 272.4425  Z=    0.0000
         目標點，  X=  39.4227  Y= 343.8308  Z=    0.0000
         長度 =  71.3996，在 XY 平面內的角度 =       91
    X 差值 =  -1.2694，Y 差值 =   71.3883，Z 差值 =    0.0000
```

❖ 選取曲面物件之回應：

```
                REVOLVEDSURFACE    圖層:「0」
                          空間: 模型空間
                          處理碼 = 182
                          U-isolines = 6,
                          V-isolines = 6,
      邊界框:          邊界下限  X = 2533.3140, Y = 3331.8256, Z = -2065.5688
                  邊界上限  X = 6099.6305, Y = 5713.5551, Z = 2065.5688
                          起始角度: 0
                          迴轉角度: 180
             方向向量: X = -1.0000     Y = 0.0000       Z = 0.0000
```

```
                LOFTEDSURFACE    圖層:「0」
                          空間: 模型空間
                          處理碼 = 13d
                          U-isolines = 6,
                          V-isolines = 6,
      邊界框:          邊界下限  X = 2533.3140, Y = 3647.9863, Z = -316.1607
                  邊界上限  X = 6099.6305, Y = 7048.4678, Z = 2065.5688
                          斷面: 2
                          路徑曲線: 1
                          導引曲線: 0
```

EXTRUDEDSURFACE　圖層:「0」

空間: 模型空間

處理碼 = af

U-isolines = 6,

V-isolines = 6,

邊界框:　　　邊界下限　X = 185.7041 , Y = 226.1933 , Z = 0.0000

邊界上限　X = 264.7631 , Y = 320.4646 , Z = 77.3646

擠出高度: 77.3646

錐狀角度: 0

SWEPTSURFACE　圖層:「0」

空間: 模型空間

處理碼 = 189

U-isolines = 6,

V-isolines = 6,

邊界框:　　　邊界下限　X = 2430.8348, Y = 3444.5558, Z = -26.6204

邊界上限　X = 6221.1394, Y = 3648.4014, Z = 1624.2771

掃掠長度: 5169.4538

輪廓旋轉: 0

沿路徑調整比例: 1.0000

沿路徑扭轉: 0

排列: 關閉

❖ 選取實體物件之回應:

3DSOLID　圖層:「0」

空間: 模型空間

處理碼 = 18a

歷程 = 記錄

顯示歷程 = 否

實體類型 = 方塊

位置, X = 2302.1085 Y = 838.0017　Z = 0.0000

長度: 1118.0307

寬度: 730.5688

高度: 595.1275

旋轉: 0

```
            3DSOLID    圖層:「0」
                空間: 模型空間
                處理碼 = 192
                歷程 = 記錄
               顯示歷程 = 否
           實體類型 = 斷面混成
                斷面: 2
              路徑曲線: 0
              導引曲線: 0
  邊界框:          邊界下限  X = 9256.0488, Y = 1806.0676, Z = -0.0010
          邊界上限  X = 11396.4423, Y = 4533.9022, Z = 0.0010
```

❖ 選取網面物件之回應：

```
            MESH        圖層:「0」
                空間: 模型空間
                處理碼 = 22a
               無縫網面 = 是
          初始網面面計數 = 128
         初始網面頂點計數 = 130
           網面平滑等級 = 4
       等級 4 網面面計數 = 32768
     等級 4 網面頂點計數 = 32770
  邊界框: 邊界下限  X = 99.6997   、Y = 417.6787  、Z = 0.0000
       邊界上限  X = 180.6101  、Y = 471.7550  、Z = 36.5556
```

✪ 以 MASSPROP 質量性質指令產生的差異

❖ 選取線架構物件之回應：未選取任何實體或面域。

❖ 選取曲面物件之回應：除了面域外，均回應『未選取任何實體或面域』。

```
----------------    面域    ------------------

面積:            71589.9007
周長             948.4858
邊界框:          X: -50.1499  --   251.7624
                Y: -458.8124  --   -156.9000
形心:           X: 100.8062
                Y: -307.8562
慣性矩:          X: 7192807448.5309
                Y: 1135332974.7002
慣性積:          XY: -2221708594.3196
旋轉半徑:         X: 316.9738
```

Y: 125.9319
主力矩與形心的 X-Y 方向：
I: 407843603.9212 沿著 [1.0000 0.0000]
J: 407843603.9212 沿著 [0.0000 1.0000]

❖ 選取實體物件之回應：

---------------- 實體 ----------------

質量：   45221.6555
體積：   45221.6555
邊界框：   X: -265.1937 -- -189.1937
                   Y: 82.6409 -- 117.6409
                   Z: -38.0000 -- 38.0000
形心：   X: -232.2283
                   Y: 100.1409
                   Z: -5.0349
慣性矩：   X: 470578430.6832
                   Y: 2467053895.6706
                   Z: 2908235008.0292
慣性積：   XY: -1051654340.2784
                   YZ: -22800609.4331
                   ZX: 48609561.4222
旋轉半徑：   X: 102.0100
                   Y: 233.5695
                   Z: 253.5955

主力矩與矩心的 X-Y-Z 方向：
I: 11675011.1664 沿著 [0.7071 0.0000 -0.7071]
J: 27104718.2996 沿著 [0.0000 1.0000 0.0000]
K: 20225874.2143 沿著 [0.7071 0.0000 0.7071]

❖ 選取網面物件之回應：未選取任何實體或面域。

13　AutoCAD 2025 的檔案類別

副檔名	說　明	副檔名	說　明
‧ ac$	圖形暫存檔	‧ dws	圖形標準檔
‧ arg	環境選項個案設定檔	‧ dwt	圖形樣板檔
‧ adt	圖形檢核報告檔	‧ dxf	標準圖形交換檔
‧ arx	ARX 應用程式檔	‧ dxx	屬性 DXF 格式萃取檔
‧ avi	多媒體動態展示檔	‧ exe	應用程式執行檔
‧ bak	DWG 圖形備份檔	‧ err	AutoCAD 錯誤報告檔
‧ bmp	點陣圖影像檔	‧ fas	快速載入的 AutoLISP 程式檔
‧ cfg	規劃檔	‧ fmt	字體替換對應表檔
‧ ctb	出圖形式表格檔	‧ hdi	輔助說明索引檔
‧ cui	自訂使用者介面檔	‧ hlp	輔助說明檔
‧ dbx	Object DBX 程式檔	‧ htm	網頁標準格式檔
‧ dcc	對話框顏色控制檔	‧ html	網頁標準格式檔
‧ dce	對話框錯誤報告檔	‧ igs	IGES 圖形交換檔
‧ dcl	對話框程式檔	‧ ini	組態設定檔
‧ doc	WORD 文件檔	‧ jpg	JPEG 影像檔
‧ dst	圖紙集設定檔	‧ las	圖層狀態圖檔
‧ dvb	VBA 檔案	‧ lin	線型定義檔
‧ dwf	網際網路圖形檔	‧ log	圖面記錄檔
‧ dwg	圖形檔	‧ lsp	AutoLISP 程式檔
‧ max	3DS MAX 與 VIZ 格式檔	‧ sat	ACIS 實體圖形檔
‧ mli	材質庫檔	‧ scr	劇本檔、草稿檔
‧ mln	MLINE 定義檔	‧ shp	字型原始檔

副檔名	說　明	副檔名	說　明
• mnc	功能表編譯檔	• slb	SLIDE 幻燈片庫檔
• mnl	AutoLISP 功能表程式檔	• sld	SLIDE 幻燈片檔
• mnr	功能表資源檔	• stl	立體石板印刷格式檔
• mns	功能表原始檔	• sv$	自動儲存檔
• mnu	舊功能表母體檔	• tga	TGA 影像檔
• mnx	DOS 版功能表編譯檔	• tif	TIF 影像檔
• pat	剖面線形狀定義檔	• txt	ASCII 文字檔
• pcp	舊式出圖規劃設定參數檔	• vlx	Visual LISP 程式檔
• pc2	R14 出圖規劃設定參數檔	• wav	多媒體聲音檔
• pc3	出圖規劃設定參數檔	• wmf	Windows Meta(中繼)檔
• pgp	快捷鍵定義檔	• xmx	外掛訊息檔
• plt	繪圖輸出檔	• xls	EXCEL 文件
• ppt	Power Point 簡報檔	• xtp	工具選項板匯出檔
• ps	Post Script 檔	• xpg	工具選項板群組匯出檔
• shx	字型編譯檔(AutoCAD 專用字體)		

14 熟記常用的 2D 與 3D 快捷鍵

❂ 2D 常用的快捷鍵：單一字母

快捷鍵	執行指令	指令說明
A	ARC	弧
B	BLOCK	圖塊
C	CIRCLE	圓
D	DIMSTYLE	標註型式管理員
E	ERASE	刪除
F	FILLET	圓角
G	GROUP	群組管理員
H	HATCH	剖面線、填充線
I	INSERT	插入圖塊
J	JOIN	結合
K	【未定義】	
L	LINE	畫線
M	MOVE	移動
N	【未定義】	
O	OFFSET	偏移複製
P	PAN	即時平移
Q	【未定義】	
R	REDRAW	重繪
S	STRETCH	拉伸
T	MTEXT	多行文字
U	【標準指令】	退回一次 (不等於 undo)
V	VIEW	視圖
W	WBLOCK	寫出圖塊
X	EXPLODE	分解、炸開
Y	【未定義】	
Z	ZOOM	縮放

第一篇

第一章 ▼ 踏出 3D 關鍵的第一步

✪ 2D 常用的快捷鍵：2 個字母

快捷鍵	執行指令	指令說明
AA	AREA	面積
AL	ALIGN	對齊
AR	ARRAY	關聯式陣列
-AR	-ARRAY	指令式陣列
BO	BOUNDARY	邊界
BR	BREAK	切斷
CO	COPY	複製
DI	DIST	兩點距離
DT	TEXT	單行文字
ED	DDEDIT	編輯文字、屬性標籤、屬性值、標註
EL	ELLIPSE	橢圓
EX	EXTEND	延伸
HE	HATCHEDIT	填充線編修
LA	LAYER	圖層管理員
LI	LIST	查詢物件資料
LT	LINETYPE	線型管理員
MA	MATCHPROP	複製性質
ME	MEASURE	等距佈點
MI	MIRROR	鏡射
OP	OPTIONS	選項
OS	OSNAP	物件鎖點管理員
PE	PEDIT	聚合線編輯
PL	PLINE	聚合線
PU	PURGE	清除無用物件
RE	REGEN	重生
RO	ROTATE	旋轉
SC	SCALE	比例
ST	STYLE	文字型式管理員
TR	TRIM	修剪

快捷鍵	執行指令	指令說明
UN	UNITS	單位管理員
XL	XLINE	建構線

✪ 3D 常用的快捷鍵

快捷鍵	執行指令	指令說明
3A	3DARRAY	3D 陣列
3AL	3DALIGN	3D 對齊
3M	3DMOVE	3D 移動
3P	3DPOLY	3D 聚合線
3R	3DROTATE	3D 旋轉
AL	ALIGN	對齊
DV	DVIEW	3D 動態檢視
EXT	EXTRUDE	3D 擠出
HI	HIDE	消除隱藏線
IN	INTERSECT	交集
INF	INTERFERE	干涉
REG	REGION	面域
REV	REVOLVE	3D 迴轉
RC	RENDERCROP	彩現裁剪視窗
RR	RENDER	彩現
RW	RENDERWIN	彩現視窗
SU	SUBTRACT	差集
UC	UCSMAN	UCS 管理員
UNI	UNION	聯集
VP	DDVPOINT	對話框式檢視點控制

第一篇 第二章

快速掌握基本 3D 與觀測顯示與查詢

1 以滑鼠快速導覽 3D 物件

說明	輕鬆以滑鼠快速導覽 3D 物件 (不用下達任何指令)

前一章已完整描述滑鼠的各按鍵與組合按鍵的功能，其中最大的改變有三種：

	1	旋轉滾輪向前或向後	即時縮放(RTZOOM)
	2	按壓滾輪不放與拖曳	即時平移(PAN)
	3	連續快按左鍵二下	縮放至實際範圍(ZOOM → E)
中間滾輪	4	[Shift]+中間滾輪	3D 導覽→環轉 相當於指令 3DORBIT
	5	[Ctrl]+中間滾輪	3D 導覽→迴旋 相當於指令 3DSWIVEL
	6	[Ctrl]+[Shift]+中間滾輪	3D 導覽→自由環轉 相當於指令 3DFORBIT

第 4、5、6 三項，都是貼心針對加速 3D 導覽所特別安排的，熟悉它，操作 3D 將更能得心應手，這三項都是 3D 導覽模式中重要的項目，3D 導覽共有七項功能，詳見後續章節。

環轉	3DORBIT	將環轉約束至 XY 平面或 Z 方向
自由環轉	3DFORBIT	允許在任何方向環轉
連續環轉	3DCORBIT	將物件連續環轉
調整距離	3DDISTANCE	模擬移動相機以接近或遠離物件
迴旋	3DSWIVEL	模擬相機迴旋的效果
漫遊	3DWALK	在 XY 平面上方固定的高度漫遊模型
飛行	3DFLY	在 XY 平面上方不限高度飛越模型

本章節各位只要先把滑鼠新增控制的這三項稍加操作熟悉即可。

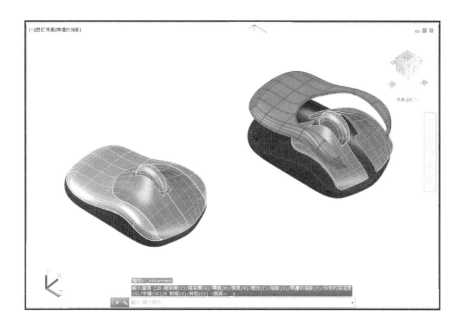

Shift+中間滾輪 3D 導覽→環轉 (相當於指令 3DORBIT)

可以不用下達任何指令，快速輕鬆的沿 XY 平面或 Z 軸約束環轉 3D 物件。

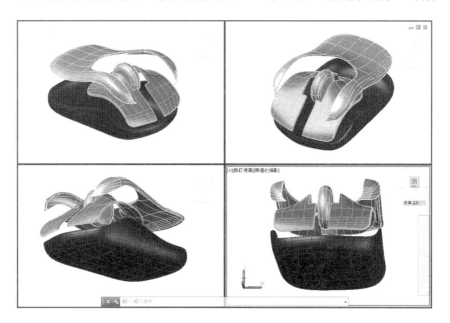

Ctrl＋中間滾輪 3D 導覽→迴旋 (相當於指令 3DSWIVEL)

可以不用下達任何指令，快速輕鬆的在拖曳的方向上使用相機模擬平移 3D 物件。

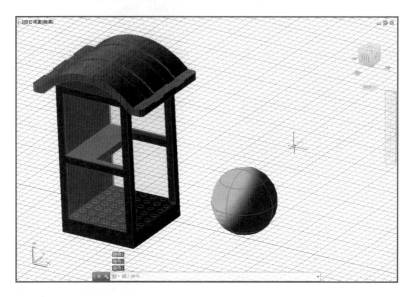

Ctrl＋Shift＋中間滾輪 3D 導覽→自由環轉 (相當於指令 3DFORBIT)

可以不用下達任何指令，快速輕鬆的由任意方向自由環轉 3D 物件。

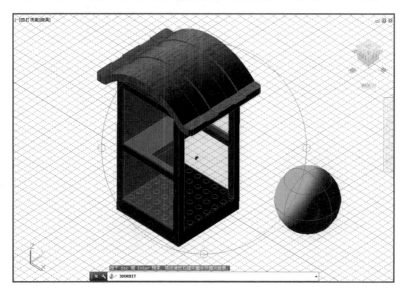

2　3D 顯示控制三大關鍵設定

三大顯示控制	系統變數	預設值	建議值
彩現物件平滑度	FACETRES	0.5	2
每個曲面示意線數	ISOLINES	8	8
繪製實體和曲面的真實剪影	DISPSILH	0	1

功能指令敘述 (請呼叫隨書檔案 LIGHT-MAT-1.dwg)

✪ **執行 HIDE 消除隱藏線**

✪ **問題一**　畫面的瓶子、圓球與桌子有一大堆表面都出來了，怎麼消除呢？

　　　ANS：　控制 HIDE 時只顯示輪廓的關鍵變數是 DISPSILH (內定=0)
　　　　　　　請將其值設定為『1』，再執行 HIDE 即可。

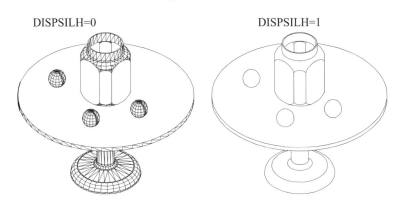

DISPSILH=0　　　　　　　　　　　DISPSILH=1

✪ **問題二**　直接對畫面進行描影、RENDER 彩現或 HIDE，瓶子、圓球與桌子
　　　　　　的平滑度很差，怎麼讓它平滑呢？

　　　ANS：

　❖ 控制的關鍵變數是 FACETRES，其範圍從 0.01~10，預設值=0.5。

　❖ 請將其值設定為『2』，再執行描影、RENDER 或 HIDE 即可。

　❖ 此值設定愈大，平滑度愈高，但所花的時間愈久，建議設定為
　　2~5 較能兼顧『平滑度』與『速度』。

FACETRES=0.5 FACETRES=2

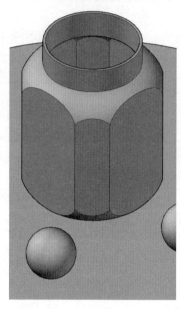

✪ **問題三**　直接對畫面進行 REGEN 重生，瓶子、圓球與桌子的線架構表現方式能否多一些線條，讓杯子更像杯子，圓球更像圓球呢？

ANS：控制每個曲面的線架構表現數量的關鍵變數是 ISOLINES 請將其值設定為『8』，再執行 REGEN 重生即可。

ISOLINES=4 ISOLINES=8

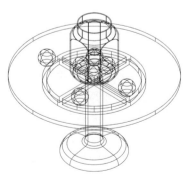 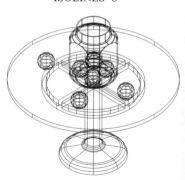

重點叮嚀

⊘ 問題一、二、三的設定值對 3D 作圖彩現很重要，所以亦可在 AutoCAD
『選項』對話框中設定之。

⊘ 設定的方式如下：呼叫出『選項』對話框，選擇『顯示』頁籤：

指令: OPTIONS

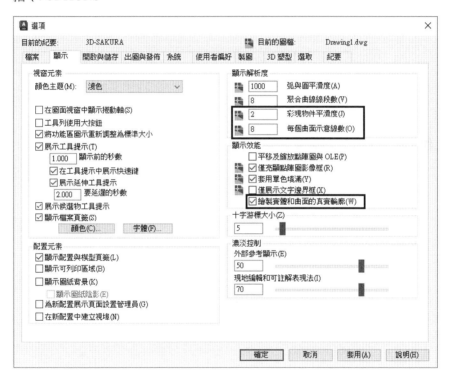

3	NAVVCUBE－VIEWCUBE 顯示

指令	NAVVCUBE
說明	標準視圖與等角視圖切換

功能指令敘述 (開啟隨書檔案 NAVVCUBE.dwg)

○ **VIEWCUBE 顯示**

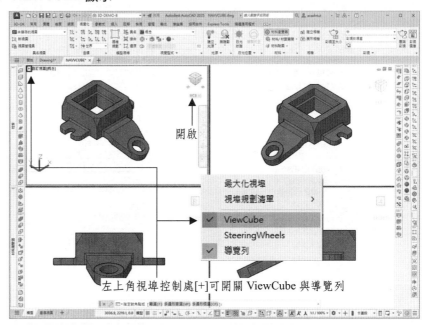

開啟

最大化視埠
視埠規劃清單
✓ ViewCube
SteeringWheels
✓ 導覽列

左上角視埠控制處[+]可開關 ViewCube 與導覽列

○ **於 VIEWCUBE 顯示圖像，直接點選要切換的視圖**

❖ 前、後、左、右視圖顯示：

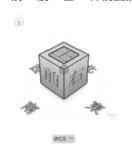

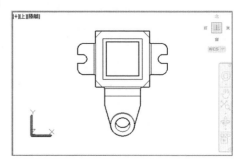

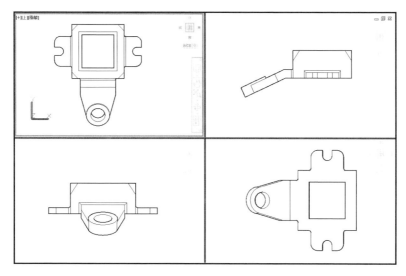

❖ 各角邊視圖顯示：

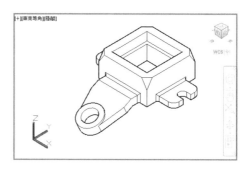

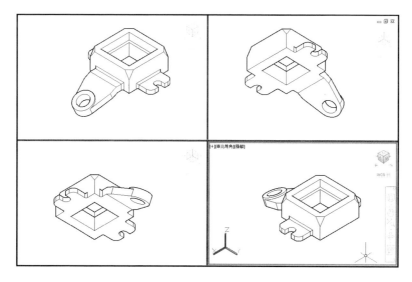

❖ 東、西、南、北視圖顯示：

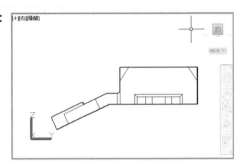

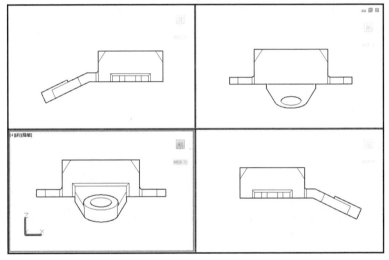

✪ 於 VIEWCUBE 顯示圖像，按選滑鼠右鍵出現快顯功能表

❖ 主視圖：相同於 VIEWCUBE 🏠 ，請搭配『將目前視圖設定為主視圖』使用。

❖ 平行：

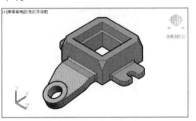

❖ 透視：

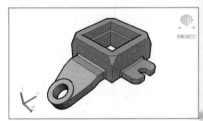

❖ 透視與正投影面：

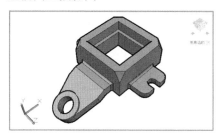

❖ 將目前視圖設定為主視圖：調整好自己喜好的視圖效果，按選該功能，當
  繪圖過程中需要回到主視圖，只要選取 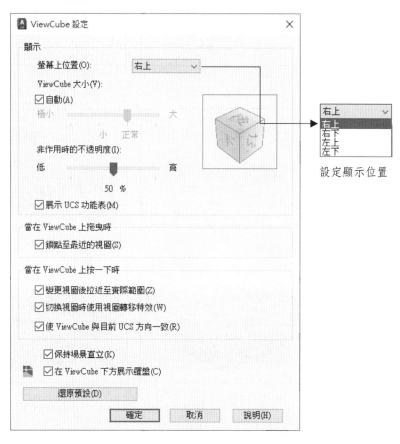 功能鍵即可回到主視圖。

❖ ViewCube 設定：

非作用透明度=10%

非作用透明度=80%

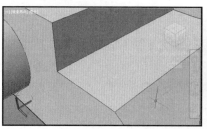
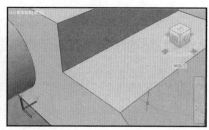

關閉展示羅盤

打開展示羅盤

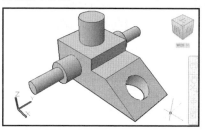
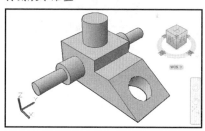

打開變更視圖後拉近至實際範圍

關閉變更視圖後拉近至實際範圍

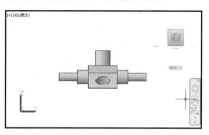
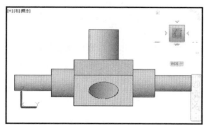

打開展示 UCS 功能表

關閉展示 UCS 功能表

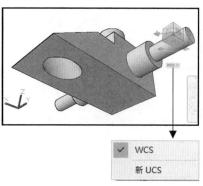
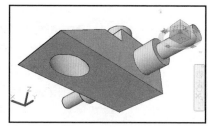

4　VIEW－視圖管理員

指令	VIEW	快捷鍵	V	
說明	具名儲存及取出視圖			視圖 管理員

功能指令敘述

指令: VIEW

✪ 預先設定的視圖共有十種

上、下、左、右、前、後、西南、東南、東北、西北。(請開啟隨書檔案 MASSPROP.dwg 來練習)

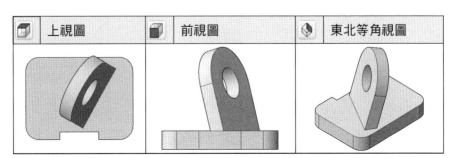

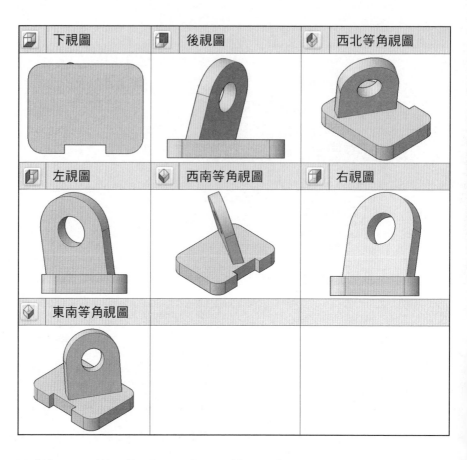

✪ 從『常用』頁籤→『視圖』面板，直接呼叫亦可

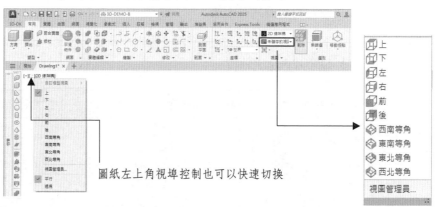

圖紙左上角視埠控制也可以快速切換

✪ 建立一個新視圖

❖ 按選『新建』，出現對話框。

❖ 於視圖名稱處輸入名稱。

❖ 如果選取『目前的顯示』，則
   會以目前視窗儲存。

❖ 如果選取『定義視窗』，再按
   選 鍵會進入圖形畫面：

   指定第一角點：　←選取框角 1
   指定對角點：　　←選取框角 2

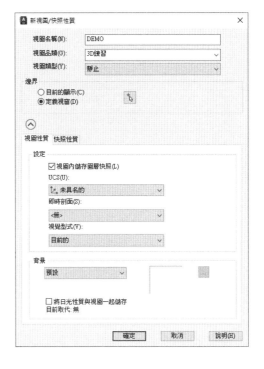

(定義視窗)

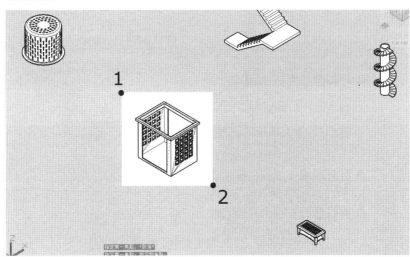

❖ 完成定義後，按選『確定』鍵，回到主對話框畫面。

新增完成視埠

✪ 呼叫建立完成的視埠

選取要切換的視圖，按選『設為目前的』（可按選滑鼠右鍵），再選取『確定』鍵即可。（或快按滑鼠左鍵二下，亦可將該視圖設為目前的）

✪ 更新圖層：更新搭配視圖的圖層開關狀態。

✪ 編輯邊界：選取視圖名稱，按選『編輯邊界』。

指定第一角點:	←選取框角點 1
指定對角點:	←選取框角點 2
指定第一角點:	← [Enter]結束選取或重新點選框角

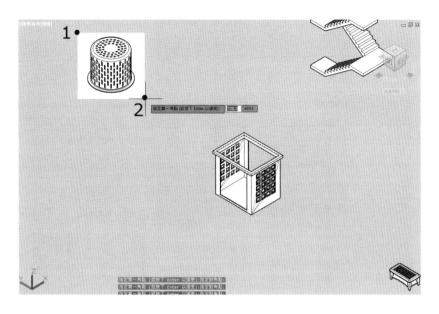

❂ **刪除**

　❖ 刪除：選取視圖名稱，按選『刪除』即可。

❂ **視圖一般性質**

一般	
名稱	DEMO
品類	3D練習
UCS	未具名的
固層快照	是
註解比例	1:1
視覺型式	隱藏
背景取代	＜無＞
即時剖面	＜無＞

　❖ 名稱：設定視圖名稱。

　❖ 品類：設定視圖種類。

　❖ UCS：設定隨視圖一起儲存的具名 UCS。

　❖ 圖層快照：設定目前圖層的開關是否與視圖一起儲存。

　❖ 註解比例：設定註解比例。

　❖ 視覺型式：設定隨視圖一起儲存的視覺型式。

❖ 背景取代：設定視圖的背景。

單色

漸層

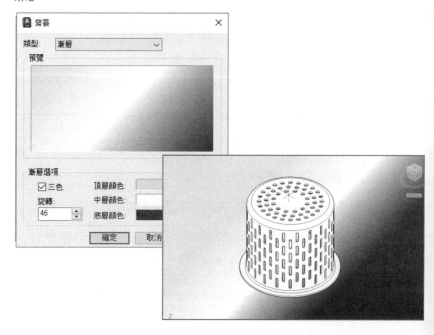

影像

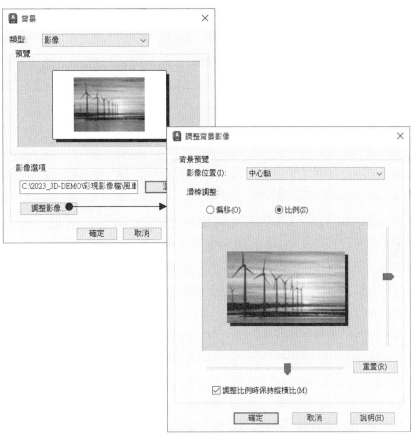

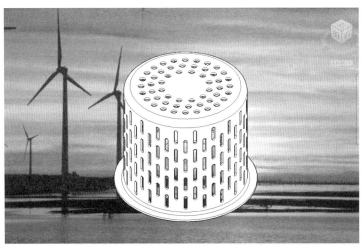

5　VPORTS－視埠

指令	VPORTS
說明	視埠分割與管理

功能指令敘述

指令: VPORTS（請開啟隨書檔案 VPORTS-學步車.DWG）

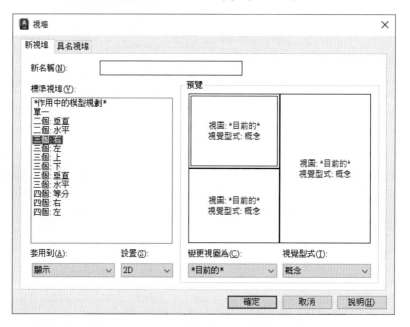

✪ 建立二個新視埠

❖ 於『新名稱』處輸入視埠名稱，例如 VV4-AA。

❖ 選取欲建立的標準視埠類型。

(選四個等分並設為 3D 再變更每一個視圖)

❖ 按選『確定』鍵。

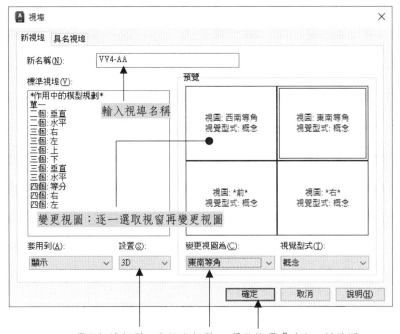

選取視埠類型，與設定類型　最後按選『確定』鍵離開

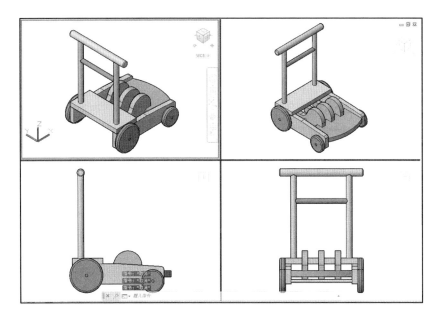

❖ 於『新名稱』處輸入視埠名稱，例如 VV3-BB。

❖ 選取欲建立的標準視埠類型。

❖ 按選『確定』鍵。

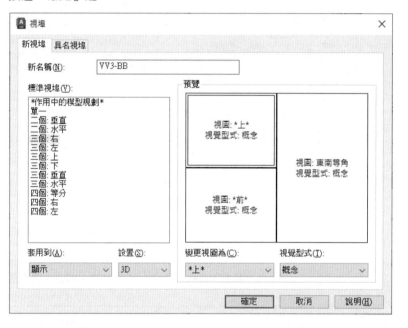

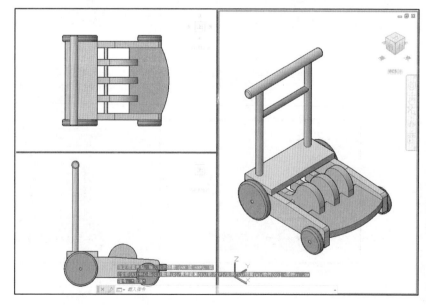

✪ 切換具名的視埠

❖ 將頁籤切換至『具名視埠』，選取視埠名稱，再按選『確定』即可。

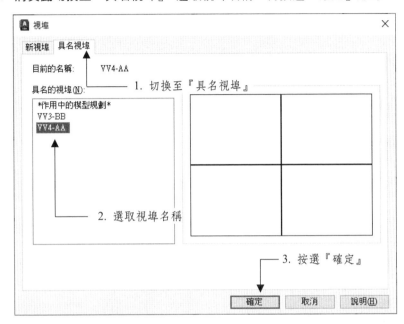

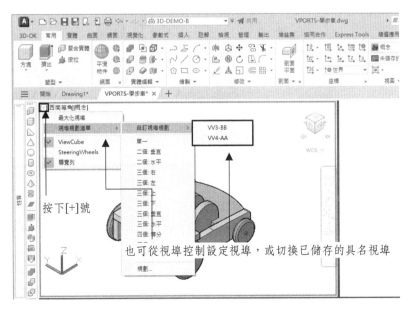

✪ 更名或刪除『具名視埠』

❖ **更名：**選取視埠名稱，按選滑鼠右鍵出現清單選取『更名』，再輸入新名稱。

❖ **刪除：**選取視埠名稱，按選滑鼠右鍵出現清單選取『刪除』即可。

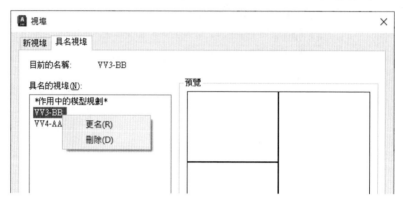

✪ 視埠彈性調整

用滑鼠左鍵選取視埠框中間拖曳，調整視埠大小。

同時按住[Ctrl]鍵與滑鼠左鍵選取視埠框中間拖曳，新增視埠。

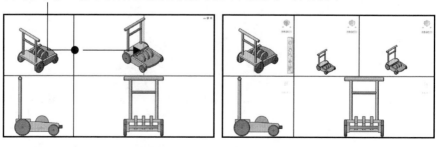

用滑鼠左鍵選取視埠框中間拖曳，將視埠邊緣移至另一邊緣結合視埠。

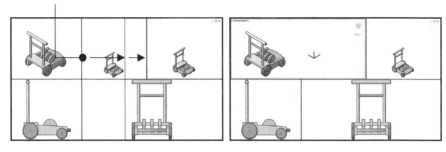

用滑鼠左鍵選取視埠框中間拖曳，至邊緣則移除視埠。

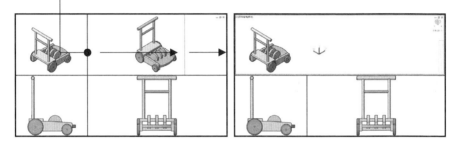

✪ 在模型空間中的 -VPORTS

指令：-VPORTS
輸入選項 [儲存(S)/還原(R)/刪除(D)/接合(J)/單一(SI)/?/2/3/4/切換(T)/模式
(MO)] <3>:   ←輸入選項

✪ 在配置圖紙空間中的 -VPORTS

指令: -VPORTS (功能同 MVIEW 指令或快捷鍵 MV)
請指定視埠的角點或 [打開(ON)/關閉(OFF)/佈滿(F)/描影出圖(S)/鎖住(L)/物
件(O)/多邊形(P)/還原(R)/圖層(LA)/2/3/4]:←輸入選項

✪ 選項說明

❖ **請指定視埠的角點**：建立矩形浮動視埠。

❖ **打開(ON)**：打開視埠，物件可見。

❖ **關閉(OFF)**：關閉視埠，物件不可見。

❖ **佈滿(F)**：建立一個佈滿圖紙的視埠。

❖ **描影出圖(S)**：依顯示(A)/線架構(W)/隱藏(H)/視覺型式(V)/彩現(R)

視覺型式又分：

輸入選項 [線架構(W)/隱藏(H)/擬真(R)/概念(C)/描影(S)/帶邊緣的描影(E)/灰色的深淺度(G)/手繪(SK)/X 射線(X)/其他(O)] <擬真>：

❖ **鎖住(L)**：鎖護視埠。

❖ **物件(O)**：轉換物件為視埠 (如封閉聚合線、橢圓、雲形線、面域或圓)。

❖ **多邊形(P)**：建立一個多邊形的視埠。

❖ **圖層(LA)**：將所選視埠的圖層性質取代重置回總體圖層性質。

❖ **還原(R)**：取回已儲存的具名視埠分割。

❖ **2/3/4**：分割視埠數。

範例說明

✪ **模型空間建立九宮格視埠**

指令: -VPORTS
輸入選項 [儲存(S)/還原(R)/刪除(D)/接合(J)/單一(SI)/?/2/3/4/切換(T)/模式(MO)] <3>: 3
輸入規劃選項 [水平(H)/垂直(V)/上(A)/下(B)/左(L)/右(R)] <右>: H

❖ **再依序到三個水平視埠中進行 3 個垂直分割**

指令: -VPORTS   ←選取水平視埠
輸入選項 [儲存(S)/還原(R)/刪除(D)/接合(J)/單一(SI)/?/2/3/4] <3>: 3
輸入規劃選項 [水平(H)/垂直(V)/上(A)/下(B)/左(L)/右(R)] <右>: V

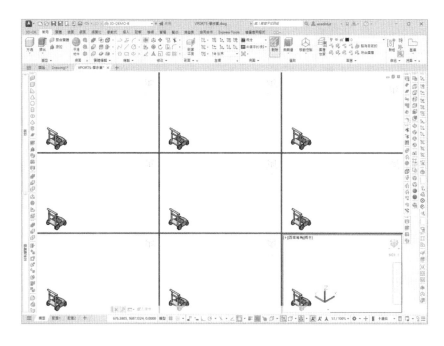

指令: VPORTS　　　　　　　　←指定各視埠的觀測視圖，並命名為 VV9

❖ 成果展示：一聲令下，四面八方觀測同時展現，實在很壯觀。

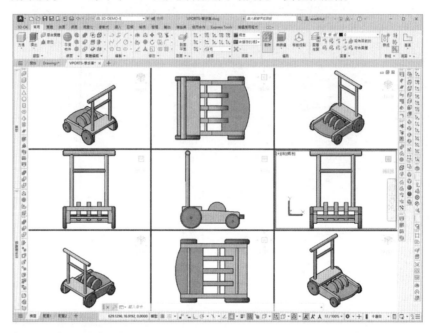

❖ 視埠控制：最大化視埠。

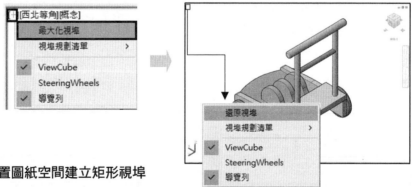

✪ 配置圖紙空間建立矩形視埠

指令: -VPORTS

指定視埠的角點或 [打開(ON)/關閉(OFF)/佈滿(F)/描影出圖(S)/鎖住(L)/新增(NE)/具名(NA)/物件(O)/多邊形(P)/還原(R)/圖層(LA)/2/3/4] <佈滿>:

　　　　　　　　　　　　　　　　　　　　　←直接給一角點 1

請指定對角點：　　　　　　　　　　　　　　←再給另一角點 2

❖ 下圖於配置 1 分別建立了 5 個視埠，2 個鎖定螺旋梯，1 個鎖定撞球，2 個鎖定燈座，並分別調整視圖方向。

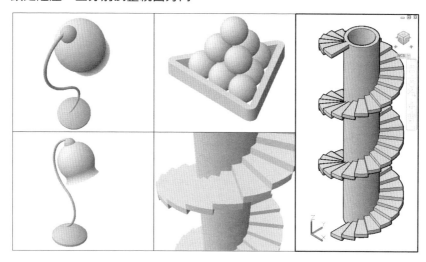

✪ 轉換配置圖紙空間之物件為浮動視埠

❖ 請先畫一個圓與一正八邊形：

指令: -VPORTS

請指定視埠的角點或 [打開(ON)/關閉(OFF)/佈滿(F)/描影出圖(S)/鎖住(L)/物件(O)/多邊形(P)/還原(R)/圖層(LA)/2/3/4] <佈滿>:   ←輸入選項 O

選取要截取視埠的物件: ←選擇物件 (例如圓或多形形)

正在重生模型.

轉換前的 2D 物件

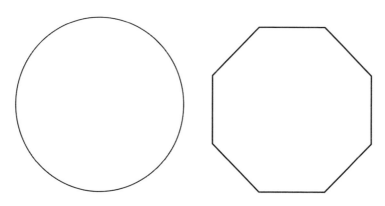

轉換後的視埠物件示範一

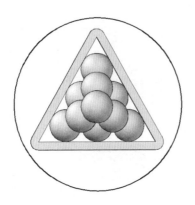
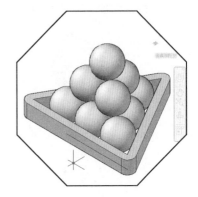

轉換後的視埠物件示範二

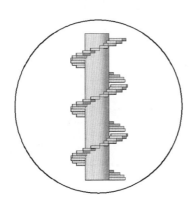
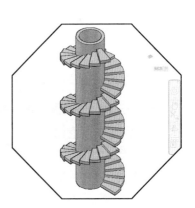

轉換後的視埠物件示範三

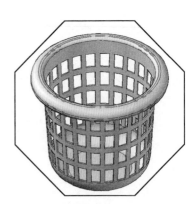

指令	HIDE	快捷鍵	HI
說明	消除隱藏線		

功能指令敘述

指令: HIDE (HIDE 後須執行 REgen 重生後，才能 ZOOM/PAN)

✪ 呼叫隨書檔案 HIDE.dwg 將目前左上角執行 HIDE 指令

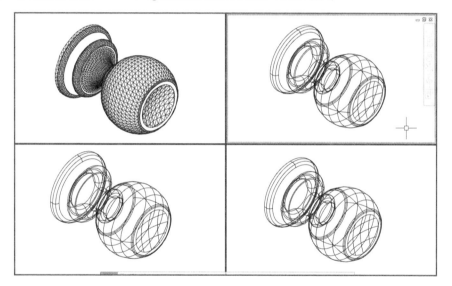

✪ 隱藏後右上角圖形呈現許多架構線，如果希望隱藏後只有輪廓線，請將 DISPSILH 變數打開，執行方式如下：

指令:DISPSILH

輸入 DISPSILH 的新值<0>: 1

再分別到左下與右上視埠作 HIDE

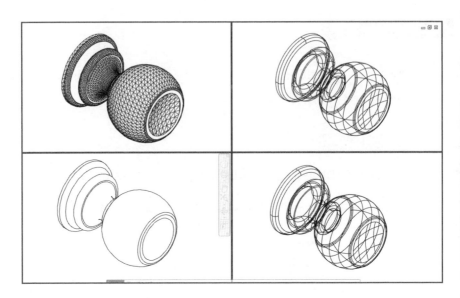

✪ HIDE 對於交界處與文字的處理

原圖(未 Hide 前)

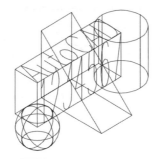

INTERSECTIONDISPLAY=0,

HIDETEXT=0

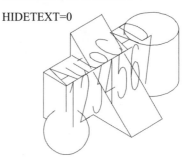

INTERSECTIONDISPLAY=1

HIDETEXT=0

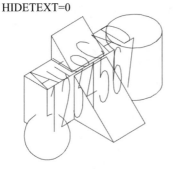

交界處邊界以聚合線顯示

INTERSECTIONDISPLAY=1,

HIDETEXT=1

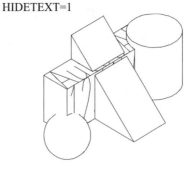

隱藏文字

7　PROPERTIES－性質

指令	PROPERTIES	快捷鍵	[Ctrl]+1	
說明	性質修改			性質

功能指令敘述

❍ **任意畫一個 BOX 方塊、圓柱與圓球**

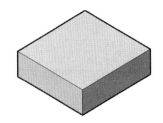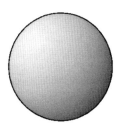

❍ **編修 3D 物件於性質的功能**

三種不同實體，展現的資訊都不相同，想改變的尺寸部分輕鬆完成，實體種類也清楚的記錄著，不但如此，還可以指定貼圖材料與陰影顯示，所以上一章已經建議將性質錨定於左邊，隨時呼叫使用編輯 3D 基本實體物件。

方塊　　　　　　　　　　　　　修改方塊長寬高

圓柱　　　　　　　　　　　　　　修改圓柱半徑與高度

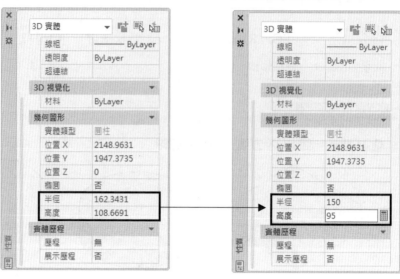

圓球　　　　　　　　　　　　　　修改圓球半徑

✪ 尺寸變更也可以由物件直接拉動掣點做調整

拉動掣點或箭頭

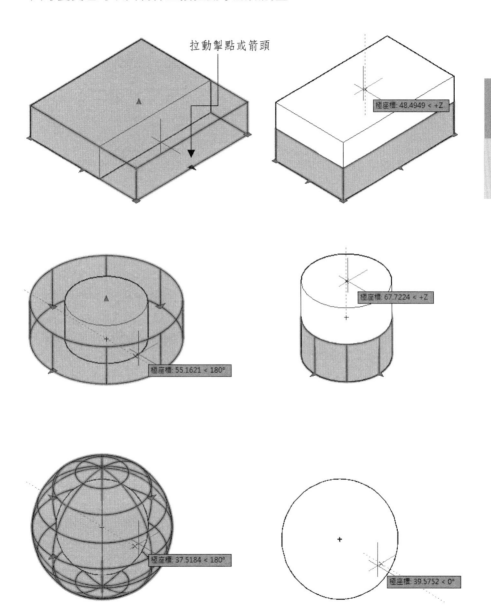

極座標: 48.4949 < +Z

極座標: 67.7224 < +Z

極座標: 55.1621 < 180°

極座標: 37.5184 < 180°

極座標: 39.5752 < 0°

8　MEASUREGEOM－測量

指令	MEASUREGEOM	快捷鍵	MEA	
說明	測量距離、半徑、角度、面積、體積數值			

功能指令敘述

指令:MEASUREGEOM

輸入選項 [距離(D)/半徑(R)/角度(A)/面積(AR)/體積(V)/快速(Q)/模式(M)/結束(X)] <距離>:　　　　　　　　　　　　　←輸入選項

❂ **輸入選項 D 或選取** **鍵，測量二點間距離值**

❖ 求兩點間距離：

指定第一點:　　　　　　　　　　←選取點 1

指定第二個點或 [多個點(M)]:　　←選取點 2

<u>距離</u> = 112.8051，XY 平面內角度 = 212，與 XY 平面的夾角 = 326

X 差值 = -79.1025，Y 差值 = -50.0000，Z 差值 = -62.9904

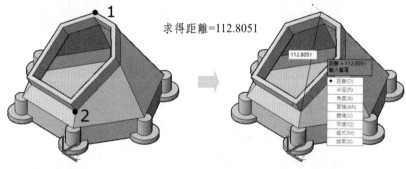

求得距離=112.8051

❖ 求多點間距離：

指定第一點:　　　　　　　　　　　←選取點 1

指定第二個點或 [多個點(M)]:　　　←輸入選項 M

指定下一個點或 [弧(A)/長度(L)/退回(U)/全部(T)] <全部>:←選取點 2

距離 = 120.1484

指定下一個點或 [弧(A)/封閉(C)/長度(L)/退回(U)/全部(T)] <全部>:

　　　　　　　　　　　　　　　　　←選取點 3

距離　= 196.5986

指定下一個點或　[弧(A)/封閉(C)/長度(L)/退回(U)/全部(T)]　<全部>:

　　　　　　　　　　　←選取點 4

距離　= <u>262.8853</u>

求得距離=262.8853

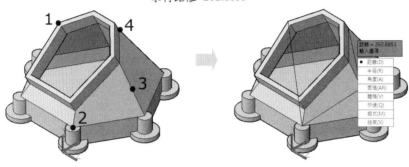

☆ **輸入選項 R 或選取** **鍵，測量圓或弧半徑與直徑值**

選取一個弧或圓:　　　　　　　　←選取圓柱或弧

<u>半徑　= 8.0000</u>　　　　　　　　←求得半徑與直徑值

<u>直徑　= 16.0000</u>

半徑　= 8.0000　　直徑　= 16.0000　　　半徑　= 16.0000　　直徑　= 32.0000

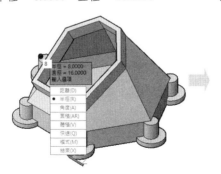　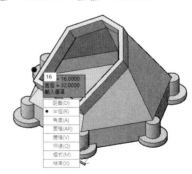

○ 輸入選項 A 或選取 鍵，測量角度值

❖ 測量角度前，可先執行
UNITS 指令，調整小數點
精確度。

設定至小數點第四位

❖ 指定頂點測量夾角：

選取弧、圓、線或<指定頂點>：	←輸入 [Enter]
指定角度頂點：	←選取點 1
指定角度的第一個端點：	←選取點 2
指定角度的第二個端點：	←選取點 3
角度 = 72.2505°	←求得夾角值

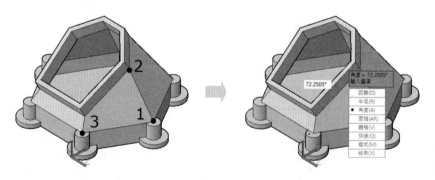

○ 輸入選項 AR 或選取 鍵，測量面積

指定第一個角點或 [物件(O)/加上面積(A)/減去面積(S)/結束(X)] <物件(O)>：	
	←選取點 1
指定下一個點或 [弧(A)/長度(L)/退回(U)]：	←選取點 2
指定下一個點或 [弧(A)/長度(L)/退回(U)]：	←選取點 3

第一篇 第二章 ▼ 快速掌握基本 3D 與觀測顯示與查詢

指定下一個點或 [弧(A)/長度(L)/退回(U)/全部(T)] <全部>: ←選取點 4

指定下一個點或 [弧(A)/長度(L)/退回(U)/全部(T)] <全部>: ←輸入 [Enter]

面積 = 3974.7310，周長 = 263.1598　　←求得面積與周長值

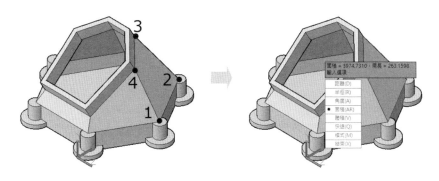

❖ 計算實體面積：

指定第一個角點或 [物件(O)/加上面積(A)/減去面積(S)/結束(X)] <物件

(O)>:　　　　　　　　　　　　　　　←輸入選項 O

選取物件:　　　　　　　　　　　　　←選取封閉物件

面積 = 105892.0860，周長 = 0.0000　←求得面積

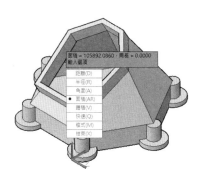

⊙ 輸入選項 V 或選取 鍵，測量實體體積

指定第一個角點或 [物件(O)/加上體積(A)/減去體積(S)/結束(X)] <物件(O)>:

　　　　　　　　←輸入選項 O

選取物件:　　　　←選取 3D 物件

體積 = 267850.6042　←求得體積

輸入選項 [距離(D)/半徑(R)/角度(A)/面積(AR)/體積(V)/快速(Q)/模式(M)/
結束(X)] <距離>:　　　　←輸入 X 結束

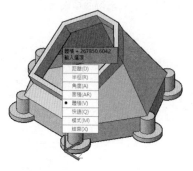

❖ **體積相加減：**

指定第一個角點或 [物件(O)/加上體積(A)/減去體積(S)/結束(X)] <物件
(O)>:　　　　←輸入選項 A
指定第一個角點或 [物件(O)/減去體積(S)/結束(X)]: ←輸入選項 O
(加入模式) 選取物件:　←選取六角柱
體積 = 105222.0866　　←六角柱體積
總體積 = 105222.0866
(加入模式) 選取物件:　← [Enter] 結束加入
體積 = 105222.0866
總體積 = 105222.0866
指定第一個角點或 [物件(O)/減去體積(S)/結束(X)]:　　←輸入選項 S
指定第一個角點或 [物件(O)/加上體積(A)/結束(X)]:　　←輸入選項 O
(減去模式) 選取物件:　←選取六角錐
體積 = 35074.0289　　←六角錐體積
總體積 = <u>70148.0577</u>　　←求得相減後的面積

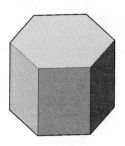
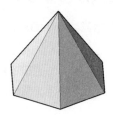

9 MASSPROP─質量性質

指令	MASSPROP
說明	計算實體的質量性質

功能指令敘述 開啟隨書檔案 MASSPROP.dwg

指令: MASSPROP
選取物件:　　　　←選取 3D 實體
選取物件:　　　　← [Enter] 離開

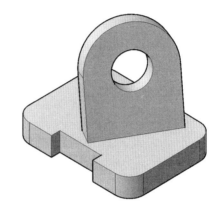

✪ **求取實體質量性質**

指令: MASSPROP

選取物件:　　　　←選取實體
選取物件:　　　　← [Enter] 離開

❖ 回應資料如下：

---------------- 　實體　 ----------------

質量:	136386.7500
體積:	136386.7500
邊界框:	X: -30.5000　--　65.5000
	Y: 0.0000　--　73.2412
	Z: 0.0000　--　82.6148
形心:	X: 19.1574
	Y: 38.8323
	Z: 17.7730
慣性矩:	X: 349947233.6674
	Y: 225938822.1537

	Z: 384986210.4230
慣性積:	XY: -106903504.0282
	YZ: -101732465.9375
	ZX: -49293685.4524
旋轉半徑:	X: 50.6542
	Y: 40.7014
	Z: 53.1296

主力矩與形心的 X-Y-Z 方向:

I: 99700814.9091　沿著 [0.9708 0.1925 0.1433]

J: 139012623.2993　沿著 [-0.0692 0.7963 -0.6009]

K: 124557346.0213　沿著 [-0.2298 0.5735 0.7863]

將分析寫入檔案? [是(Y)/否(N)] <否>:　　←輸入是否寫出檔案

❖ 輸入 Y 出現輸出檔案對話框:

儲存完成的檔案可用記事本或 Word 呼叫出來查看

10 　AREA－面積

指令	AREA
說明	計算實體的表面積

功能指令敘述

指令: AREA
指定第一個角點或 [物件(O)/加(A)/減(S)]:　　　　←輸入選項

✪ 查詢表面積

指令: AREA
指定第一個角點或 [物件(O)/加上面積(A)/減去面積(S)] <物件(O)>:
　　　　　　　　　　　　　　　　←輸入選項 O

選取物件:　　　　　　　　　　　←選取物件
面積 = 26687.5704, 周長 = 0.0000　　←回應求得的表面積資料

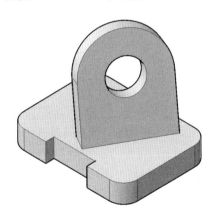

✪ 選取一個面查詢面積

❖ 複製一組，要計算的面域 ：

指令: SOLIDEDIT
實體編輯自動檢查:　SOLIDCHECK=1
輸入實體編輯選項 [面(F)/邊(E)/主體(B)/退回(U)/結束(X)] <結束>: f

輸入面編輯選項[擠出(E)/移動(M)/旋轉(R)/偏移(O)/錐形(T)/刪除(D)/複製(C)/顏色(L)/材料(A)/退回(U)/結束(X)] <結束>: _copy

選取面或 [退回(U)/移除(R)]: ←選取端面 1

選取面或 [退回(U)/移除(R)/全部(ALL)]: ← [Enter] 離開

指定一個基準點或位移: ←選取基準點 2

指定第二個位移點: ←選取位移點 3

輸入面編輯選項[擠出(E)/移動(M)/旋轉(R)/偏移(O)/錐形(T)/刪除(D)/複製(C)/顏色(L)/材料(A)/退回(U)/結束(X)] <結束>: ← [Enter]

實體編輯自動檢查: SOLIDCHECK=1

輸入實體編輯選項 [面(F)/邊(E)/主體(B)/退回(U)/結束(X)] <結束>:

← [Enter]

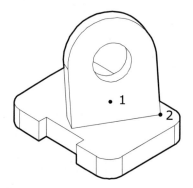
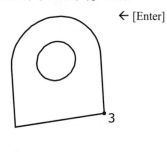

❖ 求取面域的面積：

指令: AREA

指定第一個角點或 [物件(O)/加(A)/減(S)]: ←輸入選項 O

選取物件: ←選取複製完成的面域

面積 = 3282.7875, 修剪的區域 = 0.0000 , 周長 = 315.9292

←回應求得的表面積資料

11　DIST—距離

指令	DIST	快捷鍵	DI
說明	查詢二點之間的距離		

功能指令敘述

指令: DIST

指定第一點:　　　　　　　　　←選取端點 1

指定第二個點或 [多個點(M)]:　　←選取中心點 2 (輸入選項 M 可統計多點距離)

✪ 回應查詢結果

距離 = 72.6395,　 XY 平面內角度 = 57,　 與 XY 平面的夾角 = 48

X 差值 = 26.5342,　 Y 差值 = 41.1764,　 Z 差值 = 53.6370

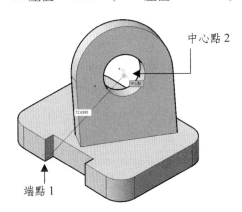

中心點 2

端點 1

✪ 注意事項

除了距離不會隨著 UCS 位置不同而改變,其餘如 XY 平面內角度與 XY 平面的夾角、X 差值、Y 差值、Z 差值,都必須注意目前 UCS 位置。

12 LIST－列示

指令	LIST	快捷鍵	LI	
說明	查詢物件資料			🗐 清單

功能指令敘述

指令: LIST

選取物件: ←選取物件

　：　：

選取物件: ←[Enter] 離開，出現文字螢幕畫面，觀看完後可用功能鍵[F2]關閉

❖ 下列為選取 MASSPROP.dwg 得到的資料

3DSOLID　　圖層:「STR」
空間: 模型空間
顏色: 2 (黃)　　線型:「BYLAYER」
處理碼 = 62
歷程 = 無
展示歷程 = 否
邊界框:邊界下限　X = 462.2193 , Y = 142.4299 , Z = 0.0000
邊界上限　X = 558.2193 , Y = 215.6711 , Z = 82.6148

13 ID－點位置

指令	ID
說明	查詢點座標位置

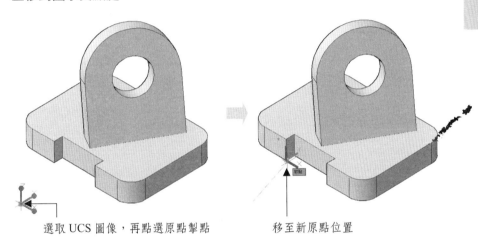

Q 點位置

功能指令敘述

✪ 呼叫 MASSPROP.dwg，將視圖調整為東南等角視圖，再將 UCS 原點位置移到圖示交點處：

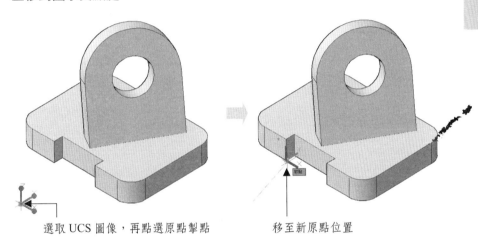

選取 UCS 圖像，再點選原點掣點　　　　　　移至新原點位置

指令: ID

指定點:　　　←選取圖示端點位置

X = 50.5000　　　Y = 61.9808　　　Z = 15.0000　　　←查詢到的點結果

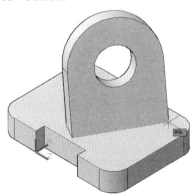

隨手札記

第一篇 第三章

輕鬆掌握 UCS 座標系統

1 AutoCAD 的座標系統與右手定則

WCS 世界座標系統

✪ AutoCAD 的內定直角座標系統，也是『唯一固定』的座標系統

(這已經是讀者熟悉的作圖環境)

✪ X 軸為水平軸，Y 軸為垂直軸，Z 軸則垂直於 XY 平面

叮嚀：WCS 是您在 3D 空間中迷路後的最重要避風港。

UCS 使用者座標系統

✪ AutoCAD 的另一座標系統，一種『活動的』座標系統

(這是大部分讀者所陌生的作圖環境)

✪ 此座標系統的原點及方位，視需要做『移動』與『旋轉』，並加以儲存命名，受數量限制

✪ 更簡易一點來說，就是指工作平面

重要的右手定則技巧

✪ 請伸出您的右手跟著以下四個圖解做做看

(手掌向上，三指互相垂直)，可以精確的了解在配合不同的軸向 (X 軸、Y 軸、Z 軸) 時，如何給予正確的正角度或負角度。

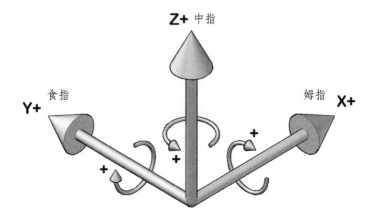

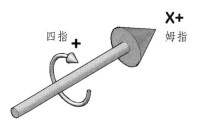

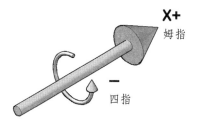

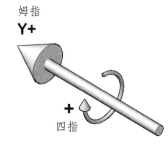

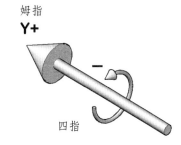

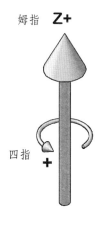

2　UCSICON－UCS 圖像的開關與位移控制

指令	UCSICON
說明	UCS 圖像的開關與位移控制
選項功能	打開(ON)：打開 UCS 圖像 關閉(OFF)：關閉 UCS 圖像 全部(A)：套用於全部視埠 UCS 圖像 無原點(N)：以左下角顯示 UCS 圖像 原點(OR)：以 UCS 原點移動圖像位置 性質(P)：UCS 圖示性質設定

功能指令敘述

指令: UCSICON

輸入選項 [打開(ON)/關閉(OFF)/全部(A)/無原點(N)/原點(OR)/可選取(S)/性質(P)]

<打開(ON)>　　　　　　　　　　←輸入選項

❖ **先完成下列示範圖形** (或呼叫隨書檔案 UCSICON.DWG)

❖ 開啟一張新圖，畫一個正六邊形邊長 50。

❖ 將六邊形以 PROPERTIES 修改厚度為 30。

❖ 執行 VPORTS 分割為四個畫面，分別調整各個視圖如圖所示。

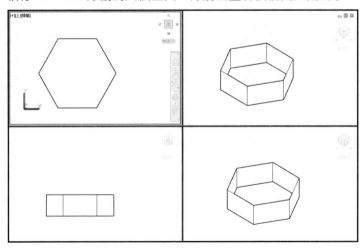

✪ UCS 圖像的關閉與打開控制

　❖ 輸入選項 OFF 關閉一個視埠的 UCS 圖像。(將目前作圖移到左上角視窗)

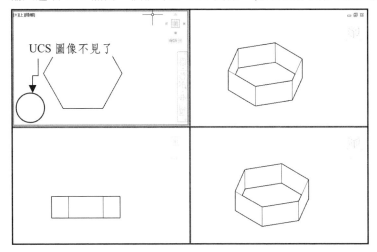

　❖ 輸入選項 ON 打開一個視埠被關閉的 UCS 圖像。

　❖ 輸入選項 A (全部)，即可關閉 (OFF) 或打開 (ON) 所有視埠的 UCS 圖像。

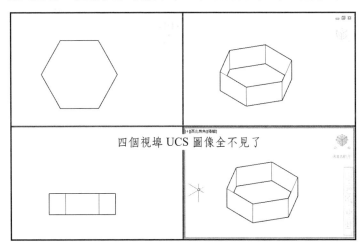

✪ UCS 圖像的顯示位置控制

　❖ 先執行 UCSICON 輸入選項 A (ALL)，再輸入原點 OR，讓 UCS 圖像顯示原點位置。

❖ 請分別將四個視埠指定到不同的原點（不同的視埠可以有不同的原點位置），四個視埠原點位置請參考下列圖示。

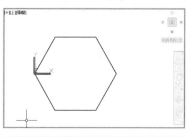
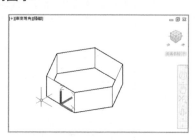
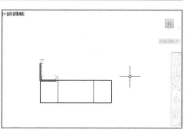
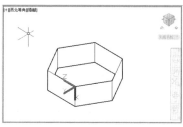

❖ 移動與旋轉 UCS 原點與方向，方法如下：

碰選 UCS 圖像，選取原點掣點

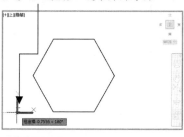

移到位移的端點

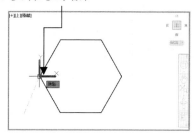

軸方向不正確，碰選 Z 軸端點

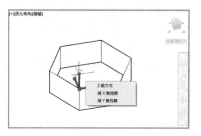

旋轉至圖示端點

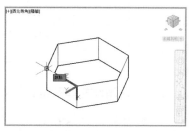

輸入選項 [打開(ON)/關閉(OFF)/全部(A)/無原點(N)/原點(OR)/可選取(S)/性質(P)] <打開(ON)>　←輸入選項 S，可開關 UCS 可選取模式

❖ 執行 UCSICON 輸入選項 N 關閉單一視埠的原點圖像位置。

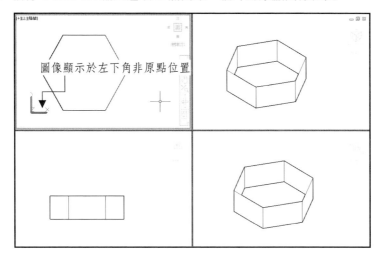

圖像顯示於左下角非原點位置

❖ 輸入選項 OR 打開單一視埠的原點圖像位置。 在原點展示 UCS 圖示

❖ 輸入選項 A (全部)，即可關閉 (OFF) 或打開 (ON) 所有視埠的原點圖像位置。

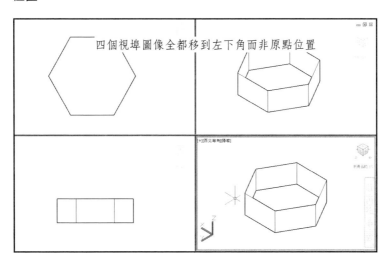

四個視埠圖像全都移到左下角而非原點位置

✪ UCS 圖像性質設定

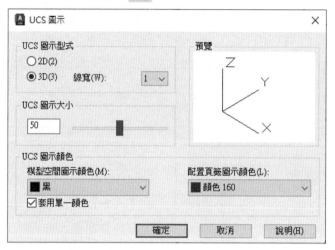

❖ UCS 圖示型式與尺寸設定。

線寬=1 UCS 尺寸=60　　　　　　　　線寬=3　UCS 尺寸=70

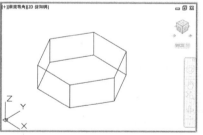 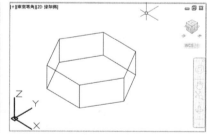

❖ UCS 圖示顏色：可分別指定圖紙與模型空間的 UCS 圖像顏色。

✪ **請將圖面儲存成 UCS1.DWG，下一單元 UCS 主角登場後再續！**

OPTIONS 選項中的 UCS 開關控制

指令: OPTIONS

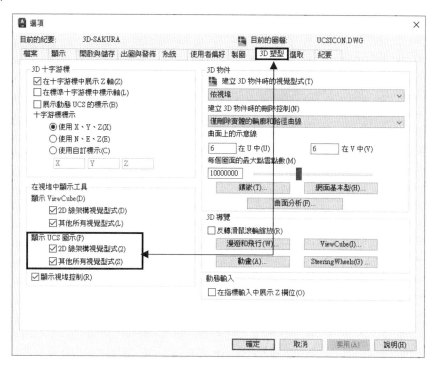

☺ 注意事項：

❖ 2D 紀要+ 2D 線架構作業時，可以考慮關閉 UCS 圖示。

❖ 3D 紀要+3D 作業時，UCS 圖示很重要，當然要打開。

❖ 展示動態 UCS 的標示，若覺得效果不錯，也可以打開。

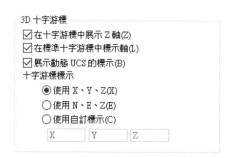

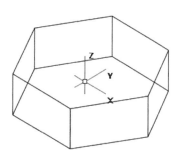

3　UCS－使用者座標系統

指令	UCS
說明	使用者座標系統

選項功能	⬚ 前一個(P)：回到前一次 UCS 座標
	⬚ 世界(W)：設定目前為世界座標系統
	⬚ 物件(OB)：選取參考物件，參考該物件定義 UCS 座標
	⬚ 面(F)：選取一個面，參考該面定義 UCS 座標
	⬚ 視圖(V)：平行於目前 XY 平面定義
	⬚ 原點(O)：移動新的 UCS 原點座標
	⬚ Z 軸(ZA)：使用正 Z 軸擠出方向定義 UCS 座標
	⬚ 三點(3)：選取 3 點定義 UCS 座標
	⬚ X：繞著 X 軸旋轉目前的 UCS 座標
	⬚ Y：繞著 Y 軸旋轉目前的 UCS 座標
	⬚ Z：繞著 Z 軸旋轉目前的 UCS 座標
	套用(A)：套用目前的 UCS 至選取的視埠
	正投影(G)：選用 AutoCAD 所提供的六個正投影中其中一個
	取回(R)：取回具名的 UCS 座標
	儲存(S)：儲存目前 UCS 座標
	刪除(D)：刪除具名的 UCS 座標
	列示(?)：顯示具名的 UCS 座標設定內容

功能指令敘述

❑ **呼叫前一個單元所建立的** UCS1.dwg (請先以[Ctrl]+D 或[F6]關閉動態 UCS)

❖ 執行 UCSICON 將全部 (A) 的視埠設為原點 (OR)。

❖ 分別將四個視窗之 UCS 回到 WCS 世界座標，並將六邊形再複製一組。

　指令: UCS

　目前的 UCS 名稱: *世界*

指定 UCS 的原點或 [面(F)/具名(NA)/物件(OB)/前一個(P)/視圖(V)/世界
(W)/X/Y/Z/Z 軸(ZA)] <世界>:   ←輸入[Enter]

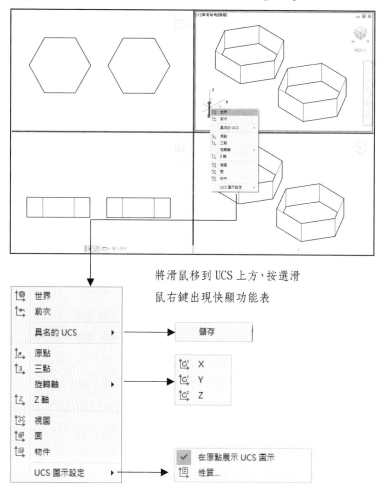

將滑鼠移到 UCS 上方，按選滑
鼠右鍵出現快顯功能表

	世界
	前次
	具名的 UCS ▶	→	儲存
	原點
	三點
	旋轉軸 ▶	→	X
			Y
	Z 軸		Z
	視圖
	面
	物件
	UCS 圖示設定 ▶	→	✓ 在原點展示 UCS 圖示
			性質...

❂ **移動 UCS 原點** (直接選新原點)

指令: UCS

目前的 UCS 名稱: *世界*

指定 UCS 的原點或 [面(F)/具名(NA)/物件(OB)/前一個(P)/視圖(V)/世界
(W)/X/Y/Z/Z 軸(ZA)] <世界>: O   ←直接選取右上視窗右側六邊形高度中點

❖ 更快速的方法：直接碰選 UCS 圖像，出現掣點用滑鼠左鍵點選原點掣點，
移至新位置點即可。

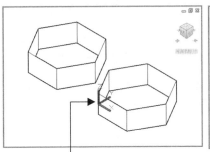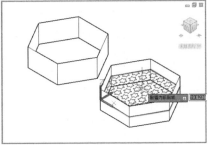

指定到高度中點，並於該視窗選取六邊形作剖面如圖 (選用 STARS)

❖ 再於左上視窗選用另一個六邊形作剖面 (選用 ANGLE)。

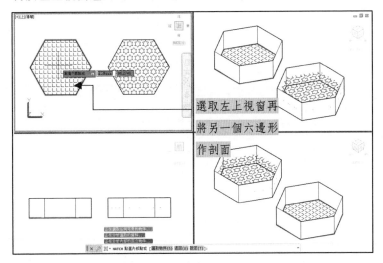

❖ 於原點不同的視窗上製作剖面所產生的效果都不一樣，左上的 UCS 為
WCS 世界座標 (Z=0)，右上 UCS 為高度中點 (即 Z=15)。

✪ **回到 WCS 座標 (UCS ➔ W)**

指令: UCS
目前的 UCS 名稱: ＊無名稱＊
指定 UCS 的原點或 [面(F)/具名(NA)/物件(OB)/前一個(P)/視圖(V)/世界
(W)/X/Y/Z/Z 軸(ZA)] <世界>:　　　　←輸入[Enter]

✪ 選取 3 點定義 UCS 座標 (UCS → 3)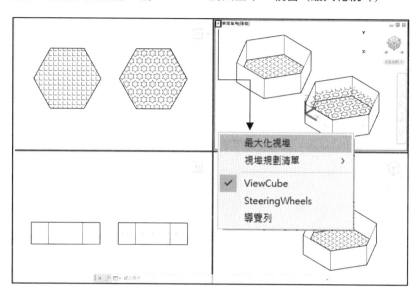

❖ 它是最常用、最好用、最不容易混淆的 UCS 控制選項,請放大一個正六邊形並將剖面線刪除,將 VPORTS 調回至單一視窗 (最大化視埠)。

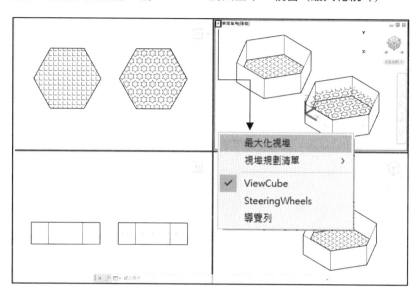

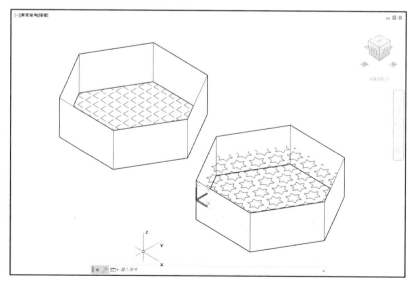

❖ 方法一：執行指令三點定位調整 UCS。

指令: UCS

目前的 UCS 名稱： 名稱： *世界*

指定 UCS 的原點或 [面(F)/具名(NA)/物件(OB)/前一個(P)/視圖(V)/世界
(W)/X/Y/Z/Z 軸(ZA)] <世界>:   ←選取端點 1

指定在 X 軸正向的點<212.4136,-27.6141,39.0522>: ←選取端點 2

指定 XY 平面上的點或<接受>:   ←選取端點 3

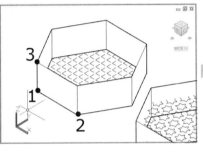 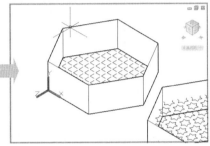

❖ 方法二：直接碰選 UCS 啟動掣點，移至新原點位置，再選取 X 與 Y 軸掣
點旋轉至正確的方向。(建議使用此方法)

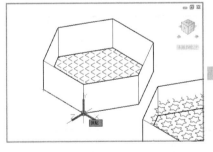 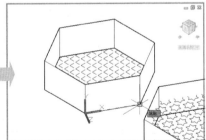

❖ 將視覺型式調整為『2D 線架構』，寫上文字『A』。

指令:TEXT

目前的文字型式:「Standard」文字高度： 20.0000 可註解： 否

指定文字的起點或 [對正(J)/字型(S)]: M

指定文字的中央點: 25,15

指定高度<20.0000>: 20

指定文字的旋轉角度<0>: 0

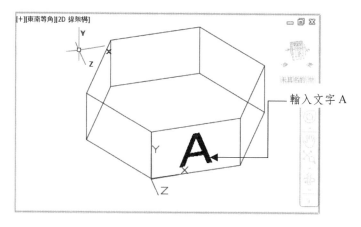

輸入文字 A

✪ 儲存 UCS 座標設定值 (UCS → S)

指令:UCS

目前的 UCS 名稱: *無名稱*

指定 UCS 的原點或 [面(F)/具名(NA)/物件(OB)/前一個(P)/視圖(V)/世界
(W)/X/Y/Z/Z 軸(ZA)] <世界>: S

輸入名稱以儲存目前的 UCS 或 [?]: ← 輸入名稱 UCS_A

❖ 依此方式類推,請依序在各面寫上文字『B、C、D、E、F』及儲存 UCS
設定 UCS_B、UCS_C、UCS_D、UCS_E、UCS_F。

(配合不同的等角檢視點處理,將更快速而且不會錯亂混淆)

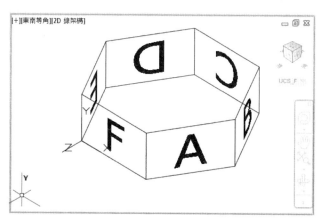

❖ 完成後,請將圖形存成 UCS_ABC.dwg 以利下一個單元練習。

✪ 取回具名的 UCS 座標設定 (UCS → R)

指令: UCS

目前的 UCS 名稱： *世界*

指定 UCS 的原點或 [面(F)/具名(NA)/物件(OB)/前一個(P)/視圖(V)/世界(W)/X/Y/Z/Z 軸(ZA)] <世界>: R

輸入要還原的 UCS 名稱或 [?]:　　　←輸入名稱 UCS_A

✪ 刪除具名的 UCS 座標設定 (UCS → D)

指令: UCS

目前的 UCS 名稱： *世界*

指定 UCS 的原點或 [面(F)/具名(NA)/物件(OB)/前一個(P)/視圖(V)/世界(W)/X/Y/Z/Z 軸(ZA)] <世界>: D

輸入要刪除的 UCS 名稱<無>:　　　　←輸入 UCS 名稱，如 UCS_A

✪ 列示具名的 UCS 座標 (UCS → ?)

指令: UCS

目前的 UCS 名稱： *世界*

指定 UCS 的原點或 [面(F)/具名(NA)/物件(OB)/前一個(P)/視圖(V)/世界(W)/X/Y/Z/Z 軸(ZA)] <世界>:　　　←輸入選項 NA

輸入選項 [還原(R)/儲存(S)/刪除(D)/?]:　　←輸入?

輸入要列示的 UCS 名稱<*>:　　　　←輸入 UCS 名稱，如 UCS_B

❖ 回應下列內容：

目前的 UCS 名稱: *世界*

已儲存的座標系統:

"UCS_B"

原點 = <245.1761,93.4447,0.0000>，X 軸 = <-0.5000,0.8660,0.0000>

Y 軸 = <0.0000,0.0000,1.0000>，Z 軸 = <0.8660,0.5000,0.0000>

指定 UCS 的原點或 [面(F)/具名(NA)/物件(OB)/前一個(P)/視圖(V)/世界(W)/X/Y/Z/Z 軸(ZA)] <世界>:　　　←輸入 [Enter]

✪ 選取物件來設定目前 UCS (UCS → OB)

指令: UCS

目前的 UCS 名稱: *世界*

指定 UCS 的原點或 [面(F)/具名(NA)/物件(OB)/前一個(P)/視圖(V)/世界(W)/X/Y/Z/Z 軸(ZA)] <世界>: OB

選取要對齊 UCS 的物件:　　　　　　　　　　←碰選文字 A 或 B 或 C…等

❖ 您將會發現 UCS 自動以該物件的方位為目前方位，有時候，這種方式也是非常快的!!

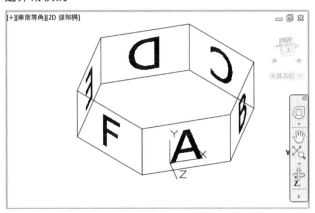

✪ 平行於目前 XY 平面定義(UCS → V)

指令: UCS

目前的 UCS 名稱: *世界*

指定 UCS 的原點或 [面(F)/具名(NA)/物件(OB)/前一個(P)/視圖(V)/世界(W)/X/Y/Z/Z 軸(ZA)] <世界>: V

指令:TEXT

目前的字型: "Standard" 文字高度: 15.0000 可註解: 否

指定文字的起點或 [對正(J)/字型(S)]: ←選取文字插入點

指定高度<15.0000>: 10

指定文字的旋轉角度<0>:

輸入文字:　　　　　　　　←輸入"UCS 平面"

輸入文字:　　　　　　　　← [Enter]

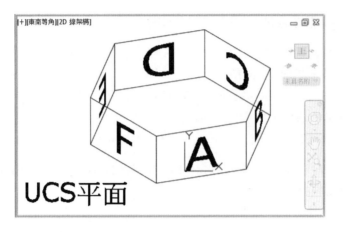

✪ **設定 Z 軸的法線方向 (UCS → ZA)** 🔲z

指令: UCS

目前的 UCS 名稱: *世界*

指定 UCS 的原點或 [面(F)/具名(NA)/物件(OB)/前一個(P)/視圖(V)/世界(W)/X/Y/Z/Z 軸(ZA)] <世界>: ZA

指定新原點或 [物件(O)] <0,0,0>:　　　　　　　←選取端點 1

指定在 Z 軸正向的點<183.3123,115.6718,31.0000>:　←選取端點 2

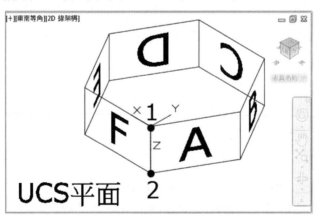

❖ **注意重點:**

這個 UCS 設定的原理很簡單，請拿出您的右手，配合『右手定則』將中指由您指定的『原點』指向『Z 軸正值部分下的點』，此時您的拇指與中指所形成的 XY 平面就自然生成，試試看！

✪ 以旋轉 X、Y、Z 軸來設定 (UCS →X/Y/Z) [tcˣ] [tcʸ] [tcᶻ]

原理很簡單，請拿出您的右手，配合『右手定則』，就能正確的給予正確的角度值了！

指令: UCS

目前的 UCS 名稱: *世界*

指定 UCS 的原點或 [面(F)/具名(NA)/物件(OB)/前一個(P)/視圖(V)/世界(W)/X/Y/Z/Z 軸(ZA)] <世界>:X

指定繞著 X 軸旋轉的角度<90>:←輸入旋轉值

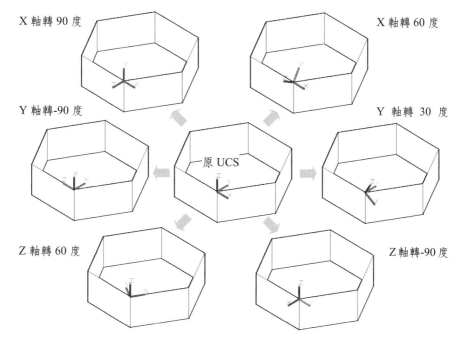

X 軸轉 90 度

X 軸轉 60 度

Y 軸轉-90 度

Y 軸轉 30 度

原 UCS

Z 軸轉 60 度

Z 軸轉-90 度

✪ 選取面設定 UCS 座標 (UCS → F) [tc]

❖ 可以直接點選面的任何一個角落產生不同的 UCS 定義！(物件必須為一個實體，請先建立一個楔形塊)

指令: WEDGE

指定第一個角點或 [中心點(C)]:　　　　←選取起點

指定其他角點或 [立方塊(C)/長度(L)]: @100,80

指定高度或 [兩點(2P)] <211.1408>:60

指令: UCS

目前的 UCS 名稱: *世界*

指定 UCS 的原點或 [面(F)/具名(NA)/物件(OB)/前一個(P)/視圖(V)/世界(W)/X/Y/Z/Z 軸(ZA)] <世界>: F

選取實體物件的面:　　　←選取面位置 (如圖示位置)

輸入選項 [下一個(N)/X 翻轉(X)/Y 翻轉(Y)] <接受>: ← [Enter]

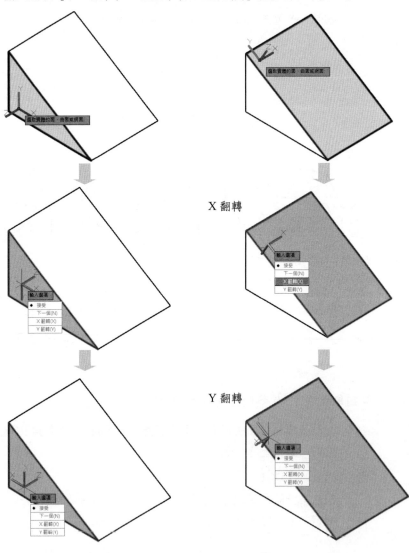

X 翻轉

Y 翻轉

4 UCSMAN－管理已儲存的 UCS

指令	UCSMAN	快捷鍵	UC
說明	管理已儲存的 UCS		

功能指令敘述 (請開啟所儲存的 UCS_ABC.dwg)

指令: UCSMAN

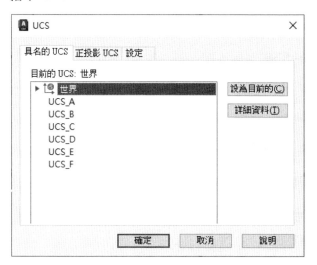

在前例中所建立的具名 UCS 都出現在對話框中,可以直接選取任何一項再選取『設為目前的』或『詳細資料』查看內容。

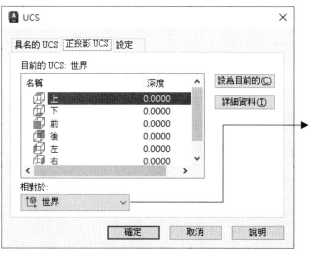

切換至『正投影 UCS』頁面,有 AutoCAD 所提供的六個正投影讓您選取。

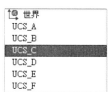

✪ **特別留意所選的六個『上、下、前、後、左、右』正投影**

相對於不同的搭配世界與其它具名的 UCS，其結果也大不相同，讀者請自行
練習比較之！

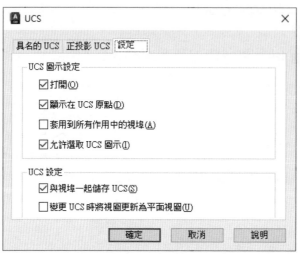

切換至『設定』頁面，可
設定 UCS 圖像顯示與否。

✪ 經過前些章節的練習後，相信對於對話框中圖像都應該能一目了然才對！

✪ 讀者在使用時，可以快按二下某一圖像，即可快速將該項目『設為目前的』
執行上效率將更為提高。

5　動態 UCS－貼心靈活的 UCS 小精靈

快捷鍵	[Ctrl]+D 或[F6]
說明	貼心親切的動態 UCS，讓 UCS 工作平面的切換更具靈活，也大大的提昇了 3D 空間繪製與編修

功能指令敘述

從 AutoCAD 開始增加了動態 UCS 開關，受到相當大的肯定，AutoCAD 終於像個專業的 3D 繪圖軟體，當然上一章節完整的 UCS 各個基本選項還是要清楚，才能更加清楚與拿捏動態 UCS 的使用時機。

✪ 斜坡上繪製圖形

❖ UCS 三點定位點的做法(請先以[Ctrl]+D 關閉動態 UCS)

使用 3 點定位 UCS 到斜坡來，再繪製相對於斜坡的圖形。

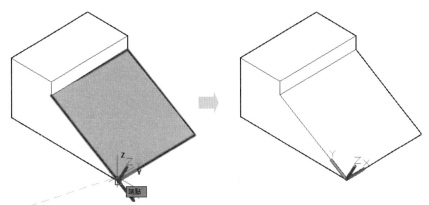

碰選 UCS 圖像移動至新原點　　　　　調整 X 軸方向再執行指令繪製圖形

❖ **動態 UCS 新式做法** (請先以[Ctrl]+D 或[F6]開啟動態 UCS)

直接移動滑鼠到斜坡來，UCS 工作面就會暫時性自動感應為斜坡面，繪製或編修動作完成後，UCS 會自動回復。

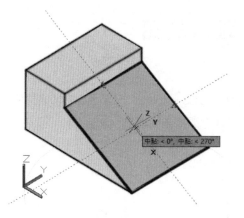

執行繪圖指令 (例如 CYLINDER 圓柱)，將滑鼠移到斜面上，即出現被選取狀態

✪ **動態 UCS 之十字游標控制**

❖ 十字游標標示選項：OPTIONS→3D 塑型。

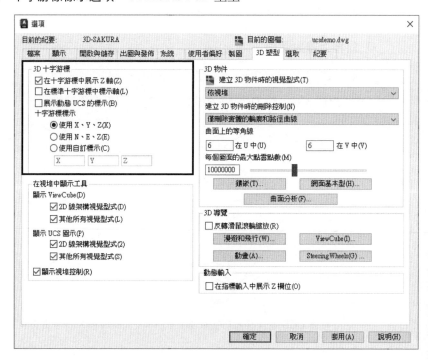

使用 X、Y、Z

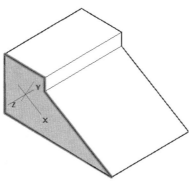

使用自訂標示 E、●、※

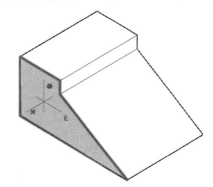

✪ 碰選物件，按選滑鼠右鍵，快速執行移動、旋轉、比例各項功能

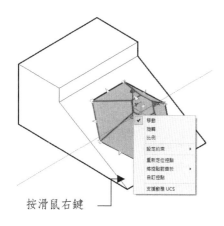

移動

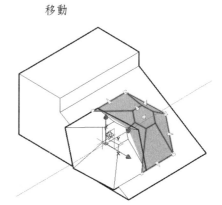

按滑鼠右鍵

旋轉

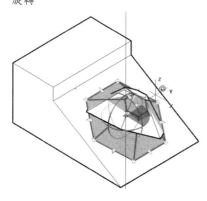

比例

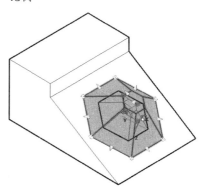

6　動態 UCS－精選應用範例

調整動態 UCS 之十字游標

❖ 選項 OPTIONS→3D 塑型→3D 十字游標，並按[F6]打開動態 UCS

開啟一張新圖，繪製方塊

指令: BOX

指定第一個角點或 [中心點(C)]:　　　　　　　　←選取任意起點

指定其他角點或 [立方塊(C)/長度(L)]: @80,80,60　←輸入長 80 寬 80 高 60

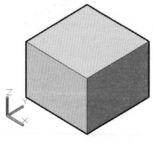

調整至東南等角視圖

於方塊上端畫一個圓柱

❖ **畫一個圓柱**

指令: CYLINDER

指定基準的中心點或 [三點(3P)/兩點(2P)/相切、相切、半徑(T)/橢圓(E)]:

　　　　　　　　　　　　　←選取方塊上方中間點

指定基準半徑或 [直徑(D)] <19.7010>: 20

指定高度或 [兩點(2P)/軸端點(A)] <60.0000>: 40

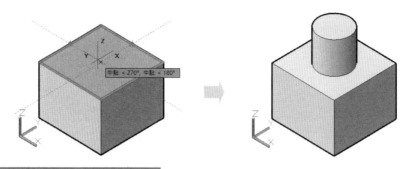

於方塊右側再畫一個方塊

指令: BOX

指定第一個角點或 [中心點(C)]: ←抓底部端點

指定其他角點或 [立方塊(C)/長度(L)]: @30,80,40 ←輸入長 30 寬 80 高 40

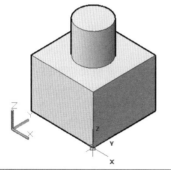

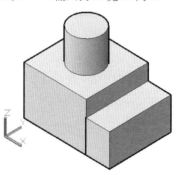

於第二個方塊右側再畫一個楔形塊

指令: WEDGE

指定第一個角點或 [中心點(C)]: ←選取端點

指定其他角點或 [立方塊(C)/長度(L)]: @60,80,40 ←輸入長 60 寬 80 高 40

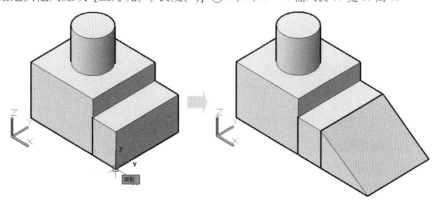

將四個實體做聯集

指令: UNION

選取物件: ←選取四個實體

選取物件: ← [Enter]

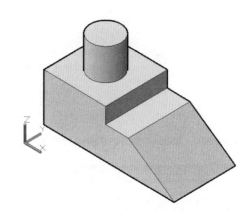

於斜面挖一個圓孔

❂ **於斜坡正中央畫一個半徑 20 的圓柱：**先以動態 UCS 感應到斜坡

指令: CYLINDER

指定底部的中心點或 [三點(3P)/兩點(2P)/相切、相切、半徑(T)/橢圓(E)]:

←選取中間點

指定底部半徑或 [直徑(D)] <20.0000>: ←輸入半徑 20

指定高度或 [兩點(2P)/軸端點(A)] <40.0000>: ←往下拖曳超過主體任意高度

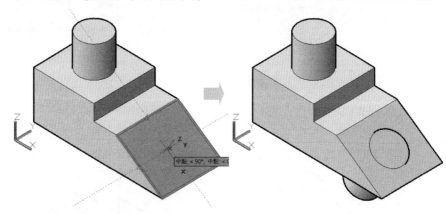

❂ **將主體與圓柱做差集**

指令:SUBTRACT

選取要從中減去的實體、曲面或面域 ..

選取物件: ←選取主體

選取物件: ← [Enter]結束選取

選取要減去的實體、曲面和面域 ..

選取物件: ←選取圓柱

選取物件: ←[Enter]結束選取

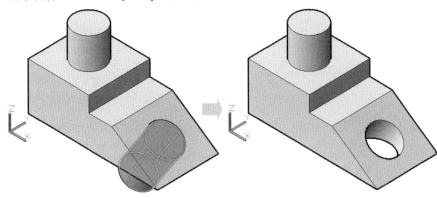

再於側面畫一個圓柱

✪ **畫一個圓柱：** 先以動態 UCS 感應到側面

指令: CYLINDER

指定基準的中心點或 [三點(3P)/兩點(2P)/相切、相切、半徑(T (T)/橢圓(E)]:

　　　　　　　　　　　　　　　　　　　←追蹤兩個中點的交點處

指定基準半徑或 [直徑(D)] <20.0000>: ←輸入半徑 18

指定高度或 [兩點(2P)/軸端點(A)] <-122.4799>: ←輸入高度 30

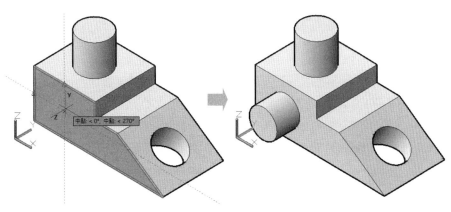

再於側面再畫第二個圓柱

⊙ 畫第二個圓柱當把手： UCS 感應到側面

指令: CYLINDER

指定基準的中心點或 [三點(3P)/兩點(2P)/相切、相切、半徑(T)/橢圓(E)]:

　　　　　　　　　　　　　　　　　　　　　←追蹤兩個中點的交點處

指定基準半徑或 [直徑(D)] <20.0000>:　　　←輸入半徑 10

指定高度或 [兩點(2P)/軸端點(A)] <-122.4799>:　←輸入高度 50

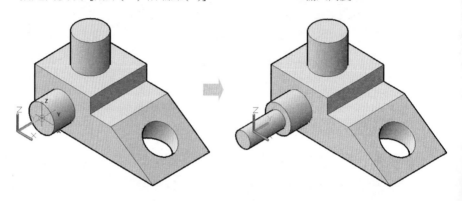

⊙ 使用 UNION 指令將二個圓柱體聯集 。

MIRROR3D 鏡射另一側的把手

指令: MIRROR3D

選取物件:　　　　　　　　　　　　←選取側邊圓柱體

選取物件:　　　　　　　　　　　　← [Enter] 結束選取

指定鏡射平面的第一點 (三點) 或 [物件(O)/最後一個(L)/Z 軸(Z)/視圖(V)/XY/YZ/ZX/三點(3)] <三點>:　←輸入 ZX

請在 ZX 平面上指定點<0,0,0>:　←選取底部中點

刪除來源物件? [是(Y)/否(N)] <否>: ←[Enter]不刪除

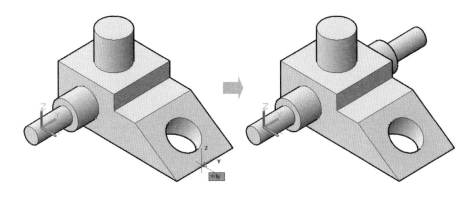

○ 使用 UNION 指令聯集所有的實體。

最後重點叮嚀

○ AutoCAD 3D 要出類拔萃，UCS 可是第一道關卡，馬步紮得穩，未來才能夠練就一手好功夫。

○ 希望您務必配合我們精選的教學模式，按部就班，牢牢的掌握這些重要的觀念、技巧與設定。

○ 本章有些 3D 編修指令在後面的章節中有非常詳盡的介紹，讀者可隨著進度充分的加以了解！

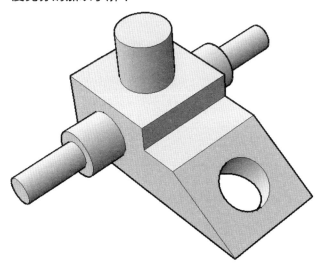

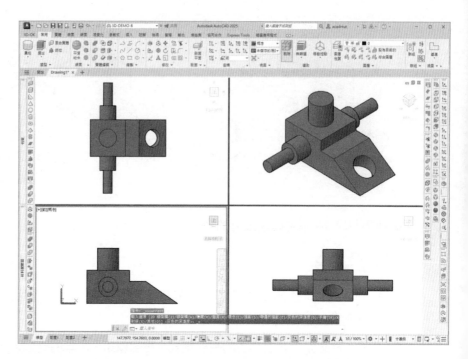

✪ 大功告成，請另存成 UCSDEMO.DWG。

第一篇 第四章

3D 實體塑型

單元	工具列	中文指令	說　　明	頁碼
1　POLYSOLID		聚合實體	建立 3D 聚合實體	4-2
2　BOX		方塊體	建立 3D 方塊實體	4-5
3　WEDGE		楔形塊	建立 3D 楔形實體	4-8
4　CONE		圓錐體	建立 3D 圓錐實體	4-11
5　SPHERE		圓球體	建立 3D 圓球實體	4-16
6　CYLINDER		圓柱體	建立 3D 圓柱實體	4-19
7　TORUS		圓環體	建立 3D 圓環實體	4-24
8　PYRAMID		角錐體	建立 3D 角錐實體	4-27
9　HELIX		螺旋線	建立 3D 螺旋線	4-31
10　REGION		面域	建立面域	4-35
11　EXTRUDE		擠出	擠出 2D 物件建立曲面或實體	4-37
12　PRESSPULL		按拉	按拉有邊界的區域	4-41
13　SWEEP		掃掠	掃掠 2D 物件建立曲面或實體	4-43
14　REVOLVE		迴轉	迴轉 2D 物件建立曲面或實體	4-47
15　LOFT		斷面混成	斷面混成 2D 物件建立曲面或實體	4-53

1　POLYSOLID－聚合實體

指令	POLYSOLID	
說明	建立 3D 聚合實體	
選項功能	物件(O)：選取物件為參考建立聚合實體	
	高度(H)：設定聚合實體的高度	
	寬度(W)：設定聚合實體的寬度	
	對正(J)：設定聚合實體的對正方式	

功能指令敘述

指令: POLYSOLID
高度 = 80.0000, 寬度 = 5.0000, 對正方式 = 置中　　　←顯示目前設定狀態
指定起點或 [物件(O)/高度(H)/寬度(W)/對正(J)] <物件>:　←輸入選項或選取點

✪ 輸入(H)設定聚合實體高度

指定高度<120.0000>:　　　　　　　　　　　　←輸入聚合實體高度
指定起點或 [物件(O)/高度(H)/寬度(W)/對正(J)] <物件>:　←輸入選項或選取點

✪ 輸入(W)設定聚合實體寬度

指定寬度<12.0000>:　　　　　　　　　　　　←輸入聚合實體寬度
指定起點或 [物件(O)/高度(H)/寬度(W)/對正(J)] <物件>:　←輸入選項或選取點

✪ 繪製直線聚合實體

指定起點或 [物件(O)/高度(H)/寬度(W)/對正(J)] <物件>:　←選取起點 1
指定下一個點或 [弧(A)/退回(U)]:　　　　　←選取點 2
指定下一個點或 [弧(A)/退回(U)]:　　　　　←選取點 3
指定下一個點或 [弧(A)/封閉(C)/退回(U)]:　←選取點 4
　　　　　　　　　：　　　　：
指定下一個點或 [弧(A)/封閉(C)/退回(U)]:　　←輸入[Enter]結束或 C 封閉實體

輸入[Enter] 結束，不封閉

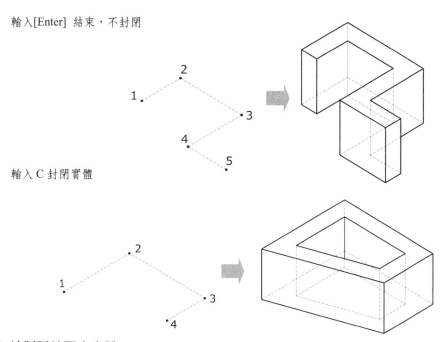

輸入 C 封閉實體

✪ 繪製弧線聚合實體

指定起點或 [物件(O)/高度(H)/寬度(W)/對正(J)] <物件>: ←選取點 1

指定下一個點或 [弧(A)/退回(U)]: ←輸入選項 A

定弧端點或 [方向(D)/線(L)/第二點(S)/退回(U)]: ←輸入弧端點

指定下一個點或 [弧(A)/退回(U)]: ←輸入端點

指定弧的端點或 [封閉(C)/方向(D)/線(L)/第二個點(S)/退回(U)]:←輸入端點

指定弧的端點或 [封閉(C)/方向(D)/線(L)/第二個點(S)/退回(U)]:←輸入端點

　　　　　　　　　　　　: 　　　　:

指定弧的端點或 [封閉(C)/方向(D)/線(L)/第二個點(S)/退回(U)]:← [Enter]結束

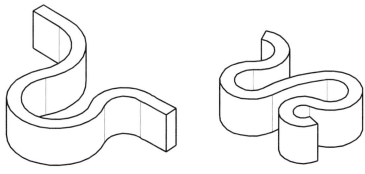

❖ 輸入選項 L，切換回畫線方式。

❖ 輸入選項 D，決定弧切線方向。

❖ 輸入選項 S，繪製三點定弧。

✪ 選取既有的 2D 物件建立聚合實體

指定起點或 [物件(O)/高度(H)/寬度(W)/對正(J)] <物件>: ←輸入選項 O

選取物件: ←選取物件 (可選取 LINE、PLINE、CIRCLE、ELLIPSE、ARC 等物件)

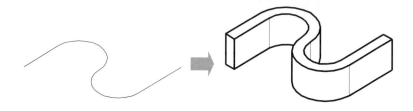

✪ 輸入選項 J，設定對齊模式

指定起點或 [物件(O)/高度(H)/寬度(W)/對正(J)] <物件>: ←輸入選項 J

輸入對正方式 [左(L)/中(C)/右(R)] <中>: ←輸入對齊模式

原 2D 物件

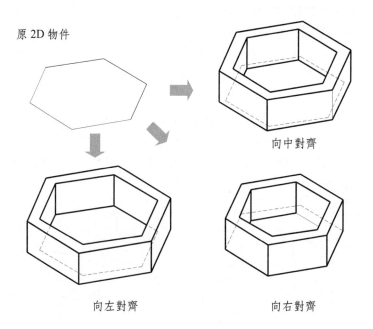

向中對齊

向左對齊   向右對齊

2　BOX－方塊體

指令	BOX	
說明	建立 3D 方塊實體	
選項功能	中心點(C)：指定方塊的中心點位置	
	立方塊(C)：建立一個立方方塊體	
	長度(L)：根據指定長、寬、高繪製方塊體	

功能指令敘述

指令: BOX

❖ 已知方塊對角點與高度

指定第一個角點或 [中心點(C)]:　　　　←選取矩形角點 (點 1)
指定其他角點或 [立方塊(C)/長度(L)]:　　←選取矩形另一角點 2 (@120,80)
指定高度或 [兩點(2P)] <34.6626>:　　　←輸入高度 (上下移動 Z 軸方向輸入 60)

往上移動輸入高度 60　　　　　　　　[F12]打開往下移動輸入高度 60
　　　　　　　　　　　　　　　　　（或關閉[F12]輸入-60）

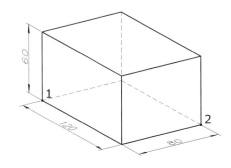
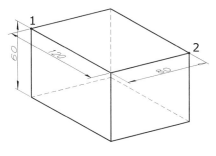

❖ 選取兩點為高度參考

指定第一個角點或 [中心點(C)]:　　　　←選取矩形角點 1
指定其他角點或 [立方塊(C)/長度(L)]:　　←選取矩形另一角點 2
指定高度或 [兩點(2P)] <34.6626>:　　　←輸入選項 2P
指定第一點:　　　　　　　　　　　　←選取高度點 3

指定第二點：　　　　　　　　　　　　　　←選取高度點 4

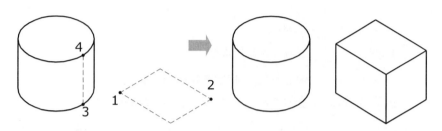

❂ 繪製立方塊

指定第一個角點或 [中心點(C)]:　　　　←選取矩形角點 (點 1)

指定其他角點或 [立方塊(C)/長度(L)]:　←輸入選項 C

指定長度<110.0000>:　　　　　　　　←輸入立方塊長度

打開[F8]正交模式直接輸入長度 60　　　以相對座標方式輸入@60<30

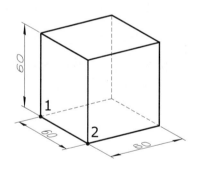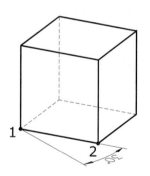

✪ 已知長、寬、高的方塊體

指定第一個角點或 [中心點(C)]:　　　　←選取矩形角點 (點 1)

指定其他角點或 [立方塊(C)/長度(L)]:　←輸入選項 L

指定長度<185.1946>:　　　　　　　　←輸入長度 (110)

指定寬度<80.0000>:　　　　　　　　　←輸入寬度 (65)

指定高度或 [兩點(2P)] <185.1946>:　　←輸入高度 (40)

打開[F8]正交模式直接輸入長度 110　　　　以相對座標方式輸入長度@110<30

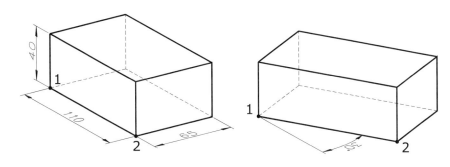

☢ **已知方塊的中心點**

指定第一個角點或 [中心點(C)]:　　　←輸入選項 C
指定中心點:　　　　　　　　　　←選取中心點
指定角點或 [立方塊(C)/長度(L)]:　　←再配合各種選項繪製方塊體

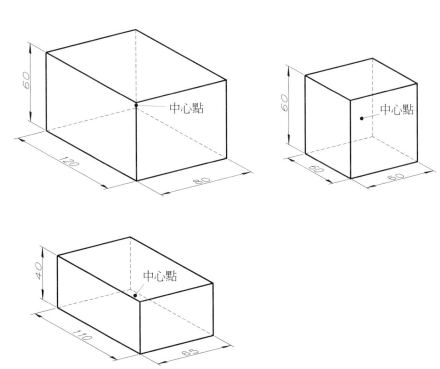

3　WEDGE－楔形塊

指令	WEDGE
說明	建立 3D 楔形實體
選項功能	中心點(C)：指定楔形塊的中心點
	長度(L)：根據指定長、寬、高建立楔形塊
	立方塊(C)：建立一個立方的楔形塊

功能指令敘述

指令: WEDGE

✪ 指定楔形塊對角點與高度

指定第一個角點或 [中心點(C)]:　　　　←輸入第一點 (點 1)

指定其他角點或 [立方塊(C)/長度(L)]:　←輸入另一角 (點 2，或輸入@80,45)

指定高度或 [兩點(2P)] <110.0000>:　　←輸入高度 (輸入 50)

輸入高度 50　　　　　　　　　　　　　輸入高度-50

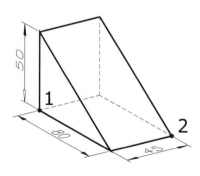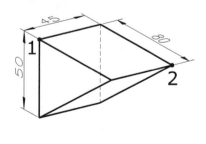

✪ 建立一個立方的楔形塊

指定第一個角點或 [中心點(C)]:　　　　←輸入第一點 (點 1)

指定其他角點或 [立方塊(C)/長度(L)]:　←輸入選項 C

指定長度<30.0000>:　　　　　　　　　←輸入長度

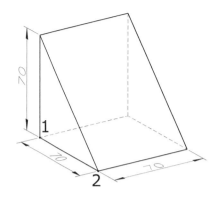

✪ 指定長、寬、高建立楔形塊

指定第一個角點或 [中心點(C)]:　　　　　←輸入第一點 (點 1)

指定其他角點或 [立方塊(C)/長度(L)]:　←輸入選項 L

指定長度<30.0000>:　　　　　　　　　←輸入長度 (80)

指定寬度<20.0000>:　　　　　　　　　←輸入寬度 (60)

指定高度或 [兩點(2P)] <45.0000>:　　←輸入高度 (輸入 45)

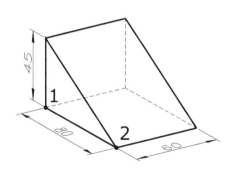

✪ 指定楔形塊中心點

指定第一個角點或 [中心點(C)]:　　　　　←輸入選項 C

指定中心點:　　　　　　　　　　　　　←選取中心點

指定角點或 [立方塊(C)/長度(L)]:　　　←輸入選項 L

指定長度<60.0000>:　　　　　　　　　←輸入長度 (80)

指定寬度<40.0000>:　　　　　　　　　←輸入寬度 (40)

指定高度或 [兩點(2P)] <60.0000>:　　←輸入高度 (60)

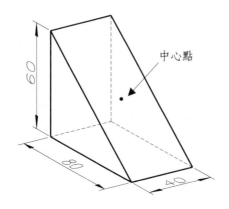

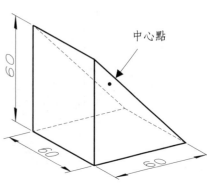

✪ 兩點定義楔形塊高度

指定第一個角點或 [中心點(C)]:	←輸入第一點 (點 1)
指定其他角點或 [立方塊(C)/長度(L)]:	←輸入另一角 (點 2，或輸入@75,45)
指定高度或 [兩點(2P)] <40.1344>:	←輸入選項 2P
指定第一點:	←選取參考點 3
指定第二點:	←選取參考點 4

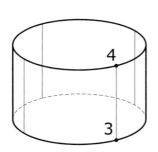

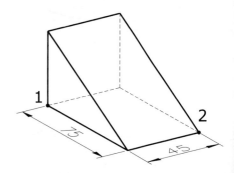

4　CONE－圓錐體

指令	CONE
說明	建立 3D 圓錐實體
選項功能	三點(3P)：輸入三點定義圓錐體
	兩點(2P)：輸入兩點定義圓錐體
	相切、相切、半徑(T)：選取二切點與輸入半徑定義圓錐體
	直徑(D)：指定圓錐體直徑
	橢圓(E)：建立橢圓形圓錐體

功能指令敘述

指令: CONE

✪ 已知圓錐中心與半徑

指定基準的中心點或 [三點(3P)/兩點(2P)/相切、相切、半徑(T)/橢圓(E)]:

←輸入圓錐中心

指定基準半徑或 [直徑(D)] <50.0000>: ←輸入半徑 (50)

指定高度或 [兩點(2P)/軸端點(A)/頂部半徑(T)] <-70.0000>: ←輸入高度

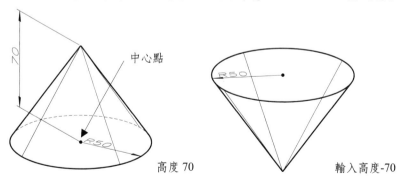

高度 70　　　　　　　　　　　　　　　輸入高度-70

✪ 已知圓錐中心與直徑

指定基準的中心點或 [三點(3P)/兩點(2P)/相切、相切、半徑(T)/橢圓(E)]:

←輸入圓錐中心

指定基準半徑或 [直徑(D)] <50.0000>: ←輸入選項 D

指定直徑<100.0000>: ←輸入直徑 (100)

指定高度或 [兩點(2P)/軸端點(A)/頂部半徑(T)] <70.0000>: ←輸入高度

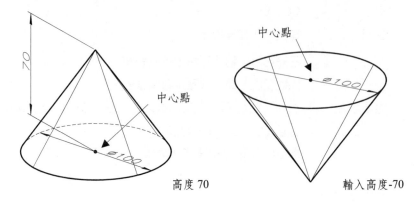

高度 70　　　　　　　　　　　　輸入高度-70

✪ 三點定義圓錐

指定基準的中心點或 [三點(3P)/兩點(2P)/相切、相切、半徑(T)/橢圓(E)]:

←輸入選項 3P

指定第一點: 　　←選取點 1

指定第二點: 　　←選取點 2

指定第三點: 　　←選取點 3

指定高度或 [兩點(2P)/軸端點(A)/頂部半徑(T)] <70.0000>: ←輸入高度

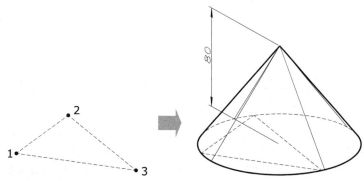

✪ 二點定義圓錐

指定基準的中心點或 [三點(3P)/兩點(2P)/相切、相切、半徑(T)/橢圓(E)]:

←輸入選項 2P

指定直徑的第一個端點: 　←選取點 1

指定直徑的第二個端點:　　←選取點 2

指定高度或 [兩點(2P)/軸端點(A)/頂部半徑(T)] <75.0000>:　←輸入高度

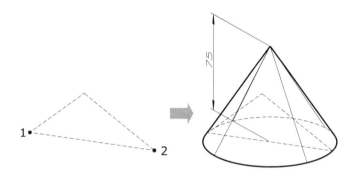

✪ 已知兩切點與半徑定義圓錐

指定基準的中心點或 [三點(3P)/兩點(2P)/相切、相切、半徑(T)/橢圓(E)]:

←輸入選項 T

指定物件上的點做為第一個切點:　　←選取切點 1

指定物件上的點做為第二個切點:　　←選取切點 2

指定圓的半徑<35.0000>:　　　　←輸入半徑 (45)

指定高度或 [兩點(2P)/軸端點(A)/頂部半徑(T)] <45.0000>:　←輸入高度

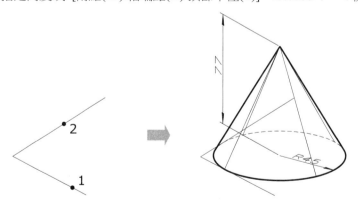

✪ 已知長短軸的橢圓錐

指定基準的中心點或 [三點(3P)/兩點(2P)/相切、相切、半徑(T)/橢圓(E)]:

←輸入選項 E

指定第一個軸的端點或 [中心點(C)]:←選取第一軸端點 1

指定第一個軸的其他端點：　　　　　　←選取第一軸端點 2

指定第二個軸的端點：　　　　　　　　←選取第二軸端點 3

指定高度或 [兩點(2P)/軸端點(A)/頂部半徑(T)] <60.0000>：　←輸入高度

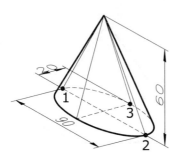
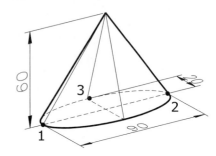

✪ 已知中心點長短軸的橢圓錐

指定基準的中心點或 [三點(3P)/兩點(2P)/相切、相切、半徑(T)/橢圓(E)]：

　　　　　　　　　　　　　　　　　　　　　←輸入選項 E

指定第一個軸的端點或 [中心點(C)]：　←輸入選項 C

指定中心點：　　　　　　　　　　　　←選取中心點 1

指定到第一個軸的距離<45.0000>：　←選取第一軸端點 2

指定第二個軸的端點：　　　　　　　　←選取第二軸端點 3

指定高度或 [兩點(2P)/軸端點(A)/頂部半徑(T)] <60.0000>：　←輸入高度

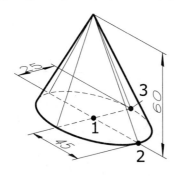
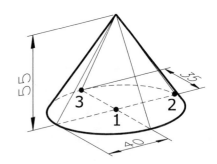

✪ 已知頂部半徑圓錐體

指定基準的中心點或 [三點(3P)/兩點(2P)/相切、相切、半徑(T)/橢圓(E)]：

　　　　　　　　　　　　　　　　　　　　　←選取中心點 1

指定基準半徑或 [直徑(D)] <50.0000>：　　　←輸入底部半徑

指定高度或 [兩點(2P)/軸端點(A)/頂部半徑(T)] <50.0000>: ←輸入選項 T

指定頂部半徑<40.0000>: ←輸入頂部半徑

指定高度或 [兩點(2P)/軸端點(A)] <50.0000>: ←輸入高度

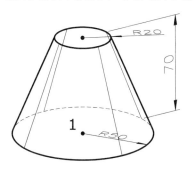 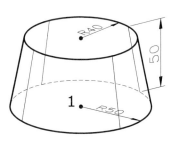

✪ 已知軸端點半徑圓錐體

指定基準的中心點或 [三點(3P)/兩點(2P)/相切、相切、半徑(T)/橢圓(E)]:

←選取中心點 1

指定基準半徑或 [直徑(D)] <50.0000>: ←輸入底部半徑

指定高度或 [兩點(2P)/軸端點(A)/頂部半徑(T)] <70.0000>: ←輸入選項 A

指定軸端點: ←選取端點 2

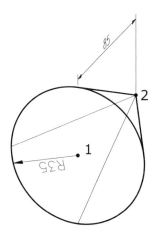 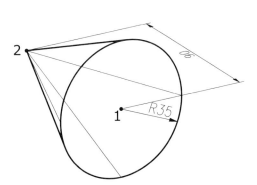

5 SPHERE－圓球體

指令	SPHERE	
說明	建立 3D 圓球實體	
選項功能	三點(3P)：輸入三點定義圓球體	
	兩點(2P)：輸入兩點定義圓球體	
	相切、相切、半徑(T)：選取二切點與輸入半徑定義圓球體	
	直徑(D)：指定圓球體直徑	

功能指令敘述

指令: SPHERE

✪ 已知中心與半徑

指定中心點或 [三點(3P)/兩點(2P)/相切、相切、半徑(T)]: ←選取圓球中心點
指定半徑或 [直徑(D)] <35.0000>:

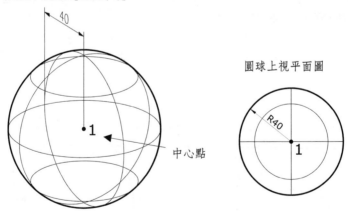

圓球上視平面圖

✪ 已知中心與直徑

指定中心點或 [三點(3P)/兩點(2P)/相切、相切、半徑(T)]: ←選取圓球中心點
指定半徑或 [直徑(D)] <35.0000>:　　　　　　　←輸入選項 D
指定直徑<80.0000>:　　　　　　　　　　　←輸入直徑 (80)

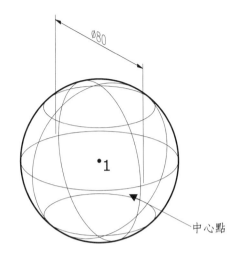

圓球上視平面圖

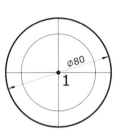

中心點

✪ 三點定義圓球體

指定中心點或 [三點(3P)/兩點(2P)/相切、相切、半徑(T)]: ←輸入選項 3P
指定第一點: ←選取點 1
指定第二點: ←選取點 2
指定第三點: ←選取點 3

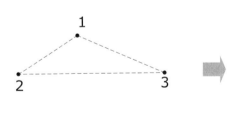

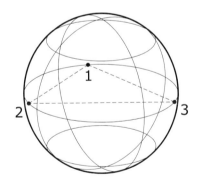

✪ 兩點定義圓球體

指定中心點或 [三點(3P)/兩點(2P)/相切、相切、半徑(T)]: ←輸入選項 2P
指定直徑的第一個端點: ←選取點 1
指定直徑的第二個端點: ←選取點 2

第一篇　第四章 ▼　3D 實體塑型

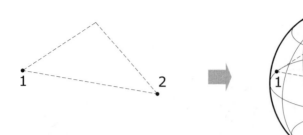

✪ 已知兩切點與半徑定義圓球體

指定物件上的點做為第一個切點:　　←選取切點 1
指定物件上的點做為第二個切點:　　←選取切點 2
指定圓的半徑<45.0000>:　　　　←輸入半徑值

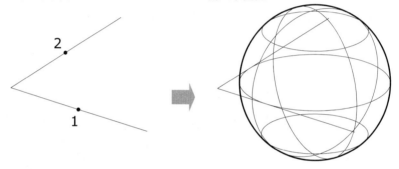

✪ 調整 ISOLINES 可在繪製圓球時產生更佳的視覺效果

指令: ISOLINES

輸入 ISOLINES 的新值<4>:　←將值調整為 10

指令: REGEN　　　　　　　←將繪製完成圖重生

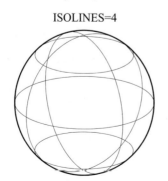

ISOLINES=4

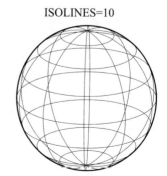

ISOLINES=10

6 CYLINDER－圓柱體

指令	CYLINDER
說明	建立 3D 圓柱實體
選項功能	三點(3P)：輸入三點定義圓柱體
	兩點(2P)：輸入兩點定義圓柱體
	相切、相切、半徑(T)：選取二切點與輸入半徑定義圓柱
	橢圓(E)：建立橢圓形圓柱體
	直徑(D)：指定圓柱直徑

功能指令敘述

指令: CYLINDER

✪ 已知中心與半徑

指定基準的中心點或 [三點(3P)/兩點(2P)/相切、相切、半徑(T)/橢圓(E)]:

              ←選取中心點 1

指定基準半徑或 [直徑(D)] <34.7325>:   ←輸入半徑值

指定高度或 [兩點(2P)/軸端點(A)] <46.0461>: ←輸入高度

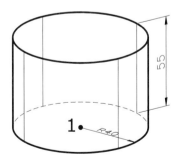
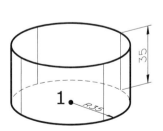

✪ 已知中心與直徑

指定基準的中心點或 [三點(3P)/兩點(2P)/相切、相切、半徑(T)/橢圓(E)]:

              ←選取中心點 1

指定基準半徑或 [直徑(D)] <34.7325>:   ←輸入選項 D

指定直徑<75.0000>:   ←輸入直徑值

指定高度或 [兩點(2P)/軸端點(A)] <46.0461>: ←輸入高度

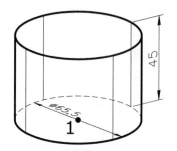 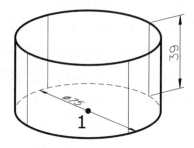

✪ 三點定一圓柱體

指定基準的中心點或 [三點(3P)/兩點(2P)/相切、相切、半徑(T)/橢圓(E)]:

               ←輸入選項 3P

指定第一點: ←選取點 1

指定第二點: ←選取點 2

指定第三點: ←選取點 3

指定高度或 [兩點(2P)/軸端點(A)] <43.0000>: ←輸入高度

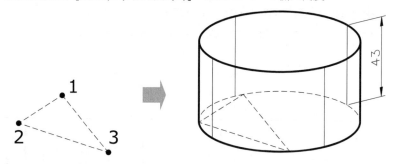

✪ 兩點定一圓柱體

指定基準的中心點或 [三點(3P)/兩點(2P)/相切、相切、半徑(T)/橢圓(E)]:

               ←輸入選項 2P

指定直徑的第一個端點: ←選取點 1

指定直徑的第二個端點: ←選取點 2

指定高度或 [兩點(2P)/軸端點(A)] <40.0000>: ←輸入高度

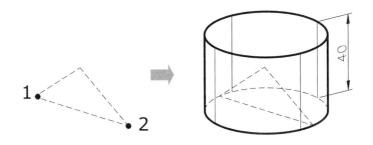

✪ 已知兩切點與半徑定義圓錐

指定基準的中心點或 [三點(3P)/兩點(2P)/相切、相切、半徑(T)/橢圓(E)]:

                                        ←輸入選項 T

指定物件上的點做為第一個切點: ←選取切點 1

指定物件上的點做為第二個切點: ←選取切點 2

指定圓的半徑<35.0000>:   ←輸入半徑

指定高度或 [兩點(2P)/軸端點(A)] <56.0000>: ←輸入高度

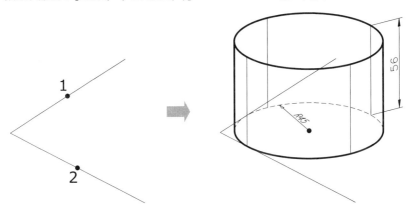

✪ 已知長短軸的橢圓柱體

指定基準的中心點或 [三點(3P)/兩點(2P)/相切、相切、半徑(T)/橢圓(E)]:

                                        ←輸入選項 E

指定第一個軸的端點或 [中心點(C)]:   ←選取點 1

指定第一個軸的其他端點: ←選取點 2

指定第二個軸的端點: ←選取點 3

指定高度或 [兩點(2P)/軸端點(A)] <64.2462>: ←輸入高度

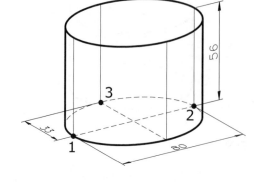
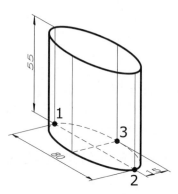

✪ 已知中心點長短軸的橢圓柱體

指定基準的中心點或 [三點(3P)/兩點(2P)/相切、相切、半徑(T)/橢圓(E)]:
　　　　　　　　　　　　　　　　　　　　　←輸入選項 E
指定第一個軸的端點或 [中心點(C)]:　　←輸入選項 C
指定中心點:　　　　　　　　　　　　←選取中心點 1
指定到第一個軸的距離<45.0000>:　　←選取第一軸端點 2
指定第二個軸的端點:　　　　　　　←選取第二軸端點 3
指定高度或 [兩點(2P)/軸端點(A)] <64.2462>:　←輸入高度

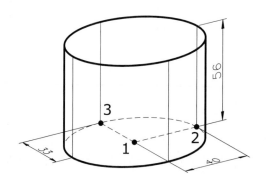
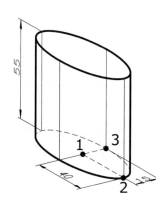

✪ 已知軸端點半徑圓柱體

指定基準的中心點或 [三點(3P)/兩點(2P)/相切、相切、半徑(T)/橢圓(E)]:

　　　　　　　　　　　　　　　　　←選取中心點 1

指定基準半徑或 [直徑(D)] <50.0000>:　　　　←輸入底部半徑或直徑

指定高度或 [兩點(2P)/軸端點(A)] <58.3260>:　　←輸入選項 A

指定軸端點:　　←選取端點 2

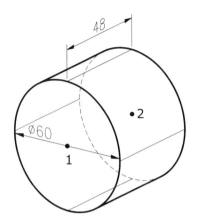
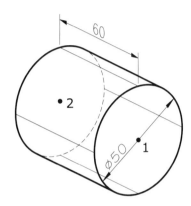

第一篇　第四章　▼　3D 實體塑型

7　TORUS－圓環體

指令	TORUS	
說明	建立 3D 圓環實體	
選項功能	三點(3P)：輸入三點定義圓環體	
	兩點(2P)：輸入兩點定義圓環體	
	相切、相切、半徑(T)：選取二切點與輸入半徑定義圓環體	

功能指令敘述

指令: TORUS

✪ 已知中心與半徑

指定中心點或 [三點(3P)/兩點(2P)/相切、相切、半徑(T)]:　　←選取中心點 1

指定半徑或 [直徑(D)] <50.0000>:　　　　　　　　　　　←輸入環半徑值

指定細管半徑或 [兩點(2P)/直徑(D)] <5.0000>:　　←輸入管半徑值

環半徑 50，管半徑 5　　　　　　　　　　環半徑 50，管半徑 10

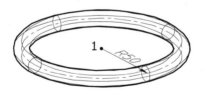
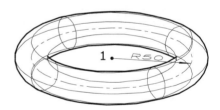

✪ 已知中心與直徑

指定中心點或 [三點(3P)/兩點(2P)/相切、相切、半徑(T)]:　　←選取中心點 1

指定半徑或 [直徑(D)] <50.0000>:　　　　　　　　　　　←輸入選項 D

指定圓環體直徑<40.0000>:　　　　　　　　　　　　　←輸入環直徑值

指定細管半徑或 [兩點(2P)/直徑(D)] <5.0000>:　　←輸入選項 D

指定細管直徑<30.0000>:　　　　　　　　　　　　　←輸入管直徑值

環直徑 95，管直徑 14　　　　　　　環直徑 40，管直徑 30

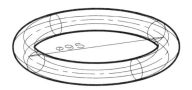 

✪ 已知三點定義圓環體

指定中心點或 [三點(3P)/兩點(2P)/相切、相切、半徑(T)]:　　←輸入選項 3P

指定第一點:　　←選取點 1

指定第二點:　　←選取點 2

指定第三點:　　←選取點 3

指定細管半徑或 [兩點(2P)/直徑(D)] <15.0000>:　　←輸入管半徑值

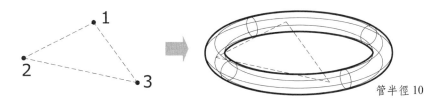

管半徑 10

✪ 已知兩點定義圓環體

指定中心點或 [三點(3P)/兩點(2P)/相切、相切、半徑(T)]:　　←輸入選項 2P

指定直徑的第一個端點:　　←選取點 1

指定直徑的第二個端點:　　←選取點 2

指定細管半徑或 [兩點(2P)/直徑(D)] <15.0000>:　　←輸入管半徑值

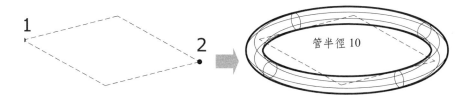

管半徑 10

✪ 已知兩切點與半徑定義圓環體

指定中心點或 [三點(3P)/兩點(2P)/相切、相切、半徑(T)]:　　←輸入選項 T

指定物件上的點做為第一個切點:　　←選取切點 1

指定物件上的點做為第二個切點:　　←選取切點 2

指定圓的半徑<55.0000>:　　←輸入環半徑值

指定細管半徑或 [兩點(2P)/直徑(D)] <15.0000>:　　←輸入管半徑值

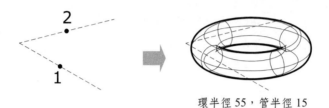

環半徑 55，管半徑 15

8　PYRAMID－角錐體

指令	PYRAMID
說明	建立 3D 角錐實體
選項功能	邊(E)：輸入邊長定義角錐體 邊數(S)：定義多邊形角錐體邊數 內接(I)：繪製內接圓角錐體 外切(C)：繪製外切圓角錐體

功能指令敘述

指令: PYRAMID

✪ 已知中心點與外切半徑

指定底部的中心點或 [邊(E)/邊數(S)]:　　←選取中心點 1
指定底部半徑或 [內接(I)] <70.7107>:　　←輸入底部半徑點 2
指定高度或 [兩點(2P)/軸端點(A)/頂部半徑(T)] <41.0161>:　　←輸入高度

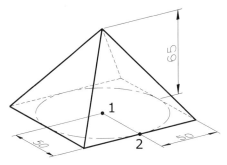

底部半徑@50<0

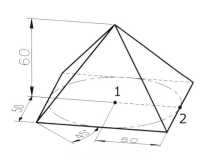

底部半徑@50<45

✪ 已知中心點與內接半徑

指定底部的中心點或 [邊(E)/邊數(S)]:　　←選取中心點 1
指定底部半徑或 [內接(I)] <70.7107>:　　←輸入選項 I
指定底部半徑或 [外切(C)] <50.0000>:　　←輸入底部半徑點 2
指定高度或 [兩點(2P)/軸端點(A)/頂部半徑(T)] <44.0161>:　　←輸入高度

底部半徑@50<0

底部半徑@50<45

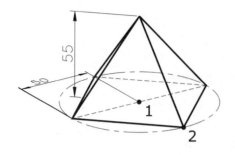

✪ 已知角錐體邊長

指定底部的中心點或 [邊(E)/邊數(S)]:　　　←輸入選項 E

指定邊緣的第一個端點:　　　　　　　　　　←選取點 1

指定邊緣的第二個端點:　　　　　　　　　　←選取點 2

指定高度或 [兩點(2P)/軸端點(A)/頂部半徑(T)] <44.0161>:　←輸入高度

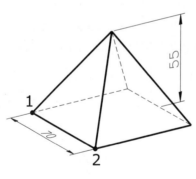

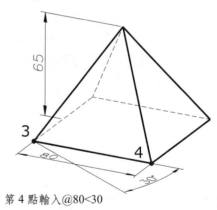

第 2 點輸入@70<0　　　　　　　　第 4 點輸入@80<30

✪ 不同邊數角錐體邊數

指定底部的中心點或 [邊(E)/邊數(S)]:　　　←輸入選項 S

輸入邊的數目<6>:　　　　　　　　　　　　←輸入邊數

指定底部的中心點或 [邊(E)/邊數(S)]:　　　←選取中心點 1

指定底部半徑或 [內接(I)] <70.7107>:　　　←輸入底部半徑點 2

指定高度或 [兩點(2P)/軸端點(A)/頂部半徑(T)] <41.0161>:　←輸入高度

五邊錐角體，內接基準半徑@50<0

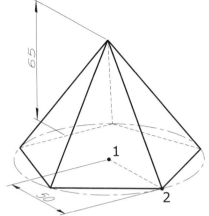

六邊錐角體，已知邊長第 2 點@50<30

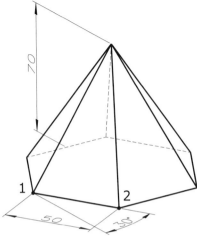

✪ 已知頂部半徑

指定底部的中心點或 [邊(E)/邊數(S)]:   ←選取中心點 1

指定底部半徑或 [內接(I)] <70.7107>:   ←輸入底部半徑點 2

指定高度或 [兩點(2P)/軸端點(A)/頂部半徑(T)] <139.7548>: ←輸入選項 T

指定頂部半徑<0.0000>:   ←輸入頂部半徑值

指定高度或 [兩點(2P)/軸端點(A)] <139.7548>: ←輸入高度

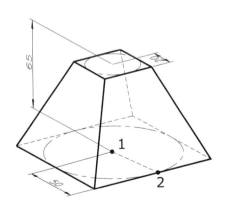

外切基準半徑@50<0，頂部半徑 20

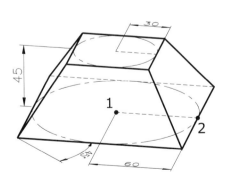

外切基準半徑@60<45，頂部半徑 30

✪ 已知中心點與外切半徑

指定底部的中心點或 [邊(E)/邊數(S)]:　　　←選取中心點 1

指定底部半徑或 [內接(I)] <70.7107>:　　　←輸入底部半徑點 2

指定高度或 [兩點(2P)/軸端點(A)/頂部半徑(T)] <41.0161>:　　←輸入選項 A

指定軸端點:　　←選取點 3

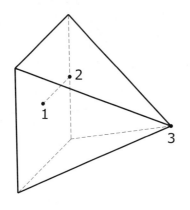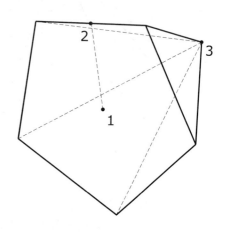

✪ 已知兩點參考高度

指定底部的中心點或 [邊(E)/邊數(S)]:　　　←選取中心點 1

指定底部半徑或 [內接(I)] <70.7107>:　　　←輸入底部半徑點 2

指定高度或 [兩點(2P)/軸端點(A)/頂部半徑(T)] <41.0161>:　　←輸入選項 2P

指定第一點:　　←選取點 3

指定第二點:　　←選取點 4

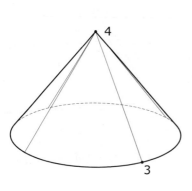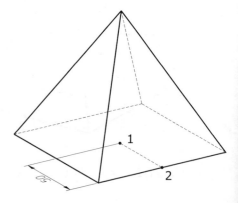

9 HELIX一螺旋線

指令	HELIX	
說明	建立 3D 螺旋線	
選項功能	直徑(D)：指定螺旋線直徑	
	旋轉(T)：定義螺旋線旋轉數	
	旋轉高度(H)：定義螺旋間距高度	
	扭轉(W)：定義螺旋旋轉方向	

功能指令敘述

指令: HELIX

✪ 已知中心點與半徑

旋轉數目 = 3.0000　　　　　扭轉= 逆時鐘

指定底部的中心點:　　　　　　　　　←選取中心點 1

指定底部半徑或 [直徑(D)] <25.0000>:　←輸入底部半徑

指定頂部半徑或 [直徑(D)] <25.0000>:　←輸入頂部半徑

指定螺旋線高度或 [軸端點(A)/旋轉(T)/旋轉高度(H)/扭轉(W)] <55.0000>:

　　　　　　　　　　　　　　←輸入高度

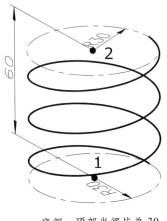

底部、頂部半徑皆為 30

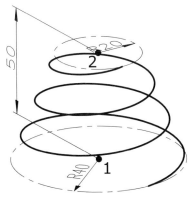

底部半徑 40、頂部半徑 20

❖ 3D 彈簧的建立＝3D 螺旋線＋SWEEP 掃掠。(詳見單元 13)

✪ 已知中心點與直徑

旋轉數目 = 3.0000　　　　扭轉= 逆時鐘

指定底部的中心點：　　　　　　　　　　←選取中心點 1

指定底部半徑或 [直徑(D)] <25.0000>：　←輸入選項 D

指定直徑<46.0000>：　　　　　　　　　←輸入底部直徑

指定頂部半徑或 [直徑(D)] <25.0000>：　←輸入選項 D

指定直徑<46.0000>：　　　　　　　　　←輸入頂部直徑

指定螺旋線高度或 [軸端點(A)/旋轉(T)/旋轉高度(H)/扭轉(W)] <55.0000>：

　　　　　　　　　　　　　　　　　　　←輸入高度

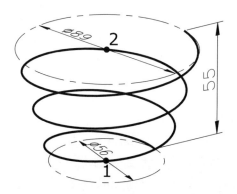

底部直徑 56、頂部直徑 89　　　　　　　底部、頂部直徑皆為 46

✪ 定義螺旋線數目

旋轉數目 = 3.0000　　　　扭轉= 逆時鐘

指定底部的中心點：　　　　　　　　　　←選取中心點 1

指定底部半徑或 [直徑(D)] <25.0000>：　←輸入底部半徑

指定頂部半徑或 [直徑(D)] <25.0000>：　←輸入頂部半徑

指定螺旋線高度或 [軸端點(A)/旋轉(T)/旋轉高度(H)/扭轉(W)] <55.0000>：

　　　　　　　　　　　　　　　　　　　←輸入選項 T

輸入旋轉數目<5.0000>：　　　　　　　　←輸入螺旋數

指定螺旋線高度或 [軸端點(A)/旋轉(T)/旋轉高度(H)/扭轉(W)] <55.0000>：

　　　　　　　　　　　　　　　　　　　←輸入高度

底部、頂部半徑為 25，螺旋數 5 圈　　　　底部、頂部半徑為 35，螺旋數 8 圈

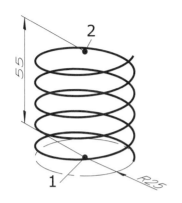 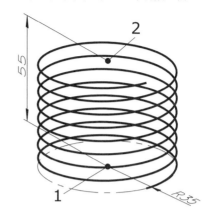

✪ 已知螺旋線旋轉間距

旋轉數目 = 3.0000　　　　　扭轉= 逆時鐘

指定底部的中心點:　　　　　　　　　　　←選取中心點 1

指定底部半徑或 [直徑(D)] <25.0000>:　←輸入底部半徑

指定頂部半徑或 [直徑(D)] <25.0000>:　←輸入頂部半徑

指定螺旋線高度或 [軸端點(A)/旋轉(T)/旋轉高度(H)/扭轉(W)] <55.0000>:

　　　　　　　　　　　　　　　　　←輸入選項 H

指定旋轉間的距離<15.0000>:　　　　　←輸入旋轉間距

指定螺旋線高度或 [軸端點(A)/旋轉(T)/旋轉高度(H)/扭轉(W)] <70.0000>:

　　　　　　　　　　　　　　　　←輸入高度 (旋轉數由高度決定)

底部、頂部半徑皆為 35，間距 10　　　　底部、頂部半徑為 35，間距 15

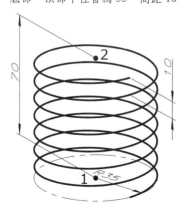 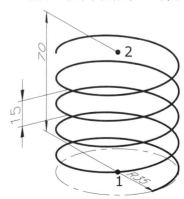

✪ 已知螺旋線旋轉方向

旋轉數目 = 3.0000 　　　　扭轉= 逆時鐘

指定底部的中心點: 　　　　　　　　　　　←選取中心點 1

指定底部半徑或 [直徑(D)] <25.0000>: 　←輸入底部半徑

指定頂部半徑或 [直徑(D)] <25.0000>: 　←輸入頂部半徑

指定螺旋線高度或 [軸端點(A)/旋轉(T)/旋轉高度(H)/扭轉(W)] <55.0000>:

　　　　　　　　　　　　　　　　　←輸入選項 W

輸入螺旋線的扭轉方向 [順時鐘(CW)/逆時鐘(CCW)] <CW>:←輸入選項

指定螺旋線高度或 [軸端點(A)/旋轉(T)/旋轉高度(H)/扭轉(W)] <50.0000>:

　　　　　　　　　　　　　　←輸入高度

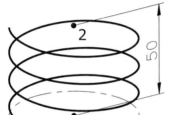 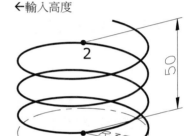

扭轉方向=順時鐘 　　　　　　　　扭轉方向=逆時鐘

✪ 已知螺旋線旋轉軸端點

指定底部的中心點: 　　　　　　　　　　←選取中心點 1

指定底部半徑或 [直徑(D)] <25.0000>: 　←輸入底部半徑

指定頂部半徑或 [直徑(D)] <25.0000>: 　←輸入頂部半徑

指定螺旋線高度或 [軸端點(A)/旋轉(T)/旋轉高度(H)/扭轉(W)] <55.0000>:

　　　　　　　　　　　　　　　　←輸入選項 A

指定軸端點: 　　←選取點 2

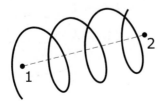 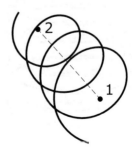

10　REGION－面域

指令	REGION
說明	建立面域

功能指令敘述

指令: REGION　（或輸入 REG）

選取物件:　　　←選取物件

選取物件:　　　←[Enter] 結束選取

✪ 面域的另一種建立方式為『邊界』

指令: BOUNDARY (或輸入 BO)

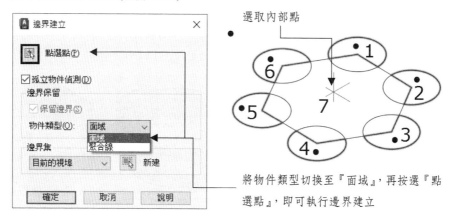

選取內部點

將物件類型切換至『面域』，再按選『點選點』，即可執行邊界建立

✪ 以 REGION 方式建立邊界

指令: REGION

選取物件:　　　　　←框選要建立面域物件

選取物件:　　　　　← [Enter] 結束選取

已萃取 6 個迴路。

已建立 6 個面域。　←下頁圖形共有 6 個面域建立完成

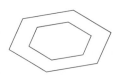
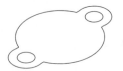
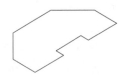

二個正六邊形　　　　　圓與弧建立圖形　　　　線或聚合線建立圖形

✪ **建立完成邊界圖形，與未建立的線架構擠出(EXTRUDE) 後產生的效果**

指令: EXTRUDE

目前的線架構密度: ISOLINES = 8，封閉輪廓的建立模式 = 實體

選取要擠出的物件或 [模式(MO)]:　　　　←框選物件

選取要擠出的物件或 [模式(MO)]:　　　　←[Enter] 結束選取

指定擠出高度或 [方向(D)/路徑(P)/推拔角度(T)/表示式(E)] <100>:

　　　　　　　　　　　　　　　　←輸入高度

❖ **未建立面域擠出圖形：**

　封閉的區域會擠出為實體 (例如封閉 PLINE、圓)，非封閉則為曲面。

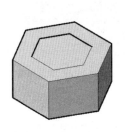
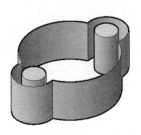
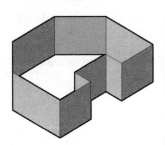

❖ **建立爲面域後擠出圖形：全部皆擠出為實體。**

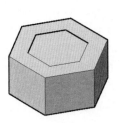

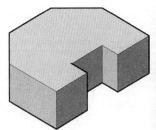

11 EXTRUDE－擠出

指令	EXTRUDE
說明	擠出 2D 物件建立曲面或實體
選項功能	模式(MO)：指定擠出封閉物件為實體或曲面
	路徑(P)：選取物件為擠出路徑參考
	方向(D)：依指定的方向擠出
	推拔角度(T)：擠出推拔角度實體
	表示式(E)：輸入公式或方程式，以指定擠出高度
重點叮嚀	❖ 擠出之物件未封閉，則建立的物件為曲面，如果封閉則依定義模式擠出為實體或曲面
	❖ 擠出之物件為實體面，則會建立新的 3D 實體
	❖ 擠出之物件為網面，請參考第六章單元 14

功能指令敘述

❂ **請先完成 2D 圖形**

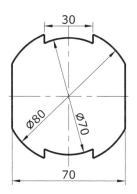

❂ **擠出已知的高度**

指令: EXTRUDE

目前的線架構密度: ISOLINES = 8，封閉輪廓的建立模式 = 實體

選取要擠出的物件或 [模式(MO)]:　　←選取要擠出物件

　　　:　　　　　　:

選取要擠出的物件或 [模式(MO)]:　　← [Enter] 結束選取

指定擠出高度或 [方向(D)/路徑(P)/推拔角度(T)/表示式(E)] <50>:←輸入高度

DISPSILH=1，HIDE 消除隱藏線

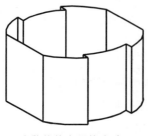 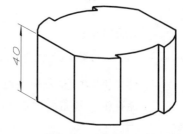

分散的線與弧擠出曲面　　　　　建立為面域與封閉區 PLINE 擠出實體

✪ 指定路徑擠出物件

指令: EXTRUDE

目前的線架構密度: ISOLINES = 8，封閉輪廓的建立模式 ＝ 實體

選取要擠出的物件或 [模式(MO)]:　　←選取要擠出物件 1

　　　　:　　　　　　:

選取要擠出的物件或 [模式(MO)]:　　← [Enter] 結束選取

指定擠出高度或 [方向(D)/路徑(P)/推拔角度(T)/表示式(E)] <>:←輸入選項 P

選取擠出路徑或 [推拔角度(T)]:　　←選取路徑物件 2

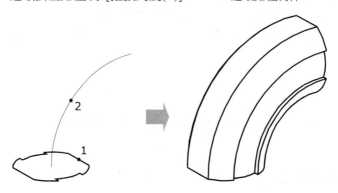

✪ 指定擠出方向

指令: EXTRUDE

目前的線架構密度: ISOLINES = 8，封閉輪廓的建立模式 ＝ 實體

選取要擠出的物件或 [模式(MO)]:　　←選取要擠出物件 1

　　　　:　　　　　:

選取要擠出的物件或 [模式(MO)]:　　 ← [Enter] 結束選取
指定擠出高度或 [方向(D)/路徑(P)/推拔角度(T)/表示式(E)] <>:←輸入選項 D
指定方向的起點:　　　　　← 選取點 2
指定方向的結束點:　　　　　← 選取點 3

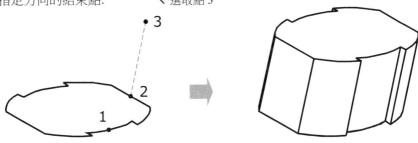

✪ 指定推拔角度

指令: EXTRUDE

目前的線架構密度: ISOLINES = 8,封閉輪廓的建立模式 = 實體

選取要擠出的物件或 [模式(MO)]:　　 ←選取要擠出物件 1

　　　:　　　　:

選取要擠出的物件或 [模式(MO)]:　　 ← [Enter] 結束選取

指定擠出高度或 [方向(D)/路徑(P)/推拔角度(T)/表示式(E)] <>:←輸入選項 T

指定擠出的推拔角度或 [表示式(E)] <0>:　　　　　←輸入角度

指定擠出高度或 [方向(D)/路徑(P)/推拔角度(T)/表示式(E)] <132.1485>:

　　　　　　　　　　　　　　　←輸入高度

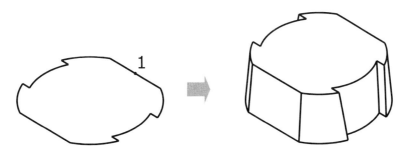

第一篇　第四章 ▼ 3D 實體塑型

✪ 擠出封閉物件或面域為曲面物件

指令: EXTRUDE

目前的線架構密度: ISOLINES = 8，封閉輪廓的建立模式 ＝ 實體

選取要擠出的物件或 [模式(MO)]: ←輸入選項 MO

封閉輪廓建立模式 [實體(SO)/曲面(SU)] <實體>: ←輸入選項 SU

選取要擠出的物件或 [模式(MO)]: ←選取要擠出物件

    :   :

選取要擠出的物件或 [模式(MO)]: ← [Enter] 結束選取

指定擠出高度或 [方向(D)/路徑(P)/推拔角度(T)/表示式(E)] <>:←輸入高度

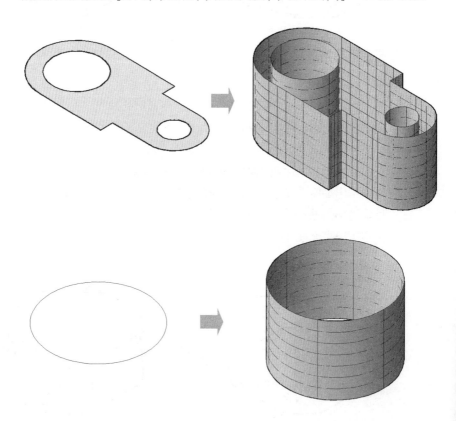

12 RESSPULL－按拉

指令	PRESSPULL
說明	按拉有邊界的區域
快捷鍵	同時按住[Ctrl]+[Shift]+E 移動到邊界區域內即可快速執行
重點叮嚀	1. 可按住[Shift]進行多重選取邊界或面 2. 可按住[Ctrl]+選取面按拉成偏移面效果

功能指令敘述

指令: PRESSPULL

✪ 於封閉範圍內按拉已知高度的實體

選取物件或有邊界的區域:　　　　　←選取邊界區域中點 1
指定擠出高度或 [多重(M)]:　　　　←選取點 2
指定擠出高度或 [多重(M)]:　　　　←輸入高度值
已建立 1 個擠出

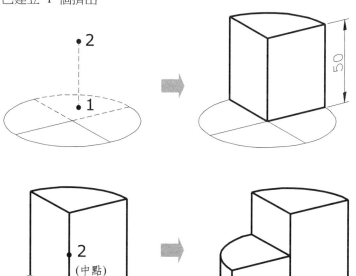

✪ 選取實體面按拉增減實體

選取物件或有邊界的區域:　　　　　　←選取實體面 1

指定擠出高度或 [多重(M)]:　　　　　←選取點 2，或輸入增減值

指定擠出高度或 [多重(M)]:　　　　　←輸入高度值

已建立 1 個擠出

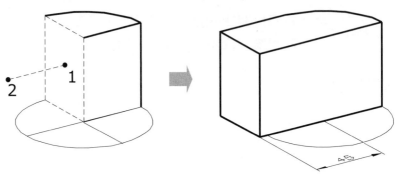

按拉完成後，必須將建立的面 1 刪除，即可看見挖洞效果

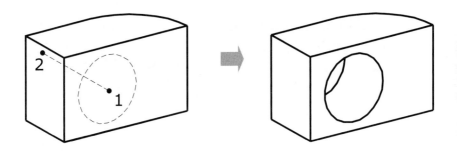

於實體表面建立的封閉區域按拉後，會與該實體結為一體

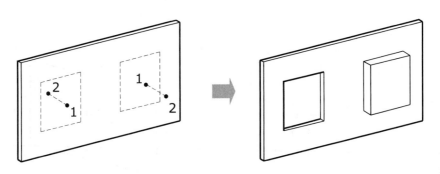

13 SWEEP－掃掠

指令	SWEEP
說明	掃掠 2D 物件建立曲面或實體
選項功能	模式(MO)：指定擠出封閉物件為實體或曲面 對齊方式(A)：設定掃掠物件與路徑是否垂直對齊 基準點(B)：設定掃掠物件對齊於路徑的點位置 比例(S)：設定掃掠物件結束端比例 扭轉(T)：設定掃掠物件結束端扭轉角度
重點叮嚀	若掃掠之物件未封閉，則建立的物件是曲面

功能指令敘述

✪ 指定掃掠物件與路徑

指令: SWEEP

目前的線架構密度: ISOLINES = 8，封閉輪廓的建立模式 = 實體

選取要掃掠的物件或 [模式(MO)]:　　　←選取掃掠物件圓

選取要掃掠的物件或 [模式(MO)]:　　←[Enter] 結束選取

選取掃掠路徑或 [對齊方式(A)/基準點(B)/比例(S)/扭轉(T)]:←選取路徑彈簧

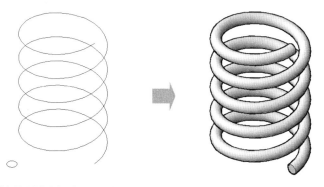

✪ 掃掠物件對齊路徑設定

指令: SWEEP

目前的線架構密度: ISOLINES = 8，封閉輪廓的建立模式 = 實體

選取要掃掠的物件或 [模式(MO)]: ←選取掃掠物件 1

選取要掃掠的物件或 [模式(MO)]: ← [Enter] 結束選取

選取掃掠路徑或 [對齊方式(A)/基準點(B)/比例(S)/扭轉(T)]:←輸入選項 A

掃掠之前將掃掠物件與路徑互垂對齊 [是(Y)/否(N)] <是>: ←輸入是否對齊

選取掃掠路徑或 [對齊方式(A)/基準點(B)/比例(S)/扭轉(T)]: ←選取掃掠路徑 2

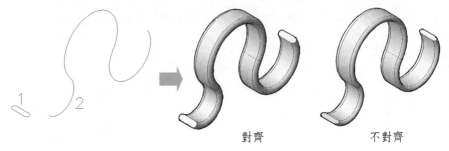

對齊　　　　　　不對齊

✪ 掃掠物件基準點設定

指令: SWEEP

目前的線架構密度: ISOLINES = 8，封閉輪廓的建立模式 = 實體

選取要掃掠的物件或 [模式(MO)]: ←選取掃掠物件 1

選取要掃掠的物件或 [模式(MO)]: ← [Enter] 結束選取

選取掃掠路徑或 [對齊方式(A)/基準點(B)/比例(S)/扭轉(T)]:←輸入選項 B

指定基準點: ←選取中點 1

選取掃掠路徑或 [對齊方式(A)/基準點(B)/比例(S)/扭轉(T)]: ←選取掃掠路徑 2

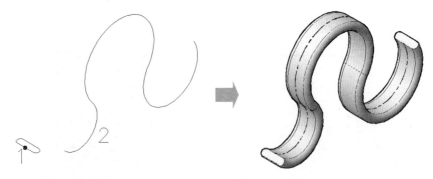

✪ 掃掠物件比例設定

指令: SWEEP

目前的線架構密度: ISOLINES = 8，封閉輪廓的建立模式 = 實體

選取要掃掠的物件或 [模式(MO)]:　　　　　　←選取掃掠物件 1
選取要掃掠的物件或 [模式(MO)]:　　　　　　← [Enter] 結束選取
選取掃掠路徑或 [對齊方式(A)/基準點(B)/比例(S)/扭轉(T)]:←輸入選項 S
輸入比例係數或 [參考(R)/表示式(E)]<1.0000>:　　←輸入比例係數
選取掃掠路徑或 [對齊方式(A)/基準點(B)/比例(S)/扭轉(T)]: ←選取掃掠路徑 2

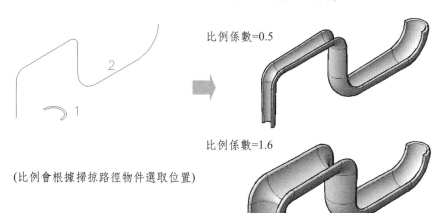

比例係數=0.5

比例係數=1.6

(比例會根據掃掠路徑物件選取位置)

✪ 掃掠物件扭轉角度設定

指令: SWEEP

目前的線架構密度: ISOLINES = 8，封閉輪廓的建立模式 = 實體

選取要掃掠的物件或 [模式(MO)]:　　　　←選取掃掠物件 1
選取要掃掠的物件或 [模式(MO)]:　　　　← [Enter] 結束選取
選取掃掠路徑或 [對齊方式(A)/基準點(B)/比例(S)/扭轉(T)]:←輸入選項 T
輸入扭轉角度或允許排列非平面掃掠路徑 [排列(B)/表示式(EX)]<0.0000>:
　　　　　　　　　　　　　　　　　　　　　　←輸入扭轉角度
選取掃掠路徑或 [對齊方式(A)/基準點(B)/比例(S)/扭轉(T)]: ←選取掃掠路徑 2

扭轉角度=45　　　　　　　　　　扭轉角度=-35

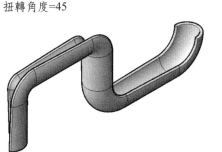

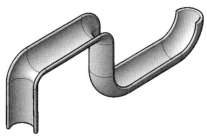

✪ 曲面掃掠物件

指令: SWEEP

目前的線架構密度: ISOLINES = 8，封閉輪廓的建立模式 = 實體

選取要掃掠的物件或 [模式(MO)]:　　　　　　　←輸入選項 MO

封閉輪廓建立模式 [實體(SO)/曲面(SU)] <實體>:　←輸入選項 SU

選取要掃掠的物件或 [模式(MO)]:　　　　　　　←選取掃掠物件

選取要掃掠的物件或 [模式(MO)]:　　　　　　　← [Enter] 結束選取

選取掃掠路徑或 [對齊方式(A)/基準點(B)/比例(S)/扭轉(T)]:←選取掃掠路徑

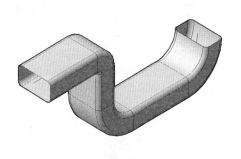 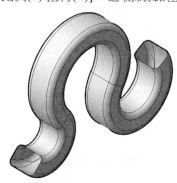

✪ 可掃掠物件與路徑類型

可掃掠物件	可掃掠路徑物件
2D 和 3D 雲形線	2D 和 3D 雲形線
2D 聚合線	2D 和 3D 聚合線
2D 實面	實體、曲面和網面邊緣子物件
3D 實體面子物件	螺旋線
弧	弧
圓	圓
橢圓	橢圓
橢圓弧	橢圓弧
線	線
面域	
實體、曲面和網面邊緣子物件	
等寬線	

指令	REVOLVE
說明	迴轉 2D 物件建立曲面或實體
選項功能	模式(MO)：指定擠出封閉物件為實體或曲面 物件(O)：選取一個參考物件為迴轉軸 X：以目前 UCS 之 X 軸的正軸方向作迴轉方向 Y：以目前 UCS 之 Y 軸的正軸方向作迴轉方向 Z：以目前 UCS 之 Z 軸的正軸方向作迴轉方向 起始角度(ST)：指定迴轉起始角度 反轉(R)：反方向迴轉物件 表示式(EX)：輸入公式或方程式，以指定迴轉角度
重點叮嚀	若迴轉之物件未封閉，則建立的物件是曲面

功能指令敘述

✪ **指定兩軸點為迴轉軸**

指令: REVOLVE
目前的線架構密度: ISOLINES = 8，封閉輪廓的建立模式 = 實體
選取要迴轉的物件或 [模式(MO)]:　　←選取迴轉物件 1
　　　　　　:　　　　:
選取要迴轉的物件或 [模式(MO)]:　　← [Enter] 結束選取
指定軸起點或依據 [物件(O)/X/Y/Z] <物件>來定義軸:←選取點 2
指定軸端點:　　　　　　　　　　←選取點 3
指定迴轉角度或 [起始角度(ST)/反轉(R)/表示式(EX)] <360>:
　　　　　　　　　　　←點選或輸入迴轉角度

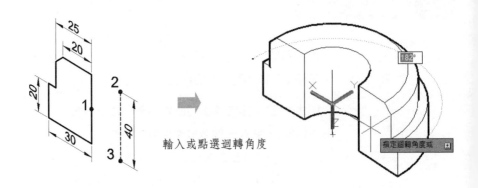

輸入或點選迴轉角度

迴轉角度=360　　　　　　　迴轉角度=240

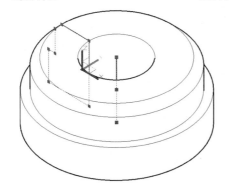
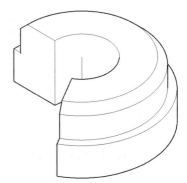

✪ 指定物件為迴轉軸

指令: REVOLVE

目前的線架構密度: ISOLINES = 8，封閉輪廓的建立模式 ＝ 實體

選取要迴轉的物件或 [模式(MO)]:　　　　　　←選取迴轉物件 1

　　　　　　　　　: 　　　　:

選取要迴轉的物件或 [模式(MO)]:　　　　← [Enter] 結束選取

指定軸起點或依據 [物件(O)/X/Y/Z] <物件>來定義軸:←輸入選項 O

選取一個物件:　　　　　　　　　　　←選取旋轉軸物件

指定迴轉角度或 [起始角度(ST)/反轉(R)/表示式(EX)] <360>:

　　　　　　　　　　　　　　　　←輸入迴轉角度

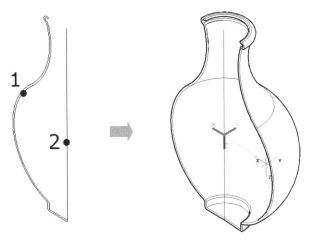

✪ 以目前 UCS 之 X 正軸做迴轉

指令: REVOLVE

目前的線架構密度: ISOLINES = 8，封閉輪廓的建立模式 ＝ 實體

選取要迴轉的物件或 [模式(MO)]:　　　←選取迴轉物件 1

　　　　　　　　　:　　　　　:

選取要迴轉的物件或 [模式(MO)]:　　←[Enter] 結束選取

指定軸起點或依據 [物件(O)/X/Y/Z] <物件>來定義軸:←輸入選項 X

指定迴轉角度或 [起始角度(ST)/反轉(R)/表示式(EX)] <360>:←輸入迴轉角度

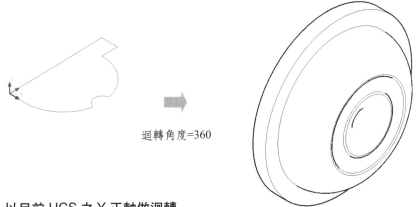

迴轉角度=360

✪ 以目前 UCS 之 Y 正軸做迴轉

指令: REVOLVE

目前的線架構密度: ISOLINES = 8，封閉輪廓的建立模式 ＝ 實體

選取要迴轉的物件或 [模式(MO)]:　　　 ←選取迴轉物件 1

　　　　　　 ：　　　 ：

選取要迴轉的物件或 [模式(MO)]:　　　 ← [Enter] 結束選取

指定軸起點或依據 [物件(O)/X/Y/Z] <物件>來定義軸:←輸入選項 Y

指定迴轉角度或 [起始角度(ST)/反轉(R)/表示式(EX)] <360>:←輸入迴轉角度

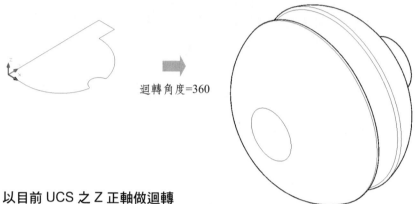

迴轉角度=360

✪ 以目前 UCS 之 Z 正軸做迴轉

指令: REVOLVE

目前的線架構密度: ISOLINES = 8，封閉輪廓的建立模式 = 實體

選取要迴轉的物件或 [模式(MO)]:　　　 ←選取迴轉物件 1

　　　　　　 ：　　　 ：

選取要迴轉的物件或 [模式(MO)]:　　　 ← [Enter] 結束選取

指定軸起點或依據 [物件(O)/X/Y/Z] <物件>來定義軸:　　 ←輸入選項 Z

指定迴轉角度或 [起始角度(ST)/反轉(R)/表示式(EX)] <360>:←輸入迴轉角度

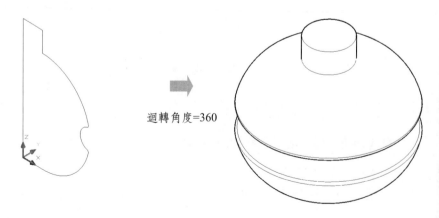

迴轉角度=360

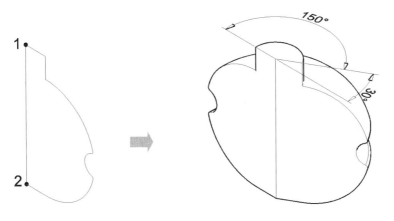

✪ 指定起始角度與迴轉角度

指令: REVOLVE

目前的線架構密度: ISOLINES = 8，封閉輪廓的建立模式 = 實體

選取要迴轉的物件或 [模式(MO)]: ←選取迴轉物件

　　　　　　：　　　　：

選取要迴轉的物件或 [模式(MO)]: 　←[Enter] 結束選取

指定軸起點或依據 [物件(O)/X/Y/Z] <物件>來定義軸:←選取點 1

指定軸端點: 　　　　　　　　←選取點 2

指定迴轉角度或 [起始角度(ST)/反轉(R)/表示式(EX)] <360>:← 輸入選項 ST

指定起始角度<0.0>: 　　　　　　←輸入起始角度

指定迴轉角度或 [起始角度(ST)/表示式(EX)] <360>: 　←輸入迴轉角度

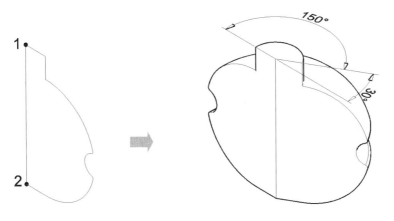

起始角度-30，迴轉角度-150

✪ 反轉迴轉

指令: REVOLVE

目前的線架構密度: ISOLINES = 8，封閉輪廓的建立模式 = 實體

選取要迴轉的物件或 [模式(MO)]: 　←選取迴轉物件

　　　　　　：　　　：

選取要迴轉的物件或 [模式(MO)]: 　← [Enter] 結束選取

指定軸起點或依據 [物件(O)/X/Y/Z] <物件>來定義軸:←選取點 1

指定軸端點: 　　　　　　　　←選取點 2

指定迴轉角度或 [起始角度(ST)/反轉(R)/表示式(EX)] <360>: ←輸入選項 R

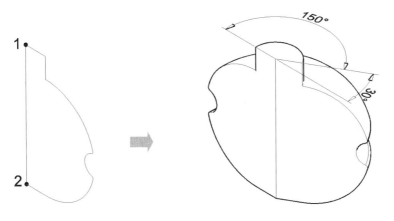

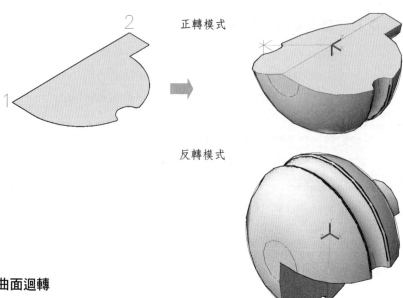

正轉模式

反轉模式

✪ 曲面迴轉

指令: REVOLVE

目前的線架構密度: ISOLINES = 8，封閉輪廓的建立模式 = 實體

選取要迴轉的物件或 [模式(MO)]:   ←輸入選項 MO

封閉輪廓建立模式 [實體(SO)/曲面(SU)] <實體>:   ←輸入選項 SU

選取要迴轉的物件或 [模式(MO)]:   ←選取迴轉物件

        :   :

選取要迴轉的物件或 [模式(MO)]:   ← [Enter] 結束選取

指定軸起點或依據 [物件(O)/X/Y/Z] <物件>來定義軸:←選取軸起點

指定軸端點: ←選取軸端點

指定迴轉角度或 [起始角度(ST)/表示式(EX)] <360>:←輸入迴轉角度

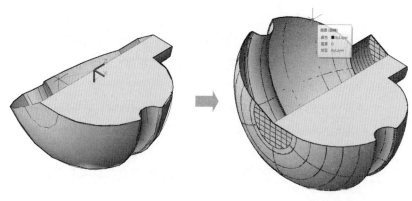

15　LOFT－斷面混成

指令	LOFT
說明	斷面混成 2D 物件建立曲面或實體
選項功能	模式(MO)：指定擠出封閉物件為實體或曲面
	導引(G)：指定引導曲線，來控制斷面混成實體或曲面形狀
	路徑(P)：指定路徑曲線，來產生混成實體
	僅限斷面(C)：呼叫對話框設定斷面混成曲面
重點叮嚀	若斷面混成之物件未封閉，則建立的物件是曲面

功能指令敘述

指令: LOFT

目前的線架構密度: ISOLINES = 8，封閉輪廓的建立模式 = 實體

以斷面混成順序選取斷面或 [點(PO)/接合多條邊(J)/模式(MO)]: ←選取物件 1

以斷面混成順序選取斷面或 [點(PO)/接合多條邊(J)/模式(MO)]: ←選取物件 2

以斷面混成順序選取斷面或 [點(PO)/接合多條邊(J)/模式(MO)]: ←選取物件 3

以斷面混成順序選取斷面或 [點(PO)/接合多條邊(J)/模式(MO)]: ← [Enter] 結束

輸入選項 [導引(G)/路徑(P)/僅限斷面(C)/設定(S)] <僅限斷面>:

←輸入選項或由圖面箭頭處設定混成模式

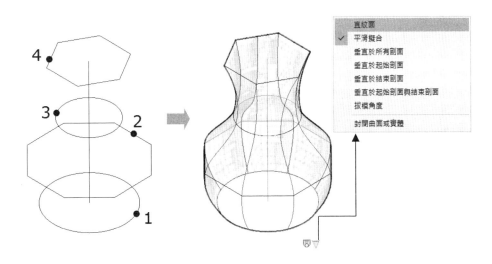

直紋面

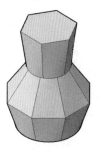

平滑擬合

垂直於所有剖面

垂直於起始剖面

垂直於結束剖面

垂直於起始剖面
與結束剖面

拔模角度

✪ 指定點斷面混成

指令: LOFT

目前的線架構密度: ISOLINES = 8，封閉輪廓的建立模式 = 實體

以斷面混成順序選取斷面或 [點(PO)/接合多條邊(J)/模式(MO)]: ←選取物件 1

以斷面混成順序選取斷面或 [點(PO)/接合多條邊(J)/模式(MO)]:

←輸入選項 PO

指定斷面混成端點: ←選取起點 2

輸入選項 [導引(G)/路徑(P)/僅限斷面(C)/設定(S)/連續性(CO)/凸度(B)] <僅限
斷面>: ←輸入選項或[Enter]

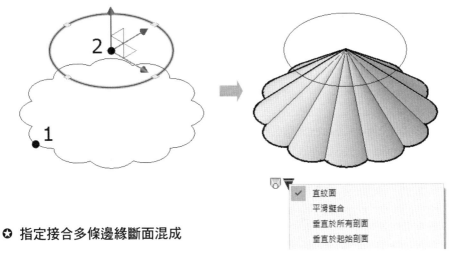

✪ 指定接合多條邊緣斷面混成

指令: LOFT

目前的線架構密度: ISOLINES = 8，封閉輪廓的建立模式 = 實體

以斷面混成順序選取斷面或 [點(PO)/接合多條邊(J)/模式(MO)]:

　　　　　　　　　　　　　　←輸入選項 J

選取要接合為單一斷面的邊緣:　　←輸入選項 C，框選物件點 1

指定對角點:　　　　　　　　　←框選點 2

找到 5 個

選取要接合為單一斷面的邊緣:　　← [Enter] 結束選取

以斷面混成順序選取斷面或 [點(PO)/接合多條邊(J)/模式(MO)]:←選取物件 3

以斷面混成順序選取斷面或 [點(PO)/接合多條邊(J)/模式(MO)]:

　　　　　　　　　　　　　　← [Enter] 結束選取

已選取 2 個斷面

輸入選項 [導引(G)/路徑(P)/僅限斷面(C)/設定(S)] <僅限斷面>:← [Enter]完成

✪ **指定路徑斷面混成**

指令: LOFT

目前的線架構密度: ISOLINES = 8，封閉輪廓的建立模式 = 實體

以斷面混成順序選取斷面或 [點(PO)/接合多條邊(J)/模式(MO)]:

←選取物件 1、2、3

以斷面混成順序選取斷面或 [點(PO)/接合多條邊(J)/模式(MO)]:

← [Enter] 結束

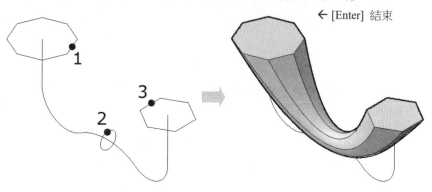

輸入選項 [導引(G)/路徑(P)/僅限斷面(C)/設定(S)] <僅限斷面>:←輸入選項 P

選取路徑輪廓: ←選取物件 4

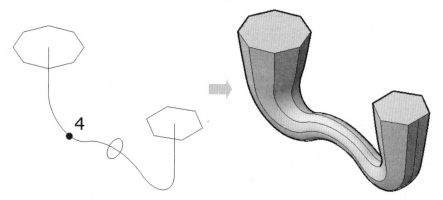

✪ **指定引導斷面混成**

指令: LOFT

目前的線架構密度: ISOLINES = 8，封閉輪廓的建立模式 = 實體

以斷面混成順序選取斷面或 [點(PO)/接合多條邊(J)/模式(MO)]:

←選取物件 1、2

以斷面混成順序選取斷面或 [點(PO)/接合多條邊(J)/模式(MO)]:

← [Enter] 結束

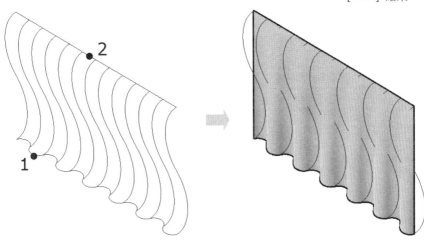

輸入選項 [導引(G)/路徑(P)/僅限斷面(C)/設定(S)] <僅限斷面>:←輸入選項 G

取導引輪廓或 [接合多條邊(J)]: ←輸入籬選 F

指定第一個籬選點: ←選取籬選點 3

指定下一個籬選點或 [退回(U)]: ←選取籬選點 4

指定下一個籬選點或 [退回(U)]: ← [Enter] 結束

找到 21 個

選取導引輪廓或 [接合多條邊緣(J)]: ← [Enter] 結束

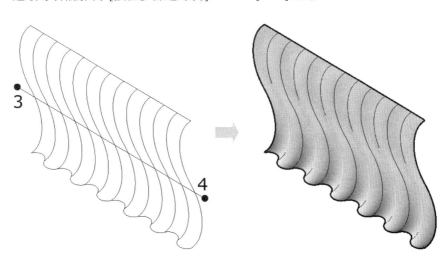

❖ 建立引導線必須要符合下列條件：

1. 與每個斷面相交
2. 起點在第一個斷面上
3. 終點在最後一個斷面上

❖ 建立斷面混成的實體或曲面，可以使用物件如下：

斷面物件	斷面混成路徑物件	導引物件
2D 聚合線	雲形線	2D 雲形線
2D 實體		
2D 雲形線	螺旋線	3D 雲形線
弧	弧	弧
圓	圓	2D 聚合線 (注意事項：如果 2D 聚合線僅包含一條線段，可將其用作導引)
邊緣子物件	邊緣子物件	邊緣子物件
橢圓	橢圓	3D 聚合線
橢圓弧	橢圓弧	橢圓弧
螺旋線	2D 聚合線	
線	線	線
實體的平物面或非平物面		
平面或非平面曲面		
點 (僅用於第一個和最後一個斷面)	3D 聚合線	
面域		
等寬線		

❷ **斷面混成設定**

指令: LOFT

目前的線架構密度: ISOLINES＝8，封閉輪廓的建立模式 ＝ 實體

以斷面混成順序選取斷面或 [點(PO)/接合多條邊(J)/模式(MO)]:

←由外到內，依序選取 5 條聚合線

以斷面混成順序選取斷面或 [點(PO)/接合多條邊(J)/模式(MO)]:

← [Enter] 結束

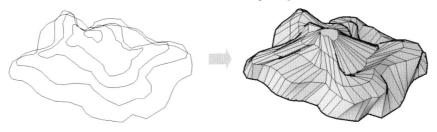

輸入選項 [導引(G)/路徑(P)/僅限斷面(C)/設定(S)] <僅限斷面>:←輸入選項 S

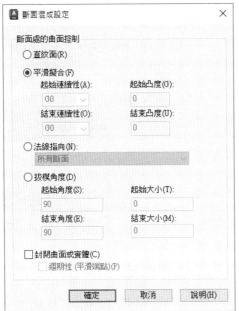

其選項除了相同於箭頭處拉下的選
單，可設定細節部分

✪ 曲面斷面混成

指令: LOFT

目前的線架構密度: ISOLINES = 8，封閉輪廓的建立模式 = 實體

以斷面混成順序選取斷面或 [點(PO)/接合多條邊(J)/模式(MO)]:

←輸入選項 MO

封閉輪廓建立模式 [實體(SO)/曲面(SU)] <實體>:   ←輸入選項 SU

以斷面混成順序選取斷面或 [點(PO)/接合多條邊(J)/模式(MO)]: ←選取物件
以斷面混成順序選取斷面或 [點(PO)/接合多條邊(J)/模式(MO)]:

                           ← [Enter] 結束

輸入選項 [導引(G)/路徑(P)/僅限斷面(C)/設定(S)] <僅限斷面>: ←輸入選項

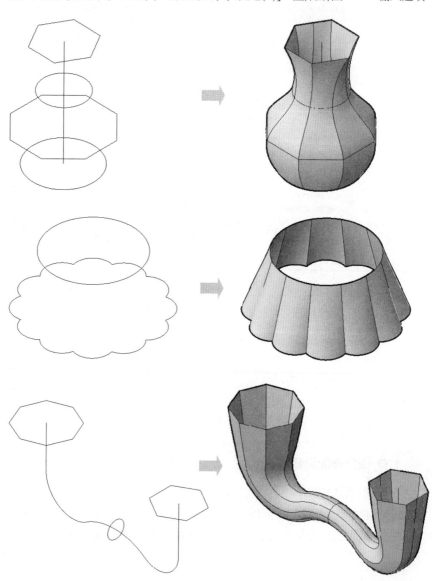

第一篇 第五章

3D 重要編修工具

	單元	工具列	中文指令	說　明	頁碼
1	FILLET		圓角	物件倒圓角	5-3
2	CHAMFER		倒角	物件倒角	5-6
3	UNION		聯集	2D 面域或 3D 實體聯集	5-9
4	INTERSECT		交集	2D 面域或 3D 實體交集	5-12
5	SUBTRACT		差集	2D 面域或 3D 實體差集	5-15
6	SECTION		剖面	3D 剖面製作	5-18
7	SECTIONPLANE	剖面平面	剖面平面	建立剖面物件，作為穿過 3D 物件的切割面	5-23
8	SLICE		切割	切割 3D 實體	5-30
9	INTERFERE		干涉	尋找二個以上實體間干涉關係	5-37
10	SOLIDEDIT		實體編輯	編修 3D 實體的面與邊緣	5-44
11	IMPRINT		蓋印邊緣	於實體上蓋上一個 2D 物件	5-62
12	ROTATE3D		旋轉 3D	在 3D 空間中旋轉物件	5-65
13	MIRROR3D		鏡射 3D	在 3D 空間中鏡射物件	5-69
14	3DALIGN		3D 對齊	將物件對齊	5-73
15	3DARRAY		3D 陣列	3D 矩形與環形陣列	5-76
16	ARRAYRECT		矩形陣列	建立矩形陣列	5-79
17	ARRAYPOLAR		環形陣列	建立環形陣列	5-83
18	ARRAYPATH		路徑陣列	建立路徑陣列	5-88
19	3DMOVE		3D 移動	3D 移動	5-94
20	3DROTATE		3D 旋轉	顯示掣點工具旋轉物件	5-96
21	CONVTOSOLID		轉換為實體	將網面、具有厚度的聚合線或圓轉換為實體	5-98

隨手札記

第一篇　第五章 ▼ 3D 重要編修工具

1　FILLET－圓角

指令	FILLET	快捷鍵	F
說明	物件倒圓角		
選項功能	半徑(R)：重新設定圓角半徑		
	鏈(C)：鏈選相切的邊緣		
	迴路(L)：找出相關的圓角迴路		
重點叮嚀	與『圓角邊緣』指令，FILLETEDGE 功能類似		

功能指令敘述

指令: FILLET

✪ 邊緣倒圓角

目前的設定: 模式 = 修剪，半徑 = 3.0000

選取第一個物件或 [退回(U)/聚合線(P)/半徑(R)/修剪(T)/多重(M)]:

　　　　　　　　　　　　　　　　　　　　　←選取邊緣 1

輸入圓角半徑或 [表示式(E)] <3.0000>:　　←輸入半徑 5

選取邊緣或 [鏈(C)/迴路(L)/半徑(R)]:　　←選取邊緣 2-5

選取邊緣或 [鏈(C)/迴路(L)/半徑(R)]:　　← [Enter] 離開

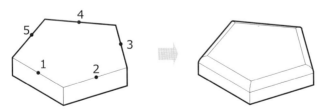

✪ 鏈選邊緣倒圓角(先將五邊形一邊作半徑 5 的圓角)

選取第一個物件或 [退回(U)/聚合線(P)/半徑(R)/修剪(T)/多重(M)]:

　　　　　　　　　　　　　　　　　　　　　←選取邊緣 1

輸入圓角半徑或 [表示式(E)] <5.0000>:　　←輸入半徑 5

選取邊緣或 [鏈(C)/迴路(L)/半徑(R)]:　　←輸入選項 C

選取邊鏈或 [邊(E)/半徑(R)]:　　　　　　　　←選取邊緣 2
選取邊鏈或 [邊(E)/半徑(R)]:　　　　　　　　← [Enter] 離開

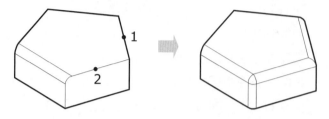

✪ 迴路邊緣倒圓角

選取第一個物件或 [退回(U)/聚合線(P)/半徑(R)/修剪(T)/多重(M)]:

　　　　　　　　　　　　　　　　　　　　　　←選取邊緣 1
輸入圓角半徑或 [表示式(E)] <5.0000>:　　←輸入半徑 5
選取邊緣或 [鏈(C)/迴路(L)/半徑(R)]:　　　←選項 L
選取迴路的邊或 [邊緣(E)/鏈(C)/半徑(R)]:　←選取邊緣 2
輸入選項 [接受(A)/下一個(N)] <接受>:　　←[Enter]離開
選取迴路的邊或 [邊緣(E)/鏈(C)/半徑(R)]:　←[Enter]離開

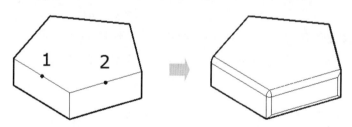

✪ 刪除不要的圓角

指令: SOLIDEDIT
實體編輯自動檢查:　SOLIDCHECK=1
<如果選取 ，下列兩項輸入選項可省略>
輸入實體編輯選項 [面(F)/邊(E)/主體(B)/退回(U)/結束(X)] <結束>: ←輸入 F
輸入面編輯選項[擠出(E)/移動(M)/旋轉(R)/偏移(O)/錐形(T)/刪除(D)/複製(C)/
顏色(L)/材料(A)/退回(U)/結束(X)] <結束>:　←輸入 D
選取面或 [退回(U)/移除(R)]:　　　　　　　←選取端面 1 及 2
選取面或 [退回(U)/移除(R)/全部(ALL)]:　　← [Enter] 離開

實體檢驗已經開始。

實體檢驗已完成。

輸入面編輯選項

[擠出(E)/移動(M)/旋轉(R)/偏移(O)/錐形(T)/刪除(D)/複製(C)/顏色(L)/材料(A)/
退回(U)/結束(X)] <結束>:　　　　　　　　← [Enter] 離開

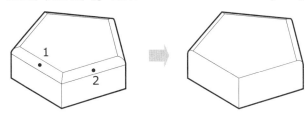

✪ FILLETEDGE 圓角邊緣

指令: FILLETEDGE

半徑 = 1.0000

選取邊緣或 [鏈(C)/迴路(L)/半徑(R)]:　　　←選取邊緣

選取邊緣或 [鏈(C)/迴路(L)/半徑(R)]:　　　←輸入選項 R

輸入圓角半徑或 [表示式(E)] <1.0000>:　　←輸入半徑

選取邊緣或 [鏈(C)/迴路(L)/半徑(R)]:　　　←繼續選取邊緣或 [Enter]結束選取

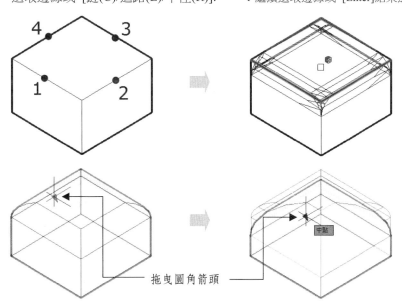

拖曳圓角箭頭

2　CHAMFER－倒角

指令	CHAMFER	快捷鍵	CHA
說明	物件倒角		
選項功能	下一個(N)：切換至下一個基準面 確定(目前)(OK)：確定基準面離開 迴路(L)：找出相關的倒角迴路		
重點叮嚀	與『倒角邊緣』指令 CHAMFEREDGE 功能類似		

功能指令敘述

指令: CHAMFER

❂ 邊緣倒角

(TRIM 模式) 目前的倒角距離 1 = 0.0000，距離 2 = 0.0000

選取第一條線或 [退回(U)/聚合線(P)/距離(D)/角度(A)/修剪(T)/方式(E)/多重
(M)]:　　　　　　　　　　　　　　　　　　　　←選取邊緣 1

基準曲面選項...

輸入曲面選項 [下一個(N)/目前(OK)] <目前(OK)>:　←輸入 N 切換至正確的基
　　　　　　　　　　　　　　　　　　　　　　　　　準面再輸入[Enter]

指定基準曲面倒角距離或 [表示式(E)]:　　　　　　←輸入基準倒角距離 5

指定其他曲面倒角距離或 [表示式(E)] <5.0000>:　←輸入其它倒角距離 3

選取邊或 [迴路(L)]:　　　　　　　　　　　　　　←選取基準面邊緣 1-4

選取邊或 [迴路(L)]:　　　　　　　　　　　　　　← [Enter] 離開

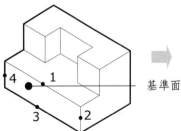

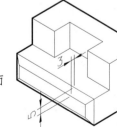

基準面

✪ 切換至下一個基準面

指令: CHAMFER

(TRIM 模式) 目前的倒角距離 1 = 5.0000，距離 2 = 3.0000

選取第一條線或 [退回(U)/聚合線(P)/距離(D)/角度(A)/修剪(T)/方式(E)/多重(M)]: ←選取邊緣 1

基準曲面選項...

輸入曲面選項 [下一個(N)/目前(OK)] <目前(OK)>: ←輸入 N 切換至正確的基準面再輸入[Enter]

指定基準曲面倒角距離或 [表示式(E)] <5.0000>: ←輸入基準倒角距離 10

指定其他曲面倒角距離或 [表示式(E)] <3.0000>: ←輸入其他倒角距離 10

選取邊或 [迴路(L)]: ←選取邊緣 1 與 2

選取邊或 [迴路(L)]: ← [Enter] 離開

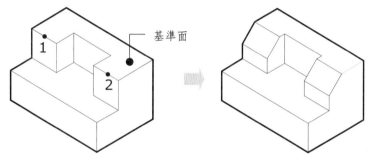

基準面

✪ 尋找邊緣迴路

指令: CHAMFER

(TRIM 模式) 目前的倒角距離 1 = 0.0000，距離 2 = 0.0000

選取第一條線或 [退回(U)/聚合線(P)/距離(D)/角度(A)/修剪(T)/方式(E)/多重(M)]: ←選取邊緣 1

基準曲面選項...

輸入曲面選項 [下一個(N)/目前(OK)] <目前(OK)>: ←輸入 N 切換至正確的基準面再輸入[Enter]

指定基準曲面倒角距離或 [表示式(E)]: ←輸入基準倒角距離 5

指定其他曲面倒角距離或 [表示式(E)] <5.0000>: ←輸入其他倒角距離 5

選取邊或 [迴路(L)]:l ←輸入選項 L

選取迴路的邊或 [邊緣(E)]: ←選取邊緣 1

選取迴路的邊或 [邊緣(E)]:　　　　　　　　　　　← [Enter] 離開

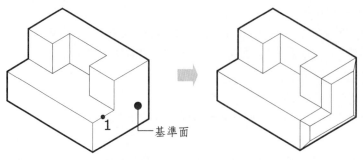

1　　┌ 基準面

✪ CHAMFEREDGE 倒角邊緣

指令: CHAMFEREDGE 距離 1 = 1.0000，距離 2 = 1.0000

選取邊或 [迴路(L)/距離(D)]:　　　　　　　　　　←選取邊緣

　　　　：　　　：

選取相同面上的其他邊或 [迴路(L)/距離(D)]:　　← [Enter]結束選取

按 Enter 接受倒角或 [距離(D)]:　　　　　　　←輸入選項 D

指定基準曲面倒角距離或 [表示式(E)] <5.0000>:　←輸入距離 10

指定其他曲面倒角距離或 [表示式(E)] <5.0000>:　←輸入距離 10

按 Enter 接受倒角或 [距離(D)]:　　　　　← [Enter]結束，或拖曳倒角箭頭

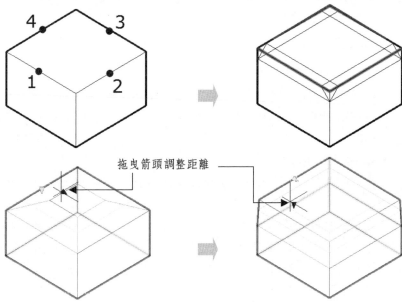

拖曳箭頭調整距離

3　UNION－聯集

指令	UNION	快捷鍵	UNI
說明	2D 面域或 3D 實體聯集		

功能指令敘述

指令: UNION

選取物件:　　　←選取要聯集的物件 (矩形體與四個圓柱)

選取物件:　　　← [Enter] 離開

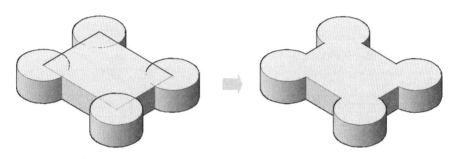

✪ 2D 面域聯集

❖ 將圖形完成，並建立成 2D 面域

　　建立面域前請先切換至其他圖層，這樣就不會與原先物件重疊混淆。

　　指令: REGION

　　選取物件:　　　←選取 5 圓與五邊形

　　選取物件:　　　← [Enter] 離開選取

　　已萃取 6 個迴路.

　　已建立 6 個面域.

　　指令: UNION

　　選取物件:　　　←選取 5 圓與五邊形

　　選取物件:　　　← [Enter] 離開選取，完成聯集

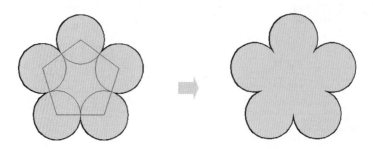

✪ 3D 實體聯集

❖ **建立一個方塊：**

指令: BOX

指定第一個角點或 [中心點(C)]:　　　←選取點 1

指定其他角點或 [立方體(C)/長度(L)]: L

指定長度: 70

指定寬度: 60

指定高度或 [兩點(2P)]: 50

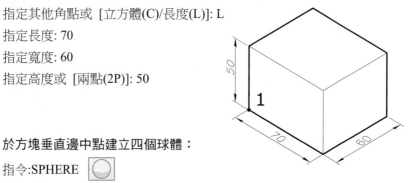

❖ **於方塊垂直邊中點建立四個球體：**

指令:SPHERE

指定中心點或 [三點(3P)/兩點(2P)/相切、相切、半徑(T)]:　←選取中點 1

指定半徑或 [直徑(D)]: 15

再分別於中點 2、3、4 建立半徑 15 圓球

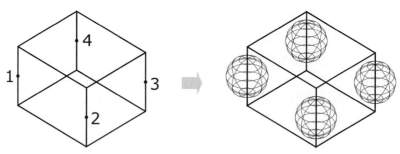

❖ 將五個物件作聯集：

指令: UNION

選取物件:　　　← 選取 4 個圓球與矩形體

選取物件:　　　← [Enter] 離開選取，完成聯集

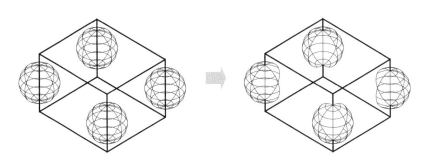

❖ 打開輪廓線顯示，並消除隱藏線：

指令:DISPSILH

輸入 DISPSILH 的新值<0>:　　← 輸入 1，打開輪廓顯示

指令: HIDE

正在重生模型.

彩現 (RENDER) 效果

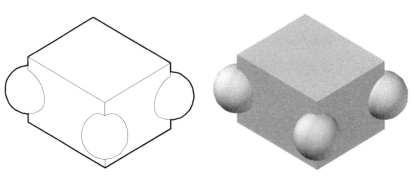

第一篇　第五章 ▼ 3D 重要編修工具

4　INTERSECT－交集

指令	INTERSECT	快捷鍵	IN
說明	2D 面域或 3D 實體交集		

功能指令敘述

指令: INTERSECT

選取物件:　　　　　← 選取要交集的物件 (五邊形體與圓錐)

選取物件:　　　　　← [Enter] 離開

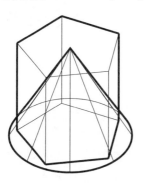

✪ 2D 面域交集

❖ 將圖形完成，並建立成 2D 面域：

建立面域前請先切換至其他圖層，這樣就不會與原先物件重疊混淆。

指令: REGION

選取物件:　　　　　← 選取 2 圓與五邊形

選取物件:　　　　　← [Enter] 離開選取

已萃取 3 個迴路.

已建立 3 個面域.

指令: INTERSECT

選取物件:　　　　　← 選取 2 圓與五邊形

選取物件:　　　　　← [Enter] 離開選取，完成交集

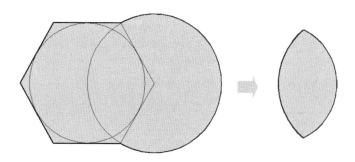

○ 3D 實體交集

❖ 建立一個方塊：

指令: BOX

指定第一個角點或 [中心點(C)]:　　　　←選取點 1

指定其他角點或 [立方體(C)/長度(L)]: L

指定長度<70.0000>: 80

指定寬度<60.0000>: 60

指定高度或 [兩點(2P)] <50.0000>: 50

指令:SPHERE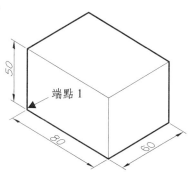

指定中心點或 [三點(3P)/兩點(2P)/相切、相切、半徑(T)]:　←選取中點 1

指定半徑或 [直徑(D)]: 40

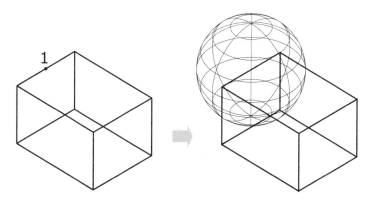

第一篇 第五章 3D 重要編修工具

❖ 將二個物件作交集：

指令: INTERSECT

選取物件: ←選取圓球與方塊

選取物件: ← [Enter] 離開選取，完成交集

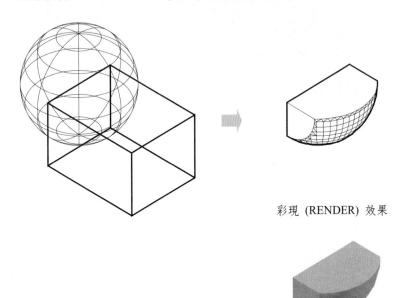

彩現 (RENDER) 效果

5 SUBTRACT－差集

指令	SUBTRACT	快捷鍵	SU
說明	2D 面域或 3D 實體差集		

功能指令敘述

指令: SUBTRACT

選取要從中減去的實體、曲面或面域 ..

選取物件:　　　　　←選取要差集的物件 (方塊)

選取物件:　　　　　← [Enter] 離開

選取要減去的實體、曲面和面域 ..

選取物件:　　　　　←選取要減去的物件 (兩個圓柱)

選取物件:　　　　　← [Enter] 離開

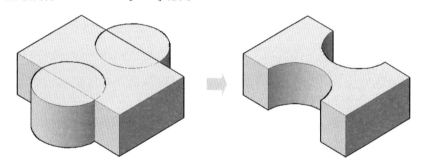

✪ 2D 面域差集

❖ 將圖形完成，並建立成 2D 面域：

　　建立面域前請先切換至其他圖層，這樣就不會與原先物件重疊混淆。

　　指令: REGION

　　選取物件:　　　　　←框選物件 1-2

　　選取物件:　　　　　← [Enter] 離開選取

　　已萃取 6 個迴路.

　　已建立 6 個面域.

指令: SUBTRACT

選取要從中減去的實體、曲面或面域 ..

選取物件: ← 選取要差集的物件 (六邊形)

選取物件: ← [Enter] 離開

選取要減去的實體、曲面和面域 ..

選取物件: ← 選取要減去的物件 (7 個圓)

選取物件: ← [Enter] 離開

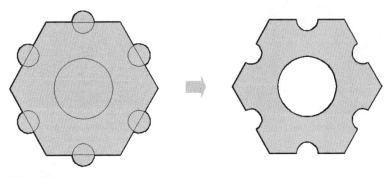

✪ 3D 實體差集

❖ 建立一個方塊：

指令: BOX

指定第一個角點或 [中心點(C)]: ← 選取點 1

指定其他角點或 [立方體(C)/長度(L)]: L

指定長度: 70

指定寬度: 60

指定高度或 [兩點(2P)]: 50

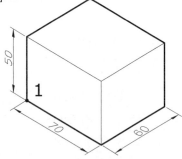

❖ 於方塊垂直邊中點建立四個球體：

指令:SPHERE

指定中心點或 [三點(3P)/兩點(2P)/相切、相切、半徑(T)]: ← 選取中點 1

指定半徑或 [直徑(D)]: 15

再分別於中點 2、3、4 建立半徑 15 圓球

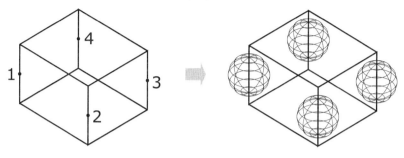

❖ 將五個物件做差集：

指令: SUBTRACT

選取要從中減去的實體、曲面或面域 ..

選取物件: ←選取要差集的物件 (矩形體)

選取物件: ← [Enter] 離開

選取要減去的實體、曲面和面域 ..

選取物件: ←選取要減去的物件 (四個圓球)

選取物件: ← [Enter] 離開

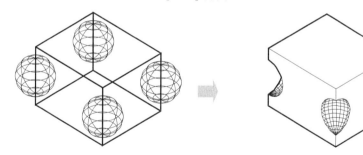

彩現 (RENDER) 效果

6 SECTION－剖面

指令	SECTION	快捷鍵	SEC
說明	3D 剖面製作		

功能指令敘述

指令: SECTION

✪ 選取三點定義剖面

❖ 畫一個外切圓直徑為 80 的八邊形,於中心點處畫一個半徑 20 的圓擠出兩物件高度 45,選取正多邊形將圓柱做差集。

指令: SECTION

選取物件:　　　　　　　←選取實體

選取物件:　　　　　　　← [Enter] 離開

在剖面平面指定第一點 [物件(O)/Z 軸(Z)/視圖(V)/XY/YZ/ZX/三點(3)] <三點>:　　　　　　　←選取點 1

在平面指定第二點:　　←選取點 2

在平面指定第三點:　　←選取點 3

完成剖面 (以剖面線表示)

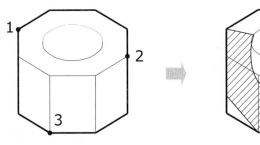

✪ 選取物件定義剖面

❖ 於底部畫一個圓,並將圓提高 30:

指令:CIRCLE

指定圓的中心點或 [三點(3P)/兩點(2P)/相切、相切、半徑(T)]:←選取中心

指定圓的半徑或 [直徑(D)] <29.5334>: ←選取多邊形交點為半徑參考點

指令: MOVE

選取物件: ←選取圓

選取物件: ← [Enter] 離開

指定基準點或 [位移(D)] <位移>:   ←輸入位移座標 0,0,30

指定位移的第二點或<使用第一點作為位移>:←輸入[Enter]

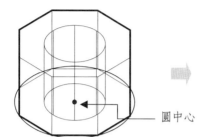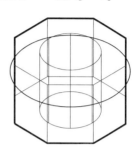

圓中心

指令: SECTION

選取物件: ←選取實體

選取物件: ← [Enter] 離開

在剖面平面指定第一點 [物件(O)/Z 軸(Z)/視圖(V)/XY/YZ/ZX/三點(3)] <三點>:   ←輸入選項 O

請選取一個圓, 橢圓, 弧, 2D 雲形線或 2D 聚合線:←選取圓

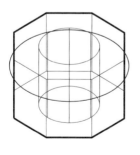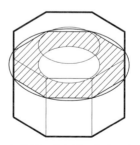

完成剖面(以剖面線表示)

✪ 決定法線方向點

指令: SECTION

選取物件: ←選取實體

選取物件: ← [Enter] 離開

在剖面平面指定第一點 [物件(O)/Z 軸(Z)/視圖(V)/XY/YZ/ZX/三點(3)] <三點>:
                              ←輸入選項 Z

在剖面平面上指定一點: ←選取中點 1

在平面的 Z 軸 (法線) 上指定一點: ←選取中點 2

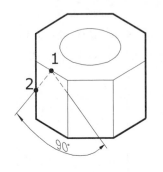 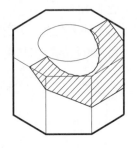

完成剖面（以剖面線表示）

✪ 對齊於目前之 UCS 平面

❖ 請先調整 UCS 平面三點位置:

指令: UCS

目前的 UCS 名稱: *世界*

指定 UCS 的原點或 [面(F)/具名(NA)/物件(OB)/前一個(P)/視圖(V)/世界

(W)/X/Y/Z/Z 軸(ZA)] <世界>:   ←選取點 1

指定 X 軸上的點或<接受>:   ←選取點 2

指定 XY 平面上的點或<接受>:   ←選取點 3

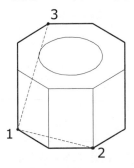 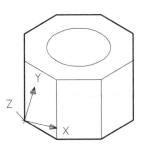

指令: SECTION

選取物件: ←選取實體

選取物件: ← [Enter] 離開

在剖面平面指定第一點 [物件(O)/Z 軸(Z)/視圖(V)/XY/YZ/ZX/三點(3)] <三

點>:   ←輸入選項 V

在目前視圖平面上指定一點<0,0,0>: ←選端點 1

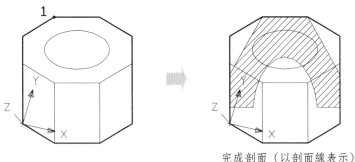

完成剖面（以剖面線表示）

❖ 如果已知如上圖明確的三點位置，只要執行 SECTION 直接選取三點就可以完成剖面，不需要再調整 UCS 位置。

◎ 對齊於目前之 UCS 座標之 XY/YZ/ZX 平面

❖ 請先調整 UCS 為世界座標：

指令: UCS

目前的 UCS 名稱: *無名稱*

指定 UCS 的原點或 [面(F)/具名(NA)/物件(OB)/前一個(P)/視圖(V)/世界(W)/X/Y/Z/Z 軸(ZA)] <世界>:　　　←輸入[Enter]

指令: SECTION

選取物件:　　　　　　　　　　←選取實體

選取物件:　　　　　　　　　　← [Enter] 離開

在剖面平面指定第一點 [物件(O)/Z 軸(Z)/視圖(V)/XY/YZ/ZX/三點(3)] <三點>:　　　　　　　　　　←輸入選項 XY

在 XY 平面上指定一點<0,0,0>:　←選取中點 1

XY 平面的中點 1 剖面效果

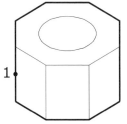

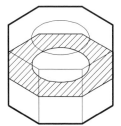

完成剖面 (以剖面線表示)

YZ 平面的中點 1 剖面效果　　　　ZX 平面的中點 1 剖面效果

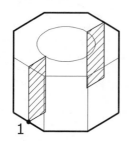　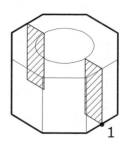

 隨手札記

7 　SECTIONPLANE－剖面平面

指令	SECTIONPLANE
說明	建立剖面物件，作為穿過 3D 物件的切割面
特別叮嚀	如果看不到即時剖面效果，請將物件(茶壺)複製貼到另一張新圖，再重新執行即時剖面

功能指令敘述

指令: SECTIONPLANE

✪ 選取剖面平面上的任意點產生剖面平面

選取面或任意點以找到剖面線或 [繪製剖面(D)/正投影(O)/類型(T)]:←選取點 1
指定通過點:　　←選取點 2

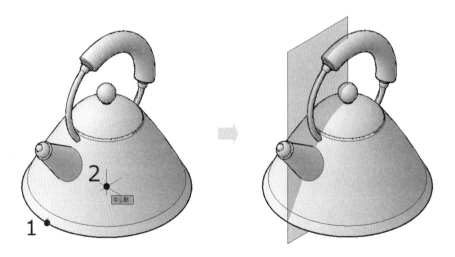

✪ 即時剖面

指令：LIVESECTION 　即時剖面
選取剖面物件:　 ← 選取剖面物件

碰選剖面物件，按選滑鼠右鍵可快速操作是否「啓用即時剖面」
(注意：如果看不見即時剖面效果，請參考上方的『特別叮嚀』)

第一篇

第五章

▼

3D 重要編修工具

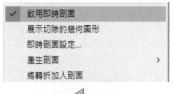

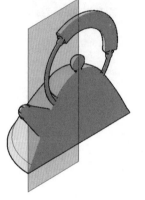

❖『即時剖面設定』

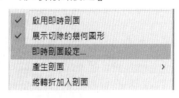

修改填充線=使用者定義

角度：45 度與間距=10

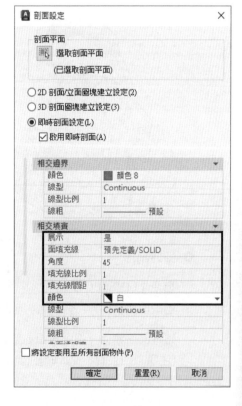

❖『掣點功能表』變更剖面類型 性質選項板也可以切換剖面類型：

剖面類型：平面

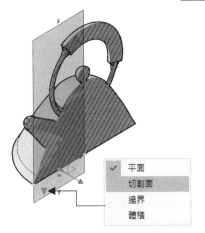

剖面類型：切割面　　　　剖面類型：邊界　　　　剖面類型：體積

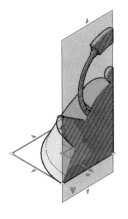

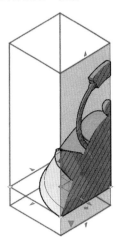

❂ 產生 2D/3D 剖面

依目前所選取剖面物件產生剖面，或重
新選取其他剖面物件

第一篇　第五章▼ 3D 重要編修工具

指令: SECTIONPLANETOBLOCK　 產生剖面

選取剖面物件:

指定插入點或 [基準點(B)/比例(S)/X/Y/Z/旋轉(R)]:　　　←選取插入點

輸入 X 比例係數，指定對角點，或 [...] <1>:　　　←輸入 X 比例

輸入 Y 比例係數<使用 X 比例係數>:　　　←輸入 Y 比例

指定旋轉角度<0>:　　　←輸入旋轉角度

2D 剖面　　　　　　　　　　　　　　　　3D 剖面

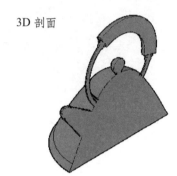

❖ **2D/3D 剖面圖塊建立設定**：可依需求自行調整下方的設定。

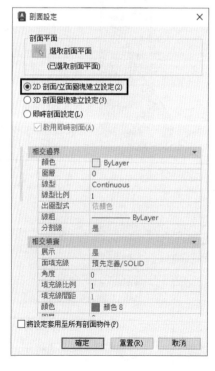

✪ 將轉折加入剖面

指令: SECTIONPLANEJOG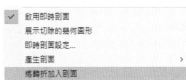

選取剖面物件:

在剖面線上指定點以加入轉折:

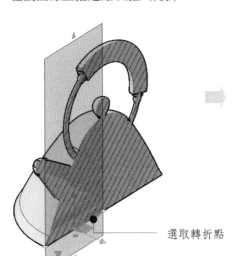

選取轉折點

展示切除的幾何圖形

換一個角度觀看剖面轉折效果

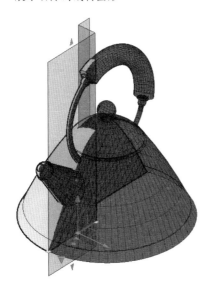

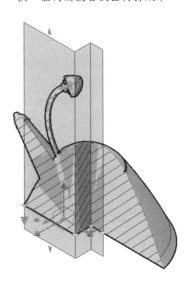

第一篇　第五章 ▼ 3D 重要編修工具

✪ **切換剖面平面方向**：請將視覺型式切換至線架構。

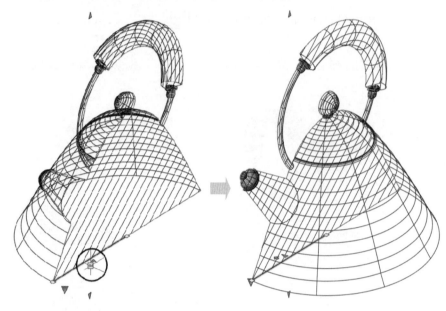

✪ **以正投影方式產生剖面平面**

指令: SECTIONPLANE

選取面或任意點以找到剖面線或 [繪製剖面(D)/正投影(O)]：　←輸入選項 O

將剖面對齊至: [前(F)/後(A)/頂線(T)/底線(B)/左(L)/右(R)] <頂線>:←輸入選項

前(F)　　　　　　　　　　　　　後(A)

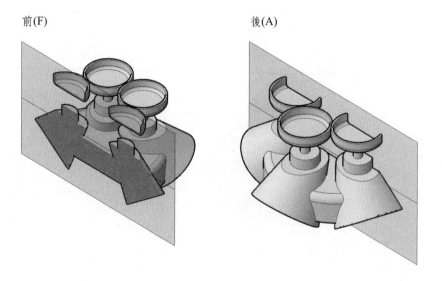

頂線(T)

底線(B)

左(L)　　　　　　　　　右(R)

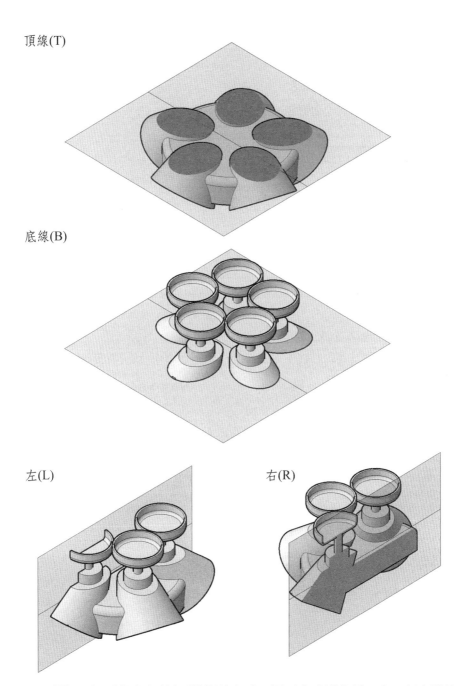

❖ **重點叮嚀：**剖面平面以正投影建立時，圖面上建議儘量只有一個實體物
　　　　　　件，剖面線建立會以該物件中心產生切割平面。

第一篇

第五章

▼

3D 重要編修工具

8　SLICE－切割

指令	SLICE	快捷鍵	SL	
說明	切割 3D 實體			

功能指令敘述

指令: SLICE

✪ 選取二點定義切面

選取要切割的物件:　　　　　←選取實體

選取要切割的物件:　　　　　← [Enter] 離開選取

指定切割平面的起點或 [平面物件(O)/曲面(S)/Z 軸(Z)/視圖(V)/XY/YZ/ZX/三點(3)] <三點>:　　　　　←選取四分點 1

在平面指定第二點:　　　　　←選取四分點 2

在所需的邊上指定一個點或 [保留兩邊(B)] <保留兩邊>:←選取保留邊或輸入 B

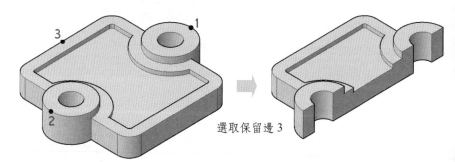

選取保留邊 3

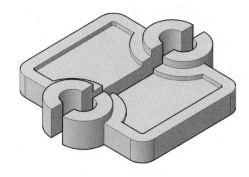

輸入 B 保留兩邊

✪ 選取三點定義切面

選取要切割的物件: ←選取實體

選取要切割的物件: ← [Enter] 離開選取

指定切割平面的起點或 [平面物件(O)/曲面(S)/Z 軸(Z)/視圖(V)/XY/YZ/ZX/三點(3)] <三點>: ←輸入[Enter]

在平面指定第一點: ←選取中點 1

在平面指定第二點: ←選取中點 2

在平面指定第三點: ←選取中點 3

在所需的邊上指定一個點或 [保留兩邊(B)] <保留兩邊>:←選取保留邊或輸入 B

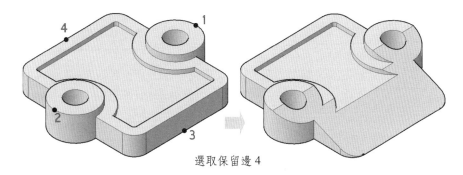

選取保留邊 4

✪ 選取平面物件定義切面

❖ 於底部畫一個圓,並將圓提高 10 :

指令:CIRCLE

指定圓的中心點或 [三點(3P)/兩點(2P)/相切、相切、半徑(T)]:

←選取圓中心

指定圓的半徑或 [直徑(D)] <20.0000>: ←選取任意點為半徑參考點

指令: MOVE

選取物件: ←選取圓

選取物件: ← [Enter] 離開

指定基準點或 [位移(D)] <位移>: ←輸入位移座標 0,0,10

指定位移的第二點或<使用第一點作為位移>: ←輸入[Enter]

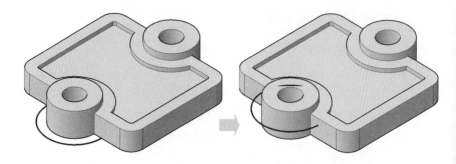

指令: SLICE

選取要切割的物件: ←選取實體

選取要切割的物件: ← [Enter] 離開選取

指定切割平面的起點或 [平面物件(O)/曲面(S)/Z 軸(Z)/視圖(V)/XY/YZ/ZX/三點(3)] <三點>: ←輸入選項 O

選取圓、橢圓、弧、2D 雲形線、2D 聚合線以定義切割平面:←選取圓

在所需的邊上指定一個點或 [保留兩邊(B)] <保留兩邊>:←選取保留邊 1

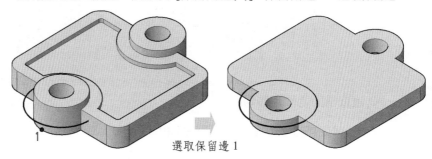

選取保留邊 1

✪ **選取曲面物件定義切面** (打開『檢視』頁籤→『視覺形式』面板→)

❖ 先完成弧，擠出弧為一曲面物件：

指令: ARC

指定弧的起點或 [中心點(C)]: ←選取端點 1

指定弧的第二點或 [中心點(C)/端點(E)]: ←輸入選項 E

指定弧的終點: ←選取端點 2

指定弧的中心點或 [角度(A)/方向(D)/半徑(R)]: ←輸入選項 A

指定夾角: ←輸入角度 120

指令: EXTRUDE

目前的線架構密度: ISOLINES = 8，封閉輪廓的建立模式 = 實體

選取要擠出的物件或 [模式(MO)]: ←選取弧

選取要擠出的物件或 [模式(MO)]: ← [Enter] 離開選取

指定擠出高度或 [方向(D)/路徑(P)/推拔角度(T)/表示式(E)]: ←選取端點 3

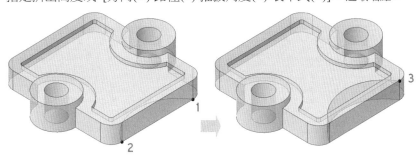

指令: SLICE

選取要切割的物件: ←選取實體

選取要切割的物件: ← [Enter] 離開選取

指定切割平面的起點或 [平面物件(O)/曲面(S)/Z 軸(Z)/視圖
(V)/XY/YZ/ZX/三點(3)] <三點>: ←輸入選項 S

選取曲面: ←選取弧曲面 1

選取要保留的實體或 [保留兩邊(B)] <保留兩邊>: ←選取保留邊 2

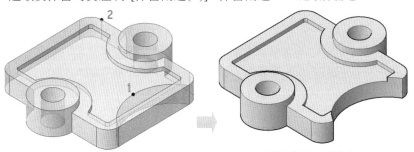

刪除曲面切割效果

✪ 決定法線方向點

指令: SLICE

選取要切割的物件: ←選取實體

選取要切割的物件: ← [Enter] 離開選取

在切割平面指定第一點 [物件(O)/Z 軸(Z)/視圖(V)/XY/YZ/ZX/三點(3)] <三點>:

← 輸入選項 Z

在剖面平面上指定一點: ← 選取中點 1

在平面的 Z 軸 (法線) 上指定一點: ← 選取端點 2

在所需的邊上指定一個點或 [保留兩邊(B)] <保留兩邊>: ← 選保留邊 3

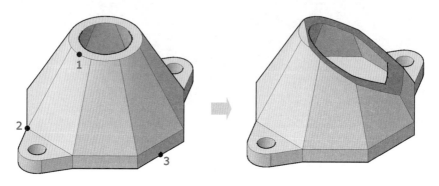

✪ 對齊於目前之 UCS 平面

❖ 請先調整目前 UCS 平面三點位置:

指令: UCS

目前的 UCS 名稱: *無名稱*

指定 UCS 的原點或 [面(F)/具名(NA)/物件(OB)/前一個(P)/視圖(V)/世界
(W)/X/Y/Z/Z 軸(ZA)] <世界>: ← 選取點 1

指定 X 軸上的點或<接受>: ← 選取點 2

指定 XY 平面上的點或<接受>: ← 選取點 3

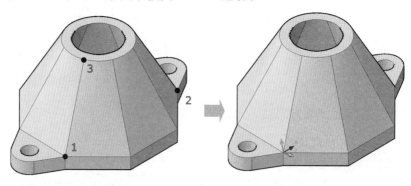

指令: SLICE

選取物件: ←選取實體

選取物件: ← [Enter] 離開選取

指定切割平面的起點或 [平面物件(O)/曲面(S)/Z軸(Z)/視圖(V)/XY/
YZ/ZX/三點(3)] <三點>: ←輸入選項 V

在目前的視圖平面上指定一點<0,0,0>: ←選取中點 1

在所需的邊上指定一個點或 [保留兩邊(B)] <保留兩邊>:←選取保留邊 2

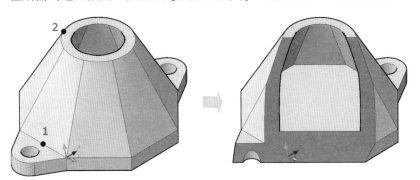

✪ 對齊於目前之 UCS 座標之 XY/YZ/ZX 平面

❖ 請先調整 UCS 為世界座標:

指令: UCS

目前的 UCS 名稱: *無名稱*

指定 UCS 的原點或 [面(F)/具名(NA)/物件(OB)/前一個(P)/視圖(V)/世界
(W)/X/Y/Z/Z 軸(ZA)] <世界>: ←輸入[Enter],回到世界座標

指令: SLICE

選取物件: ←選取實體

選取物件: ← [Enter] 離開選取

指定切割平面的起點或 [平面物件(O)/曲面(S)/Z 軸(Z)/視圖
(V)/XY/YZ/ZX/三點(3)] <三點>: ←輸入選項 XY

在「XY-平面」指定一點<0,0,0>: ←選取中點 1

在所需的邊上指定一個點或 [保留兩邊(B)] <保留兩邊>:←選取保留邊 2

XY 平面的中點切面效果

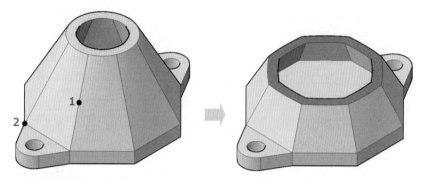

YZ 平面的中點切面效果

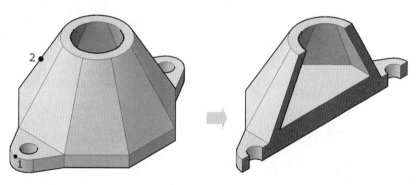

ZX 平面的中點切面效果

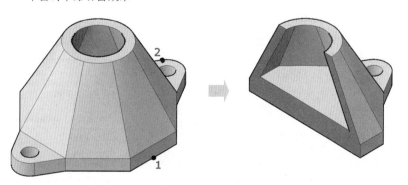

9　INTERFERE－干涉

指令	INTERFERE	快捷鍵	INF
說明	尋找二個以上實體之間干涉關係		

功能指令敘述

指令: INTERFERE

選取第一組物件或 [巢狀選取(N)/設定(S)]:　　　　　　←選取實體
　　　　　　　:　　　　　:
選取第一組物件或 [巢狀選取(N)/設定(S)]:　　　　　← [Enter] 離開選取
選取第二組物件或 [巢狀選取(N)/檢查第一組(K)] <檢查>: ←選取實體
　　　　　　　:　　　　　:
選取第二組物件或 [巢狀選取(N)/檢查第一組(K)] <檢查>: ← [Enter] 離開

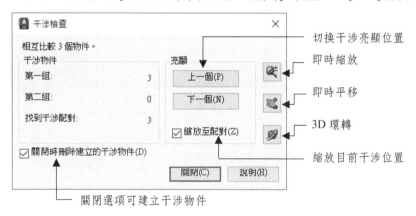

切換干涉亮顯位置
即時縮放
即時平移
3D 環轉
縮放目前干涉位置
關閉選項可建立干涉物件

✪ 只定義一組選集建立干涉

如果只定義第一組實體選集，所在的選集內的實體會被檢查是否與其它的實體有重疊。

❖ 建立下列圖形：

指令: BOX
指定第一個角點或 [中心點(C)]:　　　　　　←選取點 1
指定其他角點或 [立方體(C)/長度(L)]:　　　←輸入@80,60

指定高度或 [兩點(2P)] <56.9113>: ←輸入 45

指令: CYLINEDER
指定基準的中心點或 [三點(3P)/兩點(2P)/相切、相切、半徑(T)/橢圓(E)]:
←選取端點 1

指定基準半徑或 [直徑(D)] <35.0000>: ←輸入 40

指定高度或 [兩點(2P)/軸端點(A)] <45.0000>: ←輸入 45

指令: SPHERE
指定中心點或 [三點(3P)/兩點(2P)/相切、相切、半徑(T)]:←選取端點 2

指定半徑或 [直徑(D)] <40.0000>: ←輸入 35

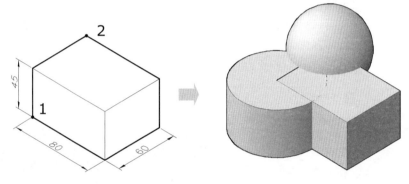

❖ 建立干涉：

指令: INTERFERE

選取第一組物件或 [巢狀選取(N)/設定(S)]: ←選取矩形、圓與圓柱

選取第一組物件或 [巢狀選取(N)/設定(S)]: ← [Enter] 離開選取

選取第二組物件或 [巢狀選取(N)/檢查第一組(K)] <檢查>: ← [Enter] 離開

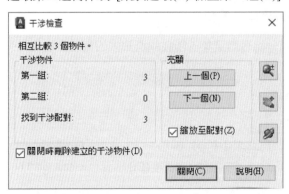

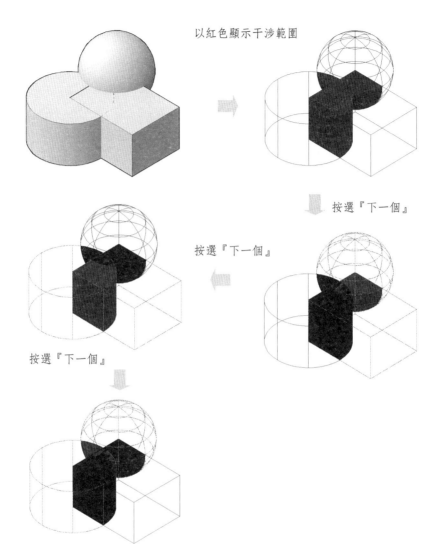

以紅色顯示干涉範圍

按選『下一個』

按選『下一個』

按選『下一個』

❖ 縮放至配對：

　把該功能取消，在切換干涉亮顯時，螢幕上的物件觀看模式即被鎖定，不會隨之縮放視窗。

❖ 關閉時刪除建立的干涉物件：

　把該功能取消，在關閉對話框時會同時建立干涉物件。

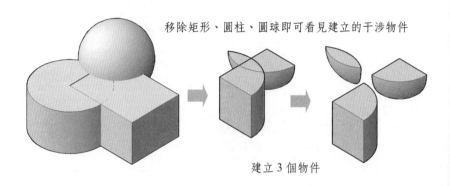

移除矩形、圓柱、圓球即可看見建立的干涉物件

建立 3 個物件

✪ 只定義二組選集建立干涉

如果定義二個選集，則在第一個選集內的實體會被檢查是否與第二個選集內的實體有重疊，當 3D 實體同時存在於二個選集中，該 3D 實體將被當作第一個選集部分，而第二個選集內的實體不會互相比較。

❖ 建立干涉：

指令: INTERFERE

選取第一組物件或 [巢狀選取(N)/設定(S)]:　　　　　←選取矩形

選取第一組物件或 [巢狀選取(N)/設定(S)]:　　　　← [Enter]離開選取

選取第二組物件或 [巢狀選取(N)/檢查第一組(K)] <檢查>:←選取圓與圓柱

選取第二組物件或 [巢狀選取(N)/檢查第一組(K)] <檢查>: ← [Enter] 離開

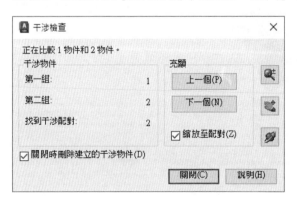

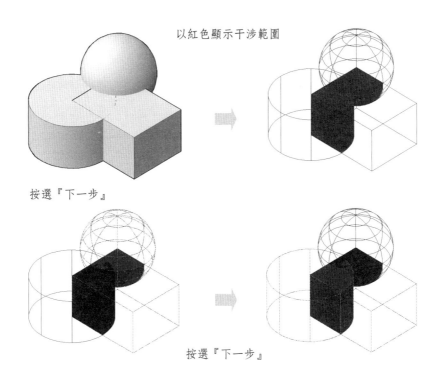

以紅色顯示干涉範圍

按選『下一步』

按選『下一步』

❖ 建立的干涉物件：

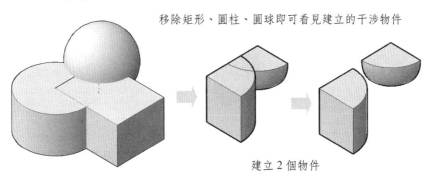

移除矩形、圓柱、圓球即可看見建立的干涉物件

建立 2 個物件

✪ 干涉檢查顯示設定

指令: INTERFERE

選取第一組物件或 [巢狀選取(N)/設定(S)]:　←輸入選項 S

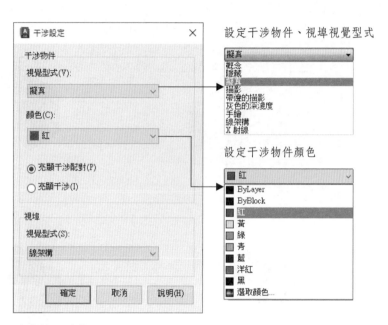

設定干涉物件、視埠視覺型式

設定干涉物件顏色

❖ 建立的干涉物件：

干涉物件：擬真
視埠：3D Wireframe

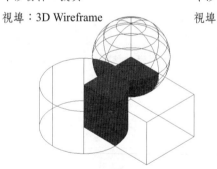

干涉物件：擬真
視埠：概念

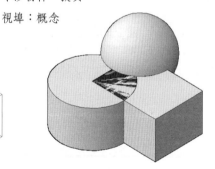

干涉物件：擬真
視埠：X 射線

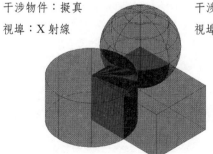

干涉物件：概念
視埠：手繪

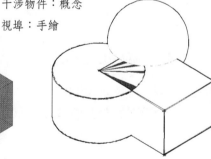

○ **巢狀物件檢查：**可選取圖塊和外部參考中的各個巢狀實體物件。

   ❖ 檢查前，先將三個物件建立為一個圖塊。

指令: INTERFERE
選取第一組物件或 [巢狀選取(N)/設定(S)]:　　　　　←輸入選項 N
選取巢狀物件或 [結束(X)] <結束(X)>:　　　　　　　←選取圓球
選取巢狀物件或 [結束(X)] <結束(X)>:　　　　　　　← [Enter] 離開選取
選取第一組物件或 [巢狀選取(N)/設定(S)]:　　　　　← [Enter] 離開選取
選取第二組物件或 [巢狀選取(N)/檢查第一組(K)] <檢查>:

                           ←輸入選項 N

選取巢狀物件或 [結束(X)] <結束(X)>:　　　　　　　←選取圓柱
選取巢狀物件或 [結束(X)] <結束(X)>:　　　　　　　← [Enter] 離開選取
選取第二組物件或 [巢狀選取(N)/檢查第一組(K)] <檢查>:

                           ← [Enter] 離開選取

巢狀選取方式，可以從一圖塊中，選取圖塊其中的物件作干涉檢查

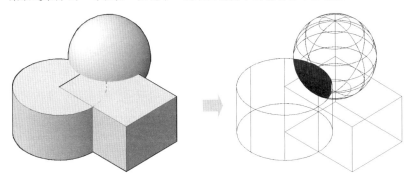

非巢狀選取結果，為整體的干涉檢查

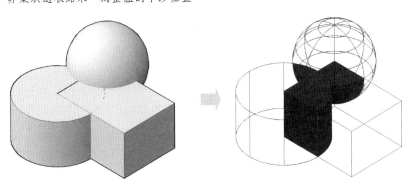

10 SOLIDEDIT－實體編輯

指令	SOLIDEDIT
說明	編修 3D 實體的面與邊緣
選項功能	擠出面(E)：將實體的選取平面擠出
	移動面(M)：將實體上選取面移到指定高度或距離
	偏移面(O)：依指定的距離或通過點來偏移各個面
	刪除面(D)：刪除面，包括圓角和倒角
	旋轉面(R)：繞著指定的軸旋轉
	錐形面(T)：以一個角度建立選取面為錐形
	著色面(L)：變更面的顏色
	複製面(C)：將面複製成面域或實體
	著色邊緣(L)：變更邊緣的顏色
	複製邊緣(C)：複製 3D 邊緣
	清理(L)：在邊緣或頂點的任何一端，移除有相同曲面或曲線定義的共用邊緣或頂點
	分離實體(P)：將散開體積的實體分離為獨立的實體物件
	薄殼(S)：建立一個中空且具有指定厚度的薄殼
	檢查(C)：確認 3D 實體物件為有效 ACIS 實體
	退回(U)：退回實體編輯動作
	結束(X)：結束實體編輯指令

功能指令敘述

指令: SOLIDEDIT (請開啟隨書檔案 SOLIDEDIT.dwg)

✪ 面→擠出面

指令:SOLIDEDIT

實體編輯自動檢查： SOLIDCHECK=1

輸入實體編輯選項 [面(F)/邊(E)/主體(B)/退回(U)/結束(X)] <結束>:

←輸入選項 F

輸入面編輯選項[擠出(E)/移動(M)/旋轉(R)/偏移(O)/錐形(T)/刪除(D)/複製(C)/
顏色(L)/材料(A)/退回(U)/結束(X)] <結束>:   ←輸入選項 E

選取面或 [退回(U)/移除(R)]:   ←選取端面

選取面或 [退回(U)/移除(R)/全部(ALL)]:   ← [Enter] 離開

指定擠出的高度或 [路徑(P)]:   ←輸入擠出高度 (15)

指定擠出的錐形角度<0>:   ←輸入擠出角度 (5)

實體檢驗已經開始。

實體檢驗已完成。

輸入面編輯選項[擠出(E)/移動(M)/旋轉(R)/偏移(O)/錐形(T)/刪除(D)/複製(C)/
顏色(L)/材料(A)/退回(U)/結束(X)] <結束>:   ← [Enter] 離開

實體編輯自動檢查: SOLIDCHECK=1

輸入實體編輯選項 [面(F)/邊(E)/主體(B)/退回(U)/結束(X)] <結束>:

←[Enter]離開

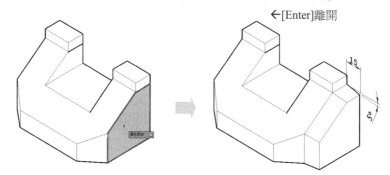

✪ 面→移動面

指令: SOLIDEDIT

實體編輯自動檢查: SOLIDCHECK=1

輸入實體編輯選項 [面(F)/邊(E)/主體(B)/退回(U)/結束(X)] <結束>:

←輸入選項 F

輸入面編輯選項[擠出(E)/移動(M)/旋轉(R)/偏移(O)/錐形(T)/刪除(D)/複製(C)/
顏色(L)/材料(A)/退回(U)/結束(X)] <結束>: ←輸入選項 M

選取面或 [退回(U)/移除(R)]:   ←選取端面

選取面或 [退回(U)/移除(R)/全部(ALL)]:   ← [Enter] 離開

指定一個基準點或位移: ←往上位移輸入 0,0,10 (世界座標)

指定第二個位移點: ← [Enter]

實體檢驗已經開始.

實體檢驗已完成.

輸入面編輯選項[擠出(E)/移動(M)/旋轉(R)/偏移(O)/錐形(T)/刪除(D)/複製(C)/

顏色(L)/材料(A)/退回(U)/結束(X)] <結束>:　　　　　　← [Enter] 離開

實體編輯自動檢查:　SOLIDCHECK=1

輸入實體編輯選項 [面(F)/邊(E)/主體(B)/退回(U)/結束(X)] <結束>:

　　　　　　　　　　　　　　　　　　　　　　　←[Enter]離開

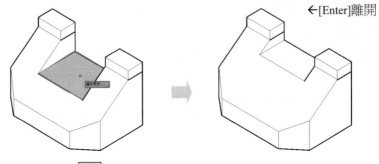

✪ 面→偏移面 🔲

指令: SOLIDEDIT

實體編輯自動檢查:　SOLIDCHECK=1

輸入實體編輯選項 [面(F)/邊(E)/主體(B)/退回(U)/結束(X)] <結束>:

　　　　　　　　　　　　　　　　　　←輸入選項 F

輸入面編輯選項[擠出(E)/移動(M)/旋轉(R)/偏移(O)/錐形(T)/刪除(D)/複製(C)/

顏色(L)/材料(A)/退回(U)/結束(X)] <結束>:　　←輸入選項 O

選取面或 [退回(U)/移除(R)]:　　　　　　　　　←選取端面

選取面或 [退回(U)/移除(R)/全部(ALL)]:　　　← [Enter] 離開

指定偏移距離:　　　　　　　　　　　　　　　←輸入距離 10

實體檢驗已經開始.

實體檢驗已完成.

輸入面編輯選項[擠出(E)/移動(M)/旋轉(R)/偏移(O)/錐形(T)/刪除(D)/複製(C)/

顏色(L)/材料(A)/退回(U)/結束(X)] <結束>:　　← [Enter] 離開

實體編輯自動檢查:　SOLIDCHECK=1

輸入實體編輯選項 [面(F)/邊(E)/主體(B)/退回(U)/結束(X)] <結束>:

　　　　　　　　　　　　　　　　　　　　←[Enter]離開

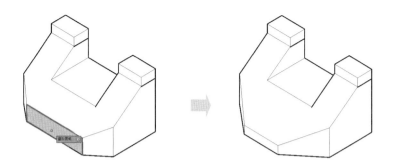

✪ 面→刪除面

指令: SOLIDEDIT

實體編輯自動檢查:　SOLIDCHECK=1

輸入實體編輯選項 [面(F)/邊(E)/主體(B)/退回(U)/結束(X)] <結束>:

　　　　　　　　　　　　　　　←輸入選項 F

輸入面編輯選項[擠出(E)/移動(M)/旋轉(R)/偏移(O)/錐形(T)/刪除(D)/複製(C)/

顏色(L)/材料(A)/退回(U)/結束(X)] <結束>:　←輸入選項 D

選取面或 [退回(U)/移除(R)]:　　　　　　←選取端面

選取面或 [退回(U)/移除(R)/全部(ALL)]:　← [Enter] 離開

實體檢驗已經開始。

實體檢驗已完成。

輸入面編輯選項[擠出(E)/移動(M)/旋轉(R)/偏移(O)/錐形(T)/刪除(D)/複製(C)/

顏色(L)/材料(A)/退回(U)/結束(X)] <結束>:　← [Enter] 離開

實體編輯自動檢查:　SOLIDCHECK=1

輸入實體編輯選項 [面(F)/邊(E)/主體(B)/退回(U)/結束(X)] <結束>:

　　　　　　　　　　　　　　　←[Enter]離開

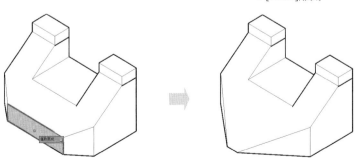

✪ **面→旋轉面** 🔲

指令: SOLIDEDIT

實體編輯自動檢查:　SOLIDCHECK=1

輸入實體編輯選項 [面(F)/邊(E)/主體(B)/退回(U)/結束(X)] <結束>:

←輸入選項 F

輸入面編輯選項[擠出(E)/移動(M)/旋轉(R)/偏移(O)/錐形(T)/刪除(D)/複製(C)/
顏色(L)/材料(A)/退回(U)/結束(X)] <結束>:　←輸入選項 R

選取面或 [退回(U)/移除(R)]:　　　　　　　←選取端面

選取面或 [退回(U)/移除(R)/全部(ALL)]:　←[Enter] 離開

指定一個軸點或 [以物件定軸(A)/視圖(V)/X 軸(X)/Y 軸(Y)/Z 軸(Z)] <2 點>:

←選取旋轉軸點 1

指定旋轉軸上的第二點:　　　　　　　　　←選取旋轉軸點 2

指定一個旋轉角度或 [參考(R)]:　　　　　←輸入角度-10

實體檢驗已經開始。

實體檢驗已完成。

輸入面編輯選項[擠出(E)/移動(M)/旋轉(R)/偏移(O)/錐形(T)/刪除(D)/複製(C)/
顏色(L)/材料(A)/退回(U)/結束(X)] <結束>:　←[Enter] 離開

實體編輯自動檢查:　SOLIDCHECK=1

輸入實體編輯選項 [面(F)/邊(E)/主體(B)/退回(U)/結束(X)] <結束>:

←[Enter]離開

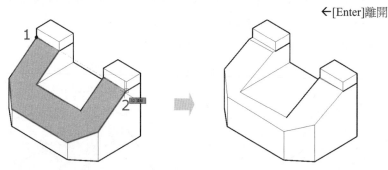

✪ **面→錐形面** 🔲

指令: SOLIDEDIT

實體編輯自動檢查:　SOLIDCHECK=1

輸入實體編輯選項 [面(F)/邊(E)/主體(B)/退回(U)/結束(X)] <結束>:

　　　　　　　　　　　　　　　　　　←輸入選項 F

輸入面編輯選項[擠出(E)/移動(M)/旋轉(R)/偏移(O)/錐形(T)/刪除(D)/複製(C)/
顏色(L)/材料(A)/退回(U)/結束(X)] <結束>:　←輸入選項 T

選取面或 [退回(U)/移除(R)]:　　　　　　←選取端面

選取面或 [退回(U)/移除(R)/全部(ALL)]:　← [Enter] 離開

指定基準點:　　　　　　　　　　　　　←選取基準點 1

在建立錐狀的軸上指定另一點:　　　　　←選取另一點 2

指定推拔角度:　　　　　　　　　　　　←輸入角度-10

實體檢驗已經開始。

實體檢驗已完成。

輸入面編輯選項[擠出(E)/移動(M)/旋轉(R)/偏移(O)/錐形(T)/刪除(D)/複製(C)/
顏色(L)/材料(A)/退回(U)/結束(X)] <結束>:　← [Enter] 離開

實體編輯自動檢查:　SOLIDCHECK=1

輸入實體編輯選項 [面(F)/邊(E)/主體(B)/退回(U)/結束(X)] <結束>:

　　　　　　　　　　　　　　　　　　←[Enter]離開

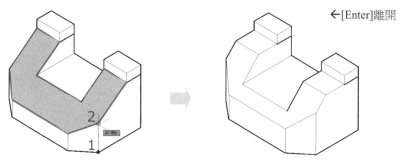

✪ 面→著色面

指令: SOLIDEDIT

實體編輯自動檢查:　SOLIDCHECK=1

輸入實體編輯選項 [面(F)/邊(E)/主體(B)/退回(U)/結束(X)] <結束>:

　　　　　　　　　　　　　　　　　　←輸入選項 F

輸入面編輯選項[擠出(E)/移動(M)/旋轉(R)/偏移(O)/錐形(T)/刪除(D)/複製(C)/
顏色(L)/材料(A)/退回(U)/結束(X)] <結束>:　←輸入選項 L

選取面或 [退回(U)/移除(R)]:　　　　　　←選取實體端面

選取面或 [退回(U)/移除(R)/全部(ALL)]:　← [Enter] 離開，出現對話框

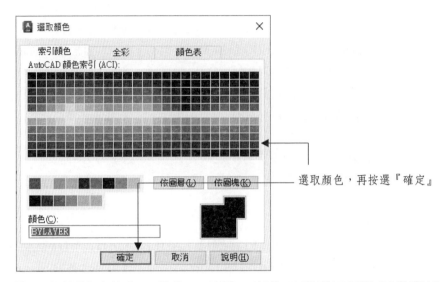

選取顏色，再按選『確定』

輸入面編輯選項[擠出(E)/移動(M)/旋轉(R)/偏移(O)/錐形(T)/刪除(D)/複製(C)/
顏色(L)/材料(A)/退回(U)/結束(X)] <結束>:　　← [Enter] 離開

實體編輯自動檢查:　SOLIDCHECK=1

輸入實體編輯選項 [面(F)/邊(E)/主體(B)/退回(U)/結束(X)] <結束>:

← [Enter]離開

✪ 面→複製面

指令: SOLIDEDIT

實體編輯自動檢查:　SOLIDCHECK=1

輸入實體編輯選項 [面(F)/邊(E)/主體(B)/退回(U)/結束(X)] <結束>:

←輸入選項 F

輸入面編輯選項[擠出(E)/移動(M)/旋轉(R)/偏移(O)/錐形(T)/刪除(D)/複製(C)/
顏色(L)/材料(A)/退回(U)/結束(X)] <結束>:　　←輸入選項 C

選取面或 [退回(U)/移除(R)]:　　　　　　　　　←選取端面 1

選取面或 [退回(U)/移除(R)/全部(ALL)]:　　← [Enter] 離開

指定一個基準點或位移:　　　　　　　　　　　←選取基準點 2

指定第二個位移點:　　　　　　　　　　　　　←選取位移點 3

輸入面編輯選項[擠出(E)/移動(M)/旋轉(R)/偏移(O)/錐形(T)/刪除(D)/複製(C)/
顏色(L)/材料(A)/退回(U)/結束(X)] <結束>:　　← [Enter] 離開

實體編輯自動檢查:　SOLIDCHECK=1

輸入實體編輯選項 [面(F)/邊(E)/主體(B)/退回(U)/結束(X)] <結束>:

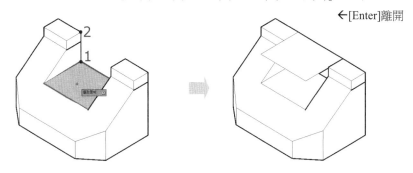

←[Enter]離開

✿ 邊緣→著色邊緣

實體編輯自動檢查： SOLIDCHECK=1

輸入實體編輯選項 [面(F)/邊(E)/主體(B)/退回(U)/結束(X)] <結束>:

                                        ←輸入選項 E

輸入邊緣編輯選項 [複製(C)/著色(L)/退回(U)/結束(X)] <結束>: ←輸入選項 L

選取邊緣或 [退回(U)/移除(R)]:   ←選取邊緣

選取邊緣或 [退回(U)/移除(R)]:   ← [Enter] 離開，出現對話框

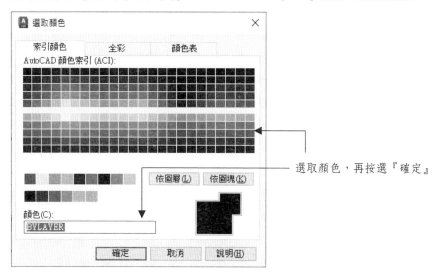

選取顏色，再按選『確定』

輸入邊緣編輯選項 [複製(C)/著色(L)/退回(U)/結束(X)] <結束>:← [Enter] 離開

實體編輯自動檢查： SOLIDCHECK=1

輸入實體編輯選項 [面(F)/邊(E)/主體(B)/退回(U)/結束(X)] <結束>:← [Enter]

✪ **邊緣→複製邊緣**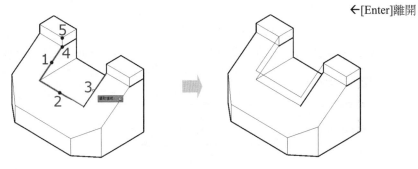

指令: SOLIDEDIT

實體編輯自動檢查: 　SOLIDCHECK=1

輸入實體編輯選項 [面(F)/邊(E)/主體(B)/退回(U)/結束(X)] <結束>:

　　　　　　　　　　　　　　　　←輸入選項 E

輸入邊緣編輯選項 [複製(C)/著色(L)/退回(U)/結束(X)] <結束>: ←輸入選項 C

選取邊緣或 [退回(U)/移除(R)]:　　　　　←選取邊緣 1、2、3

選取邊緣或 [退回(U)/移除(R)]:　　　　　← [Enter] 離開

指定一個基準點或位移:　　　　　　　　←選取基準點 4

指定第二個位移點:　　　　　　　　　　←選取位移點 5

輸入邊緣編輯選項 [複製(C)/著色(L)/退回(U)/結束(X)] <結束>:← [Enter] 離開

實體編輯自動檢查: 　SOLIDCHECK=1

輸入實體編輯選項 [面(F)/邊(E)/主體(B)/退回(U)/結束(X)] <結束>:

　　　　　　　　　　　　　　　　　　　　　←[Enter]離開

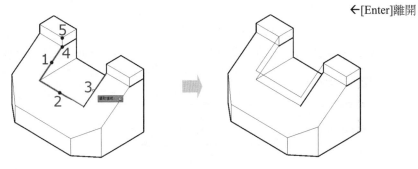

✪ **主體→清理**

指令: SOLIDEDIT

實體編輯自動檢查: 　SOLIDCHECK=1

輸入實體編輯選項 [面(F)/邊(E)/主體(B)/退回(U)/結束(X)] <結束>:

　　　　　　　　　　　　　　　　←輸入選項 B

輸入主體編輯選項 [蓋印(I)/分隔實體(P)/薄殼(S)/清理(L)/檢查(C)/退回(U)/結束(X)] <結束>:　　　　　　　　　←輸入選項 L

選取一個 3D 實體:　　　　　　　←選取實體

輸入主體編輯選項[蓋印(I)/分隔實體(P)/薄殼(S)/清理(L)/檢查(C)/退回(U)/結束(X)] <結束>:　　　　　　　　← [Enter] 離開

輸入實體編輯選項 [面(F)/邊(E)/主體(B)/退回(U)/結束(X)] <結束>:←[Enter]

❂ 主體→薄殼

指令: SOLIDEDIT

實體編輯自動檢查： SOLIDCHECK=1

輸入實體編輯選項 [面(F)/邊(E)/主體(B)/退回(U)/結束(X)] <結束>: ←輸入 B

輸入主體編輯選項[蓋印(I)/分隔實體(P)/薄殼(S)/清理(L)/檢查(C)/退回(U)/結束(X)] <結束>: ←輸入選項 S

選取一個 3D 實體: ←選取實體 1

移除面或 [退回(U)/加入(A)/全部(ALL)]: ←選取面 2

移除面或 [退回(U)/加入(A)/全部(ALL)]: ← [Enter] 離開

輸入薄殼偏移距離: ←輸入薄殼厚度 3

實體檢驗已經開始。

實體檢驗已完成。

輸入主體編輯選項[蓋印(I)/分隔實體(P)/薄殼(S)/清理(L)/檢查(C)/退回(U)/結束(X)] <結束>: ← [Enter] 離開

輸入實體編輯選項 [面(F)/邊(E)/主體(B)/退回(U)/結束(X)] <結束>:

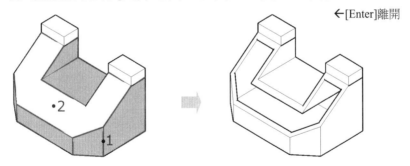

←[Enter]離開

❂ 主體→分離實體

指令: SOLIDEDIT

實體編輯自動檢查： SOLIDCHECK=1

輸入實體編輯選項 [面(F)/邊(E)/主體(B)/退回(U)/結束(X)] <結束>:

←輸入選項 B

輸入主體編輯選項 [蓋印(I)/分隔實體(P)/薄殼(S)/清理(L)/檢查(C)/退回(U)/結束(X)] <結束>: ←輸入選項 P

選取一個 3D 實體：   ←選取實體

輸入主體編輯選項[蓋印(I)/分隔實體(P)/薄殼(S)/清理(L)/檢查(C)/退回(U)/結束(X)] <結束>：   ← [Enter] 離開

輸入實體編輯選項 [面(F)/邊(E)/主體(B)/退回(U)/結束(X)] <結束>：←[Enter]

被聯集的不相交實體碰選狀態   分離後的實體碰選狀態

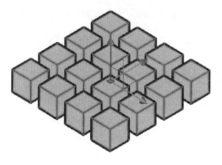 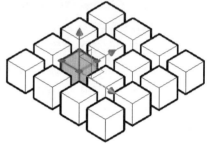

✪ 主體→檢查

指令: SOLIDEDIT

實體編輯自動檢查: SOLIDCHECK=1

輸入實體編輯選項 [面(F)/邊(E)/主體(B)/退回(U)/結束(X)] <結束>：

        ←輸入選項 B

輸入主體編輯選項 [蓋印(I)/分隔實體(P)/薄殼(S)/清理(L)/檢查(C)/退回(U)/結束(X)] <結束>：   ←輸入選項 C

選取一個 3D 實體：   ←選取實體

這個物件是有效的 ShapeManager 實體   ←出現檢查回應

輸入主體編輯選項[蓋印(I)/分隔實體(P)/薄殼(S)/清理(L)/檢查(C)/退回(U)/結束(X)] <結束>：   ← [Enter] 離開

輸入實體編輯選項 [面(F)/邊(E)/主體(B)/退回(U)/結束(X)] <結束>：←[Enter]

選取面的技巧　請搭配實體編輯→面→擠出面 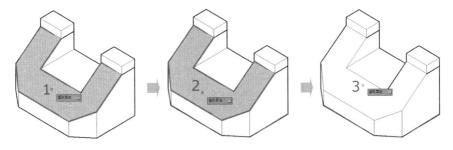 選取底部面方式如下：

✪ **狀況一：** 選取面 1，再選取一次面 2，按選 [Shift] +左鍵，移除面 3。

✪ **狀況二：** 選取邊緣 1，按選 [Shift] +左鍵，移除面 2。

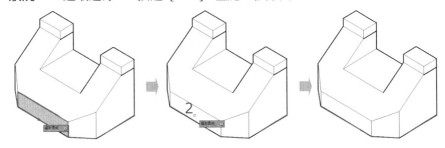

實體編輯綜合練習演練

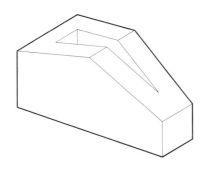

本單元範例以 SOLIDEDIT 實體編
輯解法作介紹

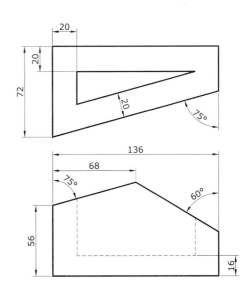

❂ **建立一個 BOX** (先將視圖調整為東南等角視圖)

指令: BOX

指定第一個角點或 [中心點(C)]:　　　　　　　←選取起點 1

指定其他角點或 [立方體(C)/長度(L)]: @136,72

指定高度或 [兩點(2P)] <56.0000>: 56

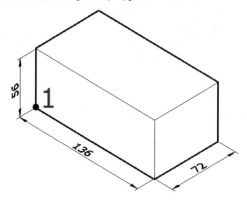

❂ **旋轉實體面**

指令: SOLIDEDIT

實體編輯自動檢查:　SOLIDCHECK=1

輸入實體編輯選項 [面(F)/邊(E)/主體(B)/退回(U)/結束(X)] <結束>: _face

輸入面編輯選項[擠出(E)/移動(M)/旋轉(R)/偏移(O)/錐形(T)/刪除(D)/複製(C)/
顏色(L)/材料(A)/退回(U)/結束(X)] <結束>: _rotate

選取面或 [退回(U)/移除(R)]:　　　　　　　←選取面

選取面或 [退回(U)/移除(R)/全部(ALL)]:　←[Enter] 離開

指定一個軸點或 [以物件定軸(A)/視圖(V)/X 軸(X)/Y 軸(Y)/Z 軸(Z)] <2 點>:
　　　　　　　　　　　　　　　　　　←選取軸點 1

指定旋轉軸上的第二點:　　　　　　　←選取軸點 2

指定一個旋轉角度或 [參考(R)]:　　　←輸入角度 15

實體檢驗已經開始。

實體檢驗已完成。

輸入面編輯選項[擠出(E)/移動(M)/旋轉(R)/偏移(O)/錐形(T)/刪除(D)/複製(C)/
顏色(L)/材料(A)/退回(U)/結束(X)] <結束>:　←[Enter] 離開

實體編輯自動檢查:　SOLIDCHECK=1

輸入實體編輯選項 [面(F)/邊(E)/主體(B)/退回(U)/結束(X)] <結束>:← [Enter]

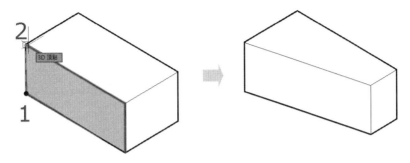

✪ 將實體作厚度 20 薄殼

指令: SOLIDEDIT

實體編輯自動檢查: SOLIDCHECK=1

輸入實體編輯選項 [面(F)/邊(E)/主體(B)/退回(U)/結束(X)] <結束>: _body

輸入主體編輯選項[蓋印(I)/分隔實體(P)/薄殼(S)/清理(L)/檢查(C)/退回(U)/結束(X)] <結束>: _shell

選取一個 3D 實體:　　　　　　　　　　←選取實體 1

移除面或 [退回(U)/加入(A)/全部(ALL)]:　　←選取面 2

移除面或 [退回(U)/加入(A)/全部(ALL)]:　　← [Enter] 離開

輸入薄殼偏移距離:　　　　　　　　　　←輸入薄殼厚度 20

實體檢驗已經開始。

實體檢驗已完成。

輸入面編輯選項[擠出(E)/移動(M)/旋轉(R)/偏移(O)/錐形(T)/刪除(D)/複製(C)/顏色(L)/材料(A)/退回(U)/結束(X)] <結束>:　← [Enter] 離開

實體編輯自動檢查: SOLIDCHECK=1

輸入實體編輯選項 [面(F)/邊(E)/主體(B)/退回(U)/結束(X)] <結束>:← [Enter]

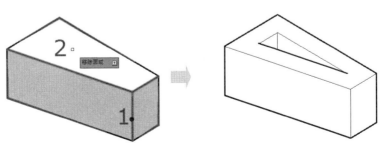

❖ 將實體上端中線蓋印，產生一個折線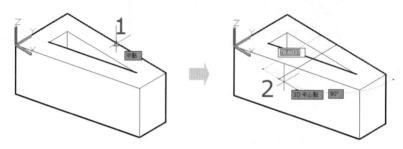

❖ 打開[F8]垂直水平模式，調整 UCS 座標位置，執行 LINE 先在實體中點 1，
再往點 2 方向輸入任意長度 (約 80)，完成一條中分線。

指令: IMPRINT
選取 3D 實體或 3D 曲面:　　　　　　　　←選取實體
選取要蓋印的物件:　　　　　　　　　　　←選取線
刪除來源物件？[是(Y)/否(N)] <N>:　　　←輸入選項 Y
選取要蓋印的物件:　　　　　　　　　　　← [Enter] 離開

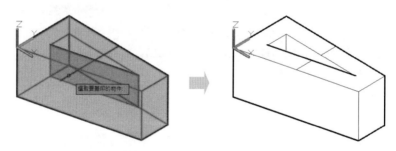

❖ 建立頂面左側為錐形

指令: SOLIDEDIT
實體編輯自動檢查:　　SOLIDCHECK=1
輸入實體編輯選項 [面(F)/邊(E)/主體(B)/退回(U)/結束(X)] <結束>: _face
輸入面編輯選項[擠出(E)/移動(M)/旋轉(R)/偏移(O)/錐形(T)/刪除(D)/複製(C)/
顏色(L)/材料(A)/退回(U)/結束(X)] <結束>: _taper
選取面或 [退回(U)/移除(R)]:　　　　　　←選取端面
選取面或 [退回(U)/移除(R)/全部(ALL)]:　← [Enter] 離開

指定基準點:　　　　　　　　　　　　　　　←選取基準點 1

在建立錐狀的軸上指定另一點:　　　　　　　←選取另一點 2

指定推拔角度:　　　　　　　　　　　　　　←輸入角度-15

實體檢驗已經開始。

實體檢驗已完成。

輸入面編輯選項[擠出(E)/移動(M)/旋轉(R)/偏移(O)/錐形(T)/刪除(D)/複製(C)/
顏色(L)/材料(A)/退回(U)/結束(X)] <結束>:　　← [Enter] 離開

實體編輯自動檢查:　 SOLIDCHECK=1

輸入實體編輯選項 [面(F)/邊(E)/主體(B)/退回(U)/結束(X)] <結束>:← [Enter]

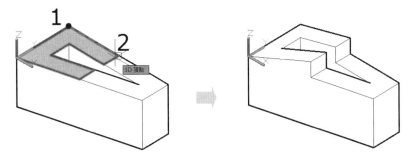

❂ 執行按拉指令完拉出右側高度

指令: PRESSPULL

選取物件或有邊界的區域:　　　←選取端面

指定擠出高度或 [多重(M)]:　←選取端點 1 為高度點

指定擠出高度或 [多重(M)]:　← [Enter]

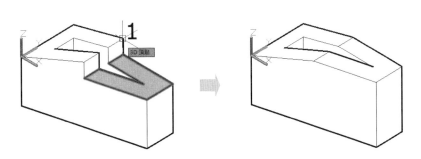

✪ **旋轉頂面右側實體面**

指令: SOLIDEDIT

實體編輯自動檢查: SOLIDCHECK=1

輸入實體編輯選項 [面(F)/邊(E)/主體(B)/退回(U)/結束(X)] <結束>: _face

輸入面編輯選項[擠出(E)/移動(M)/旋轉(R)/偏移(O)/錐形(T)/刪除(D)/複製(C)/
顏色(L)/材料(A)/退回(U)/結束(X)] <結束>: _rotate

選取面或 [退回(U)/移除(R)]:　　　　　　　　←選取面

選取面或 [退回(U)/移除(R)/全部(ALL)]:　　← [Enter] 離開

指定一個軸點或 [以物件定軸(A)/視圖(V)/X 軸(X)/Y 軸(Y)/Z 軸(Z)] <2 點>:

　　　　　　　　　　　　　　　　　　　←選取端點 1

指定旋轉軸上的第二點:　　　　　　　　←選取端點 2

指定一個旋轉角度或 [參考(R)]:　　　　←輸入角度 30

實體檢驗已經開始。

實體檢驗已完成。

輸入面編輯選項[擠出(E)/移動(M)/旋轉(R)/偏移(O)/錐形(T)/刪除(D)/複製(C)/
顏色(L)/材料(A)/退回(U)/結束(X)] <結束>:　← [Enter] 離開

實體編輯自動檢查: SOLIDCHECK=1

輸入實體編輯選項 [面(F)/邊(E)/主體(B)/退回(U)/結束(X)] <結束>:← [Enter]

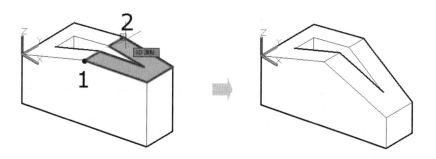

✪ **向下偏移底部孔面**

先至『視覺化』頁籤，打開 X 射線 或執行下列變數：

指令: VSFACEOPACITY

輸入 VSFACEOPACITY 的新值<60>: -60

指令: SOLIDEDIT

實體編輯自動檢查: SOLIDCHECK=1

輸入實體編輯選項 [面(F)/邊(E)/主體(B)/退回(U)/結束(X)] <結束>: _face

[擠出(E)/移動(M)/旋轉(R)/偏移(O)/錐形(T)/刪除(D)/複製(C)/顏色(L)/材料(A)/退回(U)/結束(X)] <結束>: _offset

選取面或 [退回(U)/移除(R)]:　　　　　　　←選取邊緣 1

選取面或 [退回(U)/移除(R)/全部(ALL)]:　　←按住[Shift]選取邊緣 2

選取面或 [退回(U)/移除(R)/全部(ALL)]:　　← [Enter] 離開

指定偏移距離:　　　　　　　　　　　　　←輸入距離-4

輸入面編輯選項[擠出(E)/移動(M)/旋轉(R)/偏移(O)/錐形(T)/刪除(D)/複製(C)/顏色(L)/材料(A)/退回(U)/結束(X)] <結束>:　← [Enter] 離開

實體編輯自動檢查: SOLIDCHECK=1

輸入實體編輯選項 [面(F)/邊(E)/主體(B)/退回(U)/結束(X)] <結束>:← [Enter]

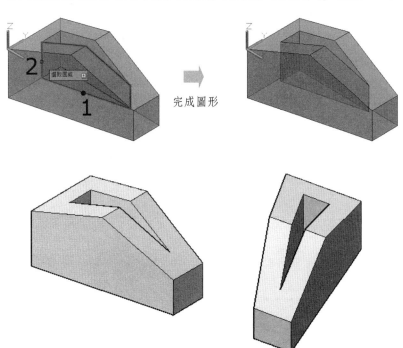

完成圖形

11 IMPRINT－蓋印邊緣

指令	IMPRINT
說明	於實體上蓋上一個 2D 物件

功能指令敘述

指令: IMPRINT
取一個 3D 實體: ←選取實體
選取 3D 實體或 3D 曲面: ←選取蓋印物件 (如實體 1)
刪除來源物件？[是(Y)/否(N)] <N>:   ←輸入是否保留來源物件選項
選取要蓋印的物件: ←選取蓋印物件 (如圓 2)
刪除來源物件？[是(Y)/否(N)] <Y>:   ←輸入是否保留來源物件 (圓) 選項
選取要蓋印的物件: ← [Enter] 離開，或繼續蓋印

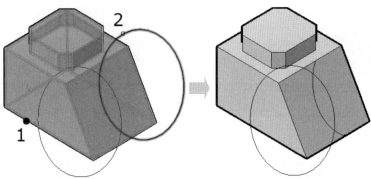

蓋印完成後，
即可於該面作
實體編輯，或
按拉功能

選取 3D 曲面物件 1，再分別選取物件 2、3、4 為蓋印物件，刪除來源物件

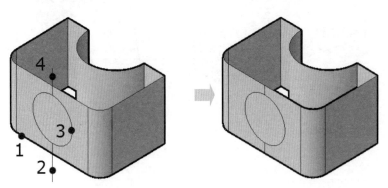

範例練習

✪ 完成一個半徑 50，高度 5 圓柱

指令: CYLINDER

指定基準的中心點或 [三點(3P)/兩點(2P)/相切、相切、半徑(T)/橢圓(E)]:

　　　　　　　　　　　　　　　　　　　　　　　　　　　　　←選取中心點

指定基準半徑或 [直徑(D)] <35.0000>:　　　　　　　　　←輸入半徑 50

指定高度或 [兩點(2P)/軸端點(A)] <20.7390>:　　　　　←輸入高度 5

✪ 圓柱上端完成兩條距離 70 水平線

指令: LINE

指定第一點:　　　　　　　　　←選取四分點 1

指定下一點或 [退回(U)]:　←選取四分點 2

指定下一點或 [退回(U)]:　← [Enter] 離開

指令: OFFSET (打開狀態列"選集循環",可切換選取物件)

目前的設定:刪除來源=否圖層=來源　OFFSETGAPTYPE=0

指定偏移距離或 [通過(T)/刪除(E)/圖層(L)] <5.0000>:←輸入距離 35

選取要偏移的物件或 [結束(E)/退回(U)] <結束>:　　　←選取線 3

指定要在那一側偏移的點或 [結束(E)/多重(M)/退回(U)] <結束>:←選取點 4

選取要偏移的物件或 [結束(E)/退回(U)] <結束>:　　　←選取線 3

指定要在那一側偏移的點或 [結束(E)/多重(M)/退回(U)] <結束>:←選取點 5

選取要偏移的物件或 [結束(E)/退回(U)] <結束>:　　　← [Enter] 離開

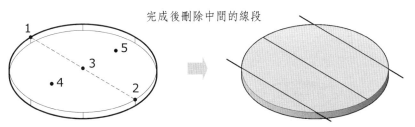

完成後刪除中間的線段

✪ 蓋印與擠出

指令: IMPRINT

選取 3D 實體或 3D 曲面:　　　　　　　←選取圓柱 1

選取要蓋印的物件:　　　　　　　　　←選取第一條線 2

刪除來源物件？[是(Y)/否(N)] <N>:　←輸入 Y

選取要蓋印的物件:　　　　　　　　　←選取第二條線 3

刪除來源物件？[是(Y)/否(N)] <Y>: Y ←輸入 Y

選取要蓋印的物件:　　　　　　　　　← [Enter] 離開:

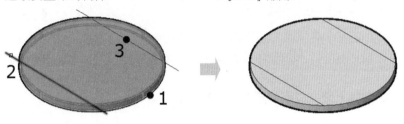

指令: SOLIDEDIT

實體編輯自動檢查:　SOLIDCHECK=1

輸入實體編輯選項 [面(F)/邊(E)/主體(B)/退回(U)/結束(X)] <結束>: _face

輸入面編輯選項[擠出(E)/移動(M)/旋轉(R)/偏移(O)/錐形(T)/刪除(D)/複製(C)/
顏色(L)/材料(A)/退回(U)/結束(X)] <結束>: _extrude

選取面或 [退回(U)/移除(R)]:　　　　　←選取面 1

選取面或 [退回(U)/移除(R)/全部(ALL)]:　← [Enter] 離開

指定擠出的高度或 [路徑(P)]:　　　　　←輸入高度 40

指定擠出的錐形角度<15>:　　　　　　←輸入錐度 15

輸入面編輯選項[擠出(E)/移動(M)/旋轉(R)/偏移(O)/錐形(T)/刪除(D)/複製(C)/
顏色(L)/材料(A)/退回(U)/結束(X)] <結束>:　← [Enter] 離開

實體編輯自動檢查:　SOLIDCHECK=1

輸入實體編輯選項 [面(F)/邊(E)/主體(B)/退回(U)/結束(X)] <結束>:← [Enter]

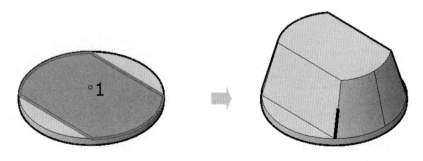

12 ROTATE3D－旋轉 3D

指令	ROTATE3D
說明	在 3D 空間中旋轉物件

功能指令敘述

指令: ROTATE3D

✪ 選取二點定義旋轉軸

指令: ROTATE3D

目前的正角: ANGDIR=逆時鐘方向 ANGBASE=0

選取物件: ←選取上端的矩形

選取物件: ← [Enter] 離開

在軸上指定第一點或依據下列定義軸[物件(O)/最後一個(L)/視圖(V)/X 軸(X)/Y 軸(Y)/Z 軸(Z)/二點(2)]: ←選取點 1

在軸上指定第二點: ←選取點 2

指定旋轉角度或 [參考(R)]: ←輸入角度

❖ 角度=25：

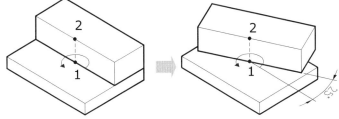

❖ 角度=-90：

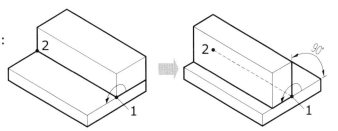

✪ **選取物件為旋轉軸參考**

❖ 先於中點 1 與中點 2 畫一條 LINE 線：

指令: ROTATE3D

目前的正角：　ANGDIR=逆時鐘方向　ANGBASE=0

選取物件：　　　　　　　　　←選取上端的矩形

選取物件：　　　　　　　　　← [Enter] 離開

在軸上指定第一點或依據下列定義軸[物件(O)/最後一個(L)/視圖(V)/X 軸 (X)/Y 軸(Y)/Z 軸(Z)/二點(2)]:　←輸入選項 O

選取一條線, 圓, 弧, 或 2D 聚合線段:　←選取參考 LINE 線段

指定旋轉角度或 [參考(R)]:　←輸入角度 30

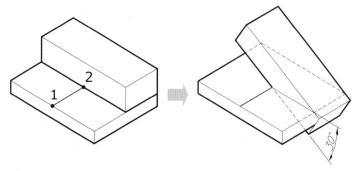

✪ **以選取物件之 UCS 的視圖參考軸**

❖ 先調整目前的視圖：

指令: UCS　(或直接選取 🔲 鍵)

目前的 UCS 名稱：　*世界*

指定 UCS 的原點或 [面(F)/具名(NA)/物件(OB)/前一個(P)/視圖(V)/世界 (W)/X/Y/Z 軸(ZA)] <世界>:　←輸入選項 V

❖ 寫入 UCSVIEW 文字於右上角，對齊方式為向左對齊。

❖ 再將 UCS 調回世界座標 🔲 。

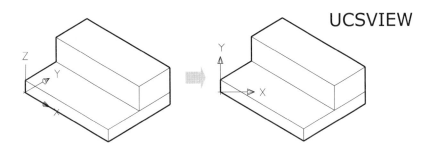

UCSVIEW

指令: ROTATE3D

目前的正角： ANGDIR=逆時鐘方向　ANGBASE=0

選取物件:　　　　　　　　　　　　　　　←選取文字 (UCSVIEW)

選取物件:　　　　　　　　　　　　　　←[Enter] 離開

在軸上指定第一點或依據下列定義軸[物件(O)/最後一個(L)/視圖(V)/X 軸
(X)/Y 軸(Y)/Z 軸(Z)/二點(2)]:　　　　←輸入選項 V

請在視圖方向軸上指定一點<0,0,0>:　　←選取文字的插入點

指定旋轉角度或 [參考(R)]:　　　　　　←輸入文字旋轉角 30

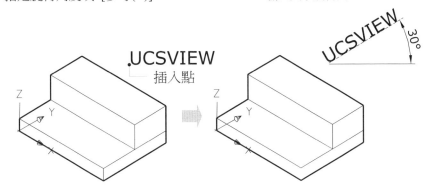

❖ 在不改變目前 UCS 視圖 (目前為世界座標系統 UCS → W)，針對文字所對
應的 UCS 視圖作角度調整 (文字為平面模式 UCS → V)。

✪ 以選取物件 UCS 的視圖之 X/Y/Z 為旋轉軸參考

指令: ROTATE3D

目前的正角： ANGDIR=逆時鐘方向　ANGBASE=0

選取物件:　　　　　　　　　　←選取上端的矩形

選取物件:　　　　　　　　　←[Enter] 離開

在軸上指定第一點或依據下列定義軸[物件(O)/最後一個(L)/視圖(V)/X 軸(X)/Y 軸(Y)/Z 軸(Z)/二點(2)]:　←輸入選項 X

請在 X 軸上指定一點<0,0,0>:　←選取點 1

指定旋轉角度或 [參考(R)]:　←輸入角度 30

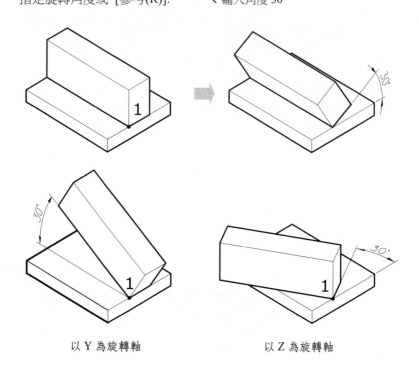

以 Y 為旋轉軸　　　　　　　　　　以 Z 為旋轉軸

13　MIRROR3D－鏡射 3D

指令	MIRROR3D
說明	在 3D 空間中鏡射物件

功能指令敘述

指令: MIRROR3D

選取三點定義旋轉軸 (請關掉狀態列 3D 物件鎖點)

鎖點游標至 3D 參考點 - 關閉
3D 物件鎖點 - 3DOSNAP (F4)

指令: MIRROR3D

選取物件:　　　　　　　　　　←選取實體

選取物件:　　　　　　　　　　← [Enter] 離開

指定鏡射平面的第一點 (三點) 或[物件(O)/最後一個(L)/Z 軸(Z)/視圖
(V)/XY/YZ/ZX/三點(3)] <三點>:　←選取點 1

請在鏡射平面上指定第二點:　←選取點 2

請在鏡射平面上指定第三點:　←選取點 3

刪除來源物件? [是(Y)/否(N)] <否>: ← [Enter] 保留物件 (或輸入 Y 不保留)

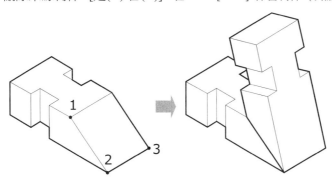

第一篇 第五章 ▼ 3D 重要編修工具

✪ **選取鏡射面參考物件**

❖ 打開動態 UCS，將滑鼠移到參考面端點上(參考面會亮顯)，畫任意圓。

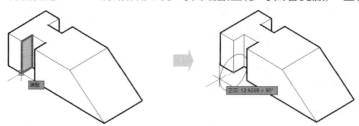

❖ 再以掣點方式將圓由原中心點移到端點 2 上。

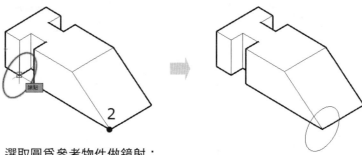

❖ 選取圓為參考物件做鏡射：

指令: MIRROR3D

選取物件:　　　　　　　　　　　　　　←選取實體

選取物件:　　　　　　　　　　　　　← [Enter] 離開

指定鏡射平面的第一點 (三點) 或[物件(O)/最後一個(L)/軸(Z)/視圖(V)/XY/YZ/ZX/三點(3)] <三點>:　←輸入選項 O

選取一個圓, 弧, 或 2D 聚合線段:　←選取圓

刪除來源物件? [是(Y)/否(N)] <否>:　← [Enter] 保留物件 (或輸入 Y 不保留)

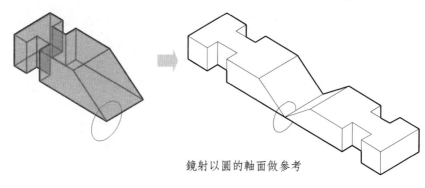

鏡射以圓的軸面做參考

✪ 以法線方向定義鏡射面

指令: MIRROR3D

選取物件: ←選取實體

選取物件: ← [Enter] 離開

指定鏡射平面的第一點 (三點) 或[物件(O)/最後一個(L)/Z 軸(Z)/視圖(V)/XY/YZ/ZX/三點(3)] <三點>:   ←輸入選項 Z

請在鏡射平面上指定點: ←選取點 1

請在鏡射平面的 Z 軸 (法線) 上指定點: ← 選取點 2

刪除來源物件? [是(Y)/否(N)] <否>:← [Enter] 保留物件 (或輸入 Y 不保留)

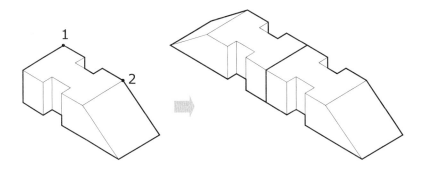

✪ 以選取物件 UCS 之 XY/YZ/ZX 定義鏡射面

指令: MIRROR3D

選取物件: ←選取實體

選取物件: ← [Enter] 離開

指定鏡射平面的第一點 (三點) 或[物件(O)/最後一個(L)/Z 軸(Z)/視圖(V)/XY/YZ/ZX/三點(3)] <三點>:   ←輸入選項 XY

請在 XY 平面上指定點<0,0,0>:   ←選取點 1

刪除來源物件? [是(Y)/否(N)] <否>:   ← [Enter] 保留物件 (或輸入 Y 不保留)

❖ XY 平面鏡射：

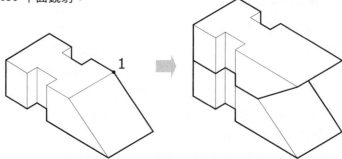

❖ YZ 平面鏡射：

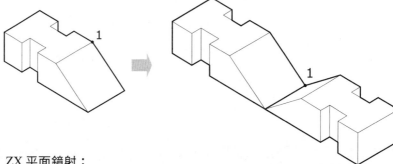

❖ ZX 平面鏡射：

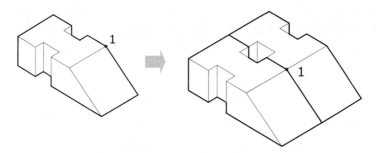

14　3DALIGN－3D 對齊

指令	3DALIGN	快捷鍵	3AL
說明	將物件對齊		

功能指令敘述

指令:3DALIGN

✪ 面對齊

指令:3DALIGN

選取物件:　　　　　　　　　　　←選取凵形實體

選取物件:　　　　　　　　　　　← [Enter] 離開

指定來源平面與方位...

指定基準點或 [複製(C)]:　　　　　←選取來源基準點 1

指定第二個點或 [繼續(C)] <C>:　←選取來源 X 軸方向點 2

指定第三個點或 [繼續(C)] <C>:　←選取來源 Y 軸方向點 3

指定目標平面與方位...

指定第一個目標點:　　　　　　　←選取目標基準點 4

指定第二個目標點或 [結束(X)] <X>: ←選取目標 X 軸方向點 5

指定第三個目標點或 [結束(X)] <X>: ←選取目標 Y 軸方向點 6

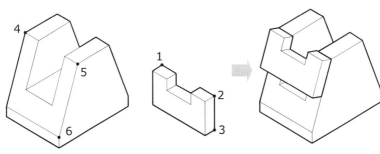

指令: 3DALIGN

選取物件:　　　　　　　　　　　←選取凵形實體

選取物件:　　　　　　　　　　　← [Enter] 離開

指定來源平面與方位...

指定基準點或 [複製(C)]:   ←選取來源基準點 1
指定第二個點或 [繼續(C)] <C>:   ←選取來源 X 軸方向點 2
指定第三個點或 [繼續(C)] <C>:   ←選取來源 Y 軸方向點 3
指定目標平面與方位...
指定第一個目標點: ←選取目標基準點 4
指定第二個目標點或 [結束(X)] <X>: ←選取目標 X 軸方向點 5
指定第三個目標點或 [結束(X)] <X>: ←選取目標 Y 軸方向點 6

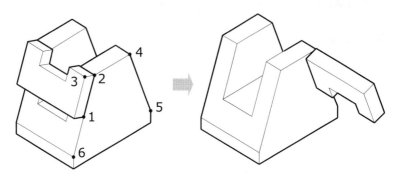

✪ 對齊邊緣

指令: 3DALIGN
選取物件: ←選取ㄩ形實體
選取物件: ← [Enter] 離開
指定來源平面與方位...
指定基準點或 [複製(C)]:   ←選取來源基準點 1
指定第二個點或 [繼續(C)] <C>:   ←選取來源 X 軸方向點 2
指定第三個點或 [繼續(C)] <C>:   ←[Enter]
指定目標平面與方位...
指定第一個目標點: ←選取目標基準點 3
指定第二個目標點或 [結束(X)] <X>: ←選取目標 X 軸方向點 4
指定第三個目標點或 [結束(X)] <X>: ← [Enter]

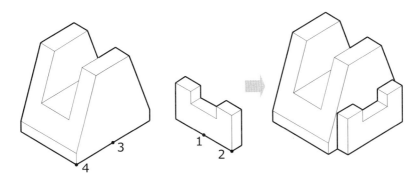

✪ 舊有 ALIGN 對齊邊緣調整比例效果

指令:ALIGN

選取物件:	← 選取凵形實體
選取物件:	← [Enter] 離開
指定第一個來源點:	← 選取來源基準點 1
指定第一個目標點:	← 選取目標點 2
指定第二個來源點:	← 選取來源 X 軸方向點 3
指定第二個目標點:	← 選取目標 X 軸方向點 4
指定第三個來源點或<繼續>:	← [Enter]

要根據對齊點調整物件比例? [是(Y)/否(N)] <否>: ←輸入選項 Y

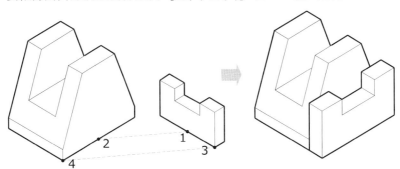

15　3DARRAY－3D 陣列

指令	3DARRAY	快捷鍵	3A
說明	3D 矩形與環形陣列		

功能指令敘述

指令:3DARRAY

✪ **矩形陣列** (執行陣列時請注意物件鎖點 [F3] 要關閉)

指令: 3DARRAY
選取物件:　　　　　　　　←選取實體
選取物件:　　　　　　　　← [Enter] 離開
輸入陣列類型 [矩形(R)/環形(P)] <矩形>:←輸入選項 R
輸入列數(---) <1>:　　　←輸入列數 4
輸入行數(|||) <1>:　　　←輸入行數 3
輸入層數(...) <1>:　　　←輸入層數 2
指定兩列間的距離(---):　←輸入列距 35
指定行間距 (|||):　　　　←輸入行距 50
指定層間距 (...):　　　　←輸入層距 28

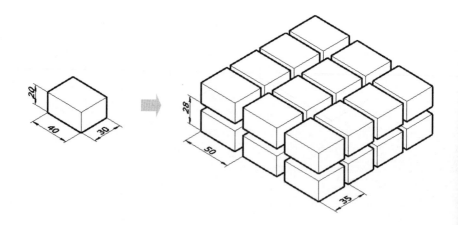

✪ **環形陣列**(執行陣列時請注意物件鎖點 [F3] 要關閉)

指令: 3DARRAY

選取物件: ←選取實體

選取物件: ← [Enter] 離開

輸入陣列類型 [矩形(R)/環形(P)] <矩形>: ←輸入選項 P

輸入陣列中的項目個數: ←輸入陣列個數 6

指定要佈滿的角度 (+=逆時鐘, -=順時鐘) <360>: ←輸入角度 360 或 [Enter]

旋轉陣列的物件？[是(Y)/否(N)] <Y>   ← [Enter]

指定陣列的中心點或 [基準(B)]:   ←選取中點 1

指定旋轉軸上的第二點: ←選取中點 2

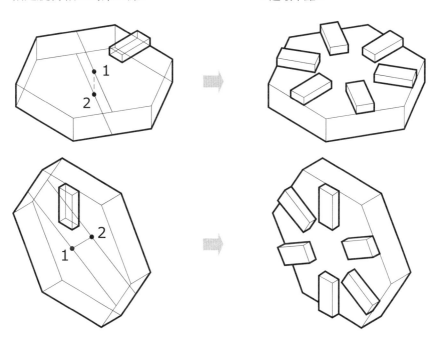

指令: 3DARRAY

選取物件: ←選取實體

選取物件: ← [Enter] 離開

輸入陣列類型 [矩形(R)/環形(P)] <矩形>: ←輸入選項 P

輸入陣列中的項目個數: ←輸入陣列個數 4

指定要佈滿的角度 (+=逆時鐘, -=順時鐘) <360>: ←輸入角度-180

旋轉陣列的物件？[是(Y)/否(N)] <Y>　　　← [Enter]

指定陣列的中心點或 [基準(B)]:　　　　←選取中點 1

指定旋轉軸上的第二點:　　　　　　　←選取中點 2

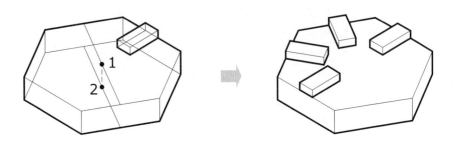

隨手札記

16　ARRAYRECT－矩形陣列

指令	ARRAYRECT
說明	建立矩形陣列
選項功能	基準點(B)：指定陣列的基準點 關聯式(AS)：設定陣列後物件是否為單一關聯陣列物件 計數(COU)：設定列數與行數 間距(S)：設定列距與行距 列數(R)：指定列數 行數(COL)：指定行數 層數(L)：指定 3D 層的數量和層間距

功能指令敘述 (請開啟隨書檔案 3D-ARRAYRECT.DWG)

指令: ARRAYRECT

✪ 建立關聯式的 3D 矩形陣列(4 列 3 行 2 層)

選取物件:　　　　　　　　　　　　　　　　←選取實體

　　：　：

選取物件:　　　　　　　　　　　　　　　　← [Enter] 結束選取

類型 = 矩形關聯式 = 是

選取掣點以編輯陣列或 [關聯式(AS)/基準點(B)/計數(COU)/間距(S)/行數
(COL)/列數(R)/層數(L)/結束(X)] <結束>:　　←輸入選項 R (列數)

輸入列的數目或 [表示式(E)] <3>:　　　　　←輸入 4

指定列間距或 [總計(T)/表示式(E)] <45>:　　←輸入 35

指定列之增量高程或 [表示式(E)] <0>:　　　← [Enter]

指定層間距或 [總計(T)/表示式(E)] <93.071>:　←輸入選項 COL

輸入行的數目或 [表示式(E)] <4>:　　　　　←輸入 3

指定行間距或 [總計(T)/表示式(E)] <60>:　　←輸入 50

選取掣點以編輯陣列或 [關聯式(AS)/基準點(B)/計數(COU)/間距(S)/行數
(COL)/列數(R)/層數(L)/結束(X)] <結束>:　　←輸入選項 L (層數)

輸入層的數目或 [表示式(E)] <1>　　　　　　　　　　　　←輸入 2

指定層間距或 [總計(T)/表示式(E)] <93.071>:　　　　　　←輸入 28

選取掣點以編輯陣列或 [關聯式(AS)/基準點(B)/計數(COU)/間距(S)/行數
(COL)/列數(R)/層數(L)/結束(X)] <結束>:　　　　　← [Enter]

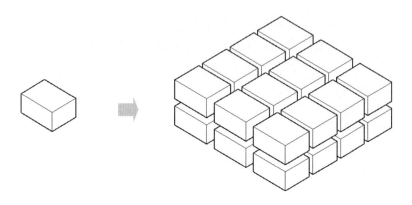

✪ 快速貼心的編輯關聯式 3D 矩形陣列性質

直接碰選關聯式陣列，上方會出現對應的陣列頁籤與功能區面板，輕鬆修改
行數、行距、列數、列距、層數、層距：

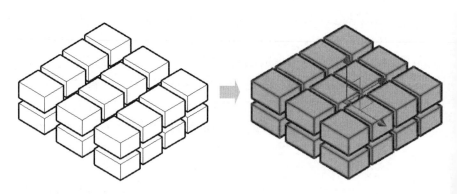

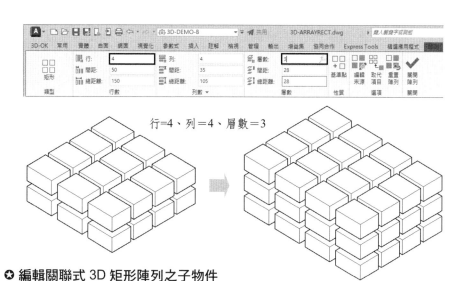

行=4、列=4、層數=3

✪ 編輯關聯式 3D 矩形陣列之子物件

以[Ctrl]+選取子物件，可對子物件進行刪除、比例、旋轉⋯等編修動作。

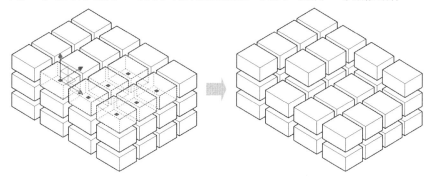

✪ 重置陣列

可還原刪除的項目，並復原所有的項目取代。

✪ 特殊列增量高層的關聯式矩形陣列

選取物件:　　　　　　　　　　　　　　　　　←選取圓柱體
選取物件:　　　　　　　　　　　　　　　　　← [Enter] 結束選取
類型 = 矩形關聯式 = 是
選取掣點以編輯陣列或 [關聯式(AS)/基準點(B)/計數(COU)/間距(S)/行數
(COL)/列數(R)/層數(L)/結束(X)] <結束>:　　　←輸入選項 R
輸入列的數目或 [表示式(E)] <3>:　　　　　　←輸入 10

指定列間距或 [總計(T)/表示式(E)] <6>:　　　　　　←輸入 12

指定列之增量高程或 [表示式(E)] <0>:　　　　　　←輸入 10

選取掣點以編輯陣列或 [關聯式(AS)/基準點(B)/計數(COU)/間距(S)/行數 (COL)/列數(R)/層數(L)/結束(X)] <結束>:　　←輸入選項 COL

輸入行的數目或 [表示式(E)] <4>:　　　　　　←輸入 2

指定行間距或 [總計(T)/表示式(E)] <6>:　　　　　　←輸入 90

選取掣點以編輯陣列或 [關聯式(AS)/基準點(B)/計數(COU)/間距(S)/行數 (COL)/列數(R)/層數(L)/結束(X)] <結束>:　　　←[Enter]

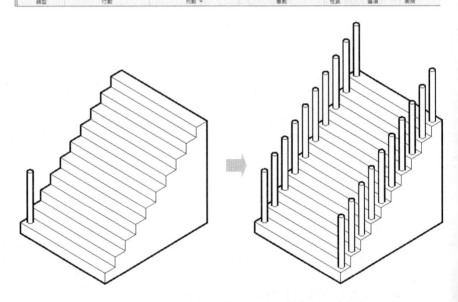

☻ 關聯式陣列可用 EXPLODE (快捷鍵 X) 分解為非關聯式物件

指令	ARRAYPOLAR	
說明	建立環形陣列	
選項功能	關聯式(AS)：設定陣列後物件是否為單一關聯陣列物件	
	基準點(B)：指定陣列的基準點	
	項目(I)：設定項目數量	
	夾角(A)：指定項目之間的夾角	
	填滿角度(F)：指定環型陣列的填滿角度	
	列數(ROW)：指定列數與列距	
	層數(L)：指定 3D 層的數量和距離	
	旋轉項目(ROT)：設定項目是否跟著旋轉	
	表示式(E)：輸入數學表示式	

功能指令敘述

指令: ARRAYPOLAR (請開啟隨書檔案 3D-ARRAYPOLAR.DWG)

✪ **建立關聯式的 3D 環形陣列**

選取物件:　　　　　　　　　　　　　←選取兩個矩形體 1、2
選取物件:　　　　　　　　　　　　　←[Enter]結束選取
類型 = 環形關聯式 = 是
指定陣列的中心點或 [基準點(B)/旋轉軸(A)]:　←輸入選項 A
在旋轉軸上指定第一點:　　　　　　　←中心軸線上選一中心點 3
在旋轉軸上指定第二點:　　　　　　　←中心軸線上再選另一點 4
選取掣點以編輯陣列或 [關聯式(AS)/基準點(B)/項目(I)/夾角(A)/填滿角度(F)/
列數(ROW)/層數(L)/旋轉項目(ROT)/結束(X)] <結束>:←輸入選項 I
輸入陣列中的項目數目或 [表示式(E)] <6>:　　←輸入 4
選取掣點以編輯陣列或 [關聯式(AS)/基準點(B)/項目(I)/夾角(A)/填滿角度(F)/
列數(ROW)/層數(L)/旋轉項目(ROT)/結束(X)] <結束>:← [Enter]

第一篇

第五章 ▼ 3D 重要編修工具

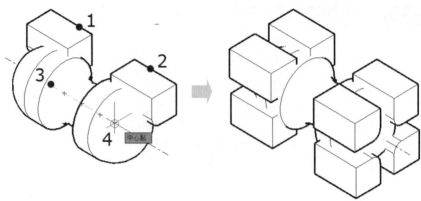

❖ 關聯式陣列必須先用 EXPLODE 炸開分解後，才能執行 SUBTRACT 差集：

指令: SUBTRACT

選取要從中減去的實體、曲面或面域 ..

選取物件：   ←選取主體 1

選取物件：   ←[Enter]

選取要減去的實體、曲面和面域 ..

選取物件：   ←框選 2 至 3

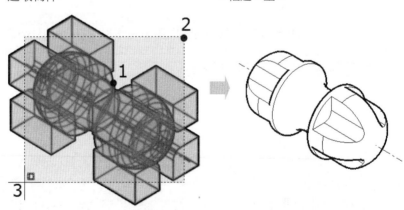

✪ 建立關聯式的 3D 環形陣列 (階梯坐墊)

選取物件：   ←選取 1 個物件(坐墊)

選取物件：   ← [Enter]結束選取

類型 = 環形關聯式 = 是

指定陣列的中心點或 [基準點(B)/旋轉軸(A)]:   ←選取點 1

選取掣點以編輯陣列或 [關聯式(AS)/基準點(B)/項目(I)/夾角(A)/填滿角度(F)/
列數(ROW)/層數(L)/旋轉項目(ROT)/結束(X)] <結束>: ←輸入選項 F
指定要佈滿的角度 (+ = 逆時針，- = 順時針) 或 [表示式(EX)] <360>:

←輸入 75

選取掣點以編輯陣列或 [關聯式(AS)/基準點(B)/項目(I)/夾角(A)/填滿角度(F)/
列數(ROW)/層數(L)/旋轉項目(ROT)/結束(X)] <結束>:　←輸入選項 ROW
輸入列的數目或 [表示式(E)] <1>:　　　　　　　←輸入 3
指定列間距或 [總計(T)/表示式(E)] <35.1096>:　　←輸入 24
指定列之增量高程或 [表示式(E)] <0>:　　　　　←輸入 10
選取掣點以編輯陣列或 [關聯式(AS)/基準點(B)/項目(I)/夾角(A)/填滿角度(F)/
列數(ROW)/層數(L)/旋轉項目(ROT)/結束(X)] <結束>:　← [Enter]

原圖

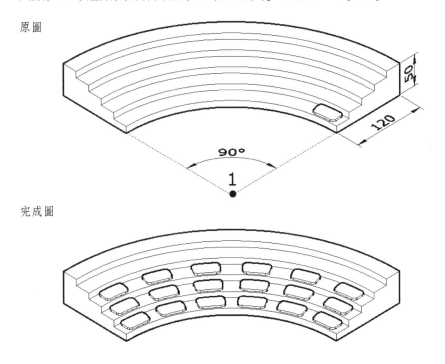

完成圖

✪ 快速貼心的編輯關聯式 3D 環形陣列性質

直接碰選關聯式陣列，上方會出現對應的陣列頁籤與功能區面板，輕鬆修改
項目數、項目夾角、列數、列距、層數、層距…等。

項目＝8、列＝5

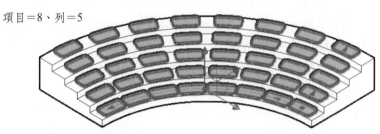

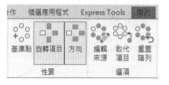 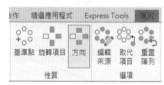

不旋轉項目的效果

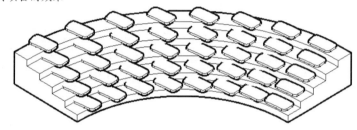

旋轉項目不旋轉方向的效果

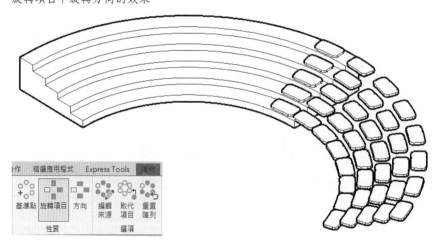

✪ 關聯式陣列的『取代項目』技巧

❖ 先畫一個小圓柱(半徑 10，高度 3)在樓梯旁邊。

❖ 碰選關聯式物件→執行上方功能面板→取代項目：

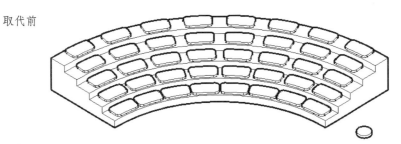

選取取代物件: ←選取小圓柱

選取取代物件: ←[Enter]

選取取代物件的基準點或 [關鍵點(K)] <形心>:   ←[Enter]

選取陣列中要取代的項目或 [來源物件(S)]:   ←逐一選取右邊五個坐墊

取代前

取代後

✪ 重置陣列

可還原刪除的項目，並復原所有的項目取代。

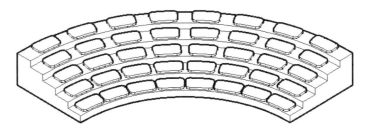

18 ARRAYPATH－路徑陣列

指令	ARRAYPATH
說明	建立路徑陣列
選項功能	關聯式(AS)：設定陣列後物件是否為單一關聯陣列物件 基準點(B)：指定陣列的基準點 項目(I)：設定項目數量 等分(D)：沿路徑等分項目 列數(R)：指定列數 層數(L)：指定 3D 層的數量和距離 對齊項目(A)：設定項目是否跟著對齊路徑 Z 方向(Z)：控制是否保留項目原始 3D 的 Z 方向
路徑有效物件	直線、聚合線、3D 聚合線、雲形線、螺旋線、弧、圓或橢圓

功能指令敘述 (請開啟隨書檔案 3D-ARRAYPATH.DWG)

指令: ARRAYPATH

✪ **以弧為路徑+等分的路徑陣列**

選取物件:　　　　　　　　　　　　　←選取 BOX 物件 1
選取物件:　　　　　　　　　　　　　← [Enter]
類型 = 路徑關聯式 = 是
選取路徑曲線:　　　　　　　　　　　←選取曲線物件 2
選取掣點以編輯陣列或 [關聯式(AS)/方法(M)/基準點(B)/切線方向(T)/項目(I)/
列數(R)/層數(L)/對齊項目(A)/Z 方向(Z)/結束(X)] <結束>:　←輸入選項 M
輸入路徑方式 [等分(D)/等距(M)] <等距>:　　　　　　　←輸入選項 D
選取掣點以編輯陣列或 [關聯式(AS)/方法(M)/基準點(B)/切線方向(T)/項目(I)/
列數(R)/層數(L)/對齊項目(A)/Z 方向(Z)/結束(X)] <結束>:　←輸入選項 I
輸入沿路徑的項目數目或 [表示式(E)] <5>:　　　　　　　←輸入 10
選取掣點以編輯陣列或 [關聯式(AS)/方法(M)/基準點(B)/切線方向(T)/項目(I)/
列數(R)/層數(L)/對齊項目(A)/Z 方向(Z)/結束(X)] <結束>:　←[Enter]

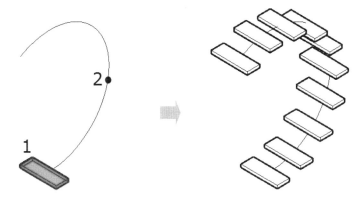

✪ 快速貼心的編輯關聯式 3D 環形陣列性質

直接碰選關聯式陣列，上方會出現對應的陣列頁籤與功能區面板，輕鬆修改項目數、列數、列距、層數、層距、等分或等距、Z 方向…等。

調整項目=12、列數=3、列距=40、層數=2、層距=20、取消 Z 方向排列

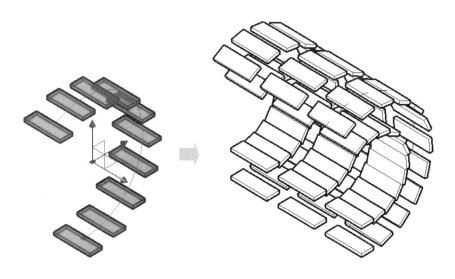

第一篇

第五章 ▼ 3D 重要編修工具

✪ 以螺旋線為路徑+等距的路徑陣列

選取物件:　　　　　　　　　　　　　　　←選取扇形物件 1

選取物件:　　　　　　　　　　　　　　　← [Enter]

類型 = 路徑關聯式 = 是

選取路徑曲線:　　　　　　　　　　　　　←選取螺旋線物件 2

選取掣點以編輯陣列或 [關聯式(AS)/方法(M)/基準點(B)/切線方向(T)/項目(I)/列數(R)/層數(L)/對齊項目(A)/Z 方向(Z)/結束(X)] <結束>:　←輸入選項 M

輸入路徑方式 [等分(D)/等距(M)] <等距>:　　　　　　　　←輸入選項 M

選取掣點以編輯陣列或 [關聯式(AS)/方法(M)/基準點(B)/切線方向(T)/項目(I)/列數(R)/層數(L)/對齊項目(A)/Z 方向(Z)/結束(X)] <結束>:　←輸入選項 I

指定沿路徑項目之間的距離或 [表示式(E)] <32.7138>:　　←輸入 15

最大項目數 = 14

指定項目數目或 [填入完整路徑(F)/表示式(E)] <14>:　　←輸入 10

選取掣點以編輯陣列或 [關聯式(AS)/方法(M)/基準點(B)/切線方向(T)/項目(I)/列數(R)/層數(L)/對齊項目(A)/Z 方向(Z)/結束(X)] <結束>:　← [Enter]

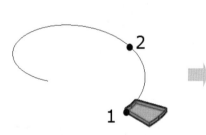 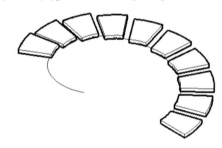

調整螺旋線之旋轉圈數➔2

 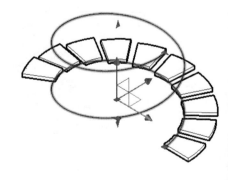

碰選關聯式陣列→拉伸掣點→螺旋線之新的端點→階梯自動增加數量配合

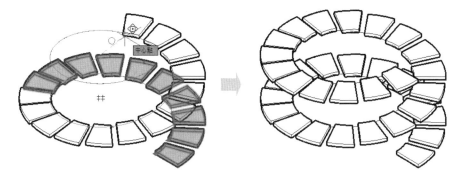

關聯陣列→編輯來源→選取物件　　　加入一個小圓柱

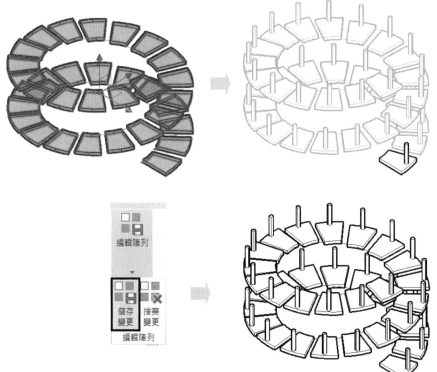

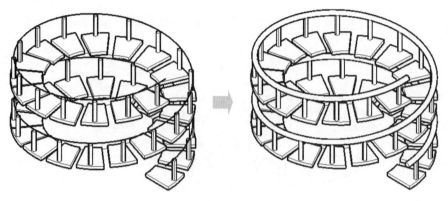

再加一條螺旋線+小圓　　　　　　　　以 SWEEP 掃掠加入螺旋扶手

✪ 以雲形線為路徑+等距的路徑陣列

選取物件:　　　　　　　　　　　　　←選取 T 型物件 1

選取物件:　　　　　　　　　　　　　← [Enter]

類型 = 路徑關聯式 = 是

選取路徑曲線:　　　　　　　　　　　←選取雲形線物件 2

選取掣點以編輯陣列或 [關聯式(AS)/方法(M)/基準點(B)/切線方向(T)/項目(I)/
列數(R)/層數(L)/對齊項目(A)/Z 方向(Z)/結束(X)] <結束>:　←輸入選項 M

輸入路徑方式 [等分(D)/等距(M)] <等距>:　　　　　　　　←輸入選項 D

選取掣點以編輯陣列或 [關聯式(AS)/方法(M)/基準點(B)/切線方向(T)/項目(I)/
列數(R)/層數(L)/對齊項目(A)/Z 方向(Z)/結束(X)] <結束>:　←輸入選項 I

輸入沿路徑的項目數目或 [表示式(E)] <12>:　　　　　　　←輸入 20

選取掣點以編輯陣列或 [關聯式(AS)/方法(M)/基準點(B)/切線方向(T)/項目(I)/
列數(R)/層數(L)/對齊項目(A)/Z 方向(Z)/結束(X)] <結束>:　←[Enter]

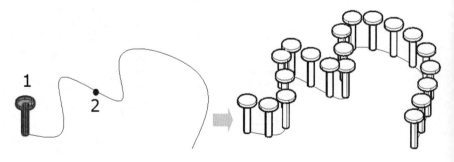

❖ 取消 Z 方向，沿著 3D 路徑自然排列項目：

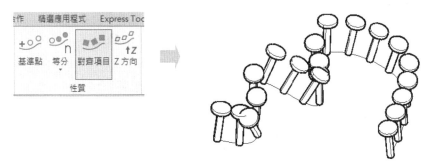

❖ 拉伸路徑曲線掣點看結果：

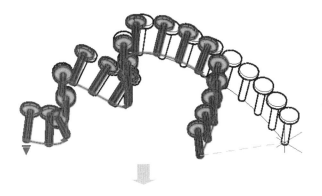

關聯式陣列自動調整配合

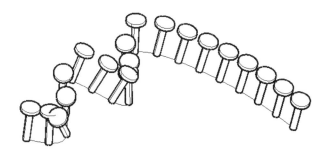

第一篇 第五章 ▼ 3D 重要編修工具

19 3DMOVE－3D 移動

指令	3DMOVE	快捷鍵	3M
說明	3D 移動		
選項功能	基準點(B)：定義新基準點位置		
	複製(C)：複製移動後物件		
	退回(U)：退回上一個步驟		
	結束(X)：結束指令		

功能指令敘述 (請開啟隨書檔案 3DMOVE.dwg)

指令: 3DMOVE

✪ 配合動態 UCS 作移動

指令: 3DMOVE

選取物件:　　　　　　　　　　←選取移動物件

選取物件:　　　　　　　　　　← [Enter] 離開

指定基準點或 [位移(D)] <位移>:　←選取基準點或碰選 UCS 軸線移動物件

** MOVE **

指定移動點或 [基準點(B)/複製(C)/退回(U)/結束(X)]:

碰選藍色 Z 軸線可上下移動物件

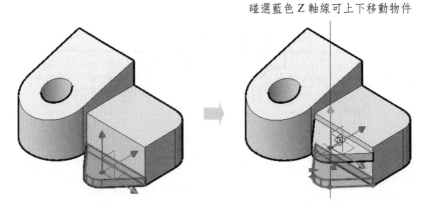

碰選綠色 Y 軸線可前後移動物件　　　　碰選紅色 X 軸線可左右移動物件

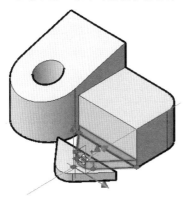 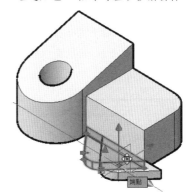

❖ 約束移動：

只能 XY 平面上　　　只能 YZ 平面上　　　只能 ZX 平面上

** MOVE **

指定移動點或 [基準點(B)/複製(C)/退回(U)/結束(X)]:　　←輸入 B 定義新基準點
指定基準點:　　　　　　　　　　　　　　　　　　　←選取基準點 1
指定移動點或 [基準點(B)/複製(C)/退回(U)/結束(X)]:　←輸入 C 複製物件
指定移動點或 [基準點(B)/複製(C)/退回(U)/結束(X)]:　←選取移動點 2
指定移動點或 [基準點(B)/複製(C)/退回(U)/結束(X)]:　← [Enter] 離開

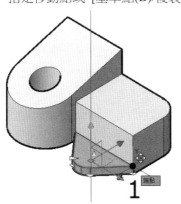 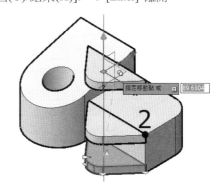

20　3DROTATE－3D 旋轉

指令	3DROTATE	快捷鍵	3R
說明	顯示掣點工具旋轉物件		

功能指令敘述

指令: 3DROTATE

目前使用者座標系統中的正向角:　ANGDIR=逆時鐘方向　ANGBASE=0

選取物件:　　　　　　　←選取物件 1

選取物件:　　　　　　　← [Enter] 離開

指定基準點:　　　　　　←選取基準點 2

點選旋轉軸:　　　　　　←選取 UCS 旋轉軸 (將滑鼠藍色軸上,顯示黃色時再碰選)

指定角度起點或鍵入一個角度:　←輸入角度

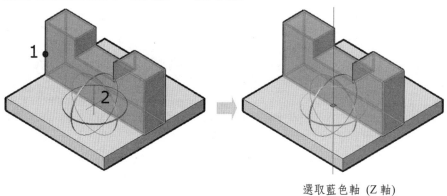

選取藍色軸 (Z 軸)

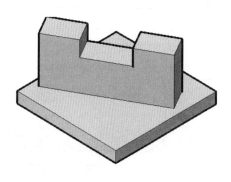

旋轉角度 30

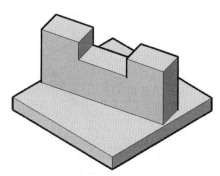

旋轉角度 15

選取紅色軸 (X 軸)　　　　　　旋轉角度 30

旋轉角度-45　　　　　　　　　旋轉角度 180

選取綠色軸 (Y 軸)　　　　　　旋轉角度 30

旋轉角度-45　　　　　　　　　旋轉角度 180

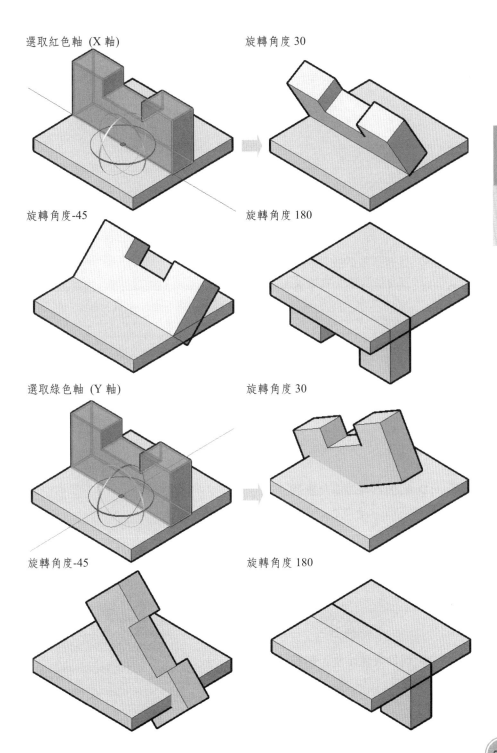

21 CONVTOSOLID－轉換為實體

指令	CONVTOSOLID	
說明	將網面、具有厚度的聚合線或圓轉換為實體	

功能指令敘述

指令: CONVTOSOLID
選取物件:　　　←選取物件
選取物件:　　　← [Enter] 離開

✪ 具有厚度的物件轉換為實體

厚度是指經由 THICKNESS 所指定的，且必須是具有厚度的等寬聚合線、圓。

指令:THICKNESS
輸入 THICKNESS 的新值<0.0000>:　←輸入厚度

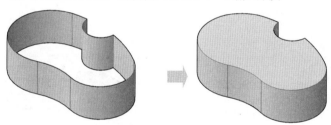

✪ 網面物件轉換為實體

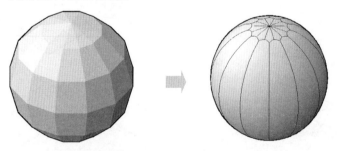

✪ 轉換實體時是否刪除原始物件

指令: DELOBJ
輸入 DELOBJ 的新值<0>:　←輸入 1 為刪除物件，0 則不刪除

22 CONVTOSURFACE－轉換為曲面

指令	CONVTOSURFACE
說明	將特殊 2D 物件轉換為曲面

功能指令敘述

指令: CONVTOSURFACE

選取物件:　　　← 選取物件

選取物件:　　　← [Enter] 離開

2D 實面 (SOLID)

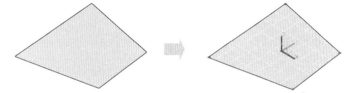

面域 (REGION)

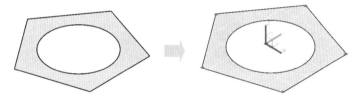

具有厚度的開放、
零寬度聚合線
(POLYLINE)

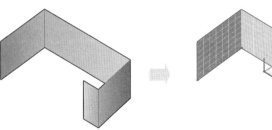

網面

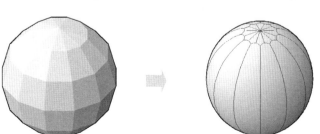

第一篇 第五章 ▼ 3D 重要編修工具

23 XEDGES－萃取邊

指令	XEDGES
說明	從實體或曲面萃取線架構物件

功能指令敘述

指令: XEDGES
選取物件:　　　←選取物件
選取物件:　　　← [Enter] 離開

移開實體可看見線架構部分

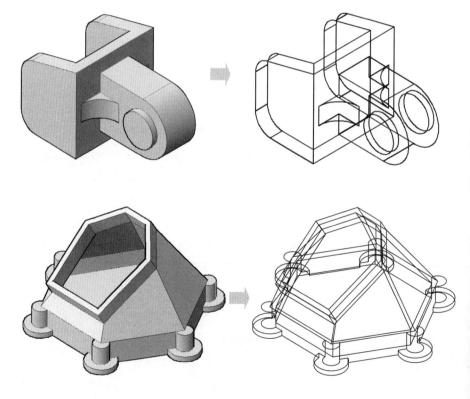

24　THICKEN－增厚實體

指令	THICKEN
說明	將曲面增厚為實體

功能指令敍述

指令: THICKEN

選取要加厚的曲面:　　←選取物件

選取要加厚的曲面:　　← [Enter] 離開

指定厚度<10.0000>:　　←輸入厚度

建立一個圓錐體　　　　　　　　將圓錐體分解

刪除上面圓面域　　　　　　　　將曲面部分增厚效果

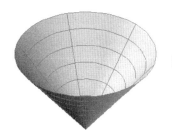

25 OFFSETEDGE－偏移邊

指令	OFFSETEDGE
說明	選取實體面偏移複製新聚合線

功能指令敘述

指令:OFFSETEDGE

角點 = 鮮明

選取面:　　　←選取面(打開選集循環 可切換偏移面)

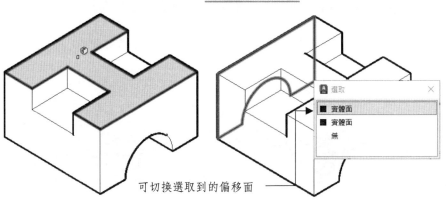

可切換選取到的偏移面

✪ 指定距離作偏移

指定通過點或 [距離(D)/角點(C)]:　←輸入 D

指定距離<0.0000>:　　　　←輸入距離

在要偏移的一側指定點:　←選取偏移方向點

完成後新增一聚合物件

✪ 指定通過點作偏移

指令:OFFSETEDGE

角點 = 鮮明

選取面:　　　　　　　　　　　　　←選取面

指定通過點或 [距離(D)/角點(C)]:　←選取通過點

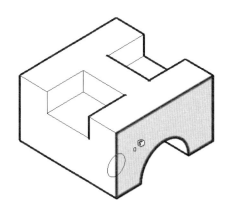 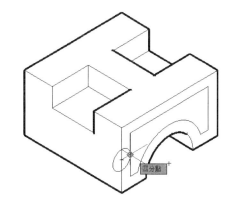

✪ 設定偏移角邊

指令:OFFSETEDGE

角點 = 鮮明

選取面:　　　　　　　　　　　　　←選取面

指定通過點或 [距離(D)/角點(C)]:　←輸入選項 C 角點

輸入選項 [圓形(R)/鮮明(S)] <鮮明>:　←輸入角邊選項

鮮明　　　　　　　　　　　　　　　圓形

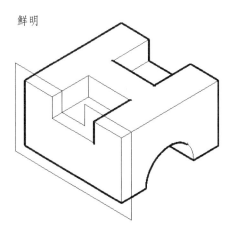 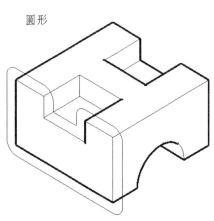

隨手札記

第一篇 第六章

3D 新網面塑型

單元	工具列	中文指令	說　明	頁碼
1	3D 新網面塑型功能			6-3
2	MESH		網面	建立 3D 新網面基本型	6-4
3	REVSURF		迴轉網面	建立 3D 迴轉網面	6-11
4	TABSURF		板展網面	建立 3D 板展網面	6-13
5	RULESURF		直紋網面	建立 3D 直紋網面	6-14
6	EDGESURF		邊緣網面	建立 3D 邊緣網面	6-16
7	MESHSMOOTHMORE	增加平滑度	增加平滑度	網面的平滑度增加一個等級	6-18
8	MESHSMOOTHLESS	降低平滑度	降低平滑度	網面的平滑度降低一個等級	6-20
9	MESHOPTIONS		網面設定	3D 物件轉換為網面設定	6-22
10	MESHSMOOTH	平滑物件	平滑物件	3D 實體或曲面轉換為網面	6-25
11	MESHREFINE	細分網面	細分網面	細分 3D 網面物件	6-27
12	MESHCREASE	加入縐摺	加入縐摺	銳利化所選網面子物件的邊緣	6-28
13	MESHUNCREASE	移除縐摺	移除縐摺	還原已縐摺網面子物件邊緣的平滑度	6-29
14	MESHEXTRUDE	擠出面	擠出面	擠出 2D 物件、實體面、網面	6-30
15	MESHSPLIT	分割面	分割面	將網面分割為二個	6-32
16	MESHMERGE	合併面	合併面	合併相鄰的網面	6-34
17	MESHCAP	封閉孔	封閉孔	建立連接相鄰邊緣的網面	6-35
18	SECTIONPLANE	剖面平面	剖面平面	建立 3D 實體和網面的剖面	6-37

第一篇

第六章 ▼

3D 新網面塑型

隨手札記

1　3D 新網面塑型功能

✪ 3D 網面塑型功能介紹

❖ 3D 網面物件跳脫以往 AutoCAD 舊式的 3D 曲面與實體的塑型思維，強大與貼心的 3D 網面塑型功能令人驚艷不已！

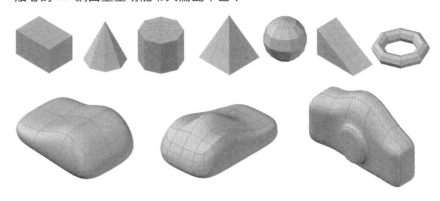

❖ 網面物件由子物件 (頂點、邊緣和面) 組成，以三角形面和四邊形面表現，透過拖曳網面子物件，使物件變形，相鄰的網面亦將隨之連動變化配合，可輕鬆的增加平滑度或加入縐摺，可分割或再細分網面物件。

❖ 網面物件可轉換成實體，進行必要的實體編修。(如圓角、倒角、聯集、差集、交集…等)

❖ 實體也可以轉換成網面物件，再進行其它更細緻化的網面塑型。

❖ 網面物件沒有質量性質，但是一樣可以剖面、隱藏、描影和彩現。

✪ 『網面』功能區面板

2 MESH－網面

指令	MESH
說明	建立 3D 新網面基本型
選項功能	網面方塊(B)：建立 3D 方塊網面
	網面圓錐(C)：建立 3D 圓錐網面
	網面圓柱(CY)：建立 3D 圓柱網面
	網面角錐(P)：建立 3D 角錐網面
	網面圓球(S)：建立 3D 圓球網面
	網面楔形塊(W)：建立 3D 楔形塊網面
	網面圓環(T)：建立 3D 圓環網面
	設定(SE)：設定網面的鑲嵌分割與平滑度等級

✪ **功能區面板**

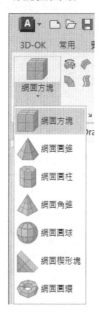

✪ **執行『網面基本型選項』**

✪ **網面基本型選項：**

設定網面基本型的鑲嵌分割與平滑度等級。

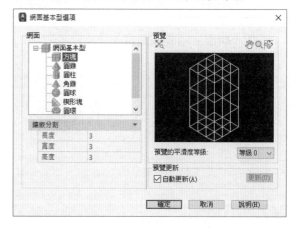

功能指令敘述

✪ 建立 3D 方塊網面

指令: MESH

目前的平滑度等級被設定為: 0

輸入選項 [方塊(B)/圓錐(C)/圓柱(CY)/角錐(P)/圓球(S)/楔形塊(W)/圓環(T)/設定(SE)] <方塊>:　　　　　　　　　　　←輸入 B

指定第一個角點或 [中心點(C)]:　　　　　←輸入任一點

指定其他角點或 [立方塊(C)/長度(L)]:　　←輸入 L

指定長度:　　　　　　　　　　　　　　←輸入長度 100

指定寬度:　　　　　　　　　　　　　　←輸入寬度 80

指定高度或 [兩點(2P)] <60>:　　　　　　←輸入高度 60

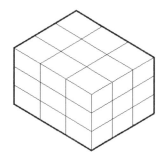

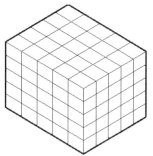

✪ 建立 3D 圓錐網面

指令: MESH

目前的平滑度等級被設定為: 0

輸入選項 [方塊(B)/圓錐(C)/圓柱(CY)/角錐(P)/圓球(S)/楔形塊(W)/圓環(T)/設定(SE)] <圓錐>:　　　　　　　　　　　←輸入 C

指定底部的中心點或 [三點(3P)/兩點(2P)/相切、相切、半徑(T)/橢圓(E)]:
　　　　　　　　　　　　　　　　←輸入底部中心點

指定底部半徑或 [直徑(D)] <30.0000>:　　　　　　　←輸入半徑 50

指定高度或 [兩點(2P)/軸端點(A)/頂部半徑(T)] <50.0000>: ←輸入高度 80

鑲嵌分割	▼
軸	8
高度	3
基準	3

鑲嵌分割	▼
軸	16
高度	5
基準	5

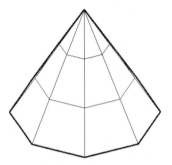

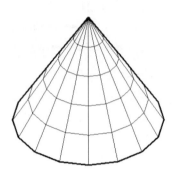

頂部半徑=15

高度=60 的圓錐網面效果

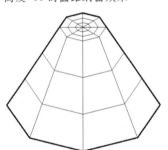

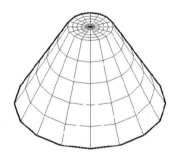

✪ 建立 3D 圓柱網面

指令: MESH

目前的平滑度等級被設定為: 0

輸入選項 [方塊(B)/圓錐(C)/圓柱(CY)/角錐(P)/圓球(S)/楔形塊(W)/圓環(T)/設定(SE)] <圓錐>:　　　　　　　　　　　　←輸入 CY

指定底部的中心點或 [三點(3P)/兩點(2P)/相切、相切、半徑(T)/橢圓(E)]:

　　　　　　　　　　　　　　　　　　←輸入底部中心點

指定底部半徑或 [直徑(D)] <50.0000>:　　←輸入半徑 50

指定高度或 [兩點(2P)/軸端點(A)] <60.0000>:　←輸入高度 60

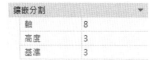

鑲嵌分割	▼
軸	8
高度	3
基準	3

鑲嵌分割	▼
軸	16
高度	5
基準	5

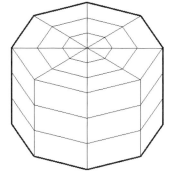

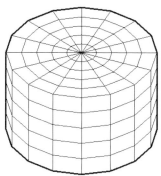

橢圓形的圓柱網面效果

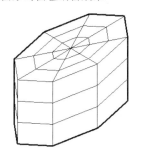

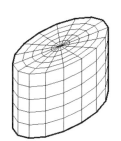

❂ 建立 3D 角錐網面

指令: MESH

目前的平滑度等級被設定為: 0

輸入選項 [方塊(B)/圓錐(C)/圓柱(CY)/角錐(P)/圓球(S)/楔形塊(W)/圓環(T)/設定(SE)] <圓錐>:   ←輸入 P

4 條邊外切

指定底部的中心點或 [邊(E)/邊數(S)]:   ←輸入底部中心點

指定底部半徑或 [內接(I)] <50.0000>:   ←輸入半徑 50

指定高度或 [兩點(2P)/軸端點(A)/頂部半徑(T)] <100.0000>: ←輸入高度 70

第一篇

第六章 ▼

3D 新網面塑型

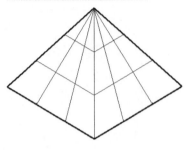

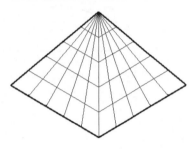

六邊邊長 40+頂部半徑 10+高度 30 的角錐網面效果

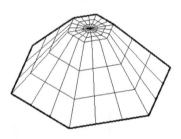

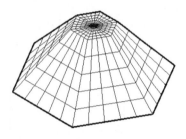

✪ 建立 3D 圓球網面

指令: MESH

目前的平滑度等級被設定為: 0

輸入選項 [方塊(B)/圓錐(C)/圓柱(CY)/角錐(P)/圓球(S)/楔形塊(W)/圓環(T)/設定(SE)]<圓錐>:　　　　　　　　　　　　　　　　←輸入 S

指定中心點或 [三點(3P)/兩點(2P)/相切、相切、半徑(T)]:　←輸入圓球中心點

指定半徑或 [直徑(D)] <50.0000>:　　　　　　　　　　←輸入半徑 30

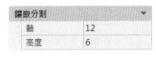

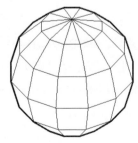

鑲嵌分割	▼
軸	20
高度	12

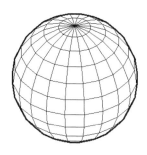

✪ 建立 3D 楔形塊網面

指令: MESH

目前的平滑度等級被設定為: 0

輸入選項 [方塊(B)/圓錐(C)/圓柱(CY)/角錐(P)/圓球(S)/楔形塊(W)/圓環(T)/設定(SE)] <圓錐>:　　　　　　　　　←輸入 W

指定第一個角點或 [中心點(C)]:　　　　←輸入任一點

指定其他角點或 [立方塊(C)/長度(L)]:　←輸入 L

指定長度:　　　　　　　　　　　　←輸入長度 100

指定寬度:　　　　　　　　　　　　←輸入寬度 80

指定高度或 [兩點(2P)] <60>:　　　←輸入高度 60

鑲嵌分割	▼
長度	4
寬度	3
高度	3
斜率	3
基準	3

鑲嵌分割	▼
長度	8
寬度	3
高度	3
斜率	5
基準	2

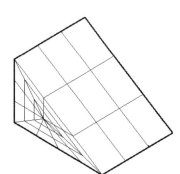
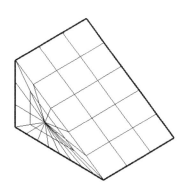

✪ 建立 3D 圓環網面

指令: MESH

目前的平滑度等級被設定為: 0

輸入選項 [方塊(B)/圓錐(C)/圓柱(CY)/角錐(P)/圓球(S)/楔形塊(W)/圓環(T)/設定(SE)] <圓錐>:　　　　　　　　　　　　　←輸入 T

指定中心點或 [三點(3P)/兩點(2P)/相切、相切、半徑(T)]:　　←輸入任一點

指定半徑或 [直徑(D)] <50.0000>:　　　　　　←輸入半徑 50

指定細管半徑或 [兩點(2P)/直徑(D)]:　　　　　←輸入半徑 15

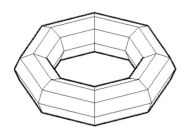

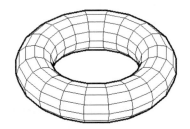

3 REVSURF — 迴轉網面

指令	REVSURF
說明	建立 3D 迴轉網面

功能指令敘述

❖ 建立 360 度的 3D 迴轉網面

指令: REVSURF　(請開啟隨書檔案 REVSURF.dwg)

目前的線架構密度:　SURFTAB1=6　SURFTAB2=6

選取要迴轉的物件:　　　　　　　　　　←選取物件 1

選取定義迴轉軸的物件:　　　　　　　　←選取物件 2

指定開始角度<0>:　　　　　　　　　　←輸入起始角度

指定夾角(+=逆時鐘, -=順時鐘)<360>:　←輸入夾角

起始角度=0 夾角=360

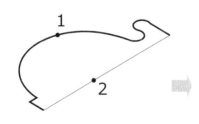

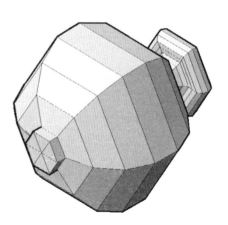

❖ 增加網面密度

指令: SURFTAB1

輸入 SURFTAB1 的新值<6>:　　　　←輸入曲線數 20

指令: SURFTAB2

輸入 SURFTAB2 的新值<6>:　　　　←輸入曲線數 20

指令: REVSURF

目前的線架構密度:　SURFTAB1=20　SURFTAB2=20

選取要迴轉的物件:　　　　　　　　　←選取物件 1

選取定義迴轉軸的物件:　　　　　　←選取物件 2

指定開始角度<0>:　　　　　　　　　←輸入開始角度

指定夾角(+=逆時鐘, -=順時鐘)<360>:　←輸入夾角

開始角度=0 夾角=360

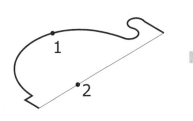

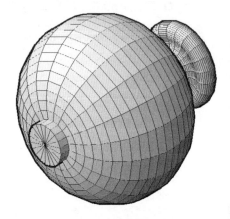

開始角度= -20 夾角=-160

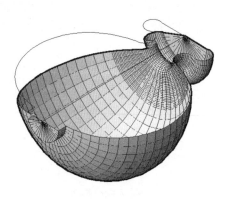

開始角度 =45 夾角 =270

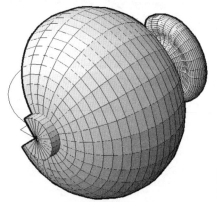

4　TABSURF－板展網面

指令	TABSURF	
說明	建立 3D 板展網面	

功能指令敘述

❂ **建立 3D 板展網面** (請開啟隨書檔案 TABSURF.dwg)

指令: TABSURF

目前的線架構密度: SURFTAB1=6

選取路徑曲線物件:　　　　　←選取曲線物件

選取方向向量物件:　　　　　←選取方向向量物件

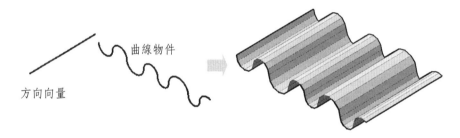

曲線物件

方向向量

❂ **增加網面密度**

指令: SURFTAB1

輸入 SURFTAB1 的新值<6>: ←輸入曲線數 20

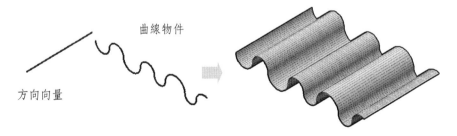

曲線物件

方向向量

第一篇 第六章 ▼ 3D 新網面塑型

5　RULESURF－直紋網面

指令	RULESURF
說明	建立 3D 直紋網面

功能指令敘述

✪ **建立二條曲線之間的 3D 直紋網面** (請開啟隨書檔案 RULESURF.dwg)

指令: RULESURF
目前的線架構密度:　SURFTAB1=20
選取第一條定義曲線:　　　　　　　　　←選取第一條曲線
選取第二條定義曲線:　　　　　　　　　←選取第二條曲線

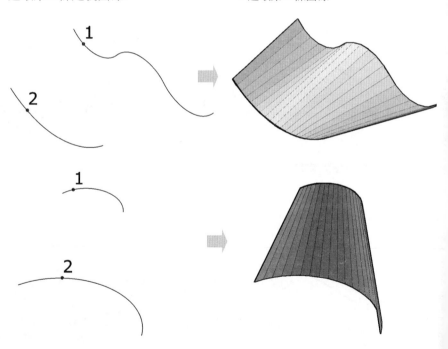

✪ **注意一**

邊緣曲線 (線、弧、雲形線、圓或聚合線),如果一條邊緣曲線是封閉的,則
另一條邊緣曲線也必須是封閉的。

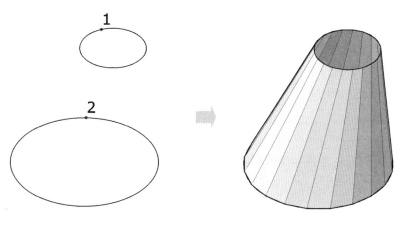

✪ **注意二**　可以使用一點做為開放或封閉曲線的一條邊緣。

點+封閉的 CIRCLE 曲線

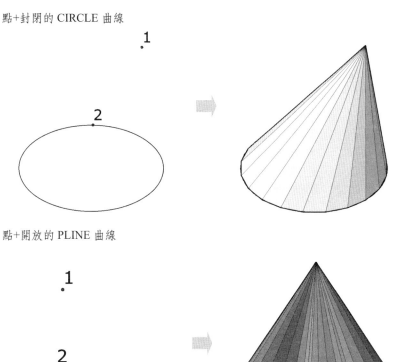

點+開放的 PLINE 曲線

6   EDGESURF－邊緣網面

指令	EDGESURF
說明	建立 3D 邊緣網面

功能指令敘述

✪ 建立在四條相鄰邊界曲線之間的 3D 邊緣網面

指令: EDGESURF (請開啟隨書檔案 EDGESURF.dwg)

目前的線架構密度: SURFTAB1=24   SURFTAB2=10

選取物件 1 做為表面邊: ←選取物件 1

選取物件 2 做為表面邊: ←選取物件 2

選取物件 3 做為表面邊: ←選取物件 3

選取物件 4 做為表面邊: ←選取物件 4

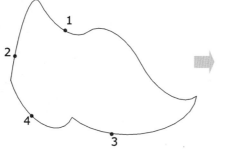
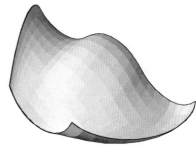

✪ 注意一　可以任何順序來選取這四條邊緣,但是第一條邊緣決定所產生網面的 M 方向 (SURFTAB1),第一條邊緣相接的兩條邊緣形成網面的 N 邊緣 (SURFTAB2)。

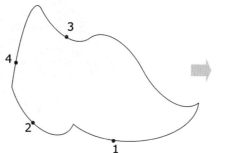
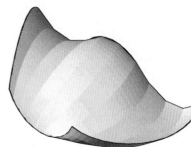

✪ **注意二** 邊緣曲線 (線、弧、雲形線或開放聚合線) 必須端點相接，以形成單
一封閉迴路，否則將出現錯誤訊息而取消動作執行！

指令: EDGESURF
選取物件 1 做為表面邊:
選取物件 2 做為表面邊:
選取物件 3 做為表面邊:
選取物件 4 做為表面邊:
<u>邊緣 1 未接觸到其他邊。</u>

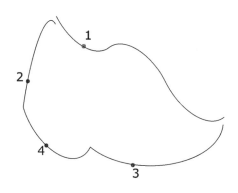

指令: EDGESURF
選取物件 1 做為表面邊:
選取物件 2 做為表面邊:
選取物件 3 做為表面邊:
選取物件 4 做為表面邊:
<u>邊緣 2 未接觸到其他邊。</u>

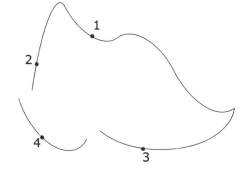

7　MESHSMOOTHMORE－增加平滑度

指令	MESHSMOOTHMORE	快捷鍵	MORE	增加平滑度
說明	網面的平滑度增加一個等級			

功能指令敘述

❂ **基本網面物件增加平滑度**

指令: MESHSMOOTHMORE　(請開啟隨書檔案 MESHSMOOTHADD.dwg)

選取要增大平滑度等級的網面物件:

平滑等級 0	平滑等級 1	平滑等級 2	平滑等級 3	平滑等級 4

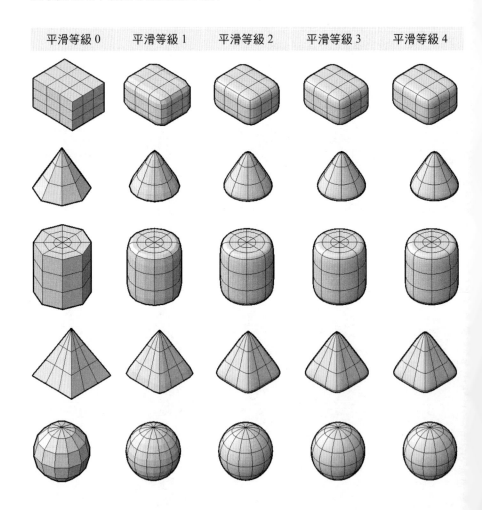

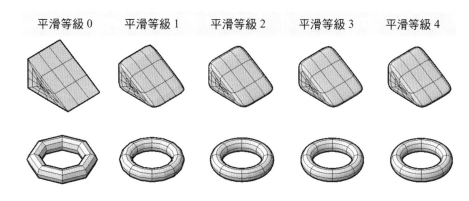

平滑等級 0　　平滑等級 1　　平滑等級 2　　平滑等級 3　　平滑等級 4

✪ **一般網面物件增加平滑度** (請開啟隨書檔案 MOUSE-CAMERA.dwg)

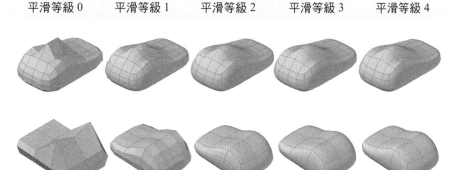

平滑等級 0　　平滑等級 1　　平滑等級 2　　平滑等級 3　　平滑等級 4

✪ **平滑等級 4 的網面物件無法再提高平滑度**

(除非調高 SMOOTHMESHMAXLEV 設定)

✪ **SMOOTHMESHMAXLEV**

可設定最大平滑度等級 1-255 (預設值=4)，不要設定太大的值，以免產生過於密集的網面而難以編輯，嚴重影響效能。

平滑網面 - 最大滑度等級　　　　　　　　✕

無法再平滑目前選集中的一個或多個網面。

向網面物件加入平滑度時，會將面的數量乘以四。會限制平滑度等級以最佳化系統效能。

☐ 不再展示此訊息　　　　　　　　　[關閉(C)]

8 MESHSMOOTHLESS－降低平滑度

指令	MESHSMOOTHLESS	快捷鍵	LESS	降低平滑度
說明	網面的平滑度降低一個等級			

功能指令敘述

✪ 基本網面物件降低平滑度

指令: MESHSMOOTHLESS (請開啟隨書檔案 MESHSMOOTHLESS.dwg)

選取要減小平滑度等級的網面物件: ←每執行一次，平滑度降低一個等級

平滑等級 4	平滑等級 3	平滑等級 2	平滑等級 1	平滑等級 0

平滑等級 4　　平滑等級 3　　平滑等級 2　　平滑等級 1　　平滑等級 0

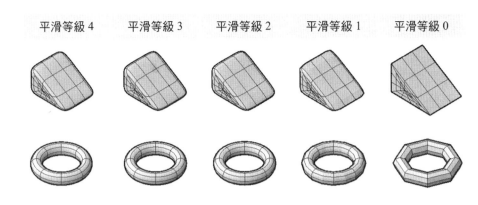

✪ 一般網面物件降低平滑度 (請開啟隨書檔案 MOUSE-CAMERA.dwg)

平滑等級 4　　平滑等級 3　　平滑等級 2　　平滑等級 1　　平滑等級 0

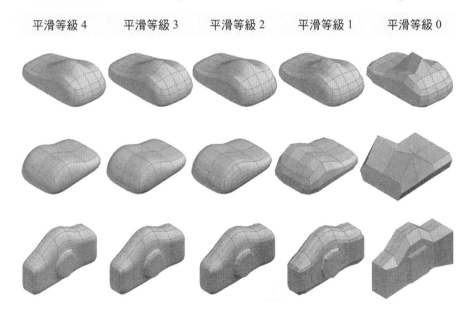

✪ 平滑度=0 的網面物件無法再降低平滑度

平滑網面 - 最小平滑度等級　　　　　　　　✕

無法降低選集中一個或多個物件的平滑度等
級。

網面物件不能比其原始造型粗糙。

☐ 不再展示此訊息　　　　　　　　關閉(C)

9 MESHOPTIONS－網面設定

指令	MESHOPTIONS
說明	3D 物件轉換為網面設定

功能指令敘述

指令: MESHSMOPTIONS 或功能區面板選取

出現網面鑲嵌選項對話框

❂ **選取要鑲嵌的物件**

可選取 3D 實體、3D 曲面、3D 面、多邊形網面、聚合面網面、面域和封閉聚合線。

✪ 控制轉換為網面物件的類形有三種

網面類型和公差

網面類型(T):	最佳化平滑網面 ∨
	最佳化平滑網面
網面與原始面的距離(D)	近似四邊形 單位
	三角形
新面之間的最大角度(A):	40 度
新面的最大縱橫比(R):	0
新面的最大邊長(E):	0 單位

❖ 最佳化平滑網面：設定網面的造型→近似網面物件的造型。

❖ 近似四邊形：設定網面的造型→近似四邊形。

❖ 三角形：設定網面的造型→近似三角形。

✪ 網面與原始面的距離

設定網面與原始物件之間的最大偏差距離，預設值 0.001，設定值愈小偏差愈小，但是會建立更多面並可能會影響程式效能。

✪ 新面之間的最大角度

設定兩個相鄰面的曲面法線的最大角度，預設值 40 度，增大此值會增大高曲率區域中網面的密度，並會降低較平坦區域中的密度。

✪ 新面的最大縱橫比

設定新網面的最大縱橫比 (高度/寬度)，預設值 0，使用此值可以防止產生細長面，此選項不會影響轉換前的網面。

設定值	效果
比值 ＝0	忽略縱橫比限制
比值 ＝1	指定高度和寬度必須相同
比值＞1	設定高度可超過寬度的最大比率
0＜比值＜1	設定寬度可超過高度的最大比率

第一篇　第六章 ▼ 3D 新網面塑型

✪ 新面的最大邊長

設定轉換為網面物件期間建立的所有邊緣的最大長度，預設值 0，則轉換物件的大小決定網面的大小，設定較大的值，則導致附加至原始物件的面較少且精確度較低，但是會提高轉換效能，降低此值可改進產生細長面的轉換。

✪ 使用 3D 基本型實體的最佳化表現法

❖ **勾選**：則使用在「網面基本型選項」對話框中指定的網面設定。

❖ **未勾選**：則使用在「網面鑲嵌選項」對話框中指定的網面設定。

✪ 鑲嵌後套用平滑度：設定轉換後是否平滑化新網面物件。

❖ **平滑度等級：**

設定新網面物件的平滑度等級 0~4，預設值=1。

❖ **平滑度等級 SMOOTHMESHMAXLEV：**

可設定最大平滑度等級 1-255 (預設值=4) 不要設定太大的值，以免產生過於密集的網面而難以編輯，嚴重影響效能。

10　MESHSMOOTH—平滑物件

指令	MESHSMOOTH	快捷鍵	SMOOTH	
說明	3D 實體或曲面轉換為網面			平滑物件

功能指令敘述

✪ 將 3D 實體或曲面轉換為網面

指令: MESHSMOOTH (請開啟隨書檔案 SOLID-TO-MESH.dwg)

選取要轉換的物件:

選取『建立網面』

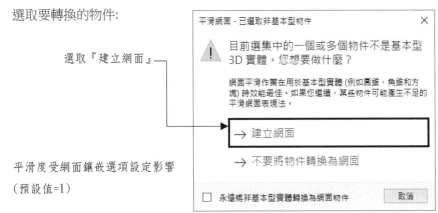

平滑網面 - 已選取非基本型物件　　　✕

⚠ 目前選集中的一個或多個物件不是基本型
3D 實體。您想要做什麼？

網面平滑作業在用於基本型實體 (例如圓錐、角錐和方塊) 時效能最佳。如果您繼續，某些物件可能產生不足的平滑網面表現法。

→ 建立網面

→ 不要將物件轉換為網面

☐ 永遠將非基本型實體轉換為網面物件　　取消

平滑度受網面鑲嵌選項設定影響
（預設值=1）

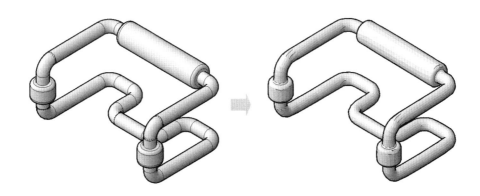

✪ **可在性質選項板修改平滑度改為 "無" 的網面物件效果**

(或 MESHSMOOTHLESS 指令將平滑度降低到等級 0)

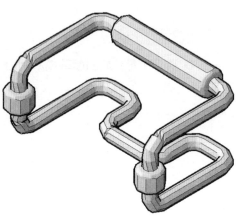

✪ **可在性質選項板修改平滑度改為等級 4 的網面物件效果**

(或連續 MESHSMOOTHMORE 指令 增加平滑度 將平滑度增加到等級 4)

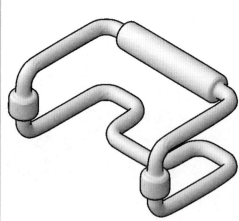

| 指令 | MESHREFINE | 快捷鍵 | REFINE | 細分網面 |
| 說明 | 細分 3D 網面物件 | | | |

功能指令敘述

指令: MESHREFINE　(請開啟隨書檔案 MESHREFINE.dwg)

選取要精細化的網面物件或面子物件:　　　←選取物件

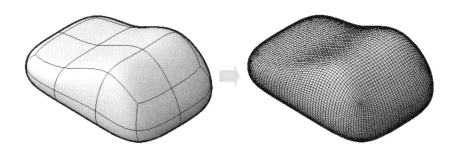

✪ 細分網面物件會增加可編輯的網面數，對進行細緻塑型很有幫助

✪ 細分網面注意事項

　❖ 細分整個網面物件會將物件的平滑等級重置為 0。

　❖ 細分子物件不會重置平滑等級 (以[Ctrl]+選取)。

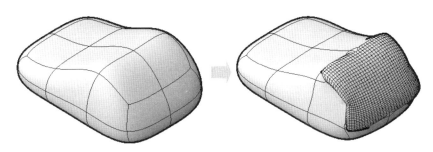

12　MESHCREASE－加入縐摺

指令	MESHCREASE	快捷鍵	CREASE	
說明	銳利化所選網面子物件的邊緣			

功能指令敘述

指令:MESHCREASE (請開啟隨書檔案 MESHCREASE.dwg)

選取要縐摺的網面子物件:　　　　　　　　←選取 6 個網面子物件

…

指定縐摺值 [永遠(A)] <永遠>:　　　　　　←輸入 [Enter] 或選項 A

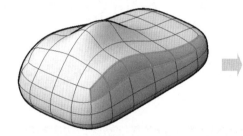 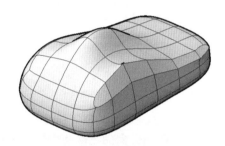

✪ **選取網面子物件後，可在性質選項板修改縐摺類型和縐摺等級**

❖ 如果平滑等級超過縐摺等級，也會平
滑化縐摺。

❖ 縐摺等級輸入值 0，可移除既有的縐
摺。

❖ 縐摺等級「永遠」，可永遠保留縐摺，
不受平滑化或細分物件影響，
縐摺值 -1 =「永遠」。

13 MESHUNCREASE ─ 移除縐摺

指令	MESHUNCREASE	快捷鍵	UNCREASE
說明	還原已縐摺網面子物件邊緣的平滑度		

功能指令敘述

指令:MESHUNCREASE (請開啟隨書檔案 MESHCREASE.dwg)

選取要移除的縐摺: ←選取網面子物件

…

選取要移除的縐摺: ←[Enter] 結束選取

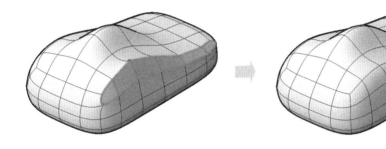

✪ 選取網面子物件後，在性質選項板亦可移除縐摺

縐摺類型→選取「無」。
或縐摺等級→輸入值 0，縐摺類型也
會回到「無」。

14 MESHEXTRUDE－擠出面

指令	MESHEXTRUDE
	擠出 2D 物件、實體面、網面
說明	※擠出若作用於 3D 實體面，則會建立新的 3D 實體物件
	※擠出若作用於 3D 網面，則擠出的面為原始物件一部分

功能指令敘述

指令:MESHEXTRUDE (請開啟隨書檔案 MESHEXTRUDE.dwg)
相鄰擠出面設定為: 接合
選取要擠出的網面面或 [(設定)S]:　　　　　←選取網面子物件
選取要擠出的網面面或 [(設定)S]:　　　　　← [Enter] 結束選取
指定擠出的高度 [方向(D)/路徑(P)/推拔角度(T)] <60.0000>: -24

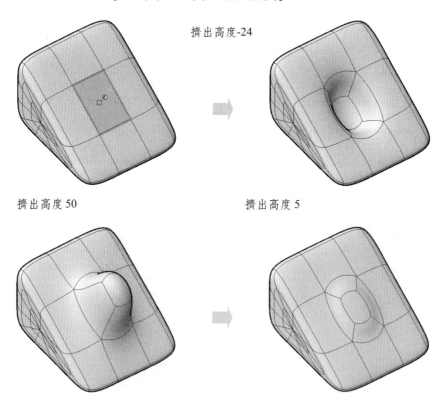

擠出高度-24

擠出高度 50　　　　　　　　　　擠出高度 5

✪ 指定網面擠出路徑

指令: MESHEXTRUDE
相鄰擠出面設定為: 接合
選取要擠出的網面面或 [(設定)S]:　　　←選取網面子物件
選取要擠出的網面面或 [(設定)S]:　　　← [Enter] 結束選取
指定擠出的高度 [方向(D)/路徑(P)/推拔角度(T)] <5.0000>:←輸入選項 P
選取擠出路徑或 [推拔角度(T)]:　　　←選取擠出路徑參考物件

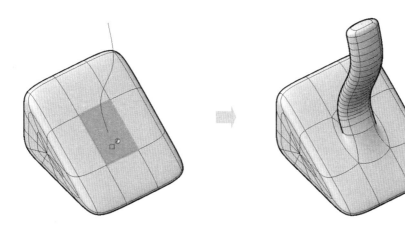

✪ 選取二側網面同時擠出+35

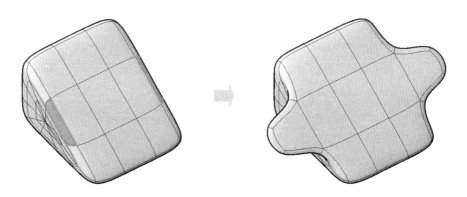

15　MESHSPLIT－分割面

指令	MESHSPLIT
說明	將網面分割為二個

▨ 分割面

功能指令敘述

指令:MESHSPLIT (請開啟隨書檔案 MESHSPLIT.dwg)

選取要分割的網面面:　　　　　　　　　　　←選取中間網面

✪ 分割點選取邊面上的點

指定第一個分割點或 [頂點(V)]:: MID 於　　　←選取點 1
指定第二個分割點或 [頂點(V)]:: MID 於　　　←選取點 2

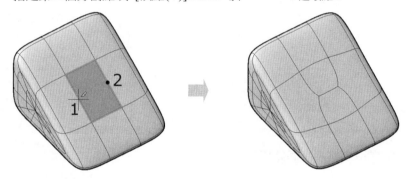

✪ 分割點選取頂點

指定第一個分割點或 [頂點(V)]::　　　　　　　←輸入選項 V
選取用於分割的第一個頂點:　　　　　　　　　←選取第一個頂點
選取用於分割的第二個頂點或 [面邊上的點(P)]:　←選取第二個頂點

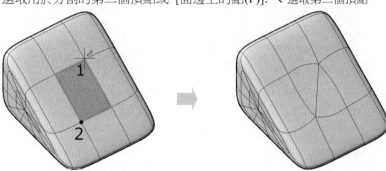

✪ 網面分割後，再進行 EXTRUDE 擠出網面，效果截然不同

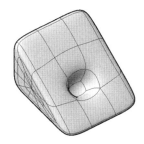 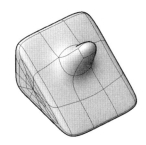 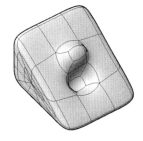

✪ 基本型網面執行多次分割後，於平滑等級 4 所產生的效果

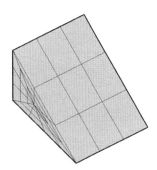 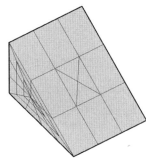 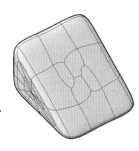

✪ 基本型網面執行三次分割後，再執行六次擠出面所產生的效果

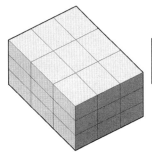 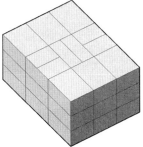 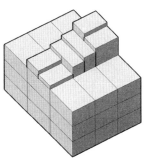

第一篇 第六章 ▼ 3D 新網面塑型

16 MESHMERGE－合併面

指令	MESHMERGE
說明	合併相鄰的網面

功能指令敘述

指令: MESHMERGE (請開啟隨書檔案 MESHMERGE.dwg)

選取要合併的相鄰網面面: ←選取要合併的網面

    :   :

選取要合併的相鄰網面面: ← [Enter]離開選取

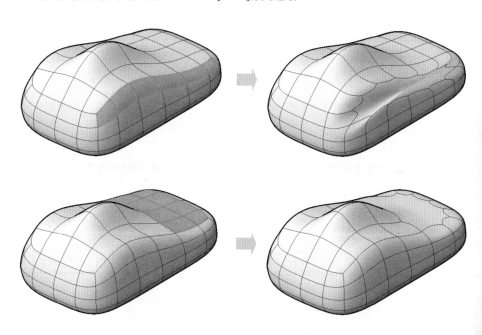

17　MESHCAP－封閉孔

指令	MESHCAP
說明	建立連接相鄰邊緣的網面

功能指令敘述

指令:MESHCAP (請開啟隨書檔案 MESHCAP.dwg)

選取連接網面邊，以建立新網面面...

選取邊緣或 [鏈(CH)]:	←選取要封閉的網面邊緣 1-3
：　　　　　　　：	
選取邊緣或 [鏈(CH)]:	← [Enter]離開選取

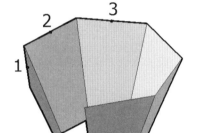
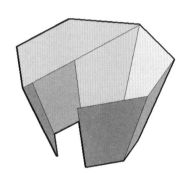

✪ 輸入選項 CH 鏈，建立封閉網面

選取邊緣或 [鏈(CH)]:	←輸入選項 CH
選取鏈的邊或 [選項(OP)/邊緣(E)]:	←選取要封閉的網面邊緣 1
選取邊緣或 [鏈(CH)]:	← [Enter]離開選取

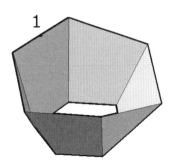
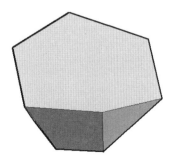

❖ 開放性的網面,要封閉端面時,須將選項 OP 設定為 N:

選取邊緣或 [鏈(CH)]:	←輸入選項 CH
選取鏈的邊或 [選項(OP)/邊緣(E)]:	←輸入選項 OP
嘗試將封閉迴圈形成鏈?[是(Y)/否(N)]: <N>:	←輸入 N
選取鏈的邊或 [選項(OP)/邊緣(E)]:	←選取要封閉的網面邊緣
選取邊緣或 [鏈(CH)]:	← [Enter]離開選取

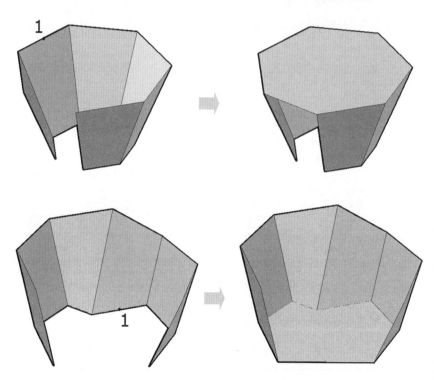

18　SECTIONPLANE－剖面平面

指令	SECTIONPLANE	快捷鍵	SPLANE	
說明	建立 3D 實體和網面的剖面 (詳細功能與設定，詳見第五章單元 7)			

功能指令敘述

指令: SECTIONPLANE (請開啟隨書檔案 MESHSECTION.dwg)

選取面或任意點以找到剖面線或 [繪製剖面(D)/正投影(O)]: O

將剖面對齊至: [前(F)/後(A)/頂線(T)/底線(B)/左(L)/右(R)] <右>: R

網面物件

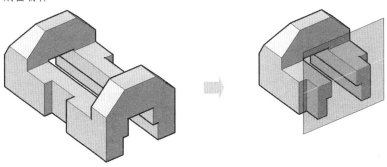

展示切除的幾何物件

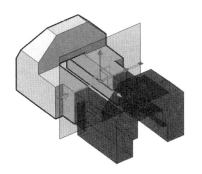

將轉折加入剖面

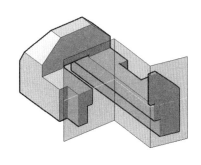

✪ 建立 2D 剖面

指令: SECTIONPLANESETTINGS

3D 剖面圖

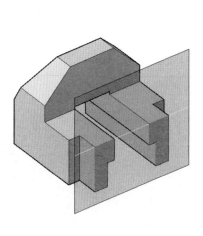

2D 剖面圖

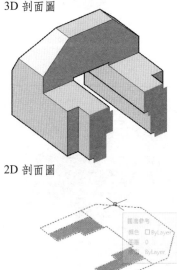

19 子物件篩選控制：頂點、邊緣、面、實體歷程

指令	SUBOBJSELECTIONMODE
說明	設定子物件篩選的類型

功能指令敘述

指令:SUBOBJSELECTIONMODE (請開啟隨書檔案 MESHSELECTMODE.dwg)

篩選設定值	設定說明
0	關閉子物件篩選：選取整個網面物件
1	頂點：僅可選取頂點
2	邊：僅可選取邊緣
3	面：僅可選取面
4	實體歷程：僅可選取複合物件的歷程子物件

✪ 快顯功能表的子物件篩選設定   ✪ 功能區面板的子物件篩選設定

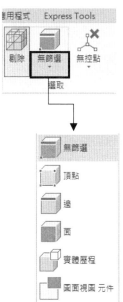

如果設定子物件選取篩選，則會在按[Ctrl]
時，在游標旁邊顯示以下影像：

無篩選

頂點篩選打開

邊緣篩選打開

面篩選打開

歷程子物件篩選打開

圖面視圖中的元件

✪ **篩選設定為無**：選取整個網面物件。

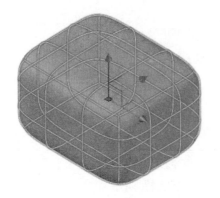 

✪ **篩選設定為頂點**：僅可選取【頂點】的子物件。

 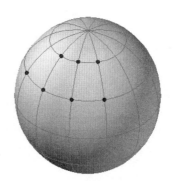

✪ **篩選設定為邊緣**：僅可選取【邊緣】的子物件。

 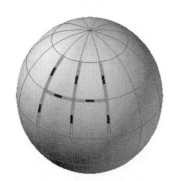

✪ 篩選設定為面：僅可選取【面】的子物件。

 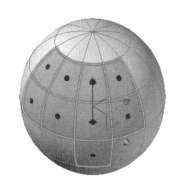

✪ 篩選設定為實體歷程：僅可選取【複合實體歷程】的子物件。

(在聯集、差集或交集時移除的相關聯實體物件)

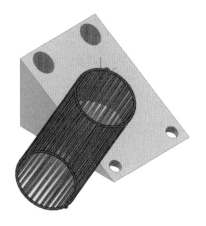 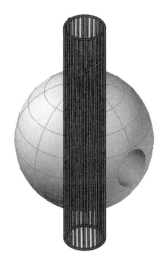

✪ 圖面視圖元件：

當篩選已針對圖面視圖設定，僅可選取圖面視圖中的元件。

第
一
篇

第
六
章
▼

3D
新
網
面
塑
型

20 子物件編輯控制：移動控點、旋轉控點、比例控點

系統變數	DEFAULTGIZMO
說明	設定 3D 子物件選取時的預設控點

功能指令敘述

指令: DEFAULTGIZMO (請開啟隨書檔案 MESHGIZMO.dwg)

設定值	設定說明
0	3D 移動控點
1	3D 旋轉控點
2	3D 比例控點
3	無控點

✪ 快顯功能表的子物件控點設定

✪功能區面板的子物件控點設定

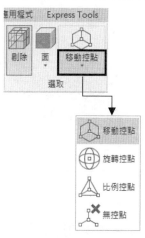

❖ 移動、旋轉、比例三種控點設定：可機動彈性變更。

❖ 設定約束方向：可直接點選圖示位置或快顯功能表選取。

✪ 3D 移動控點(只要將滑鼠停留在掣點的位置，基準點會懸停在掣點上)

約束控點只能在 X 軸的方向移動

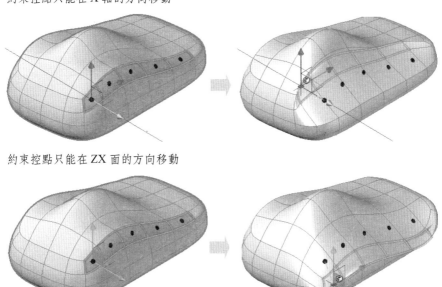

約束控點只能在 ZX 面的方向移動

約束控點只能在 Y 軸的方向移動　　　約束邊緣控點只能在 Z 軸的方向移動

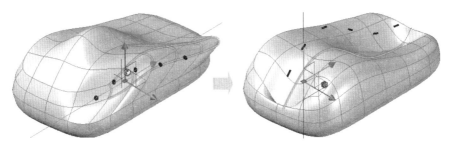

約束控點只能在 YZ 面的方向移動　　　約束控點只能在 XY 面的方向移動

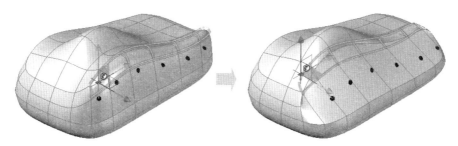

✪ 3D **旋轉控點** (只要將滑鼠停留在掣點的位置，基準點會懸停在掣點上)

約束控點只能在 X 軸的方向旋轉

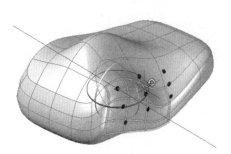
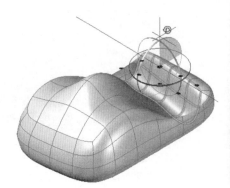

約束控點只能在 Y 軸的方向旋轉

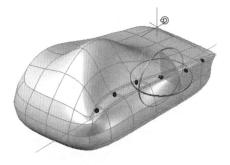
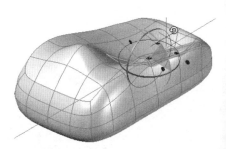

約束控點只能在 Z 軸的方向旋轉

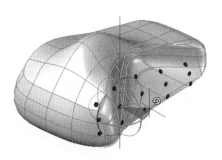
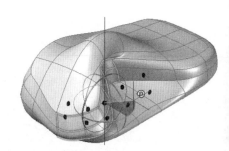

✪ 3D 比例控點 (只要將滑鼠停留在掣點的位置,基準點會懸停在掣點上)

約束控點只能在 X 軸的方向比例調整　　　約束控點只能在 XY 軸的方向比例調整

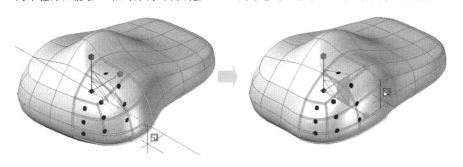

約束控點只能在 Y 的方向比例調整　　　約束控點只能在 YZ 的方向比例調整

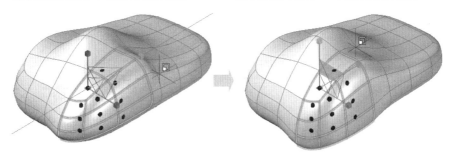

約束控點只能在 Z 的方向比例調整　　　約束控點只能在 ZX 的方向比例調整

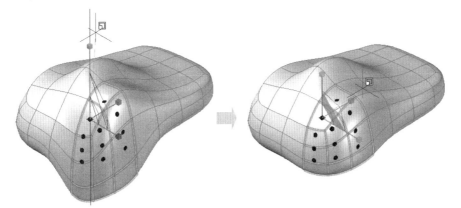

第一篇

第六章
▼
3D 新網面塑型

21 精選基礎全程演練：BOX 方塊→3D 滑鼠

完成目標

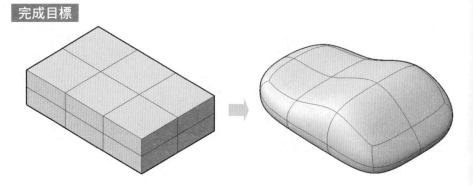

☺ **步驟一** 設定方塊鑲嵌分割長-寬-高=3-2-2。

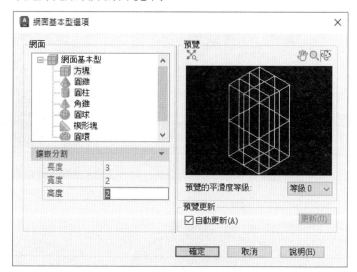

☺ **步驟二** 完成 80*50*20 的方塊網面。(或直接開啟隨書檔案 6-21 單元.dwg)

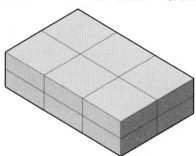

✪ 步驟三 　碰選物件將平滑度設為『等級 3』。

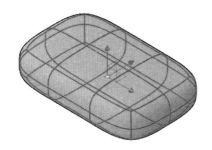

網面	▼
材料	ByLayer
幾何圖形	
平滑度	等級 3
目前頂點	無
頂點 X	等級 1
頂點 Y	等級 2
頂點 Z	等級 3
網面	等級 4

✪ 步驟四 　移動控點➔將二邊緣往 Z 軸上移 15。

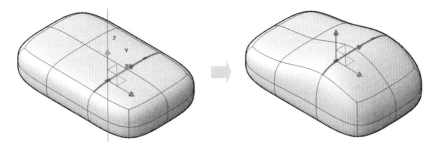

✪ 步驟五 　旋轉控點➔將前二個面往 Y 軸轉 20 度。

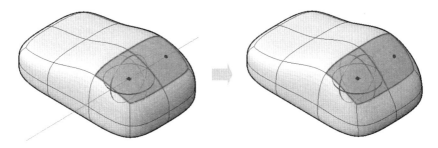

✪ 步驟六 　比例控點➔將中間一頂點+往前六個面 XY 面比例 1.25 倍。

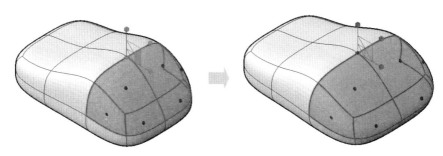

✪ **步驟七**　移動控點→(打開正交[F8]) 將尾部頂點沿 X 軸往外移動 12。

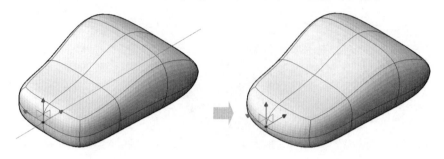

✪ **步驟八**　移動控點→(打開正交[F8]) 將尾部側邊沿 Y 軸往外移動 5。

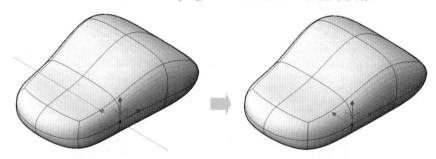

✪ **步驟九**　移動控點→另一邊尾部側邊也要沿 Y 軸往外移動 5。

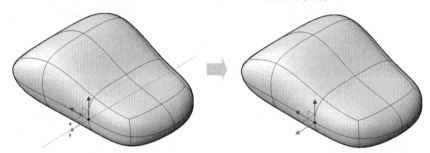

✪ **步驟十**　移動控點→將中間二邊緣沿 Z 軸往下移動 5，讓中間略微下凹。

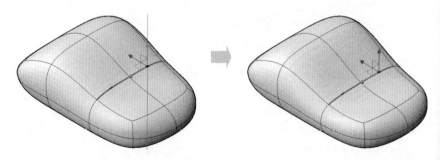

✪ **步驟十一**　完成後的三視圖(物件將平滑度設為『等級 4』)。

切換至配置一
以 VPORTS 建立四個等分視埠
設置：改為 3D
預覽：改為上、前、右與東南
視埠分割新名稱：MOUSE-4V
東南視圖：透視效果
各視埠內：自行縮放調整大小

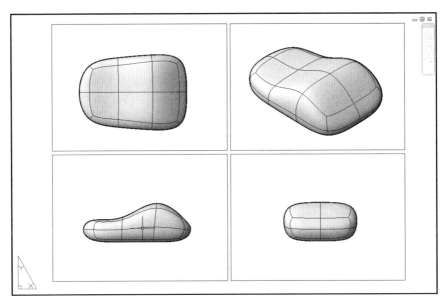

(註：調整上、前、右視圖，亦可直接使用右上角的 ViewCube 切換視圖)

✪ **步驟十二**　大功告成，將檔案另存為 MOUSE-DEMO1.DWG。

22　精選進階全程演練：發揮想像力→3D 滑鼠變、變、變

完成目標

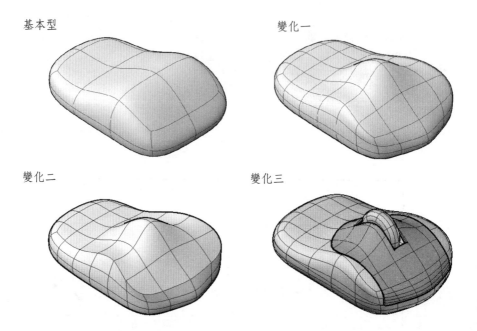

基本型

變化一

變化二

變化三

✪ **步驟一**　請叫出 MOUSE-DEMO1.DWG，再另存成 MOUSE-DEMO2.DWG。

✪ **步驟二**　將原本平滑等級 4→改設為平滑等級 1。

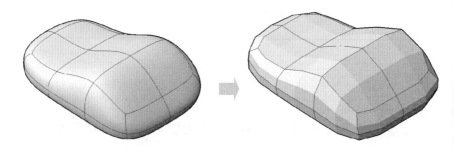

✪ **步驟三**　整個物件細分網面 細分網面 (MESHREFINE)，網面平滑等級將被重置為 0。(細分整個物件，平滑等級將被重置為 0，細分子物件則平滑等級不會被改變)

平滑等級 1 細分的結果　　　　　　　　平滑等級 4 細分的結果

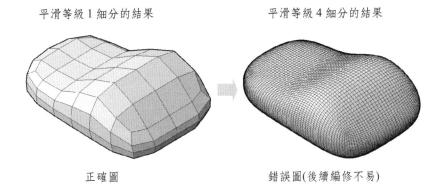

正確圖　　　　　　　　　　　　　錯誤圖(後續編修不易)

✪ **步驟四**　旋轉控點→將上方單一面往 X 軸旋轉-45 度。(請關閉[F12])

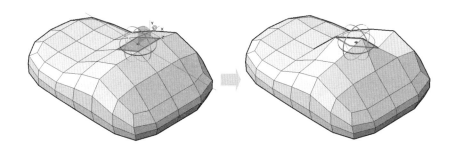

✪ **步驟五**　旋轉控點→再做另單一面往 X 軸旋轉 45 度。

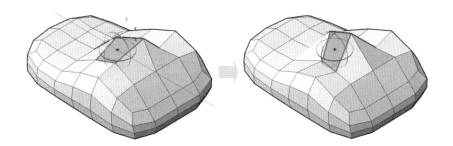

✪ **步驟六** 移動控點➔將頂點往 Z 軸上方移動 8。

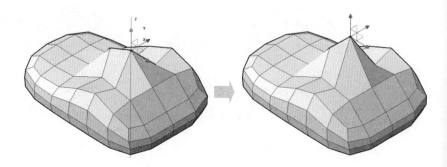

✪ **步驟七** 比例控點➔將二個面+一頂點往 XY 面比例 1.2 倍。

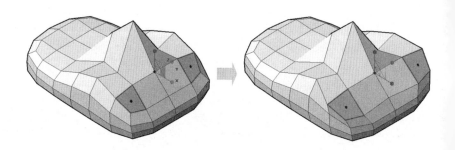

✪ **步驟八** 移動控點➔將前面三邊緣往 X 軸移動 5。

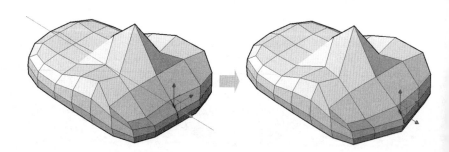

✪ **步驟九**　增加平滑度→比較一下四個等級在視覺上的差異。

等級 1　　　　　　　　　　　　等級 2

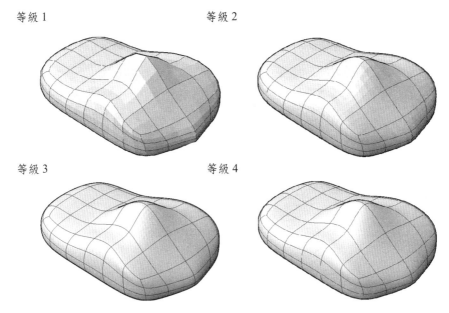

等級 3　　　　　　　　　　　　等級 4

✪ **步驟十**　大功告成！

❖ 完成變身後的三視圖：(直接調整 ViewCube 切換視圖)

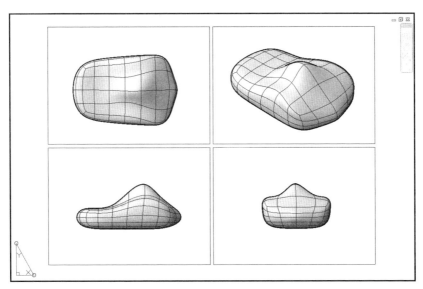

❖ 另存成 MOUSE-DEMO2-OK.DWG。

✪ **進階練習一**　發揮您的想像力，圖形將千變萬化。

加入縐摺➜將二側共十四個邊緣加入縐摺，使邊緣銳利化效果截然不同。

指令: MESHCREASE

選取要縐摺的網面子物件: 　　　　　　　←選取邊

　　　: :

選取要縐摺的網面子物件: 　　　　　　　← [Enter]結束選取

指定縐摺值 [永遠(A)] <永遠>: 　　　　← [Enter]

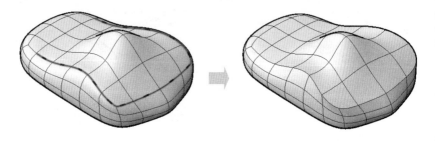

❖　完成進階變身後的三視圖：(直接調整 ViewCube 切換視圖)

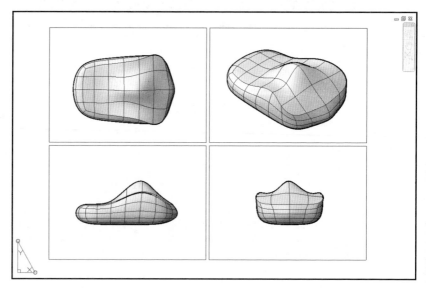

❖　大功告成，請另存為 MOUSE-DEMO2-OK2.DWG。

✪ **進階練習二** 開啟 MOUSE-DEMO2-OK.DWG 再練習 CONVTOSOLID 轉換為
實體，進行實體塑型。

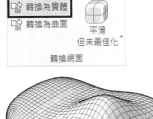

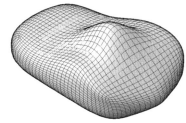

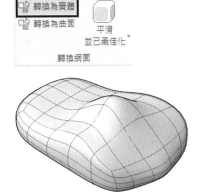

平滑並已最佳化(合併面)　　　　　　平滑但未最佳化(未合併面)

✪ **進階練習三** 建立薄殼(厚度= 1)。

執行 SLICE　可看見薄殼的效果

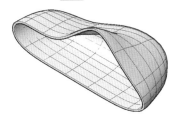

✪ **進階練習四** 再接再厲，幫滑鼠加上滾輪。

(請叫出 MOUSE-DEMO3.DWG 來練習)

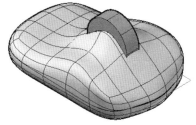

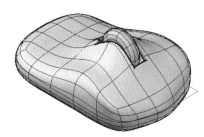

原始圖(內含一外圓柱與一內滾輪)　　　滑鼠主體與外圓柱差集

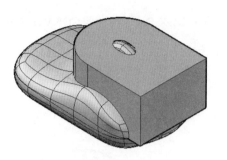

圓弧聚合線擠出 28 高度
+底部二邊緣圓角 R=5

建立 INTERFERE 干涉物件
(滑鼠主體與圓弧主體，保留干涉物件)

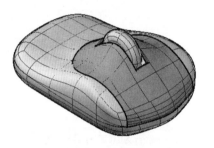

滑鼠主體與圓弧主體再差集

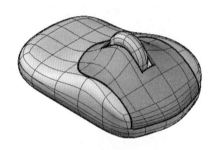

干涉物件邊緣倒圓角 0.5

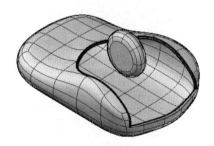

可關閉 MOUSE 層或 INTERFERE 層更容易處理交接邊緣之圓角

❖ 完成進階變身後的三視圖 (直接調整 ViewCube 切換視圖)：

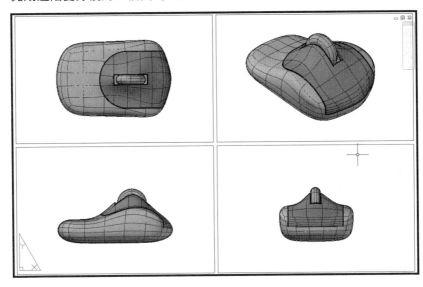

❖ 大功告成，請另存為 MOUSE-DEMO3-OK.DWG。

❖ 舉一反三，請發揮您的想像力，完成更精緻的作品吧！

23 精選挑戰題：3D 滑鼠立體分解圖

⊙ **挑戰前的叮嚀一：**本挑戰題是延續上二個單元的新網面範例，請務必先完成前二單元的基礎與進階綜合練習，紮穩基本功力。

⊙ **挑戰前的叮嚀二：**熟練後，直接叫出 MOUSE-DEMO4.DWG 來練習。

❖ 挑戰一：將中間的滑鼠按鍵外殼切開一分為二，滑鼠左右按鍵就出來囉！

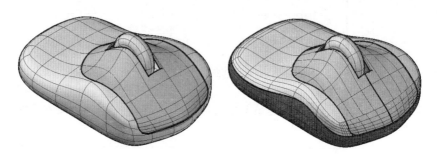

❖ 挑戰二：特殊曲面上下分離滑鼠主體+3D 分解圖。

繪製 SPLINE 與 LINE 路徑　　　　　　建立 SWEEP 的曲面

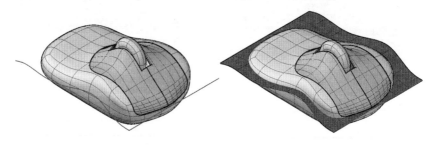

THICKEN 增厚 0.5　　　　　　做差集+實體分離

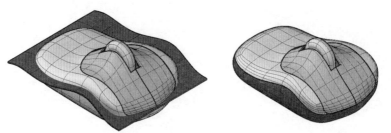

❖ 挑戰完成之三視圖：

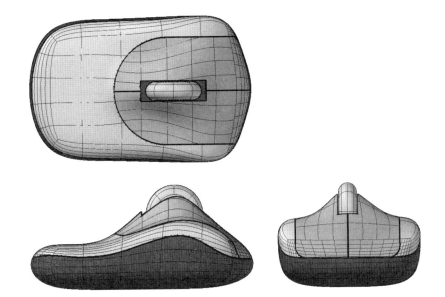

❖ 挑戰完成之立體分解圖(MOUSE-DEMO4-OK.DWG)：

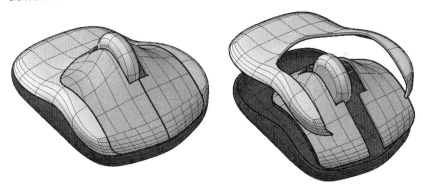

24　MESHCOLLAPSE－收闔面或邊

指令	MESHCOLLAPSE
說明	合併所有網面或邊緣的頂點

功能指令敘述 (請開啟隨書檔案 MESHCOLLAPSE.dwg)

✪ 收闔網面

指令: MESHCOLLAPSE

選取要收闔的網面面或邊:　　←選取網面

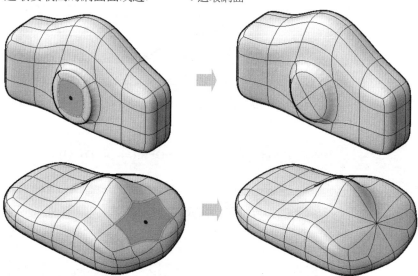

✪ 收闔邊緣 (設定篩選子物件→邊緣)

指令: MESHCOLLAPSE

選取要收闔的網面面或邊:　　←選取邊緣

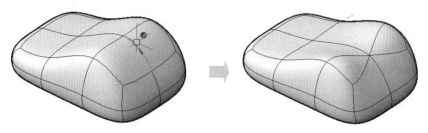

第一篇　第六章　▼　3D 新網面塑型

25 MESHSPIN－旋轉三角形面

指令	MESHSPIN	<div>▱ 旋轉三角形面</div>
說明	旋轉兩個三角形網面的相鄰邊緣	
注意事項	1. 旋轉邊緣以修改面的造型，所選面共用的邊緣會旋轉至與每個面的頂點相交 2. 可以使用MESHSPLIT將一個矩形面分割為兩個三角形面(切割網面時，請使用頂點到頂點的方式)	

功能指令敘述 (請開啟隨書檔案 MESHSPIN.dwg)

✪ 旋轉兩個三角形網面的相鄰邊緣

指令:MESHSPIN
選取要旋轉的第一個三角形網面面: ←選取網面 1
選取要旋轉的第二個相鄰三角形網面面: ←選取網面 2

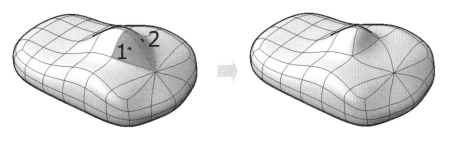

邊緣旋轉後，造型也隨之改變

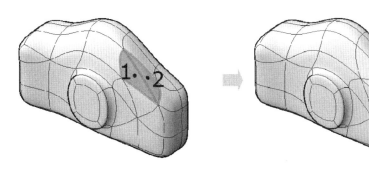

隨手札記

第一篇 第七章

3D 曲面塑型

單元		工具列	中文指令	說明	頁碼
1	3D 曲面 NURBS 塑型				7-2
2	PLANESURF	平面	平面曲面	建立平面曲面	7-4
3	SURFNETWORK	網路	網路曲面	在數條開放曲線之間建立 3D 網路曲面	7-6
4	LOFT	斷面混成	斷面混成	斷面混成 2D 物件建立曲面	7-8
5	EXTRUDE	擠出	擠出	擠出 2D 物件建立曲面	7-13
6	SWEEP	掃掠	掃掠	掃掠 2D 物件建立曲面	7-16
7	REVOLVE	迴轉	迴轉	迴轉 2D 物件建立曲面	7-20
8	SURFBLEND	混成	曲面混成	在二個曲面之間建立曲面	7-22
9	SURFPATCH	修補	曲面修補	建立新曲面以封閉曲面之開放邊緣	7-26
10	SURFOFFSET	偏移	曲面偏移	以偏移複製方式建立新曲面	7-29
11	SURFFILLET	圓角	曲面圓角	在二曲面或面域間建立新圓角曲面	7-32
12	SURFTRIM	修剪	曲面修剪	曲面修剪與其他幾何圖形相交的部分	7-34
13	SURFUNTRIM	取消修剪	曲面取消修剪	恢復被 SURFTRIM 所修剪的曲面區域	7-38
14	SURFEXTEND	延伸	曲面延伸	依指定的距離延伸曲面	7-39
15	SURFSCULPT	雕刻	曲面雕刻	修剪和結合包圍無縫區域的曲面來建立實體	7-42
16	CONVTONURBS	轉換為 NURBS	轉換為 NURBS 曲面	將實體與程序曲面轉換為 NURBS 曲面	7-44
17	曲面 CV 控制頂點之展示、隱藏、加入、移除與重新建置				7-47
18	3DEDITBAR	CV 編輯線	曲面 CV 控制點編輯線	對 NURBS 曲面進行重新造型、調整比例和編輯其切向	7-53
19	ANALYSISOPTIONS	分析選項	分析選項	斑馬紋、曲率與拔模分析選項	7-55

1 3D 曲面 NURBS 塑型

✪ 3D 曲面 NURBS

輕鬆建立 NURBS 曲面物件，跳脫以往 AutoCAD 舊式的 3D 程序曲面與實體的塑型思維，是建立流線型設計 (例如：衛浴用品、電子產品、雨傘、手機、滑鼠、窗簾、汽車、產品設計…等) 的理想工具！

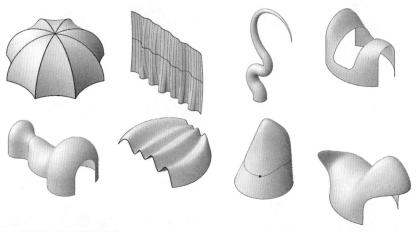

✪ 曲面提供了兩種類型

❖ 程序曲面：可為關聯式曲面

保持與其他物件之間的關係，以便將其作為一個群組進行操控。(SURFACEMODELINGMODE=0)

❖ NURBS 曲面：非關聯式曲面

NURBS 曲面以 Bezier 曲線或平滑曲線為基礎，藉由控制頂點可讓您以雕刻實體模型的相同方式輕鬆「雕刻」物件。(SURFACEMODELINGMODE=1)

✪ 曲面物件使用

2D 曲線或邊緣以斷面混成、擠出、迴轉、網路、掃掠建立 (SURFACEMODELINGMODE=1 則建立 NUBRS 曲面)，也可以使用其它曲面搭配混成、修補、延伸、圓角、偏移、修剪…等曲面編修工具建立新曲面。

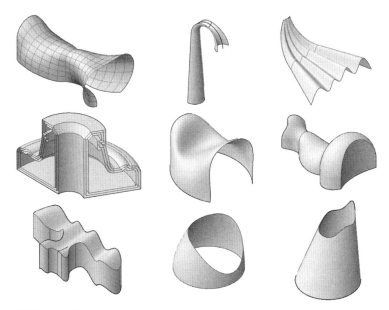

✪ **實體或程序曲面：**

也可以很輕鬆的轉換為 NURBS 新曲面物件，網面物件無法直接轉換為 NURBS
新曲面物件，必須先轉成實體或程序曲面才能轉換。

✪ **在進行製造之前，還可以使用曲面分析工具檢查模型中的曲面品質**

分析工具包括：斑馬紋分析、曲率分析、拔模分析。

✪ **『曲面』功能區面板**

2 PLANESURF－平面曲面

指令	PLANESURF
說明	建立平面曲面
選項功能	物件(O)：選取參考物件建立平面曲面

功能指令敘述

指令: PLANESURF

✪ 已知二框角點

指定第一個角點或 [物件(O)] <物件>:　←選取點 1
指定其他角點:　　　　　　　　　　　←選取點 2

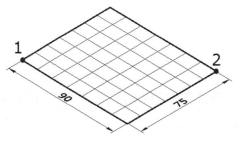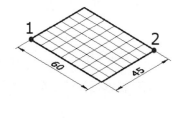

第 2 點輸入@90,75　　　　　　　　　第 2 點輸入@60,45

✪ 選取參考物件

指定第一個角點或 [物件(O)] <物件>:　←輸入選項 O
選取物件:　　　←選取物件 1、2
　　：　　：
選取物件:　　　←[Enter] 結束選取

❖ 可選取的物件有：線、圓、弧、橢圓、橢圓弧、2D 聚合線、平面 3D 聚合線以及平面雲形線。

❖ 變數 DELOBJ 設定為 1 時，當平面曲面建立完成，原有的物件會被刪除。

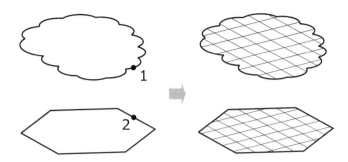

✪ 打開動態 UCS [⇗]，快速建立平面曲面：(先建立一個方塊體)

指定第一個角點或 [物件(O)] <物件>:　← 將滑鼠移到該範圍面，該面會亮顯，選取
第一個框角 1

指定其他角點:　　← 選取另一個框角 2

✪ 調整顯示線數

指令: SURFU

輸入 SURFU 的新值<6>:　　←輸入顯示線數

指令:SURFV

輸入 SURFV 的新值<6>:　　←輸入顯示線數

指定第一個角點或 [物件(O)] <物件>:　←選取點 1

指定其他角點:　　　　　　　　　　←選取點 2

SURFU=10,SURFV=8　　　　　　　　　SURFU=12,SURFV=5

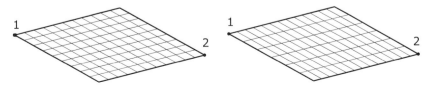

3　SURFNETWORK－網路曲面

指令	SURFNETWORK
說明	在數條開放曲線之間建立 3D 網路曲面
選項功能	曲面密度由系統變數 SURFU 與 SURFV 所控制

功能指令敘述

✪ 建立在五條開放曲線之間的 3D 網路曲面

指令: SURFNETWORK　(請開啟隨書檔案 SURF-NETWORK.dwg)

選取第一個方向上的曲線或曲面邊:　　←選取物件 1
選取第一個方向上的曲線或曲面邊:　　←選取物件 2
選取第一個方向上的曲線或曲面邊:　　←選取物件 3
選取第一個方向上的曲線或曲面邊:　　←[Enter]
選取第二個方向上的曲線或曲面邊:　　←選取物件 4
選取第二個方向上的曲線或曲面邊:　　←選取物件 5
選取第二個方向上的曲線或曲面邊:　　←[Enter]

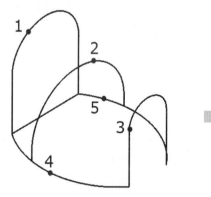
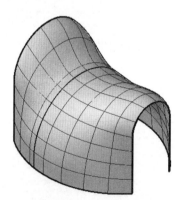

(SURFU=12，SURFV=6)

✪ 建立在開放曲面邊緣+開放曲線之間的 3D 網路曲面

指令: SURFNETWORK

選取第一個方向上的曲線或曲面邊:　　　　←[Ctrl]+選取曲面邊緣 1

選取第一個方向上的曲線或曲面邊:　　　←選取物件 2
選取第一個方向上的曲線或曲面邊:　　　←[Enter]
選取第二個方向上的曲線或曲面邊:　　　←選取物件 3
選取第二個方向上的曲線或曲面邊:　　　←選取物件 4
選取第二個方向上的曲線或曲面邊:　　　←[Enter]

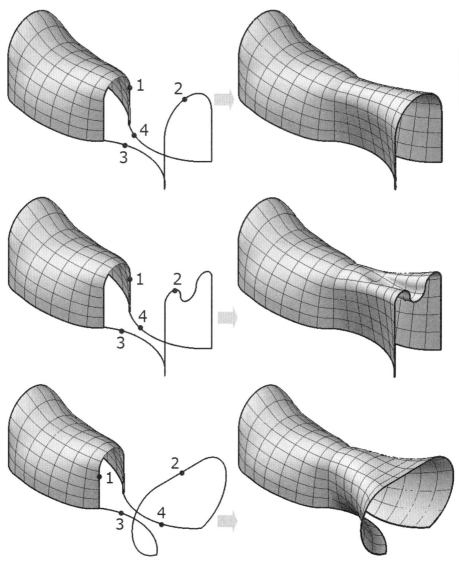

第一篇　第七章　3D 曲面塑型

4　LOFT－斷面混成

指令	LOFT
說明	斷面混成 2D 物件建立曲面(建立實體功能詳見第四章)
選項功能	導引(G)：指定引導曲線，來控制斷面混成曲面
	路徑(P)：指定路徑曲線，來產生斷面混成曲面
	僅限斷面(C)：呼叫對話框設定斷面混成曲面
重點叮嚀	❖若斷面混成之斷面物件是未封閉，一定是建立曲面
	❖如果斷面物件是封閉的，可用 MO 選項指定模式為實體或曲面

斷面混成

功能指令敘述

✪ **建立二條曲線之間的類似窗簾曲面** (請開啟隨書檔案 SURF-LOFT.dwg)

指令: LOFT

目前的線架構密度: ISOLINES = 8，封閉輪廓的建立模式 = 曲面

以斷面混成順序選取斷面或[點(PO)/接合多條邊(J)/模式(MO)]:　　←輸入 MO

封閉輪廓建立模式 [實體(SO)/曲面(SU)] <實體>:　　←輸入 SU

以斷面混成順序選取斷面或[點(PO)/接合多條邊(J)/模式(MO)]:　　←選取物件 1

以斷面混成順序選取斷面或[點(PO)/接合多條邊(J)/模式(MO)]:　　←選取物件 2

以斷面混成順序選取斷面或[點(PO)/接合多條邊(J)/模式(MO)]:　　←[Enter]

輸入選項 [導引(G)/路徑(P)/僅限斷面(C)/設定(S)] <僅限斷面>:　　←[Enter]

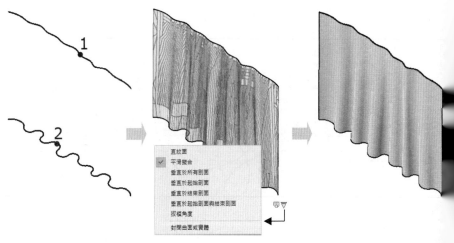

✪ 建立三條曲線之間的類似窗簾曲面

指令: LOFT

目前的線架構密度: ISOLINES = 8，封閉輪廓的建立模式 = 曲面

以斷面混成順序選取斷面或[點(PO)/接合多條邊(J)/模式(MO)]: ←選取物件 1

以斷面混成順序選取斷面或[點(PO)/接合多條邊(J)/模式(MO)]: ←選取物件 2

以斷面混成順序選取斷面或[點(PO)/接合多條邊(J)/模式(MO)]: ←選取物件 3

以斷面混成順序選取斷面或[點(PO)/接合多條邊(J)/模式(MO)]: ←[Enter]

輸入選項 [導引(G)/路徑(P)/僅限斷面(C)/設定(S)] <僅限斷面>: ←[Enter]

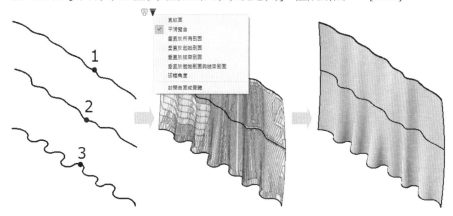

✪ 指定路徑建立曲面

指令: LOFT

目前的線架構密度: ISOLINES = 8，封閉輪廓的建立模式 = 曲面

以斷面混成順序選取斷面或[點(PO)/接合多條邊(J)/模式(MO)]: ←選取物件 1

以斷面混成順序選取斷面或[點(PO)/接合多條邊(J)/模式(MO)]: ←選取物件 2

以斷面混成順序選取斷面或[點(PO)/接合多條邊(J)/模式(MO)]: ←選取物件 3

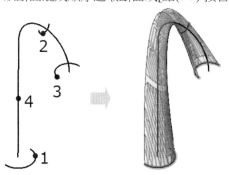

以斷面混成順序選取斷面或[點(PO)/接合多條邊(J)/模式(MO)]:←[Enter]
已選取 3 個斷面
輸入選項 [導引(G)/路徑(P)/僅限斷面(C)/設定(S)] <僅限斷面>:←輸入選項 P
選取路徑輪廓: ←選取物件 4

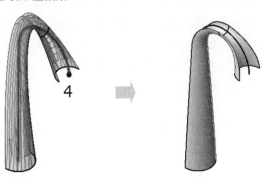

✪ 指定點與路徑建立彎鉤曲面

指令: LOFT
目前的線架構密度: ISOLINES = 8，封閉輪廓的建立模式 = 曲面
以斷面混成順序選取斷面或[點(PO)/接合多條邊(J)/模式(MO)]:←選取物件 1
以斷面混成順序選取斷面或[點(PO)/接合多條邊(J)/模式(MO)]:←輸入選項 PO
指定斷面混成端點: ←選取端點

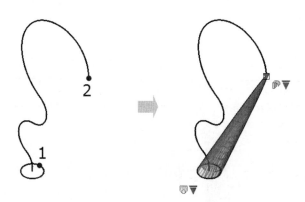

輸入選項 [導引(G)/路徑(P)/僅限斷面(C)/設定(S)] <僅限斷面>: ←輸入選項 P
選取路徑輪廓: ←選取物件 3

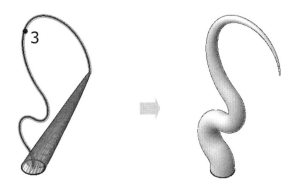

✪ 指定導引曲線建立波浪弧曲面

指令: LOFT

目前的線架構密度: ISOLINES = 8，封閉輪廓的建立模式 = 曲面

以斷面混成順序選取斷面或[點(PO)/接合多條邊(J)/模式(MO)]: ←選取物件 1

以斷面混成順序選取斷面或[點(PO)/接合多條邊(J)/…]:　　　←選取物件 2

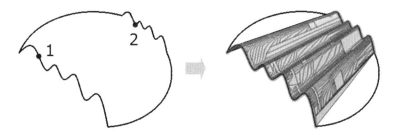

以斷面混成順序選取斷面或 [點(PO)/接合多條邊(J)/模式(MO)]:←[Enter]

輸入選項 [導引(G)/路徑(P)/僅限斷面(C)/設定(S)] <僅限斷面>:　←輸入選項 G

選取導引輪廓或 [接合多條邊(J)]:　　　　←選取物件 3

選取導引輪廓或 [接合多條邊(J)]:　　　　←選取物件 4

選取導引輪廓或 [接合多條邊(J)]:　　　　←[Enter]

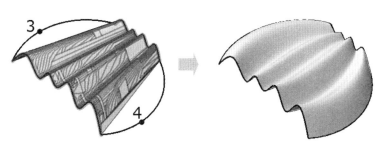

✪ 指定點+導引曲線建立雨傘曲面

指令: LOFT

目前的線架構密度: ISOLINES = 8，封閉輪廓的建立模式 = 曲面

以斷面混成順序選取斷面或[點(PO)/接合多條邊(J)/模式(MO)]:←選取物件 1

以斷面混成順序選取斷面或[點(PO)/接合多條邊(J)/…]:　　←輸入選項 PO

指定斷面混成端點:　　　　　　　　　　　　　　←選取端點 2

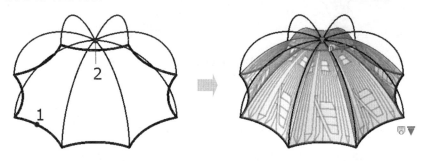

輸入選項 [導引(G)/路徑(P)/僅限斷面(C)/設定(S)] <僅限斷面>:←輸入選項 G

選取導引輪廓或 [接合多條邊(J)]:　　　　　←框選導引輪廓 3、4

選取導引輪廓或 [接合多條邊(J)]:　　　　　← [Enter] 結束選取

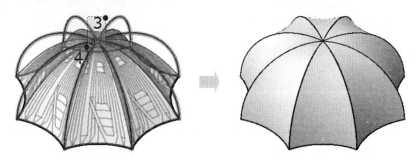

5　EXTRUDE－擠出

指令	EXTRUDE
說明	擠出 2D 物件建立曲面(建立實體功能詳見第四章)
選項功能	路徑(P)：選取物件為擠出路徑參考 方向(D)：依指定的方向擠出 推拔角度(T)：擠出推拔角度
重點叮嚀	❖若擠出之物件未封閉，則建立的物件為曲面 ❖若擠出之物件封閉，可用 MO 選項指定模式為實體或曲面 ❖曲面邊界([Ctrl]+選取子物件)可再擠出為新曲面

功能指令敘述

✪ 指定路徑擠出曲面 (請開啟隨書檔案 SURF-EXTRUDE.dwg)

指令: EXTRUDE
目前的線架構密度: ISOLINES = 8，封閉輪廓的建立模式 = 曲面
選取要擠出的物件或 [模式(MO)]:　　←選取物件 1
選取要擠出的物件或 [模式(MO)]:　　← [Enter]結束選取

指定擠出的高度 [方向(D)/路徑(P)/推拔角度(T) /表示式(E)]:←輸入選項 P
選取擠出路徑或 [推拔角度(T)]:　　　　←選取物件 2

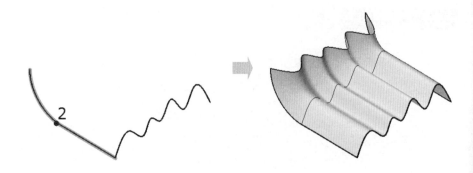

✪ 擠出曲面邊緣

滑鼠右鍵→快顯功能表→子物件選取篩選→邊，可輕鬆選取邊緣物件。

❖ 如果沒有設定子物件選取篩選→邊，也可以用[Ctrl]+選取邊緣方式。

指令: EXTRUDE

目前的線架構密度: ISOLINES = 8，封閉輪廓的建立模式 = 曲面

選取要擠出的物件或 [模式(MO)]:　　　　←選取邊緣物件 1

選取要擠出的物件或 [模式(MO)]:　　　　← [Enter] 結束選取

指定擠出的高度 [方向(D)/路徑(P)/推拔角度(T) /表示式(E)] <30>:

　　　　　　　　　　　　　　　　←任意拖曳適當高度

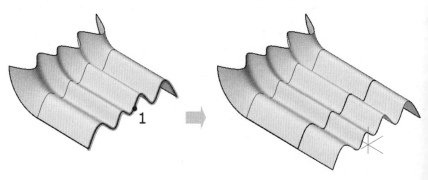

指令: EXTRUDE

目前的線架構密度: ISOLINES = 8，封閉輪廓的建立模式 = 曲面

選取要擠出的物件或 [模式(MO)]:　　　←選取邊緣物件 2

選取要擠出的物件或 [模式(MO)]:　　　← [Enter] 結束選取

指定擠出的高度 [方向(D)/路徑(P)/推拔角度(T) /表示式(E)] <30>:

　　　　　　　　　　　　　　　←任意拖曳適當高度

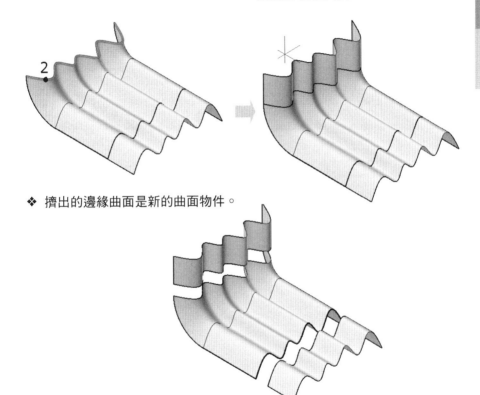

❖ 擠出的邊緣曲面是新的曲面物件。

❖ **恢復篩選狀態**：滑鼠右鍵→快顯功能表→子物件選取篩選→無篩選。

6　SWEEP－掃掠

指令	SWEEP	
說明	掃掠 2D 物件建立曲面 (建立實體功能詳見第四章)	掃掠
選項功能	對齊方向(A)：設定掃掠物件與路徑是否垂直對齊 基準點(B)：設定掃掠物件對齊於路徑的點位置 比例(S)：設定掃掠物件結束端比例 扭轉(T)：設定掃掠物件結束端扭轉角度	
重點叮嚀	❖若掃掠之物件未封閉，則建立的物件為曲面 ❖若掃掠之物件封閉，可用 MO 選項指定模式為實體或曲面 ❖曲面邊界([Ctrl]+選取子物件)可再掃掠為新曲面	

功能指令敘述 (請開啟隨書檔案 SURF-SWEEP.dwg)

✪ 指定掃掠物件與路徑

指令: SWEEP

目前的線架構密度: ISOLINES = 8，封閉輪廓的建立模式 = 曲面

選取要掃掠的物件或 [模式(MO)]:　　←選取物件 1

選取要掃掠的物件或 [模式(MO)]:　　← [Enter] 結束選取

選取掃掠路徑或 [對齊方式(A)/基準點(B)/比例(S)/扭轉(T)]:←選取物件 2

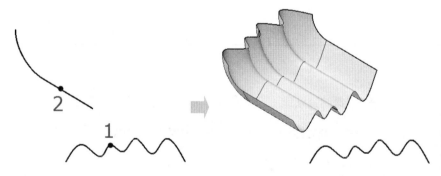

掃掠物件會自動垂直對齊於路徑

❂ 指定掃掠物件與路徑與比例變化

指令: SWEEP

目前的線架構密度: ISOLINES = 8，封閉輪廓的建立模式 = 曲面

選取要掃掠的物件或 [模式(MO)]:　　←選取物件 1(同上)

選取要掃掠的物件或 [模式(MO)]:　　← [Enter] 結束選取

選取掃掠路徑或 [對齊方式(A)/基準點(B)/比例(S)/扭轉(T)]:←比例 S

輸入比例係數或 [參考(R)] <1.0000>:　←輸入 0.5 或 0.1

選取掃掠路徑或 [對齊方式(A)/基準點(B)/比例(S)/扭轉(T)]:←選取物件 2(同上)

比例 0.5

比例 0.1

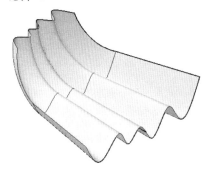
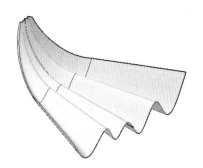

❂ 指定掃掠物件與路徑與扭轉變化

指令: SWEEP

目前的線架構密度: ISOLINES = 8，封閉輪廓的建立模式 = 曲面

選取要掃掠的物件或 [模式(MO)]:　　←選取物件 1(同上)

選取要掃掠的物件或 [模式(MO)]:　　← [Enter] 結束選取

選取掃掠路徑或 [對齊方式(A)/基準點(B)/比例(S)/扭轉(T)]:←扭轉 T

輸入比例係數或 [參考(R)] <1.0000>:　←輸入 30 或-30

選取掃掠路徑或 [對齊方式(A)/基準點(B)/比例(S)/扭轉(T)]:←選取物件 2

扭轉 30 度　　　　　　　　　　　扭轉-30 度

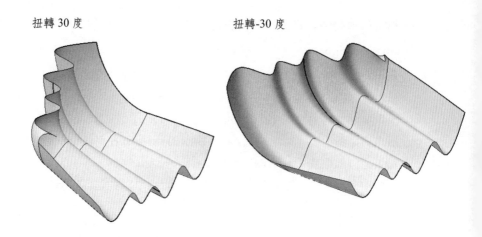

❂ **掃掠曲面邊緣與基準點**

指令: SWEEP

目前的線架構密度: ISOLINES = 8，封閉輪廓的建立模式 = 曲面

選取要掃掠的物件或 [模式(MO)]:　　　←選取物件 1

選取要掃掠的物件或 [模式(MO)]:　　　←[Enter] 結束選取

選取掃掠路徑或 [對齊方式(A)/基準點(B)/比例(S)/扭轉(T)]: ←輸入選項 B

指定基準點:　　　　　　　　　　←選取端點 2

選取掃掠路徑或 [對齊方式(A)/基準點(B)/比例(S)/扭轉(T)]: ←[Ctrl]+選取邊緣 3

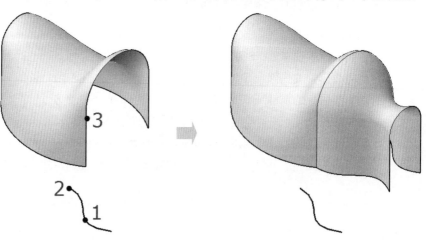

指令: SWEEP

目前的線架構密度: ISOLINES = 8，封閉輪廓的建立模式 = 曲面

選取要掃掠的物件或 [模式(MO)]:　　　←選取物件 1

選取要掃掠的物件或 [模式(MO)]:　　　←[Enter] 結束選取

選取掃掠路徑或 [對齊方式(A)/基準點(B)/比例(S)/扭轉(T)]:←輸入選項 B

指定基準點:　　　　　　　　　　　　　　　　←選取端點 2

選取掃掠路徑或 [對齊方式(A)/基準點(B)/比例(S)/扭轉(T)]: ←[Ctrl]+選取邊緣 3

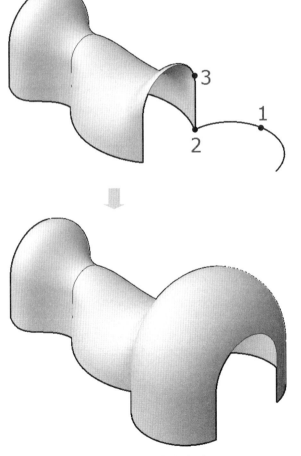

完成邊緣為路徑的掃掠成果

7　REVOLVE－迴轉

指令	REVOLVE	迴轉
說明	迴轉 2D 物件建立曲面(建立實體功能詳見第四章)	
選項功能	物件(O)：選取一個參考物件為迴轉軸 X：以目前 UCS 之 X 軸的正軸方向作迴轉方向 Y：以目前 UCS 之 Y 軸的正軸方向作迴轉方向 Z：以目前 UCS 之 Z 軸的正軸方向作迴轉方向	
重點叮嚀	❖若迴轉之物件未封閉，則建立的物件為曲面 ❖若迴轉之物件封閉，可用 MO 選項指定模式為實體或曲面 ❖曲面邊緣([Ctrl]+選取子物件)可再迴轉為新曲面	

功能指令敘述 (請開啟隨書檔案 SURF-REVOLVE.dwg)

✪ 指定兩軸點為迴轉軸

指令: REVOLVE
目前的線架構密度: ISOLINES = 8，封閉輪廓的建立模式 = 曲面
選取要迴轉的物件或 [模式(MO)]:　　←選取物件 1
選取要迴轉的物件或 [模式(MO)]:　　←[Enter] 結束選取
指定軸起點或依據 [物件(O)/X/Y/Z] <物件>來定義軸:　　←選取點 2
指定軸端點:　　←選取點 3
指定迴轉角度或 [起始角度(ST)/反轉(R) /表示式(EX)] <360>:　←輸入-120

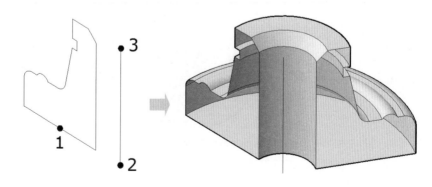

✪ 迴轉曲面邊緣

❖ 滑鼠右鍵→快顯功能表→子物件選取篩選→邊，可以輕鬆選取邊緣物件。

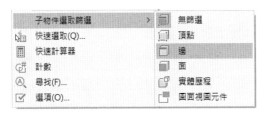

❖ 不下指令直接框選點 1 至點 2：

指令: REVOLVE

目前的線架構密度: ISOLINES = 8，封閉輪廓的建立模式 = 曲面

_mo 封閉輪廓建立模式 [實體(SO)/曲面(SU)] <實體>: _su

指定軸起點或依據 [物件(O)/X/Y/Z] <物件>來定義軸:　　　　　←選取點 3

指定軸端點:　　　　　　　　　　　　　　　　　　　　　　←選取點 4

指定迴轉角度或 [起始角度(ST)/反轉(R) /表示式(EX)] <360>:　←輸入 60

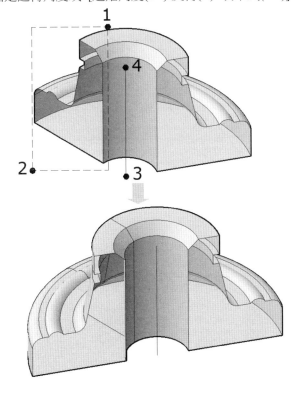

8 SURFBLEND－曲面混成

指令	SURFBLEND
說明	在二個曲面之間建立曲面

功能指令敘述 (請開啟隨書檔案 SURF-BLEND.dwg)

✪ 建立二曲面之間的曲面

指令: SURFBLEND
連續性 = G1 - 切向,凸度 = 0.5
選取要混成的第一條曲面邊或 [鏈(CH)]:　　　　　←選取邊緣 1
選取要混成的第一條曲面邊或 [鏈(CH)]:　　　　　←[Enter]
選取要混成的第二條曲面邊或 [鏈(CH)]:　　　　　←選取邊緣 2
選取要混成的第二條曲面邊或 [鏈(CH)]:　　　　　←[Enter]
按 Enter 接受混成曲面或 [連續性(CON)/凸度(B)]:　←[Enter]

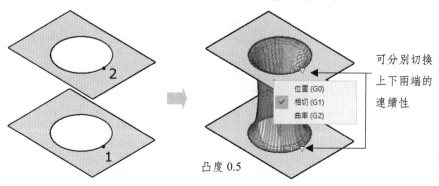

凸度 0.5

可分別切換
上下兩端的
連續性

連續性: 測量曲面之間連接的平滑度,預設為 G1 或使用掣點來變更連續性。

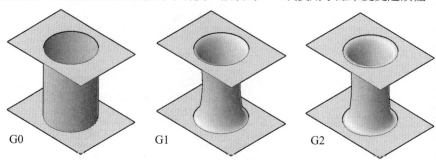

G0　　　　　　　　G1　　　　　　　　G2

凸度的變化： 設定混成曲面邊緣與原始曲面相接處混成曲面邊緣的圓度，預設為 0.5，有效值介於 0 到 1 之間。

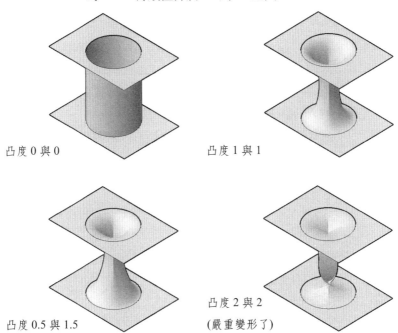

凸度 0 與 0

凸度 1 與 1

凸度 0.5 與 1.5

凸度 2 與 2

(嚴重變形了)

✪ 凸度與連續性的調整

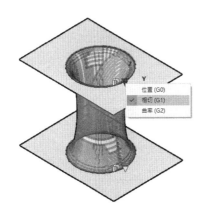

掣點調整連續性

性質調整連續性或凸度

✪ **建立二迴轉曲面之間的曲面**

指令: SURFBLEND

連續性 = G1 - 切向，凸度 = 0.5

選取要混成的第一條曲面邊或 [鏈(CH)]: ←選取邊緣 1

選取要混成的第一條曲面邊或 [鏈(CH)]: ←[Enter]

選取要混成的第二條曲面邊或 [鏈(CH)]: ←選取邊緣 2

選取要混成的第二條曲面邊或 [鏈(CH)]: ←[Enter]

按 Enter 接受混成曲面或 [連續性(CON)/凸度(B)]:

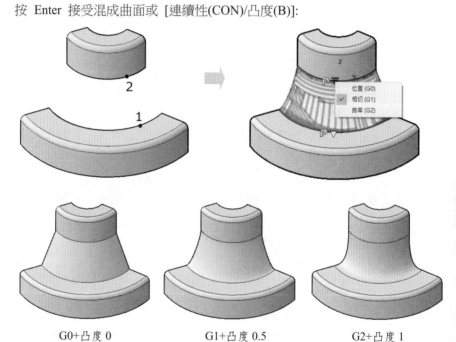

G0+凸度 0   G1+凸度 0.5   G2+凸度 1

✪ **建立二平面曲面之間的曲面**

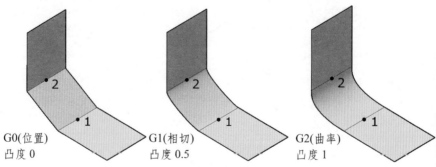

G0(位置)   G1(相切)   G2(曲率)
凸度 0   凸度 0.5   凸度 1

✪ 曲面連續性 G0、G1、G2 的差異

曲面連續性→ 是衡量兩條曲線或兩個曲面在連接平滑程度的測量標準。是建立
曲面時重要的性質。如果需要將曲面匯出至其他應用程式,則連
續性類型會非常重要。

建立新曲面時,可以使用掣點→快顯功能表→指定連續性,或用性質調整。

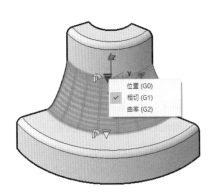

連續性類型	特性說明
G0 (位置)	◆ 以任意角度相交時,這兩個曲面都具有位置連續性。 ◆ 曲線或曲面接合於相同的位置(僅位置);曲線或曲面相接。但切向和曲率不相符。
G1 (相切)	◆ 曲面之間的(位置+相切)二種連續性(G0 + G1)相符。 ◆ 兩個曲面在接合處的行進方向看起來相同,但其外觀「曲率」可能有很大差別。
G2 (曲率)	◆ 曲面之間的(位置+相切+曲率)三種連續性(G0 ＋ G1 ＋ G2)相符。

✪ 凸度是曲面與其他曲面相連接時,該曲面曲率或凸度的測量標準

凸度可介於 0 和 1 之間,其中 0 表示平坦,1 表示曲率最高。

第一篇 第七章 ▼ 3D 曲面塑型

9 SURFPATCH －曲面修補

指令	SURFPATCH
說明	建立新曲面以封閉曲面之開放邊緣

功能指令敘述 (請開啟隨書檔案 SURF-PATCH.dwg)

✪ 建立新曲面修補曲面之開放邊緣

指令: SURFPATCH

連續性 = G0 - 位置，凸度 = 0.5

選取要修補的曲面邊或 [鏈(CH)/曲線(CU)] <曲線>: ←選取邊緣 1

選取要修補的曲面邊或 [鏈(CH)/曲線(CU)] <曲線>: ←[Enter]

按 Enter 接受修補曲面或 [連續性(CON)/凸度(B)/導引(G)]:

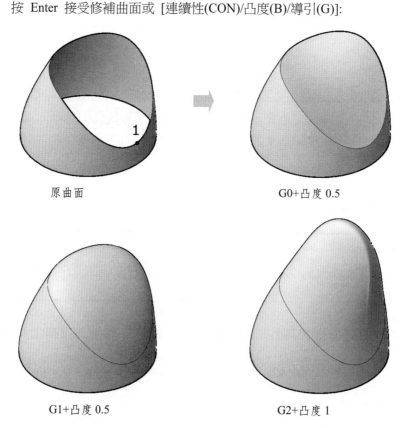

原曲面

G0+凸度 0.5

G1+凸度 0.5

G2+凸度 1

指令: SURFPATCH

連續性 ＝ G0 - 位置，凸度 ＝ 0.5

選取要修補的曲面邊或 [鏈(CH)/曲線(CU)] <曲線>: ←選取邊緣 1

選取要修補的曲面邊或 [鏈(CH)/曲線(CU)] <曲線>: ←[Enter]

按 Enter 接受修補曲面或 [連續性(CON)/凸度(B)/導引(G)]:

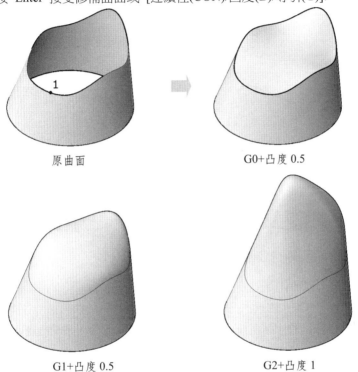

原曲面　　　　　　　　　　　　　　G0+凸度 0.5

G1+凸度 0.5　　　　　　　　G2+凸度 1

✪ 建立新曲面修補曲面(以曲線約束)

指令: SURFPATCH

連續性 ＝ G0 - 位置，凸度 ＝ 0.5

選取要修補的曲面邊或 [鏈(CH)/曲線(CU)] <曲線>: 　　　　　←選取邊緣 1

選取要修補的曲面邊或 [鏈(CH)/曲線(CU)] <曲線>: 　　　　　←[Enter]

按 Enter 接受修補曲面或 [連續性(CON)/凸度(B)/導引(G)]: ←輸入選項 G

選取曲線或點，以約束修補曲面: 　　　　　　　　　　　　←選取物件 2

選取曲線或點，以約束修補曲面: 　　　　　　　　　　　　←[Enter]

按 Enter 接受修補曲面或 [連續性(CON)/凸度(B)/導引(G)]:

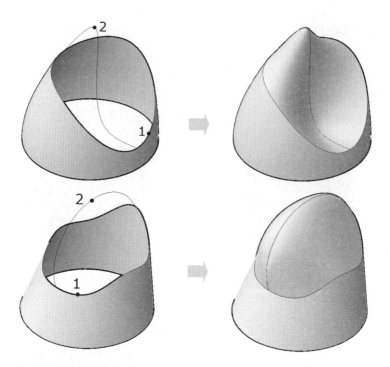

❖ **建立新曲面修補曲面**(以點約束)

指令: SURFPATCH

連續性 ＝ G0 - 位置，凸度 ＝ 0.5

選取要修補的曲面邊或 [鏈(CH)/曲線(CU)] <曲線>: ←選取邊緣 1

選取要修補的曲面邊或 [鏈(CH)/曲線(CU)] <曲線>: ←[Enter]

按 Enter 接受修補曲面或 [連續性(CON)/凸度(B)/導引(G)]: ←輸入選項 G

選取曲線或點，以約束修補曲面:　　　　　　　　　　←選取點 2

選取曲線或點，以約束修補曲面:　　　　　　　　　　←選取點 3

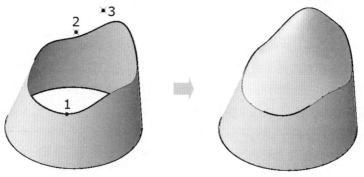

10 SURFOFFSET－曲面偏移

指令	SURFOFFSET
說明	以偏移複製方式建立新曲面
選項功能	翻轉方向(F)：翻轉偏移的方向箭頭 兩邊(B)：在兩邊同時產生偏移的曲面 實體(S)：偏移與建立成 3D 實體(類似於 THICKEN 指令) 連接(C)：設定偏移後相對邊緣是否相連接

功能指令敘述 (請開啟隨書檔案 SURF-OFFSET.dwg)

✪ 以偏移複製方式建立新曲面

指令: SURFOFFSET

連接相鄰邊緣 = 否

選取要偏移的曲面或面域:　　　　　　　　←選取曲面

選取要偏移的曲面或面域:　　　　　　　　←[Enter]

指定偏移距離或 [翻轉方向(F)/兩者(B)/實體(S)/連接(C)/表示式(E)] <-2.0000>:

　　　　　　　　　　　　　　←輸入 2 或-2

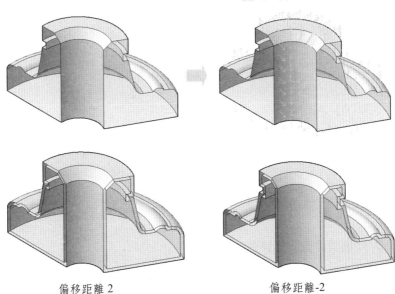

偏移距離 2　　　　　　　　　　　　偏移距離-2

❖ **翻轉偏移的方向箭頭**

指令: SURFOFFSET

連接相鄰邊緣 = 否

選取要偏移的曲面或面域:　　　　　　　　←選取曲面

選取要偏移的曲面或面域:　　　　　　　　←[Enter]

指定偏移距離或 [翻轉方向(F)/兩者(B)/實體(S)/連接(C)/表示式(E)] <-2.0000>:

　　　　　　　　　　　　　　　　　　←輸入 F

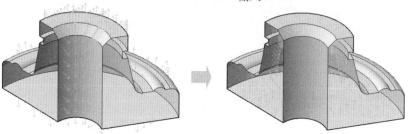

❖ **以偏移曲面方式建立新實體**

指令: SURFOFFSET

連接相鄰邊緣 = 否

選取要偏移的曲面或面域:　　　　　　　　←選取曲面

選取要偏移的曲面或面域:　　　　　　　　←[Enter]

指定偏移距離或 [翻轉方向(F)/兩者(B)/實體(S)/連接(C)/表示式(E)] <-2.0000>:

　　　　　　　　　　　　　　　　　　←輸入 S

指定偏移距離或 [翻轉方向(F)/兩者(B)/實體(S)/連接(C)/表示式(E)] <-2.0000>:

　　　　　　　　　　　　　　　　　　←輸入 2

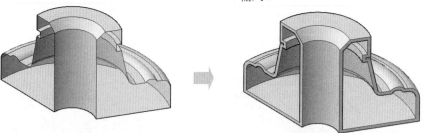

❖ **兩邊同時建立偏移曲面**

指令: SURFOFFSET

選取要偏移的曲面或面域: ←選取曲面

選取要偏移的曲面或面域: ←[Enter]

指定偏移距離或 [翻轉方向(F)/兩者(B)/實體(S)/連接(C)/表示式(E)]

　　　　　　　　　　　　　　　　　<-2.0000>:←輸入 B

指定偏移距離或 [翻轉方向(F)/兩者(B)/實體(S)/連接(C)/表示式(E)]

　　　　　　　　　　　　　　　　　<-2.0000>:←輸入 2

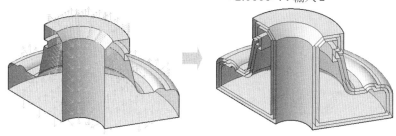

✪ 偏移曲面時的連結控制

指令: SURFOFFSET

選取要偏移的曲面或面域: ←選取五個獨立曲面

選取要偏移的曲面或面域: ← [Enter]

指定偏移距離或 [翻轉方向(F)/兩者(B)/實體(S)/連接(C)/表示式(E)] <-2.0000>:

　　　　　　　　　　　　　　　　　←輸入 C

持相鄰邊緣相連接 [否(N)/是(Y)] <是>: ←輸入 Y 或 N

指定偏移距離或 [翻轉方向(F)/兩者(B)/實體(S)/連接(C)/表示式(E)]

　　　　　　　　　　　　　　　　　<-2.0000>:←輸入 10

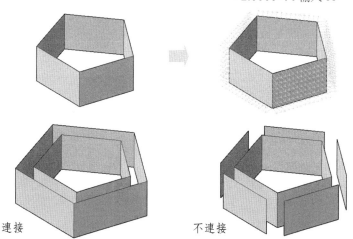

連接　　　　　　　　　　　　　　　　　　不連接

11　SURFFILLET－曲面圓角

指令	SURFFILLET
說明	在二曲面或面域間建立新圓角曲面
選項功能	半徑(R)：指定圓角半徑。輸入的值不能小於曲面之間的間距 　　　　該值會儲存於 FILLETRAD3D 系統變數值 　　　　修改半徑值可使用圓角掣點或性質選項板輸入值 修剪曲面(T)：設定是否修剪曲面

功能指令敘述　(請開啟隨書檔案 SURF-FILLET.dwg)

✪ 建立新曲面修補曲面之開放邊緣

指令: SURFFILLET
半徑 = 10，修剪曲面 = 是
選取要圓角的第一個曲面或面域，或 [半徑(R)/修剪曲面(T)]: ←輸入 R
指定半徑<35.0000>:　　　　　　　　　←輸入 50
選取要圓角的第一個曲面或面域，或 [半徑(R)/修剪曲面(T)]: ←選取曲面 1
選取要圓角的第二個曲面或面域，或 [半徑(R)/修剪曲面(T)]: ←選取曲面 2
按 Enter 接受圓角曲面或 [半徑(R)/修剪曲面(T)]:

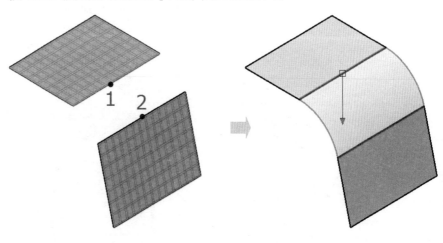

✪ **圓角曲面半徑值之修改：**圓角掣點拖曳、動態輸入、指令行可輸入半徑值。

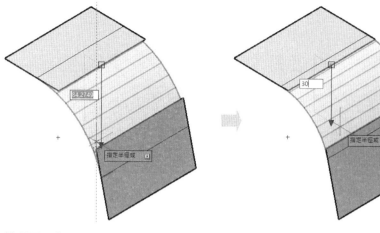

性質選項板：

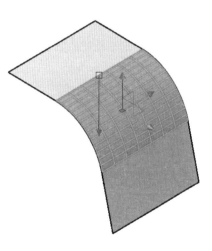

第一篇 第七章 ▼ 3D 曲面塑型

12 SURFTRIM－曲面修剪

指令	SURFTRIM
說明	曲面修剪與其他幾何圖形相交的部分

功能指令敘述 (請開啟隨書檔案 SURF-TRIM.dwg)

✪ **以擠出曲面修剪曲面**

指令: SURFTRIM

延伸曲面 = 是，投影 = 自動

選取要修剪的曲面或面域，或 [延伸(E)/投影方向(PRO)]: ←選取物件 1

選取要修剪的曲面或面域，或 [延伸(E)/投影方向(PRO)]: ←[Enter]

選取切割曲線、曲面或面域: ←選取物件 2

選取切割曲線、曲面或面域: ←[Enter]

選取要修剪的區域 [退回(U)]: ←選取區域 3

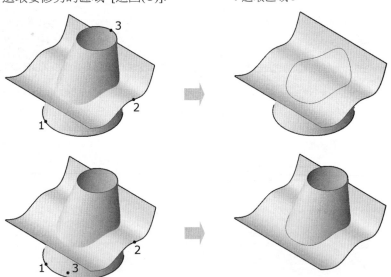

✪ **以斷面混成曲面修剪曲面**

指令: SURFTRIM

延伸曲面 = 是，投影 = 自動

選取要修剪的曲面或面域，或 [延伸(E)/投影方向(PRO)]: ←選取物件 1
選取要修剪的曲面或面域，或 [延伸(E)/投影方向(PRO)]: ←[Enter]
選取切割曲線、曲面或面域: ←選取物件 2
選取切割曲線、曲面或面域: ←[Enter]
選取要修剪的區域 [退回(U)]: ←選取區域 3

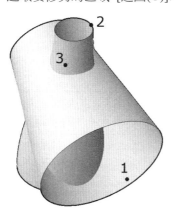 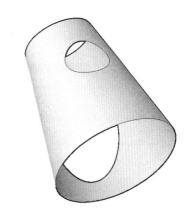

✪ 以延伸曲面修剪曲面

指令: SURFTRIM
延伸曲面 ＝ 是，投影 ＝ 自動
選取要修剪的曲面或面域，或 [延伸(E)/投影方向(PRO)]: ←選取物件 1
選取要修剪的曲面或面域，或 [延伸(E)/投影方向(PRO)]: ←[Enter]
選取切割曲線、曲面或面域: ←選取物件 2
選取切割曲線、曲面或面域: ←[Enter]
選取要修剪的區域 [退回(U)]: ←選取區域 3

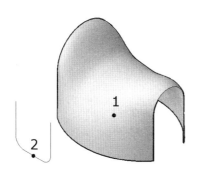 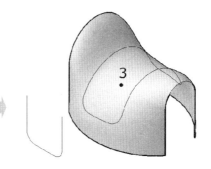

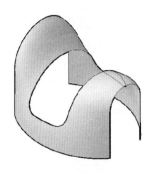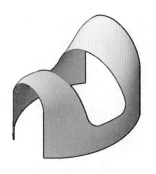

✪ **修剪之投影方向控制** (預設值為自動)

自動	修剪平面、平行視圖 (如上視圖、前視圖、右視圖) 中的曲面或面域時，切割幾何圖形投影至視圖方向的曲面上。
	使用角度、平行或透視視圖中的平面曲線修剪曲面或面域時，切割幾何圖形投影至的曲面方向互垂於曲線平面。
	使用角度、平行或透視視圖 (例如預設透視視圖) 中的 3D 曲線修剪曲面或面域時，切割幾何圖形投影至的曲面方向與目前 UCS 的 Z 方向平行。
視圖	根據目前視圖投影幾何圖形。
UCS	在目前 UCS 的 +Z 軸和 -Z 軸方向投影幾何圖形。
無	僅當切割曲線位於曲面之上時才修剪曲面。

❖ 上視圖投影：

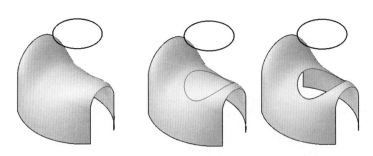

❖ 前視圖投影：

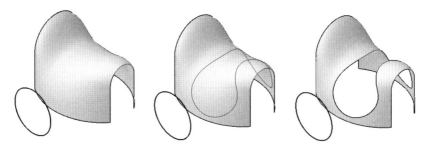

❖ 右視圖投影：

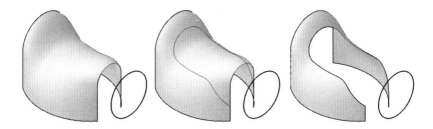

❖ 特殊角度視圖投影：(互垂於曲面平面)

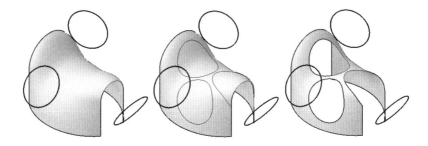

第一篇　第七章　▼　3D 曲面塑型

13　SURFUNTRIM－曲面取消修剪

指令	SURFUNTRIM
說明	恢復被 SURFTRIM 所修剪的曲面區域
選項功能	曲面(SUR)：選取曲面恢復所有被修剪的曲面區域

取消修剪

功能指令敘述 (請開啟隨書檔案 SURF-UNTRIM.dwg)

✪ 以擠出曲面修剪曲面

指令:SURFUNTRIM

選取要取消修剪的曲面上的邊或 [曲面(SUR)]:　　←選取物件邊緣

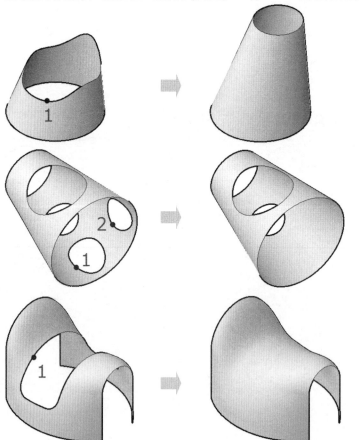

14 SURFEXTEND－曲面延伸

指令	SURFEXTEND
說明	依指定的距離延伸曲面

模式(M)：選取曲面恢復所有被修剪的曲面區域

　　延伸(E)：以嘗試模擬和延續曲面造型的方式擠出曲面

選項功能　　拉伸(S)：以不嘗試模擬和延續曲面造型的方式擠出曲面

建立類型

　　合併(M)：將曲面或延伸指定的距離，不建立新曲面

　　附加(A)：建立與原始曲面相鄰的新延伸曲面

功能指令敘述 (請開啟隨書檔案 SURF-EXTEND.dwg)

✪ 建立延伸與合併的延伸曲面

指令:SURFEXTEND

模式 = 延伸，建立 =附加

選取要延伸的曲面邊：　　　　　　　←選取下方開口邊緣 1

選取要延伸的曲面邊：　　　　　　　←[Enter]

指定延伸距離 [表示式(E)/模式(M)]:　←輸入數值

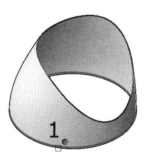

原曲面

延伸距離=50

✪ 延伸與拉伸模式的曲面差異

指令:SURFEXTEND

模式 = 延伸，建立 =附加

選取要延伸的曲面邊:　　　　　　　　　←選取邊緣物件 1

選取要延伸的曲面邊:　　　　　　　　　←[Enter]

指定延伸距離 [表示式(E)/模式(M)]:　　←輸入 100

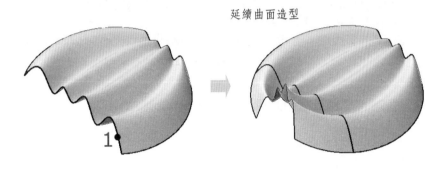

延續曲面造型

指令: SURFEXTEND

模式 = 延伸，建立 =附加

選取要延伸的曲面邊:　　　　　　　　　←選取邊緣物件 1

選取要延伸的曲面邊:　　　　　　　　　←[Enter]

指定延伸距離 [表示式(E)/模式(M)]:　　←輸入選項 M

延伸模式 [延伸(E)/拉伸(S)] <延伸>:　←輸入 S

建立類型 [合併(M)/附加(A)] <合併>:　←[Enter]

指定延伸距離 [表示式(E)/模式(M)]:　　←輸入距離

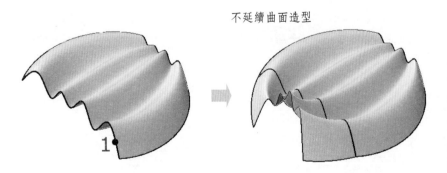

不延續曲面造型

✪ 合併與附加模式的曲面差異

指令:SURFEXTEND
模式 = 延伸，建立 = 合併
選取要延伸的曲面邊:　　　　　　　　←選取邊緣物件 1
選取要延伸的曲面邊緣:　　　　　　　←[Enter]
指定延伸距離 [表示式(E)/模式(M)]:　←輸入距離

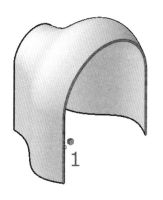

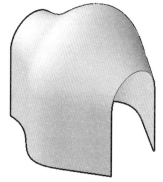

合併模式不會產生新曲面

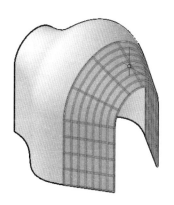

附加模式會產生新曲面

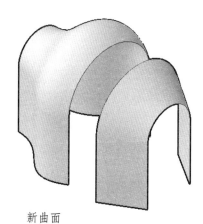

新曲面

15　SURFSCULPT－曲面雕刻

指令	SURFSCULPT	雕刻
說明	修剪和結合包圍無縫區域的曲面來建立實體	
注意事項	曲面封閉的區域必須是無縫的，且曲面連續性必須為 G0，否則無法完成曲面雕刻	

功能指令敘述

❂ **建立曲面包圍的無縫區域為實體** (請開啟隨書檔案 SURF-SCULPT.dwg)

指令: SURFSCULPT

網面轉換設定為: 平滑並已最佳化。

選取要雕刻成實體的曲面或實體:　　　　　←框選 3 個曲面物件

選取要雕刻成實體的曲面或實體:　　　　　←[Enter]

❖ 如果找不到無縫區域，會出現『實體建立失敗，未偵測到無縫體積』。

❂ **曲面外型雕刻的建議流程**

❖ **步驟一：**將主體放置於線框內。

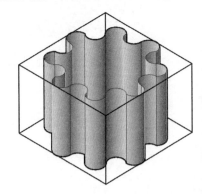

❖ **步驟二：**到各視圖平面繪製欲雕刻的外型曲線。

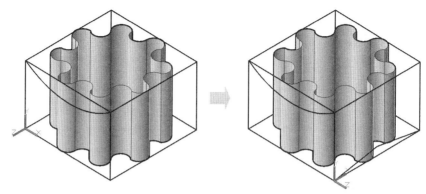

❖ **步驟三：**對曲線執行必要的曲面編輯(擠出、斷面混成、掃掠、迴轉…等)。

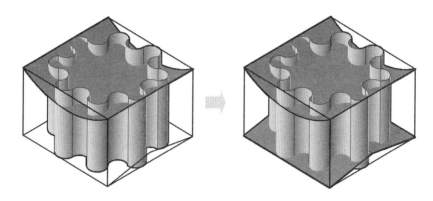

❖ **步驟四：**執行曲面雕刻 SURFSCULPT 指令,大功告成。

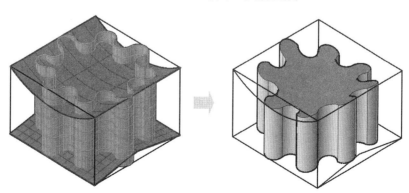

16 CONVTONURBS－轉換為 NURBS 曲面

指令	CONVTONURBS
說明	將實體與程序曲面轉換為 NURBS 曲面
注意事項	1. 因為 NURBS 曲面具有 CV 控制頂點，可以更自然的方式雕刻造型，所有才需要將實體和曲面轉換為 NURBS 曲面 2. 若要將網面轉換為 NURBS 曲面請先使用 CONVTOSOLID 或 CONVTOSURFACE 將它們轉換為實體或曲面，然後再轉換為 NURBS 曲面

功能指令敘述 (請開啟隨書檔案 SURF-NURBS.dwg)

✪ 將程序曲面轉換為 NURBS 曲面

指令: CONVTONURBS

選取轉換作業的目標物件:　　　　　　←選取程序曲面

一般曲面掣點　　　　　　　　NURBS 曲面+展示 CV 控點

❖ 轉換時如果控制頂點過多，會出現警告對話框。

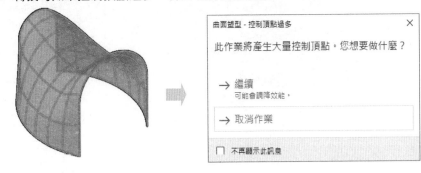

曲面塑型 - 控制頂點過多　　　　　　　✕

此作業將產生大量控制頂點。您想要做什麼？

→ 繼續
　　可能會調降效能。

→ 取消作業

☐ 不再顯示此訊息

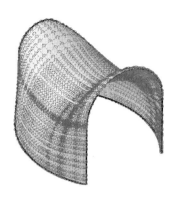

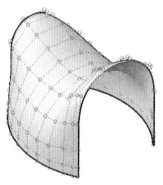

控制頂點計數 12*12

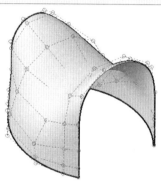

控制頂點計數 6*6

✪ 將實體轉換為 NURBS 曲面

指令: CONVTONURBS

選取轉換作業的目標物件:

←選取實體

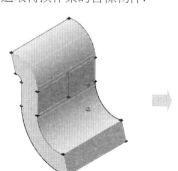

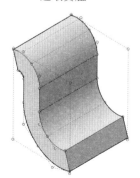

第一篇

第七章 ▼ 3D 曲面塑型

NURBS 曲面+展示 CV 控點

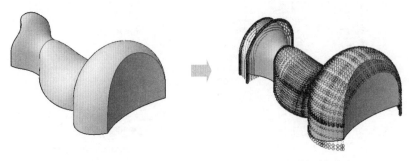

產生大量控制頂點

重新建置曲面 ✕

控制頂點計數
　U 方向(U):　　　(31)　　6
　V 方向(V):　　　(89)　　6

次數
　U 方向(I):　　　(3)　　3
　V 方向(E):　　　(3)　　3

選項
　☑ 刪除原始幾何圖形(D)
　☐ 重新修剪先前修剪的曲面(R)

最大偏差:　　0.000000
　預覽(P)　　確定　　取消　　說明(H)

控制頂點計數 6*6

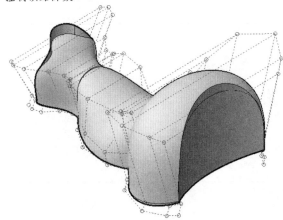

17　曲面 CV 控制頂點之展示、隱藏、加入、移除與重新建置

控制頂點 CV 功能區面板、快顯功能表

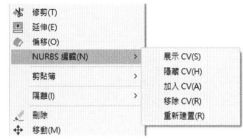

CVSHOW－展示曲面 CV 控制頂點

指令	CVSHOW
說明	展示所指定 NURBS 曲面或曲線的控制頂點
注意事項	轉換時如果控制頂點過多，會出現警告對話框，建議轉換後改以 CVREBUILD 重新建置 NURBS 曲面和曲線的造型

指令: CVSHOW (請開啟隨書檔案 SURF-NURBSEDIT.dwg)

選取要顯示控制頂點的 NURBS 曲面或曲線:

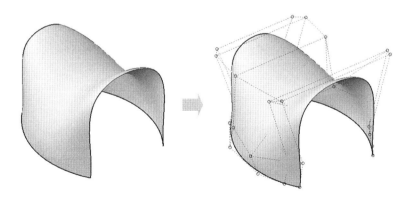

CVHIDE－曲面 CV 控制頂點隱藏

指令	CVHIDE
說明	隱藏所有 NURBS 曲面或曲線的控制頂點

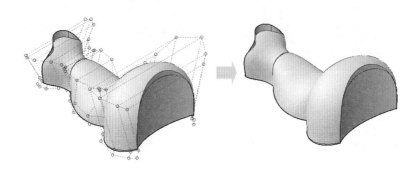

CVADD－曲面 CV 控制頂點加入

指令	CVADD
說明	將控制頂點加入至 NURBS 曲面和雲形線
選項說明	插入節點(K)：關閉控制頂點顯示，可直接在曲面上放置點，只有選取曲面才會顯示此選項
	方向(D)：指定在 U 方向還是 V 方向加入控制頂點

✪ **NURBS 曲面與 CV 控制頂點** (請開啟隨書檔案 SURF-CVADD.dwg)

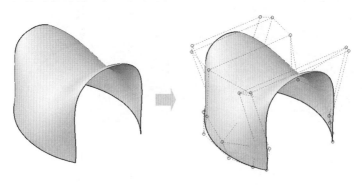

原始 NURBS 曲面　　　　　　　　展示 CV 控制頂點

✪ 在 U 方向上加入控制頂點

指令:CVADD

選取要加入控制頂點的 NURBS 曲面或曲線:　　←選取曲面

在 U 方向上加入控制頂點

選取曲面上的點或 [插入節點(K)/方向(D)]:　　←選取中點

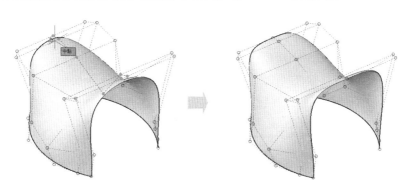

✪ 在 V 方向上加入控制頂點

指令:CVADD

選取要加入控制頂點的 NURBS 曲面或曲線:　　←選取曲面

選取曲面上的點或 [插入節點(K)/方向(D)]:　　←輸入 D

在 V 方向上加入控制頂點

選取曲面上的點或 [插入節點(K)/方向(D)]:　　←選取適當點

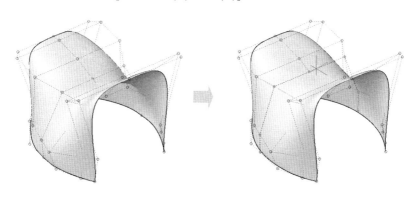

CVREMOVE－曲面 CV 控制頂點移除

指令	CVREMOVE
說明	將 NURBS 曲面和雲形線之控制頂點移除
注意事項	不管在任何方向，曲面或曲線的控制頂點最小數目是兩個

☺ 移除

✪ 在 V 方向移除控制頂點 (請開啟隨書檔案 SURF-CVREMOVE.dwg)

指令: CVREMOVE

選取要移除控制頂點的 NURBS 曲面或曲線: ← 選取曲面

移除 V 方向上的控制頂點

選取曲面上的點或 [方向(D)]: ← 選取點

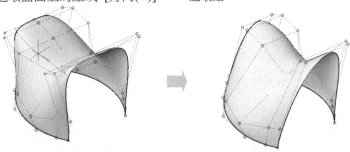

✪ 在 U 方向移除控制頂點

指令: CVREMOVE

選取要移除控制頂點的 NURBS 曲面或曲線: ← 選取曲面

移除 U 方向上的控制頂點

選取曲面上的點或 [方向(D)]: ← 輸入選項 D

移除 V 方向上的控制頂點

選取曲面上的點或 [方向(D)]: ← 選取點

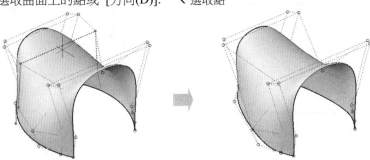

第一篇 第七章 ▼ 3D 曲面塑型

CVREBUILD－曲面重新建置

指令	CVREBUILD
說明	重新建置 NURBS 曲面和曲線的造型
注意事項	如果在編輯控制頂點時遇到困難或控制頂點過多，可以重新建置曲面或曲線，減少其在 U 或 V 方向上的控制頂點數

✪ **重新建置 NURBS 曲面的控制頂點數**

指令:CVREBUILD (請開啟隨書檔案 SURF-CVREBUILD.dwg)

選取要重新建置的 NURBS 曲面或曲線:　←選取曲面

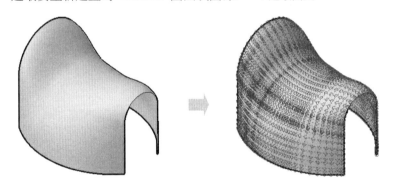

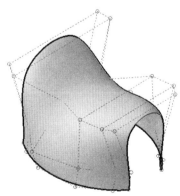

❂ NURBS 曲面的控制頂點計數與次數的搭配效果

 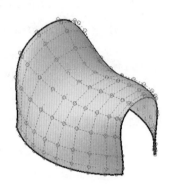

 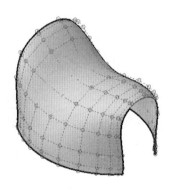

 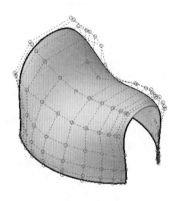

18 3DEDITBAR－曲面 CV 控制點編輯線

指令	3DEDITBAR
說明	對 NURBS 曲面進行重新造型、調整比例和編輯其切向可讓您以極高的精確度編輯曲面

功能指令敘述 (請開啟隨書檔案 SURF-3DEDITBAR.dwg)

✪ 編輯 NURBS 曲面

指令:3DEDITBAR

選取要編輯的 NURBS 曲面:　　　　　　←選取曲面

選取 NURBS 曲面上的點。　　　　　　←選取曲面編輯點

選取編輯列上的掣點或 [基準點(B)/位移(D)/退回(U)/結束(X)]<結束>:

　　　　　　　　　　　　　　　　　←輸入選項

** POINT LOCATION **

指定移動點或 [基準點(B)/複製(C)/退回(U)/結束(X)]:←選取位移點

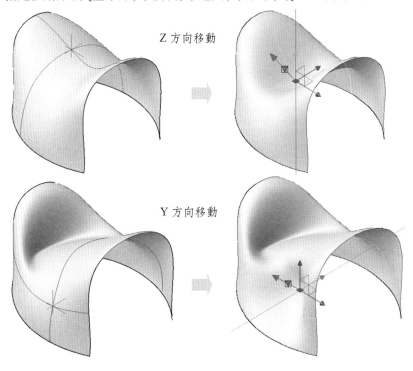

Z 方向移動

Y 方向移動

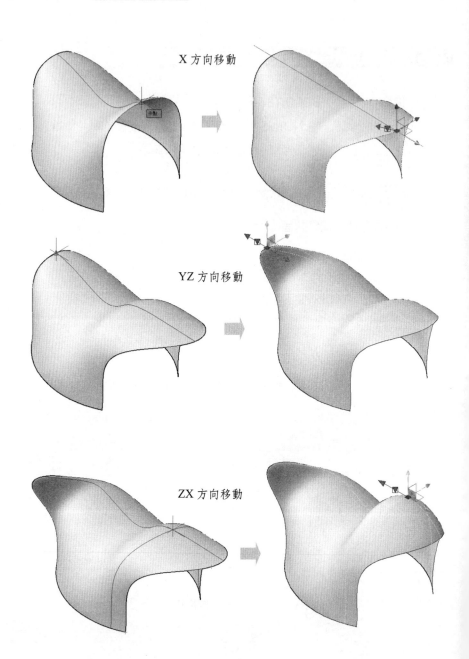

X 方向移動

YZ 方向移動

ZX 方向移動

19 ANALYSISOPTIONS－分析選項

指令	ANALYSISOPTIONS
	斑馬紋、曲率和拔模分析選項
	同時可以直接執行選取以便進行分析
	單獨執行指令：
說明	※斑馬紋分析→ANALYSISZEBRA
	※曲率分析→ANALYSISCURVATURE
	※拔模分析→ANALYSISDRAFT

實體曲面分析的功能區面板

功能指令敘述 (請開啟隨書檔案 SURF-ANALYSIS.dwg)

❍ **曲面與實體斑馬紋分析：**透過將平行線投影至模型來分析曲面連續性。

❖ 如果無法執行出現訊息『使用硬體加速時可執行曲面分析』請執行
3DCONFIG，啟動硬體加速。

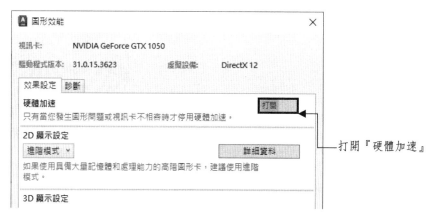

打開『硬體加速』

指令: ANALYSISOPTIONS

90 度+圓柱+厚條紋顯示

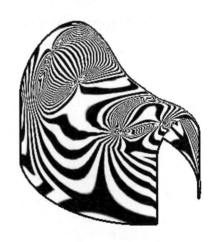

45 度+圓柱+最薄條紋顯示

鉻球+中條紋顯示

圓柱+較厚條紋顯示

鉻球+薄條紋顯示

✪ **曲面與實體曲率分析**

透過顯示顏色漸層，來演算曲面曲率高和曲面曲率低的區域。

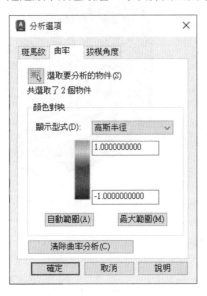

✪ **曲面與實體拔模角度分析**

演算模型中的零件及其模具之間是否有足夠的拔模空間。

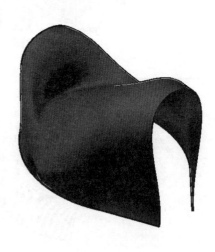

第一篇 第八章

輕鬆掌握 3D 配置與出圖

1 『配置』與『出圖』的作法

AutoCAD 的作圖流程建議

✪ 建議方式

❖ 在【模型】空間作業：

1. 新圖，依圖元尺寸 1：1 的繪入圖面中 (cm 或 mm 皆可)。
2. 圖面繪圖與編修，適時的搭配圖層、顯示控制…
3. 依圖層規劃為圖面加入剖面線、文字註解、各種線型…
4. 適當的設定標註型式與正確、完整的尺寸標註。
5. 對圖面做必要之檢修、查詢與修改，直到完成。

❖ 在【配置】空間作業：

1. 新建一組以上的【配置】。
2. 在圖紙空間插入適當的圖框 (以 mm 為單位繪製完成)。
3. 在圖紙空間建立適當大小形狀與數量的『浮動視埠』。
4. 調整『浮動視埠』內的比例設定、鎖護、隱藏出圖…等。
5. 在【配置】的圖紙上加入必要的註解文字或圖形。
6. 選擇適當的出圖設備與出圖型式，並儲存【頁面設置】。
7. 出圖【配置】的內容。

✪ 重點叮嚀

❖ 以上的流程是建議的作圖原則，前後順序可以視狀況適當調整。

❖ 『浮動視埠』又稱為『浮動模型空間』。

❖ 新配置在沒建立任何視埠之前，整片配置叫做『圖紙空間』，建立『浮動視埠』後，配置空間=『圖紙空間』+『浮動模型空間』=PS+MS。

❖ 在模型空間主體圖形務必用原尺寸繪入圖面中，未來才不會錯亂。

❖ 圖層的規劃輕忽不得，對二種空間都很重要。

❖ 【配置】的名稱是很靈活的，視需要自行訂定之。

❖ 別忘了事先建立一些 *.dwg 底圖或 *.dwt 樣板檔。

✪ **步驟一** 請快速的完成以下圖形於模型空間或呼叫出隨書檔案圖檔 TEST1.DWG 為避免原始檔案被破壞，我們另存新檔成 TEST2.DWG。

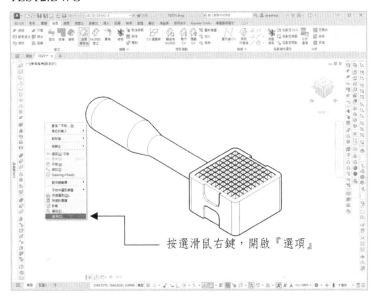

按選滑鼠右鍵，開啟『選項』

✪ **步驟二** 於配置出圖前，請先將 OPTIONS『選項』中的『配置元素』第一個選項打勾，其餘關閉。

✪ **步驟三** 準備建立【配置】，按選螢幕左下角，於【配置 1】雙擊滑鼠左鍵，更名為【3D 配置練習】。

將滑鼠移至配置 1，按選右鍵即出現選單，選取『更名』，或雙擊滑鼠鍵

更改為『3D 配置練習』

✪ **步驟四** 執行插入 INSERT，按選 出現檔案對話框，插入隨書附上的檔案『A4BLK』圖檔，再於圖面上按選滑鼠右鍵，於選單上選取『插入』。

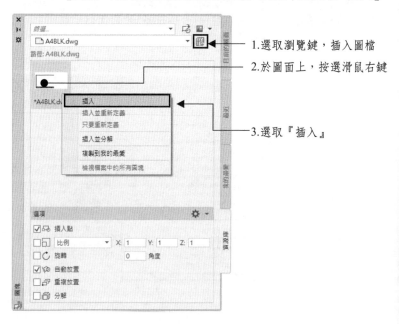

1.選取瀏覽鍵，插入圖檔

2.於圖面上，按選滑鼠右鍵

3.選取『插入』

❖ 插入點『0,0』，比例均為『1』，旋轉角度為『0』。

於【3D 配置練習】完成圖框插入效果

✪ **步驟五**　執行 VPORTS，出現對話框後，選取『四個:等分』，將『視埠間距』
設為 3，『設置』設為 3D，再分別點選四個視窗做調整如圖所示。

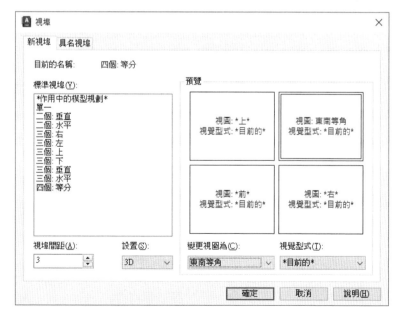

❖ 於圖框範圍內，選取視埠兩個框點。

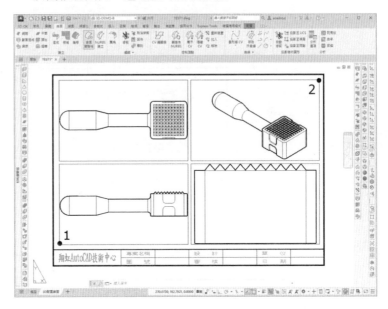

✪ **步驟六**　在圖紙空間中碰選上視、前視、右視的視埠框出現快速性質面板，調整標準比例為 1:2。(如果快速性質被關閉，請由 ▤ 打開)

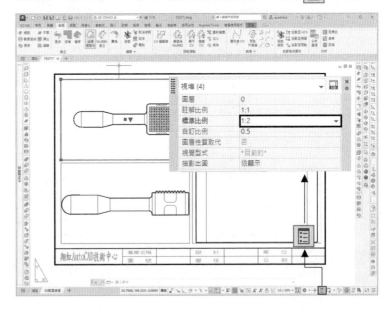

✪ **步驟七**　在圖紙空間中碰選四個的視埠框與右鍵，將四個視埠隱藏出圖。或
執行 MVIEW→H→ON 亦可。

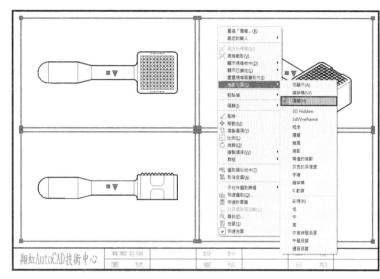

✪ **步驟八**　新增一個 VPORTS 圖層，於視埠外快按滑鼠左鍵二下到圖紙空間，
選取四個視埠框到此圖層，同時請將 VPORTS 層 OFF 關閉。

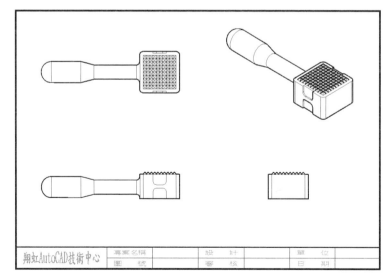

✪ **步驟九**　執行 PLOT 指令設定出圖設備。

❖ **選取繪圖機的種類** (例如本中心為 HPColorLaserM255-M256 雷射印表機)。

❖ 將出圖型式表設定為 monochrome.ctb，黑白出圖設定選項。

❖ 出圖比例 1:1。

❖ 出圖內容為『實際範圍』。

❖ 出圖偏移量勾選『置中出圖』。

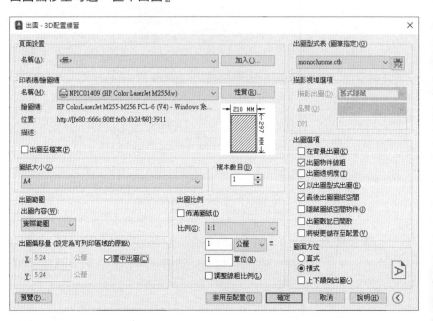

✪ **步驟十** 完成所有設定，先不要急著關閉對話框，再按選頁面設置中的『加入』，將設定儲存起來。

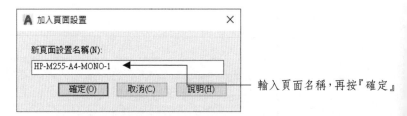

輸入頁面名稱，再按『確定』

✪ **步驟十一** 大功告成，快樂的出圖！

❖ 按選『預覽』。

❖ 您會訝異於→『圖面』所見，竟然如『輸出』所得。

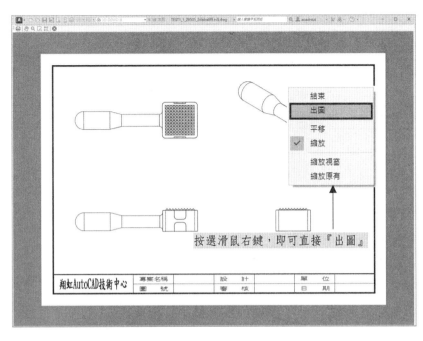

❖ VPORTS 視埠框圖層沒有關閉的效果。

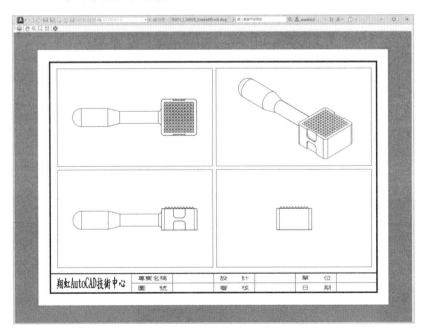

3　重要的『配置』相關指令與技巧

由上一節的分析，若要能更順利掌控『配置』以利出圖，讀者們請務必要再多熟悉以下的相關指令與技巧

1	環境設定『選項』→顯示→『配置元素』	
2	LAYOUT	配置設定與管理
3	LAYOUTWIZARD	配置精靈
4	PAGESETUP	頁面設置
5	PSETUPIN	匯入具名的頁面設置
6	VPORTS	視埠分割與管理
7	MVIEW	圖紙空間視埠分割與管理
8	VPCLIP	擷取既有的視埠
9	『浮動視埠』內的比例調整技巧	
10	貼心的『浮動視埠』快顯功能表	
11	貼心的『配置』快顯功能表	
12	多重配置的觀摩圖檔 VPORTS.DWG	

✪ 環境設定『選項』中的『配置元素』

控制呼叫方式：
『選項』→
『顯示』頁籤

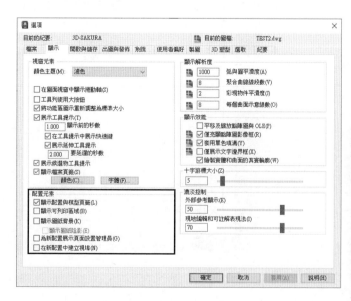

❖ 配置元素所控制的各相關部位設定：

建議將配置元素中『顯示配置與模型頁籤』打開，其餘全部關閉

❖ 原因有三：

1. 自動建立的視埠，大小根本不合用也不理想。

2. 萬一圖紙與出圖大小不同，則背景與列印區域顯示格格不入。

3. 新配置一開始就自動跳出頁面設置也非必要。

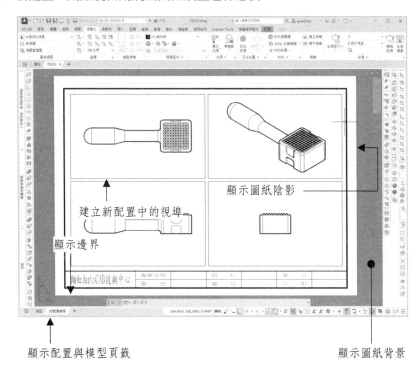

4　LAYOUT－配置設定

指令	LAYOUT
說明	配置設定與管理
快顯功能表	『配置標籤』上方按滑鼠右鍵
選項功能	複製(C)：複製配置 刪除(D)：刪除配置 新建(N)：新建配置 樣板(T)：取用 DWT 樣板檔內的配置 更名(R)：將配置更名 另存(SA)：將配置存成 DWT 樣板檔 設定(S)：設定為目前的配置 ?：列示目前圖面內的所有配置

功能指令敘述

指令:LAYOUT

輸入配置選項 [複製(C)/刪除(D)/新建(N)/樣板(T)/更名(R)/另存(SA)/設定(S)/?] <
設定>:　　　　　　　　　　　　　　　←輸入選項

✪ 新建與儲存配置二個含圖框配置的樣板檔『A4HH.dwt』與『A4VV.dwt』

❖ **步驟一：** 開啟一張新圖，從草圖開始，選取公制。

❖ **步驟二：** 以配置快顯功能表將『配置一』更名為『A4HH』，以配置快顯功能表將『配置二』更名為『A4VV』。

❖ **步驟三：** 切到『A4HH』配置後，INSERT 圖框 A4-HOR.dwg 進來。

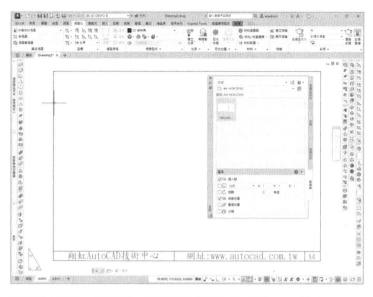

切到『A4VV』配置後，INSERT 圖框 A4-VER.dwg 進來。

❖ **步驟四：** 儲存一個 A4-HHVV.DWT 樣板檔。

指令: LAYOUT
輸入配置選項 [複製(C)/刪除(D)/新建(N)/樣板(T)/更名(R)/另存
(SA)/設定(S)/?] <設定>:　　　　　　　　　　←輸入 SA

輸入要儲存成樣板的配置<A4VV>:　　　　← [Enter]內定 A4VV

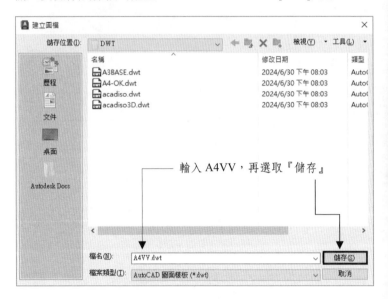

　　　　　　　　　　　　　　　　輸入 A4VV，再選取『儲存』

❖ **步驟五：** 依此類推，儲存一個 A4HH.DWT 樣板檔。

❖ **步驟六：** 將這張含有二個配置的圖形，直接另存新檔(SAVEAS)為 A4-HHVV.DWT 樣板檔。

❖ **步驟七：** 大功告成，完成了三個 DWT 樣板檔 A4HH、A4VV、A4-HHVV。

✪ 取用的樣板檔內配置技巧

❖ **步驟一：** 執行 NEW，以『在沒有樣版的情況下開啟－公制』開啟一張新圖。

❖ **步驟二：** 指令：LAYOUT
　　　　　　輸入配置選項 [複製(C)/刪除(D)/新建(N)/樣板(T)/更名(R)/另存(SA)/設定(S)/?] <設定>:　　　　←輸入 T

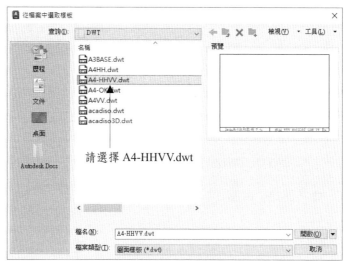

請選擇 A4-HHVV.dwt

❖ 步驟三： 請選擇加入 A4HH 或 A4VV 配
置，如圖，多了一個 A4VV 配
置，並請切換此配置。

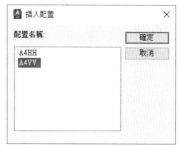

將滑鼠移至圖檔標籤位置，出現預覽視窗，切換至 A4VV 配置

5　LAYOUTWIZARD－配置精靈

指令	LAYOUTWIZARD
說明	STEP by STEP　協助建立配置

功能指令敘述

指令: LAYOUTWIZARD

❂ 『開始』頁面

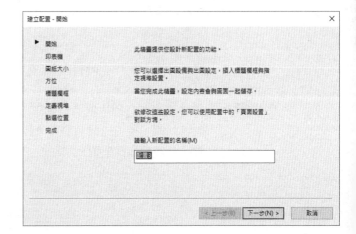

❂ 『印表機』頁面

✪『圖紙大小』頁面

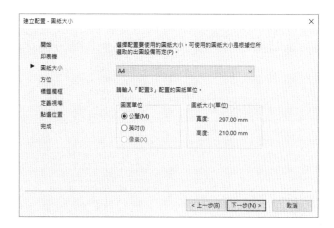

✪『方位』頁面

✪『標題欄框』頁面

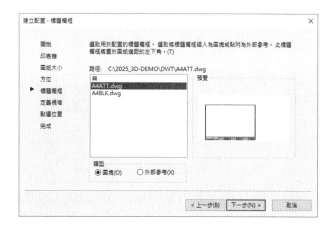

✪ 『定義視埠』頁面

✪ 『點選位置』頁面

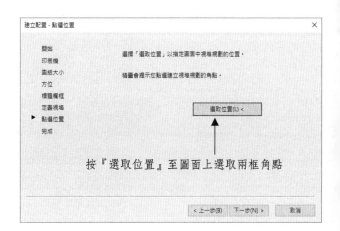

按『選取位置』至圖面上選取兩框角點

✪ 『完成』頁面

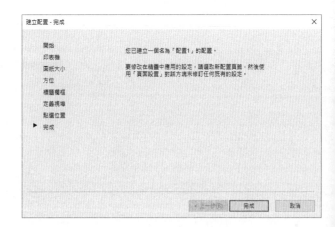

✪ 當『**定義視埠**』設為：標準 3D 工程視埠，行與列間距為 5。

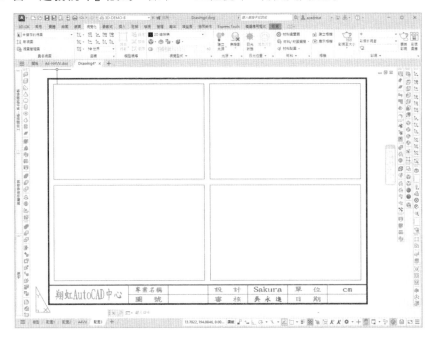

✪ 當『**定義視埠**』設為：陣列，行=3 與列=2，距離為 4。

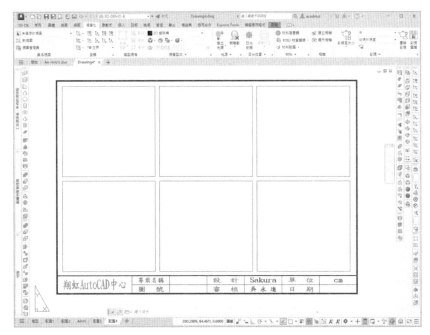

6 PAGESETUP－頁面設置

指令	PAGESETUP
說明	頁面設置與管理
快顯功能表	『配置標籤』上方按滑鼠右鍵→頁面設置管理員
注意	『頁面設置』儲存於各【配置】與圖檔中

功能指令敘述

指令：PAGESETUP

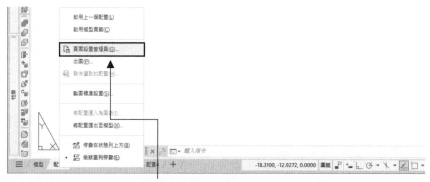

將滑鼠移到配置標籤上方，按選右鍵即出現快顯功能表

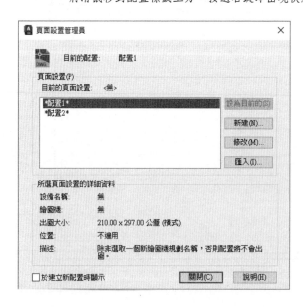

☻ 開新檔案：建立新的頁面設置名稱。

名稱建議=印表機名稱+圖紙大小+Color/Mono+出圖比例
此範例是 HP-M255-MONO-F。

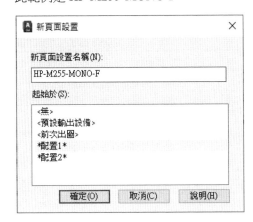

☻ 頁面設置對話框：項目雖然很多，但是很容易了解。

❖ 印表機/繪圖機：

選取適當的輸出設備。

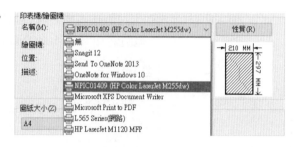

❖ 圖紙大小：

依出圖設備的不同，選項也將
不同。

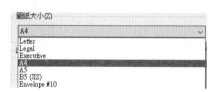

❖ 出圖範圍：

配置	依照配置的 0,0 點開始到指定圖紙尺寸範圍做列印
視窗	依窗選的範圍出圖
實際範圍	依實際範圍出圖
顯示	依目前顯示畫面出圖

❖ 出圖偏移量：可選『置中出圖』或調整
『X』,『Y』的偏移量。

❖ 出圖比例：可選比例或佈滿圖紙。

❖ 出圖型式表：選取出圖對應的圖筆，顏色與線寬控制設定檔。

❖ 描影視埠選項：3D 描影時的視埠處理
　　　　　　　　2D 時此處無關緊要

❖ 出圖選項：　出圖物件線粗
　　　　　　　　出圖透明度
　　　　　　　　以出圖型式出圖
　　　　　　　　最後出圖圖紙空間
　　　　　　　　隱藏圖紙空間物件

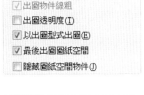

❖ 圖面方位：　直式、橫式或上下顛倒出圖

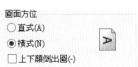

範例說明

✪ 輕鬆的新建與儲存三組『頁面設置』

❖ **步驟一：** 請叫出隨書檔案中 3D-PAGEDEMO.dwg 練習。

❖ **步驟二：** 切至『DEMO3』配置標籤後，按右鍵呼叫快顯功能表→『頁面設置管理員』。

❖ **步驟三：** 按選『新建』→名稱 HP-M255-A4-MONO-F。

❖ **步驟四：** 修改頁面的設定：印表機→HPColorLaserJet M255-M256。

(此處請按照讀者印表機設備彈性調整)

圖紙大小	A4	出圖比例	佈滿圖紙
出圖範圍	實際範圍	出圖型式表	monochrome.ctb
出圖偏移量	置中出圖	圖面方位	橫式

❖ **步驟五：** 預覽成果。

(圖框雖然是 A3 的，但是出到 A4 的圖紙佈滿的非常漂亮)

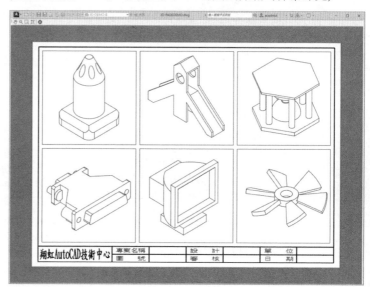

❖ **步驟六：** 再按『新建』→名稱 HP-M255-A4-MONO-0.5。

修改頁面的設定：印表機→HPColorLaserJet M255-M256。

圖紙大小	A4	出圖比例	1:2
出圖範圍	實際範圍	出圖型式表	monochrome.ctb
出圖偏移量	置中出圖	圖面方位	橫式

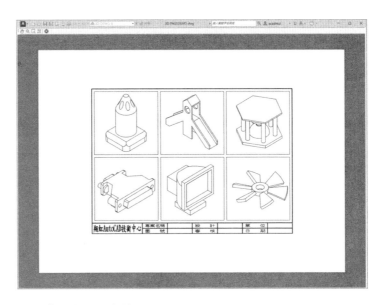

❖ **步驟七：** 再按『新建』→名稱 DWF-A3-COLOR-1。

修改頁面的設定：印表機/繪圖機→ DWF6 ePlot.pc3。

圖紙大小	ISO full bleen A3	出圖比例	1:1
出圖範圍	實際範圍	出圖型式表	acad.ctb
出圖偏移量	置中出圖	圖面方位	橫式

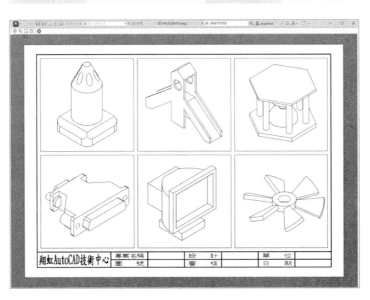

❖ 步驟八： 三組頁面設置 OK！儲存 3D-PAGEDEMO-OK.DWG 檔案。

☉ 輕鬆取用已存在的『頁面設置』

❖ 步驟一： 切至『DEMO3』配置縮圖或標籤後，按右鍵呼叫快顯功能表→
『頁面設置管理員』。

❖ 步驟二： 直接挑選所需的頁面設置與設為目前的即可。

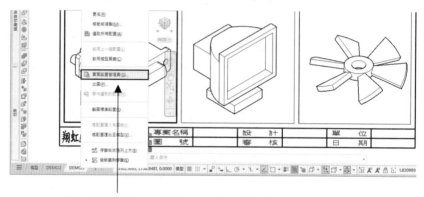

將滑鼠移至頁籤，點選滑鼠右鍵，直接選取

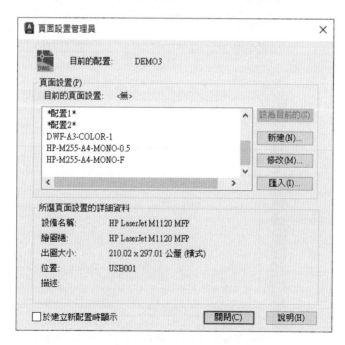

7　PSETUPIN－匯入頁面

指令	PSETUPIN
說明	匯入頁面設置
注意	可匯入的檔案類型 DWG、DWT、DXF 三種

功能指令敘述

指令：PSETUPIN (選取匯入 3D-PAGEDEMO-OK.DWG)

如果重複載入頁面則會詢問是否重新定義

8 VPORTS－視埠

指令	VPORTS
說明	視埠分割與管理

✪ 在模型空間中的 -VPORTS

指令：-VPORTS
輸入選項 [儲存(S)/還原(R)/刪除(D)/接合(J)/單一(SI)/?/2/3/4/切換(T)/模式
(MO)] <3>: ←輸入選項

✪ 在配置空間中的 -VPORTS

指令: -VPORTS
指定視埠的角點或 [打開(ON)/關閉(OFF)/佈滿(F)/描影出圖(S)/鎖住(L)/新增
(NE)/具名(NA)/物件(O)/多邊形(P)/還原(R)/圖層(LA)/2/3/4] <佈滿>:
←輸入選項

✪ 選項說明

❖ **請指定視埠的角點**：建立矩形視埠。

❖ **打開(ON)**：打開視埠，物件可見。

❖ **關閉(OFF)**：關閉視埠，物件不可見。

❖ **佈滿(F)**：建立一個佈滿圖紙的浮動視埠。

❖ **描影出圖(S)**：3D 圖形時，還可設定視埠的顯示處理。
[依顯示(A)/線架構(W)/隱藏(H)/視覺型式(V)/彩現(R)]

❖ **鎖住(L)**：鎖護視埠。

❖ **物件(O)**：轉換物件為視埠 (如封閉聚合線、橢圓、雲形線、面域或圓)。

❖ **多邊形(P)**：建立一個多邊形的視埠。

❖ **還原(R)**：還原已儲存的具名視埠分割。

❖ **圖層(LA)**：將視埠圖層回到整體性質。

❖ **2/3/4**：分割視埠數。

功能指令敘述

指令: VPORTS

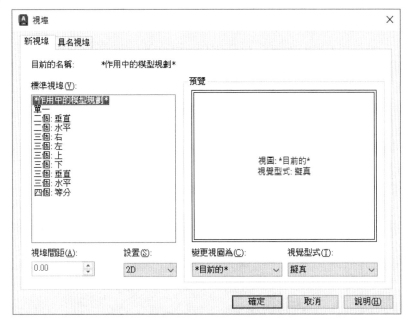

範例說明

✪ 建立矩形單一視埠

指令: -VPORTS

指定視埠的角點或 [打開(ON)/關閉(OFF)/佈滿(F)/描影出圖(S)/鎖住(L)/新增(NE)/具名(NA)/物件(O)/多邊形(P)/還原(R)/圖層(LA)/2/3/4] <佈滿>:

　　　　　　　　　　　　　　　　　　　　←直接給一角點 1

請指定對角點:　　　　　　　　　　　　　←再給另一角點 2

<VPORTS 之『矩形視埠』配置>

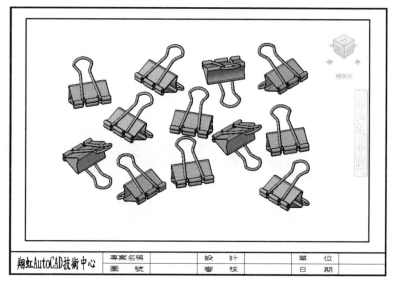

✪ 建立多邊形視埠

指令: -VPORTS

指定視埠的角點或 [打開(ON)/關閉(OFF)/佈滿(F)/描影出圖(S)/鎖住(L)/新增(NE)/具名(NA)/物件(O)/多邊形(P)/還原(R)/圖層(LA)/2/3/4] <佈滿>:

　　　　　　　　　　　　　　　　　　　　←輸入選項 P

指定起點:

指定下一點或 [弧(A)/閉合(C)/長度(L)/退回(U)]:　←選取多邊形框點

指定下一點或 [弧(A)/閉合(C)/長度(L)/退回(U)]:　←選取多邊形框點

指定下一點或 [弧(A)/閉合(C)/長度(L)/退回(U)]:　←選取多邊形框點

指定下一點或 [弧(A)/閉合(C)/長度(L)/退回(U)]:　　←輸入選項 C

<VPORTS 之『多邊形』配置>

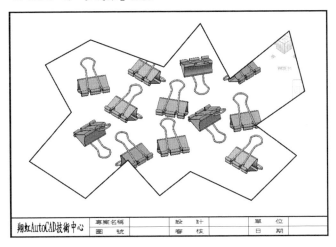

☉ 轉換物件為視埠

❖ 先畫一個正七邊形與修訂雲形線：

指令: -VPORTS(功能同 MVIEW 指令)
指定視埠的角點或 [打開(ON)/關閉(OFF)/佈滿(F)/描影出圖(S)/鎖住(L)/新增
(NE)/具名(NA)/物件(O)/多邊形(P)/還原(R)/圖層(LA)/2/3/4] <佈滿>:
　　　　　　　　　　　　　　　　　　　　←輸入選項 O

選取要截取視埠的物件:　　　　　　　　　　←選擇七邊形

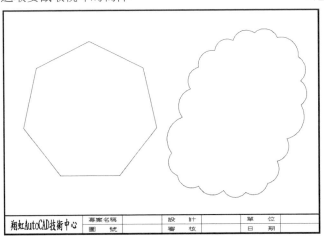

<轉換後：全都變成視埠>

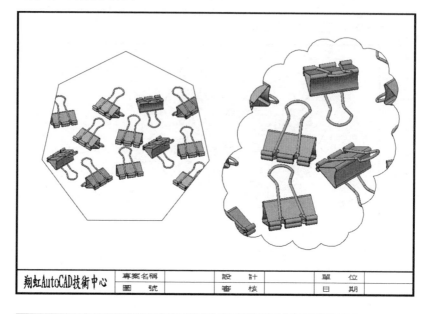

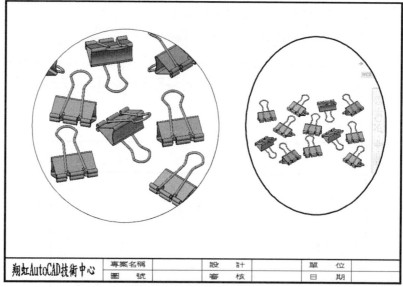

9　VPCLIP—視埠截取

指令	VPCLIP
說明	截取既有的視埠

功能指令敘述

指令：VPCLIP

✪ 選取物件截取視埠 (先於視埠外畫一個矩形)

選取要截取的視埠:　　　　　　　　　　　←選取圓視埠框
選取截取物件或 [多邊形(P)/刪除(D)] <多邊形>:　←選取矩形

『截取前』　　　　　　　　　　　『截取後』

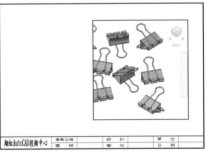

✪ 直接拉出多邊形去截取浮動視埠

指令: VPCLIP

選取要截取的視埠:　　　　　　　　　　　←選取矩形埠框
選取截取物件或 [多邊形(P)/刪除(D)] <多邊形>:　←輸入 P
指定起點:　　　　　　　　　　　　　　　←選取多邊形點
指定下一點或 [弧(A)/長度(L)/退回(U)]:　　←選取多邊形點
指定下一點或 [弧(A)/閉合(C)/長度(L)/退回(U)]:　←選取多邊形點
指定下一點或 [弧(A)/閉合(C)/長度(L)/退回(U)]:　←選取多邊形點
　　　　:　　　　:
指定下一點或 [弧(A)/閉合(C)/長度(L)/退回(U)]:　←輸入選項 C

第一篇 第八章 ▼ 輕鬆掌握 3D 配置與出圖

『截取前』

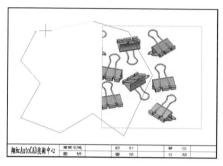

『截取後』

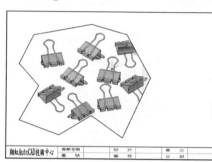

✪ 刪除截取的視埠設定

指令: VPCLIP

選取要截取的視埠:　　　　　　　　　　　　←選取視埠

選取截取物件或 [多邊形(P)/刪除(D)] <多邊形>:　←輸入 D

『刪除前』

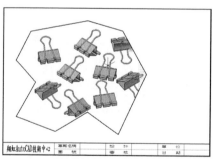

『刪除後』恢復原視埠

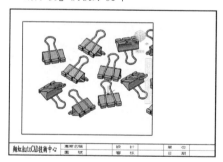

10　視埠內的比例調整技巧

功能指令敘述

○ **方式一**：指令式

　❖ **關鍵指令**：ZOOM 或'ZOOM

　❖ **範例說明**：切到各浮動視埠內，分別調整各視埠所需的比例。(1XP、
　　　　　　　0.5XP、0.25XP、0.4XP…)

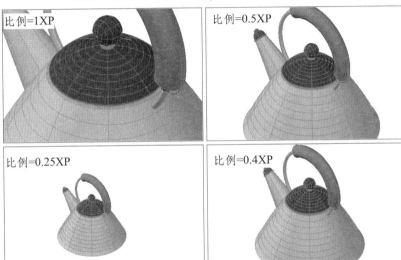

○ **方式二**：視埠工具列

　❖ **範例說明**：

　　切到各浮動視埠內或碰選浮動視
　　埠外框，於右下角視埠比例處調整
　　比例值。(1：2、1：1、2：1、調整
　　比例至佈滿)

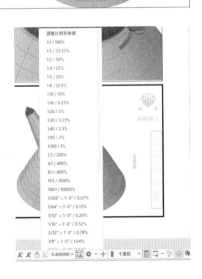

❖ 注意：

◉ 若所需的比例在選單中無法找到，則請用方式一技巧。

◉ 前幾次的比例選項，系統會自動放在選單上半區域。

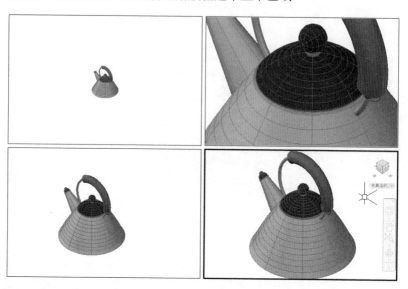

◉ 若找不到怎麼辦？很簡單，選取『自訂』出現對話框，選取『加入』，再輸入新比例值即可。

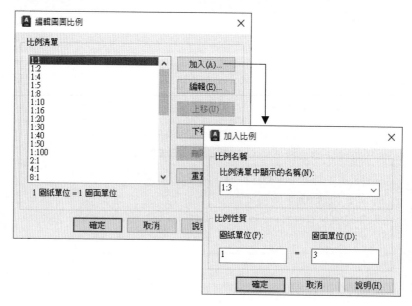

11 貼心的視埠快顯功能表

功能指令敘述

☼ **呼叫方式：**碰選視埠外框後，按滑鼠右鍵。

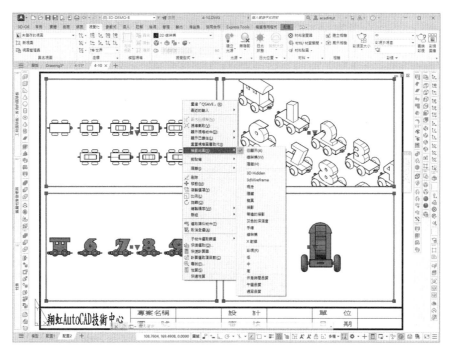

☼ **相關選項功能**

- ❖ 最大化視埠與最小化視埠→方便於視埠進行編輯或顯示控制。

- ❖ 視埠截取→功能等於 VPCLIP。

- ❖ 顯示視埠物件→功能等於-VPORTS→打開 ON 或關閉 OFF。

- ❖ 顯示已鎖住→功能等於-VPORTS→鎖住→打開 ON 或關閉 OFF。

- ❖ 重置視埠圖層取代→ 功能等於-VPORTS→圖層→將視埠圖層性質重置回
    整體性質。

- ❖ 描影出圖→功能等於-VPORTS→描影出圖。

12　貼心的『配置』快顯功能表

✪ **呼叫方式**：移至快速檢視配置或配置標籤上方，按滑鼠右鍵。

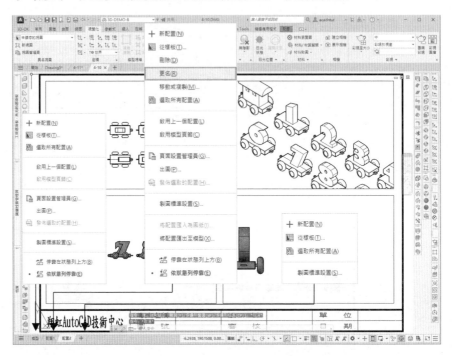

✪ **相關選項功能**

❖ **新配置→**　功能等於 LAYOUT→新建配置 N。

❖ **從樣板→**　功能等於 LAYOUT→樣板 T。

❖ **刪除→**　功能等於 LAYOUT→刪除 D。

❖ **更名→**　功能等於 LAYOUT→更名 R。

❖ **移動或複製**

❖ 選取所有配置：

選取前

選取全部配置(被選取的配置會亮顯)

❖ 頁面設置管理員→功能等於 PAGESETUP 指令 (請參考本章單元 6)。

❖ 出圖→功能等於 PLOT 指令 (請參考 PLOT 相關章節)。

13 SCALELISTEDIT 編輯比例清單

指令	SCALELISTEDIT
說明	編輯比例清單

功能指令敘述

✪ 加入 1：3

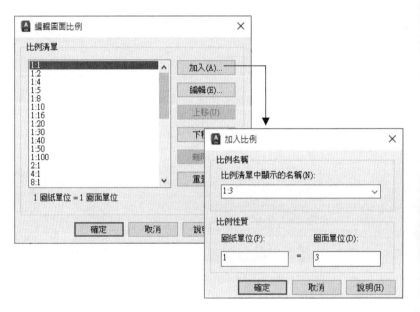

✪ 影響所及的對話框與選單

1	出圖對話框	4	性質選項板
2	頁面設置對話框	5	圖紙集
3	視埠工具列下拉選單	6	配置精靈

● VPORTS.DWG：有多組配置空間，請讀者自行觀摩之。

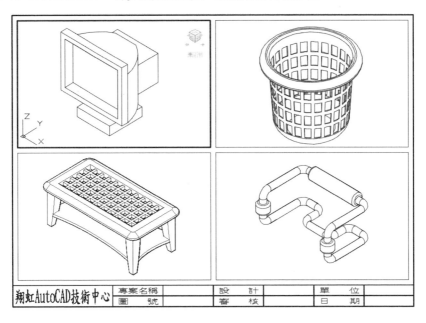

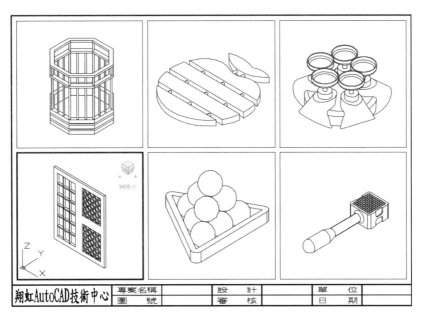

15 『出圖』型式管理員

指令	STYLESMANAGER
說明	出圖型式管理員 (控制出圖對應之圖筆、顏色、線寬)

功能指令敘述

指令：STYLESMANAGER

✪ 主要功能

❖ 新增出圖型式精靈：新建一組出圖型式表 CTB 檔。

❖ 出圖型式表格編輯：修改與編輯 CTB 檔。

✪ 新增出圖型式精靈：新建一組出圖型式表 CTB 檔。

❖ 呼叫方式：

◉ 下拉功能表→列印→管理出圖型式→新增出圖型式精靈。

◉ 出圖對話框→出圖型式表之『新建』。

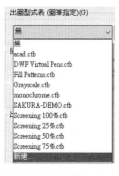

出圖對話框圖筆設定

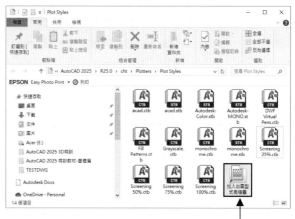

新建一個出圖型式

❖ 標準的彩色出圖 CTB 檔：acad.ctb

❖ 標準的黑白出圖 CTB 檔：monochrome.ctb

❖ 流程 1：

加入出圖型式表

❖ 流程 2：

加入出圖型式表－開始

❖ 流程 3：

加入出圖型式表－
表格類型

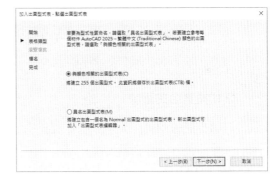

❖ 流程 4：

加入出圖型式表－檔
名 SAKURA-DEMO

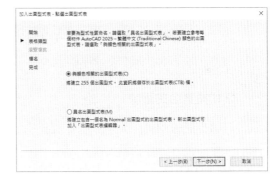

❖ 流程 5：

加入出圖型式表-完成

⊙ **出圖型式表格編輯：** 修改與編輯 CTB 檔。

❖ 呼叫方式：

◉ 出圖對話框→出圖型式表之『開新檔案』→完成畫面→出圖型式表編輯器。

◉ 出圖對話框→出圖型式表之『編輯』。

◉ 在新增繪圖機精靈→完成畫面→編輯繪圖機規劃。

◉ 按選左上角 →列印→管理出圖型式→CTB 檔案→快按滑鼠左鍵二下或『按右鍵→開啟』。

◉ 以檔案總管→控制台→出圖型式管理員→CTB 檔案→快按滑鼠左鍵二下或『按右鍵→開啟』。

⊙ **切換具名的視埠**

共有三種標籤：『一般』、『表格檢視』、『表單檢視』。

❖ 『一般』標籤：

顯示出圖型式表檔名、路徑、版本…相關資訊。

❖ 『表格檢視』標籤：

以橫向表格方式作顏色
對應圖筆之檢視與設
定。

❖ 『表單檢視』標籤：

以列示選單方式作顏色
對應圖筆之檢視與設定
對話框右邊會顯示選取
的出圖型式設定值。

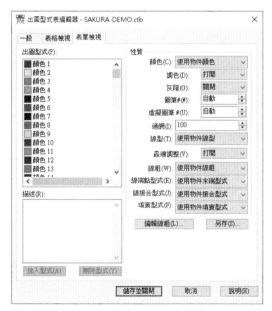

❖ 將左邊所有顏色全部選起來（圖面中所有的顏色），右上角選取黑色圖筆顏色。

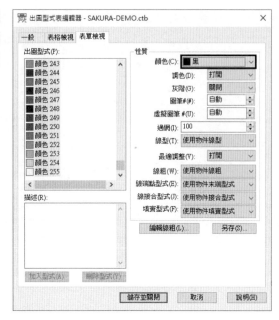

❖ 儲存並關閉，大功告成。

16　『出圖』囉！

正確與漂亮的出圖（模型與配置出圖）

『模型空間』出圖法

- ✪ **操作前**：請先切至『模型空間』

- ✪ **範例檔案**：3D-PLOTDEMO1.DWG

- ✪ **指令**：PLOT

- ✪ **下拉功能表**：檔案→出圖

- ✪ **功能鍵**：[Ctrl]+P

- ✪ **快顯功能表**：『模型標籤』上方按滑鼠右鍵→出圖

- ✪ **指令功能敘述**：不做特別設定，直接在『模型空間』出圖

    ❖ 頁面設置目前名稱為『無』(預設值)：

❖ 出圖型式表：

⊙ 若設為『acad.ctb』←AutoCAD 標準的彩色顏色控制圖筆、線型、線寬…的對應設定檔。

⊙ 若設為『monochrome.ctb』←AutoCAD 標準的黑白顏色控制圖筆、線型、線寬…的對應設定檔。

❖ 預覽出圖：

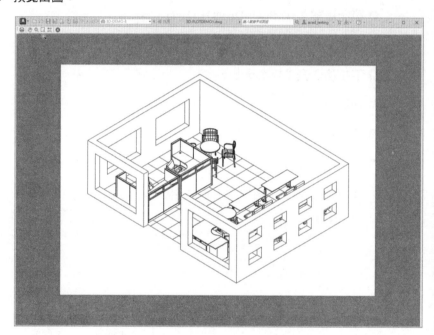

☻ **叮嚀：** 不少 AutoCAD 舊用戶，長久以來只用一個模型空間，包山、包海、包辦所有圖面的點點滴滴，這種作法問題很多很不專業！

❖ **若急於用原有作法出圖：**請用此法出圖吧！以免交不出圖時，讓 AutoCAD 成了無辜的待罪羔羊！

❖ **但若一個月後，您還不會用配置（圖紙）出圖：**那就落伍了！更談不上是 AutoCAD 專業工程師了！

『配置空間』出圖法

❂ **操作前：**請先切換至『配置空間：A4-1』

❂ **範例檔案：**3D-PLOTDEMO1.DWG

❂ **指令：**PLOT

❂ **下拉功能表：**檔案→出圖

❂ **功能鍵：**[Ctrl]+P

❂ **快顯功能表：**『配置標籤』上方按滑鼠右鍵→出圖

❂ **指令功能敘述**

❖ 出圖設定：

❖ 按選『加入』儲存成新的頁面設
置，方便下次出圖時使用。

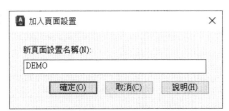

❖ 預覽出圖：(配置 A4-1)

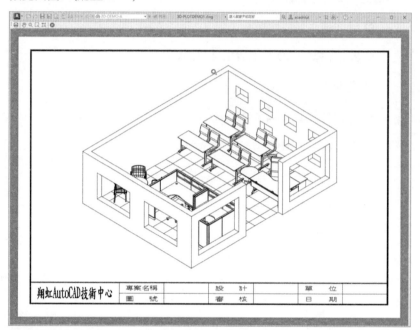

❖ 預覽出圖：(配置 A4-4)

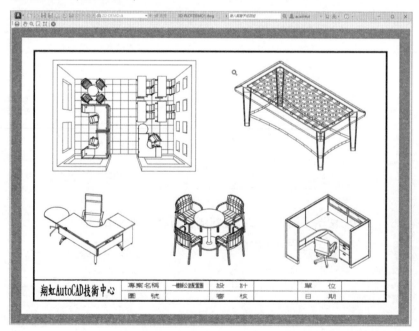

✪ 叮嚀

❖ 出圖前，務必將各配置、頁面設置調整好。

❖ 欲新建或編輯出圖型式表 CTB 檔案，請參考上一單元。

『背景出圖』與出圖戳記

✪ 在背景出圖

在背景出圖時可以立即返回圖面，如此一來對於出圖效率大大提昇，是否背景出圖的控制可由[選項]→出圖→背景處理選項作預設。

✪ **出圖戳記**：僅用於出圖時設定，不會與圖面一起儲存。

❖ **使用者定義欄位**：

若覺得欄位不夠，可以自行定義欄位。

❖ **出圖戳記參數檔**：

可以另存成*.PSS 檔案。

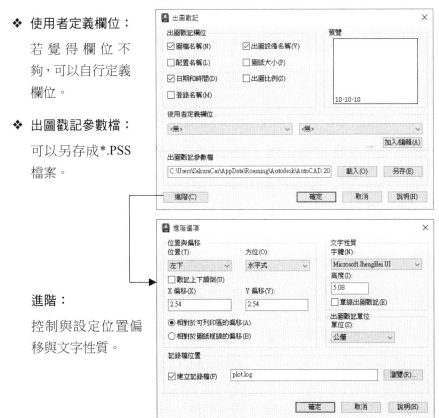

進階：

控制與設定位置偏移與文字性質。

17 精選全程演練：配置、視埠、比例與出圖

主角登場

❂ **請直接叫出隨書檔案中的【3D-PLOTDEMO2.dwg】圖檔**

這些圖形都是以
公分為單位　1:1
繪製出來的。

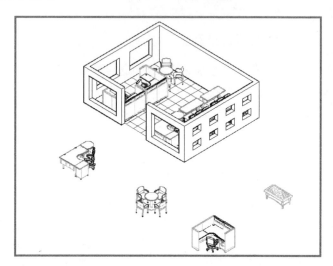

❂ **業主的第一個要求→**將最重要的室內空間輸出一張透視圖。

❖ **步驟 1：**
切到 A4-1 配置。

❖ **步驟 2：**
按左鍵二下進入
視埠模型空間。

❖ **步驟 3：**
先概略放大室內
圖至適當大小。

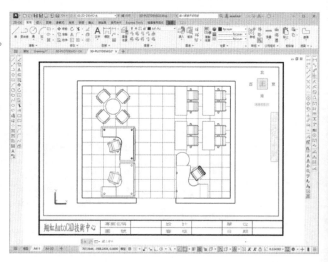

❖ 步驟 4： 於 ViewCube 上按右鍵，打開『透視』。

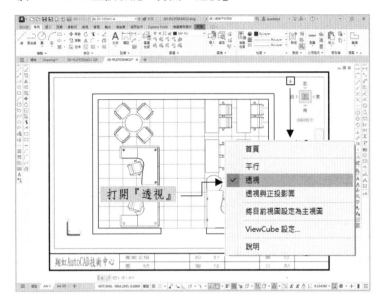

❖ 步驟 5： 以滑鼠滾輪即時縮放，將視覺型式設定為『隱藏』。

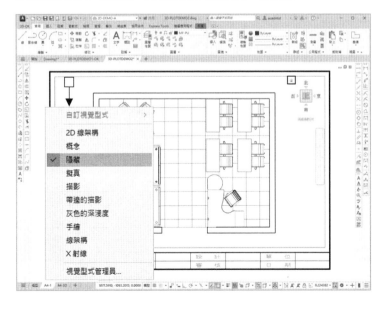

❖ 步驟 6： 回到圖紙空間將圖框內其他欄位填上適當的值。

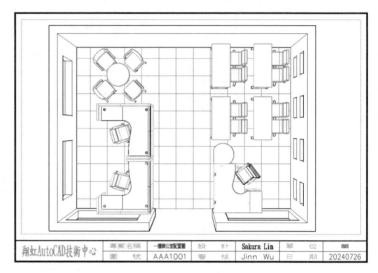

於圖框上快按滑鼠左鍵二下，進入屬性編輯器，輸入各欄位值，再『確定』。

❖ 步驟 7： 將視埠→描影出圖→隱藏。

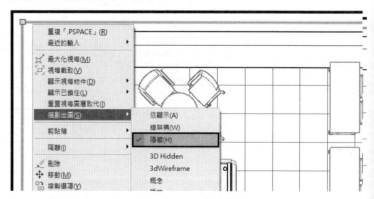

❖ **步驟 8：** 關閉 VPORTS 圖層。

❖ **步驟 9：** 大功告成，準備出圖，頁面設置選擇 DEMO。

❖ **步驟 10：** 所見即所得→快樂的出圖，感覺如同影印資料一樣輕鬆。

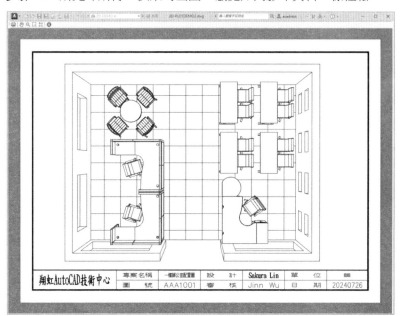

● **業主的第二個要求→**將其他重要設備再輸出另一張四合一圖。

❖ **步驟 1：** 切到 A4-3D 配置 (開啟 VPORTS 圖層)。

❖ **步驟 2：**

按左鍵二下分別進入四個視埠的浮動模型空間內與挑選適當的主角。

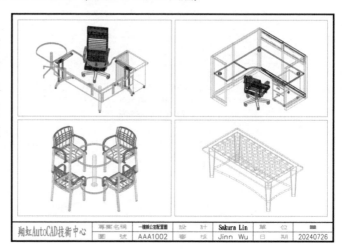

❖ **步驟 3：** 將四個視埠之描影出圖改為『隱藏』。

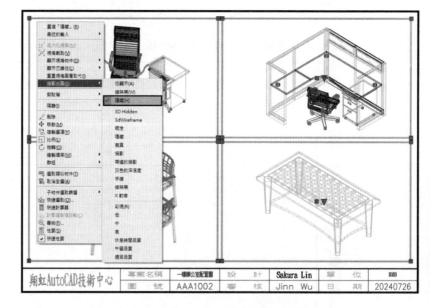

❖ **步驟 4：** 大功告成，準備出圖，頁面設置選擇 DEMO。

❖ **步驟 5：** 出圖預覽，準備另一次輕鬆快樂的出圖。

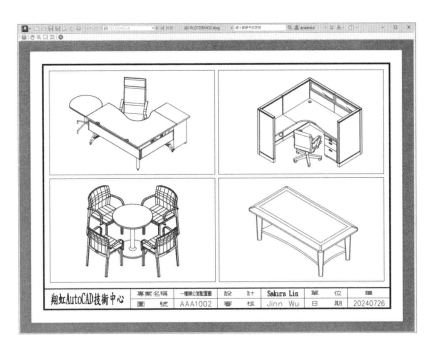

❖ **步驟 6：** 將四個視埠之描影出圖改為『概念』後出圖。

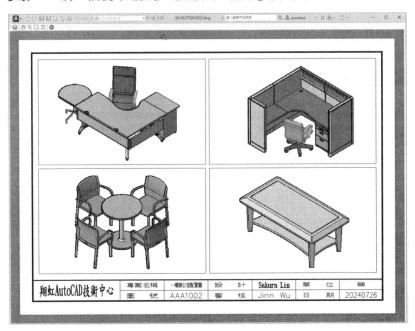

❖ 最後大功告成→將圖存成 3D-PLOTDEMO2-OK.DWG。

18 PUBLISH 發佈→批次出圖的好幫手

指令	PUBLISH
說明	發佈至 DWF/PDF 檔案或繪圖機

功能指令敘述

☺ 請叫出隨書檔案：

3D-PLOTDEMO3、3D-PLOTDEMO4、3D-PLOTDEMO5 三個.DWG 圖檔。

指令: PUBLISH

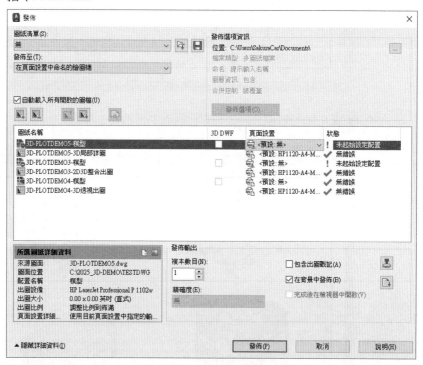

☺ 移除圖紙所有的模型

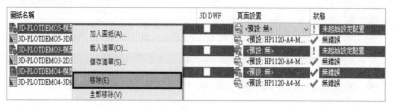

✪ **發佈至：**可以控制發佈至頁面設置指
　　　　定的繪圖機或 DWF 檔或
　　　　PDF 檔。

✪ **PDF：**共有五種 PDF 可選取。

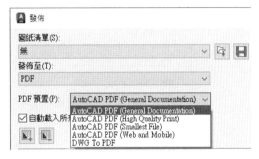

AutoCAD PDF 印表機類型	向量品質(dpi)	點陣式影像品質(dpi)
General Documentation	1200	400
High Quality Print	2400	600
Smallest File	400	200
Web and Mobile	400	200
DWG To PDF	600	400

✪ **進階控制**

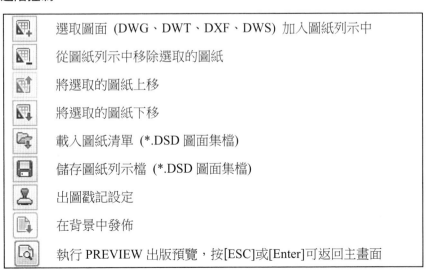

選取圖面 (DWG、DWT、DXF、DWS) 加入圖紙列示中
從圖紙列示中移除選取的圖紙
將選取的圖紙上移
將選取的圖紙下移
載入圖紙清單 (*.DSD 圖面集檔)
儲存圖紙列示檔 (*.DSD 圖面集檔)
出圖戳記設定
在背景中發佈
執行 PREVIEW 出版預覽，按[ESC]或[Enter]可返回主畫面

✪ **發佈選項**

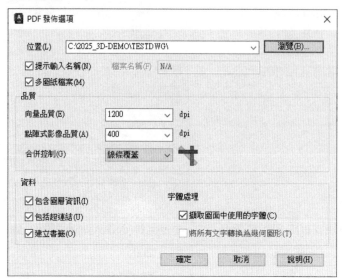

✪ **儲存圖紙清單(dsd 檔)**

儲存圖紙清單

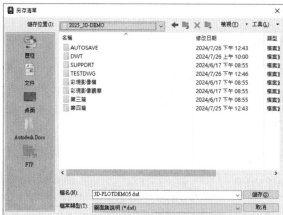

✪ 執行『發佈』儲存圖紙清單 (pdf 檔)

✪ 發佈完成：大功告成！完成多圖紙的 PDF 檔。

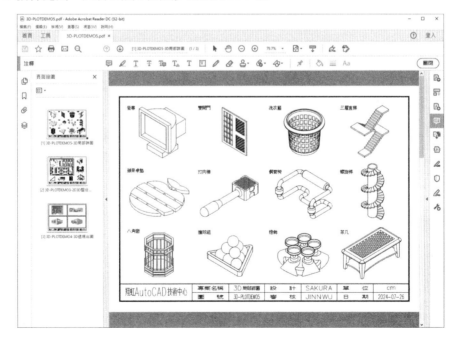

切換到其他圖檔

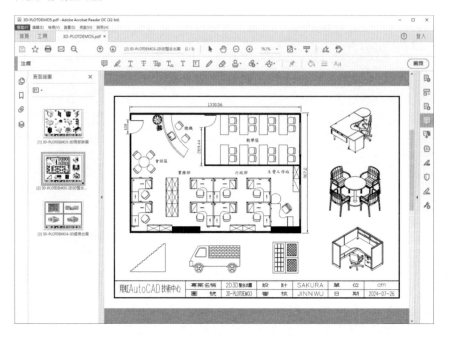

再切換到其他圖檔

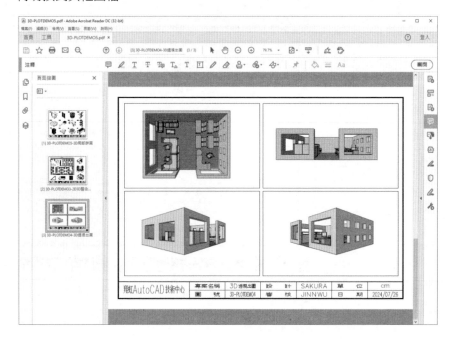

第一篇 第九章

三視圖立體圖互轉與基準、剖面與詳圖

1　精選範例：三視圖轉立體圖 1

期望目標　已經繪製好三視圖 (上視圖、前視圖、右視圖)

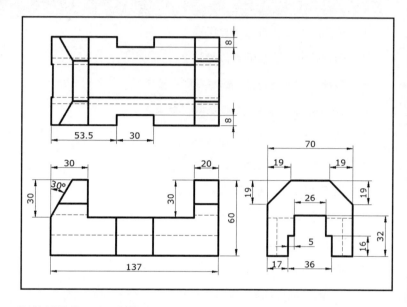

期望轉換為 3D 立體圖，並求出體積與表面積與 A、B、C、D 各點之間的距離

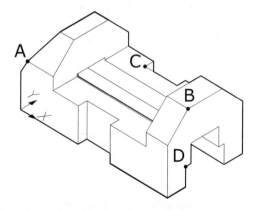

關鍵指令

指令名稱	功能說明	快捷鍵	工具列圖示
EXTRUDE	擠出	EXT	
3DALIGN	3D 對齊	3AL	
INTERSECT	交集	IN	

✪**步驟一**　　繪製三視圖或直接叫出隨書檔案 3D-3DALIGN-1.DWG。

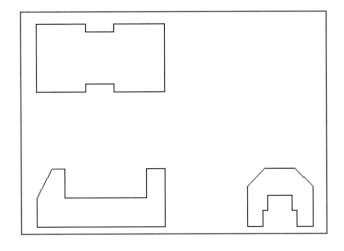

執行 REGION 面域框選圖形，切到東南等角觀測視圖

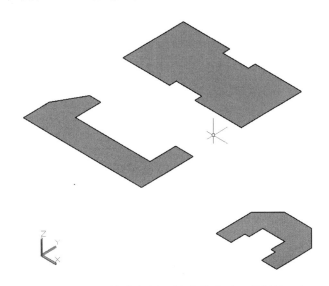

✪**步驟二**　　分別 EXTRUDE 擠出各視圖該有的高度，規則如下：

視圖類別	擠出的依據	本範例之數值
上視圖	高度	60
前視圖	寬度	70
右視圖	長度	137

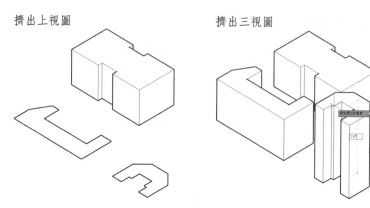

擠出上視圖　　　　　　　　　　擠出三視圖

✪ **步驟三** 　再以 3DALIGN 作對齊，完成前視圖組立與對齊上視圖。

3DALIGN 之 3 點對齊規則：

順序	控制重點	點序	說　　明
來源第一點	關鍵點	1	控制對齊過程的 Move 與 Rotate 之基準點
來源第二點	主軸方向	2	旋轉主軸方向 (以貼地線為優先)
來源第三點	主軸的哪一側	3	主軸的哪一側
目標第一點	關鍵點	4	控制對齊過程的 Move 與 Rotate 之基準點
目標第二點	主軸方向	5	旋轉主軸方向 (以貼地線為優先)
目標第三點	主軸的哪一側	6	主軸的哪一側

指令：　3DALIGN

選取物件　　　　　　　　　　　←選取前視圖 3D 主體

選取物件：

指定來源平面與方位...

指定基準點或 [複製(C)]:　　　←點選第 1 點 (關鍵點)

指定第二個點或 [繼續(C)] <C>:　←點選第 2 點 (決定旋轉主軸方向，以
　　　　　　　　　　　　　　　　　貼地線為優先思考)

指定第三個點或 [繼續(C)] <C>:　←點選第 3 點 (決定哪一側可選擇的
　　　　　　　　　　　　　　　　　點很多)

指定目標平面與方位...

指定第一個目標點: ←點選第 4 點 (關鍵點)

指定第二個目標點或 [結束(X)] <X>: ←點選第 5 點 (決定旋轉主軸方
向,以貼地線為優先思考)

指定第三個目標點或 [結束(X)] <X>: ←點選第 6 點 (決定哪一側可選
擇的點很多)

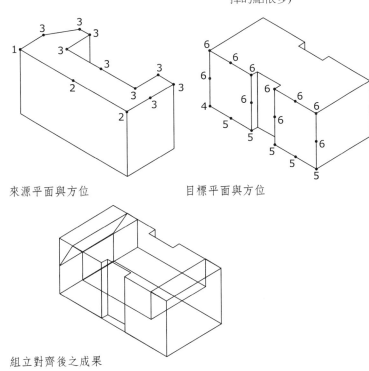

來源平面與方位　　　　　　　目標平面與方位

組立對齊後之成果

❖ 注意:

1. 點 1 對應點 4 是關係到 Move 與 Rotate 動作的關鍵點,必須真實存在。

2. 點 1➔2 對應點 4➔5 是主軸方向,所以第 2 點與第 5 點,只要方向相同
即可。

3. 點 3 與點 6 就更輕鬆了,只要對應是主軸相同的一側即可。

✪ **步驟四**　再以 3DALIGN 作對齊,完成右視圖組立與對齊上視圖。

來源平面與方位

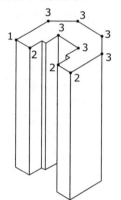

目標平面與方位

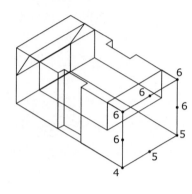

組立對齊後之成果

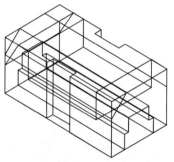

✪ **步驟五** 執行 INTERSECT 交集 🔲 指令，完成立體圖。

指令: INTERSECT

選取物件: ←選取三個主體

選取物件: ←[Enter]

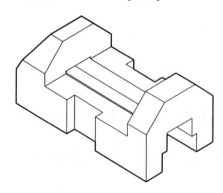

✪ **步驟六** 變更顏色與調整視覺型式，大功告成。

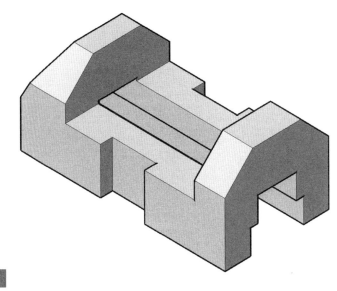

重點叮嚀

✪ 先觀察目標（上視圖）之貼地線主軸造型，原則上以抓底邊二端點為主，但是如果底邊二側沒有圖形時，來源（前視圖或右視圖）第一點就不能抓底邊端點，此時改抓來源視圖底邊中點對應目標視圖底邊中點即可。

✪ 第 1 點（來源第一點）與第 4 點（目標第一點）必須完全吻合。

✪ 來源的第 1→2 點與目標的第 4→5 點（目標第一、二點）方向必須一致。

第一篇　第九章　三視圖立體圖互轉與基準、剖面與詳圖

2　精選範例：三視圖轉立體圖 2

期望目標　已經繪製好三視圖 (上視圖、前視圖、右視圖)

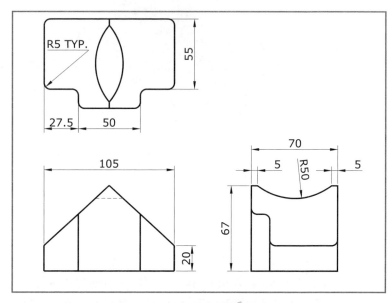

期望轉換為 3D 立體圖

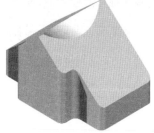

✪ **步驟一**　繪製三視圖或直接叫出隨書檔案 3D-3DALIGN-2.DWG。

❖ 右視圖請先移到上視圖右邊，可避免
東南等角觀測時與上視圖部分重疊。

❖ 執行 REGION 面域框選三個視圖。

❖ 切到東南等角觀測視圖。

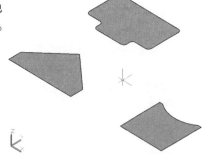

✪ **步驟二** 分別 EXTRUDE 擠出各視圖該有的高度，規則如下：

視圖類別	擠出的依據	本範例之數值
上視圖	高度	67
前視圖	寬度	70
右視圖	長度	105

擠出三視圖

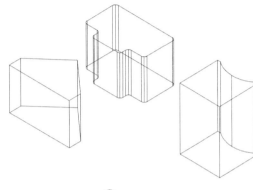

消除隱藏線

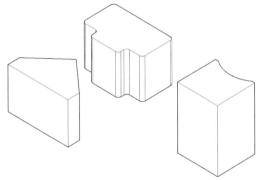

✪ **步驟三** 再以 3DALIGN 作對齊，完成前視圖組立與對齊上視圖。

指令： 3DALIGN

選取物件: ←選取前視圖 3D 主體

選取物件:

指定來源平面與方位...

指定基準點或 [複製(C)]: ←點選第 1 點 (關鍵點)

指定第二個點或 [繼續(C)] <C>: ← 點選第 2 點 (決定旋轉主軸方向，以貼地線為優先思考)

指定第三個點或 [繼續(C)] <C>:　　　← 點選第 3 點 (決定哪一側可選

擇的點很多)

指定目標平面與方位...

指定第一個目標點:　　　　　　　　←點選第 4 點 (關鍵點)

指定第二個目標點或 [結束(X)] <X>:← 點選第 5 點 (決定主軸方向，

以貼地線為優先思考)

指定第三個目標點或 [結束(X)] <X>:← 點選第 6 點 (決定哪一側可選

擇的點很多)

來源平面與方位　　　　　　　　　目標平面與方位

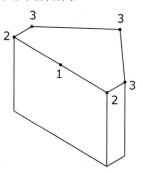
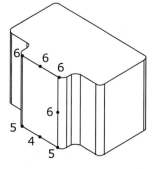

組立對齊後之成果　　　　　　　Hide 後效果

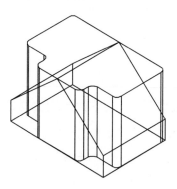
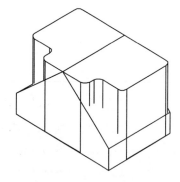

✪ 步驟四 再以 3DALIGN 作對齊，完成右視圖組立與對齊上視圖。

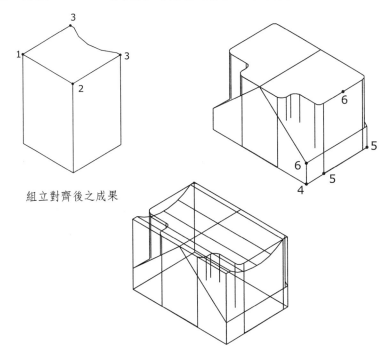

組立對齊後之成果

✪ 步驟五 執行 INTERSECT 交集指令，完成立體圖。

指令: INTERSECT
選取物件: ←選取三個主體
選取物件: ←[Enter]

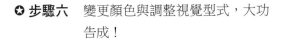

✪ 步驟六 變更顏色與調整視覺型式，大功
告成！

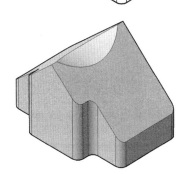

3 精選範例：特殊 3D 輪廓投影視圖 1

期望目標 已經繪製好的立體圖+尺寸標註→3D 輪廓投影視圖。

原始圖檔

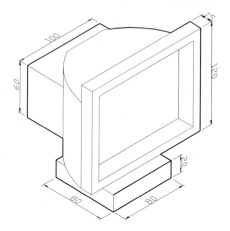

期望目標

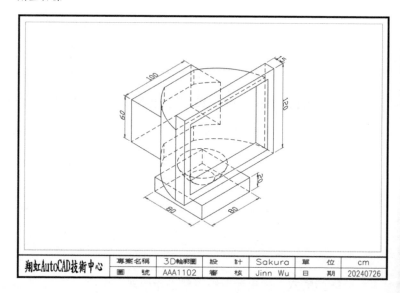

關鍵指令

指令	SOLPROF
說明	建立特殊 3D 實體輪廓

執行前重點叮嚀

- ✪ 必須是在『配置』空間中才可以執行。

- ✪ 必須要有一個作用中空間視埠才能使用。

- ✪ 若無浮動模型空間,則請用『MVIEW』或『VPORTS』指令至少建立一個浮動視埠。

- ✪ 只要您事先將『HIDDEN 虛線』載入的話,『隱藏的輪廓圖層』會自動內定線型為 HIDDEN 虛線。

- ✪ **步驟一**　請直接叫出隨書檔案 3D-SOLPROF-1.DWG。

  - ❖ 尺寸的標註若讀者欲自行處理,可參考後續章節<掌握 3D 尺寸標註技巧>。

  - ❖ 切換至配置『A4-1』執行 Mview 指令建立單一視埠於 VPORTS 圖層。

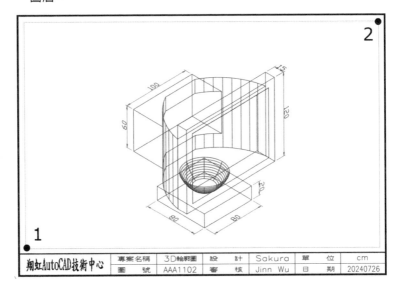

- ✪ **步驟二**　輕鬆完成 SOLPROF 輪廓投影。

  - ❖ 先進入浮動模型空間 (視埠空間),將主體調整到適當大小。

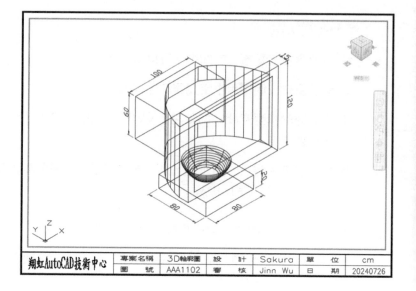

執行 SOLPROF 指令建立輪廓投影

指令: SOLPROF

選取物件:　　　　　　　　　←選取 3D 實體

選取物件:　　　　　　　　　←[Enter]

顯示個別圖層上隱藏的輪廓線？[是(Y)/否(N)] <是>:

❖ 輸入 N 則只對選取的物體的所有輪廓線產生一個圖塊。

❖ 輸入 Y 則會對選取物體的『可見』與『隱藏』輪廓線產生二組圖塊並分別放於二圖層中。

PV-視埠處理碼	放置可見輪廓圖塊	Continuous
PH-視埠處理碼	放置隱藏輪廓圖塊	Hidden

將輪廓線投影到一個平面？[是(Y)/否(N)] <是>:

❖ 輸入 N 則用 3D 物件建立輪廓線。

❖ 輸入 Y 則用 2D 物件建立輪廓線，且投影在垂直於目前觀測方向的平面，該平面並通過 UCS 原點。

刪除相切的邊緣? [是(Y)/否(N)] <是>: Y

❖ 這裡指的相切邊緣大多是面與圓弧之交界線。

『 ….. 』　←後面一堆提示訊息，表示建立了二個圖層 PV-xxx 與 PH-xxx。

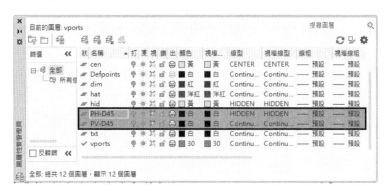

⭕ **步驟三**　凍結 3D-STR 主體層。(如上圖所示)

⭕ **步驟四**　為圖框加入文字與調整 LTSCALE=0.5，完整的 3D 輪廓投影視圖就大功告成了！(PV 圖層的線粗設定成 0.5 的效果)

請另存圖檔為 3D-SOLPROF-1-OK.DWG

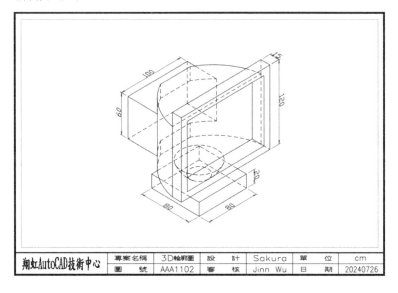

第一篇

第九章 ▼

三視圖立體圖互轉與基準、剖面與詳圖

4 精選範例：特殊 3D 輪廓投影視圖 2

期望目標 已經繪製好的立體圖+尺寸標註→3D 輪廓投影視圖。

原始圖檔

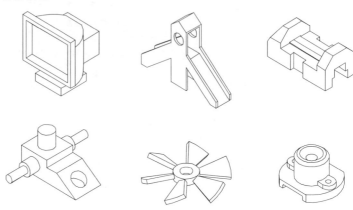

期望目標

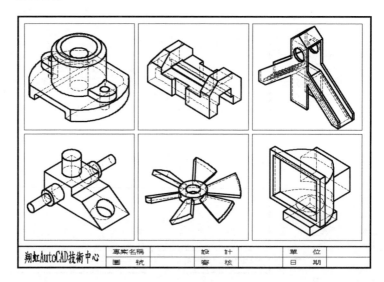

關鍵指令 多重 3D 主體的實體輪廓投影視圖，關鍵還是 SOLPROF。

指令	SOLPROF
說明	建立特殊 3D 實體輪廓

✪ 步驟一 請直接叫出隨書檔案 3D-SOLPROF-2.DWG。

❖ 模型空間，將視覺型式設為『隱藏』後的原始圖。

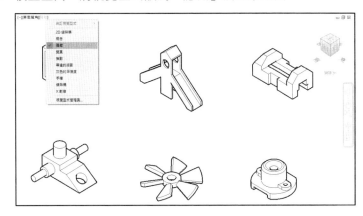

❖ 這些主體所在的圖層是 3D-STR。

❖ 由於有事先載入線型 HIDDEN，所以 SOLPROF 的 PH-層，將因此受惠的直接使用。

❖ 步驟三插入的圖框，可以直接使用自己或公司專用圖框來練習。

✪ 步驟二 配置一插入 A4BLK 圖框在 BORDER 圖層。

❖ 執行 INSERT 指令插入 A4BLK 圖框。 (請選取隨書檔案)

| 翔虹AutoCAD技術中心 | 專案名稱 | | 設　計 | | 單　位 | |
| | 圖　號 | | 審　核 | | 日　期 | |

✪ **步驟三** 　以 MVSETUP 建立多重的矩形陣列視埠，執行 MVSETUP 指令。

指令: MVSETUP
起始設定...
建立預設檔 mvsetup.dfs
輸入選項 [對齊(A)/建立(C)/調整視埠比例(S)/選項(O)/標題欄框(T)/
退回(U)]: 　　　　　　　　　　　　　←輸入 C
輸入選項 [刪除物件(D)/建立視埠(C)/退回(U)] <建立>: ←輸入 C
可用的配置選項: . . .

　0:　　　無
　1:　　　單一
　2:　　　標準工程圖
　3:　　　視埠陣列

輸入配置號碼以載入或 [重現(R)]: 　　　←輸入 3
指定視埠邊界區域的第一個角點: 　　　←選取左下角點 1
請指定對角點: 　　　　　　　　　　　←選取右上角點 2
輸入在 X 方向視埠的數目<1>: 　　　　←輸入 3
輸入在 Y 方向視埠的數目<1>: 　　　　←輸入 2
在 X 方向指定視埠間的距離<0>: 　　　←輸入間距 3
在 Y 方向指定視埠間的距離<3>: 　　　←輸入間距 3
輸入選項 [對齊(A)/建立(C)/調整視埠比例(S)/選項(O)/標題欄框(T)/
退回(U)]: 　　　　　　　　　　　　　← [Enter] 離開

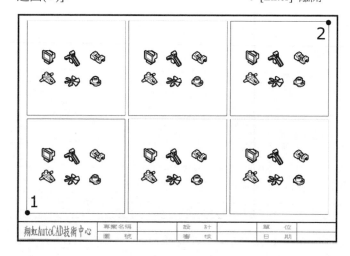

❖ 輕輕鬆鬆建立 2 列 3 行的矩形陣列視埠。

❖ 第 1 點與第 2 點要精準處理的話,請配合 TK 追蹤。

✪ **步驟四** 調整各視埠內的 3D 主角。

❖ 進入個別的模型空間後,挑選主角與調整視圖觀測方向為西南或東南。

於左上角選取觀測方向－西南等角或東南等角

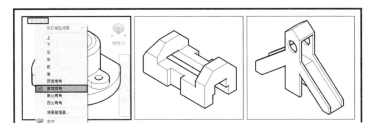

❖ 執行結果:

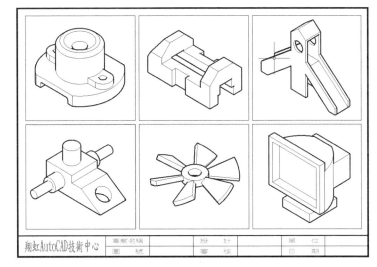

✪ **步驟五** 執行 SOLPROF 產生實體輪廓投影。

指令: SOLPROF

選取物件: ←選取 3D 實體

選取物件: ←輸入 [ENTER]

顯示個別圖層上隱藏的輪廓線?[是(Y)/否(N)] <是>:←輸入 [ENTER]

將輪廓線投影到一個平面？[是(Y)/否(N)] <是>:　　←輸入 [ENTER]

刪除相切的邊緣？[是(Y)/否(N)] <是>:　　　　　　←輸入 [ENTER]

『 ..... 』←後面一堆提示訊息，表示建立了二個圖層 PV-xxx&PH-xxx

❖ 將 3D-STR 凍結。

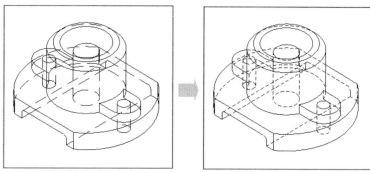

將調整 LTSCALE=0.3

✪ **步驟六**　依此類推再到其他五個視埠內執行 SOLPROF 產生實體輪廓投影。

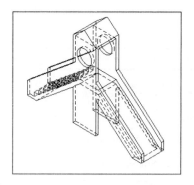

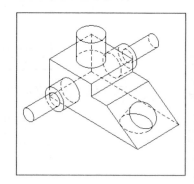

✪ 步驟七 建立二組圖層性質篩選過濾器，以方便快速管理。

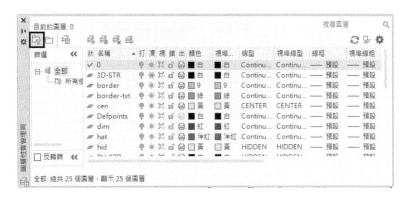

選取 ⌐⊟ 建立 PV&PH 二組圖層性質篩選

✪ 步驟八 將圖層篩選性質 PV 修改顏色→4 青色。

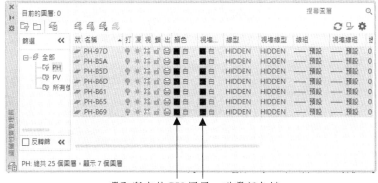

選取所有的 PV 圖層，碰選顏色鍵

第一篇

第九章

▼

三視圖立體圖互轉與基準、剖面與詳圖

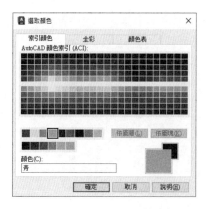

✪ **步驟九** 將圖層篩選性質 PH 修改顏色→2 黃色。

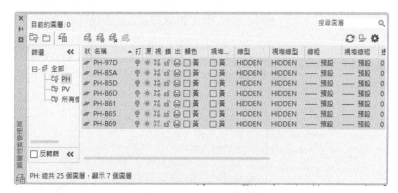

✪ **步驟十** 六個視埠內的 3D 輪廓投影完成，大功告成。

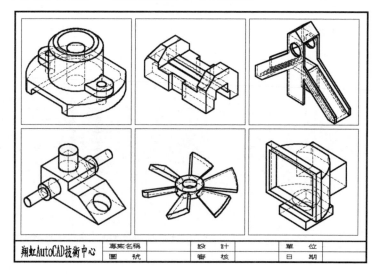

期望目標　已經繪製好的 3D 立體圖→三視圖+尺寸標註+立體圖的表現。

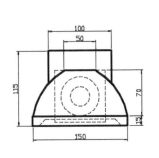

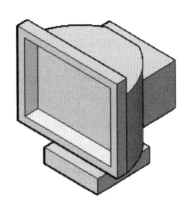

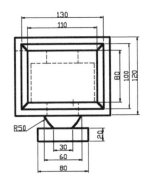

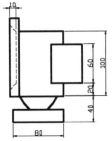

關鍵指令

指令	SOLVIEW	
說明	建立正交、輔助與剖面的浮動視埠	

指令	SOLDRAW	
說明	將 SOLVIEW 建立的視埠產生輪廓線	

執行前重點叮嚀

❂ 必須是在『配置』空間中才可以執行。

❂ 若無浮動模型空間，則可用選項『UCS』建立一個投影視埠。

✪ 而其它選項都需要至少有一個作用中空間視埠才能使用。

✪ 每產生一個投影視圖，都會要求您輸入『視圖名稱』：為避免自己混淆，請儘量用視圖觀測特色如『FRONT』、『RIGHT』、『LEFT』、『UP』、『PLAN』、『BACK』...或『FF』、『LL』、『UU』、『BB』...等規劃命名，此視圖命名後，SOLVIEW 會自動產生幾個相對的圖層。

圖層名稱	說　　明
視埠名稱+VIS	準備放置可見的輪廓投影
視埠名稱+HID	準備放置隱藏與不可見的輪廓投影
視埠名稱+DIM	準備放置尺寸標註
視埠名稱+HAT	準備放置剖面線
VPORTS	放置視埠外框矩形

✪ 不要將您所繪製的圖元或物件，放在 SOLVIEW 自動產生的圖層中以免被刪除或更新。

✪ 欲展現 SOLVIEW 的成果產生，必須再以 SOLDRAW 選擇視埠處理，SOLVIEW 設定視圖時，若忘了給視圖名稱，SOLDRAW 將無法識別與處理繪製。

✪ **步驟一**　請開啟隨書檔案的 3D-SOLVIEW.dwg，切換配置到『A4-1』。

　　　❖ 請先執行 LIMITS 設定圖面範圍為圖框的左下角與右上角。

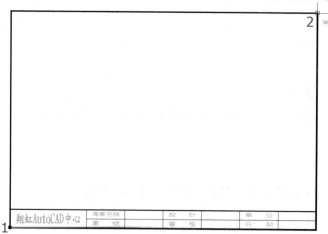

✪ 步驟二　　選項『UCS (U)』建立第一個投影視埠。

指令: SOLVIEW

輸入選項 [UCS(U)/正交(O)/輔助(A)/剖面(S)]: U

輸入選項 [具名的(N)/世界(W)/列示(?)/目前的(C)] <目前的>: W

❖ **具名的(N)**：叫用已命名的 UCS 使用者座標系統。

❖ **世界(W)**：叫用 WCS 世界座標系統。

❖ **目前的(C)**：使用目前的 UCS。

輸入視圖比例<1>:　　　　　　　←輸入 1/3

指定視圖中心點:　　　　　　　←選取中心點適當到滿意為止

指定視圖中心點<指定視埠>:　←[Enter]

指定視埠的第一個角點:　　　　←選取視埠框角點 1

請指定視埠的對角點:　　　　　←選取視埠另一框角點 2

輸入視圖名稱: VV-UP　　　　←輸入視埠名稱

UCSVIEW = 1　UCS 會與視圖一起儲存

輸入選項 [UCS(U)/正交(O)/輔助(A)/剖面(S)]:　　←[Enter]

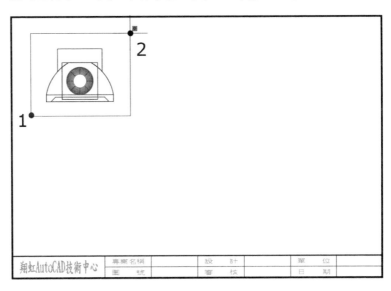

建立了三個圖層 VV-UP-DIM、VV-UP-HID、VV-UP-VIS

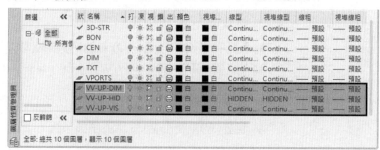

✪ **步驟三** 選項『正交 (O)』建立正交前視圖。

指令: SOLVIEW

輸入選項 [UCS(U)/正交(O)/輔助(A)/剖面(S)]: O

請指定要投影的視埠的邊: ←選取視埠邊線 1

指定視圖中心點: ←選取中心點適當到滿意為止,如位置點 2

指定視圖中心點<指定視埠>:← [Enter]

指定視埠的第一個角點: ←選取視埠框角點 3

請指定視埠的對角點: ←選取視埠另一框角點 4

輸入視圖名稱: VV-FF ←輸入視埠名稱

UCSVIEW = 1 UCS 會與視圖一起儲存

輸入選項 [UCS(U)/正交(O)/輔助(A)/剖面(S)]: ← [Enter]

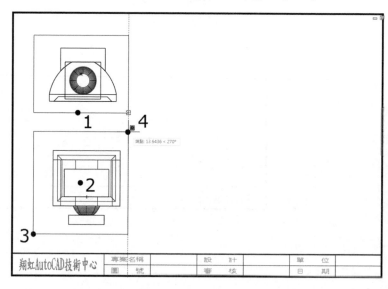

✪ **步驟四**　選項『正交 (O)』建立正交右側視圖。

指令: SOLVIEW

輸入選項 [UCS(U)/正交(O)/輔助(A)/剖面(S)]: O

請指定要投影的視埠的邊:　←選取視埠邊線 1

指定視圖中心點:　　　　←選取中心點適當到滿意為止，如位置點 2

指定視圖中心點<指定視埠>:←[Enter]

指定視埠的第一個角點:　←選取視埠框角點 3

請指定視埠的對角點:　　←選取視埠另一框角點 4

輸入視圖名稱: VV-RR　　←輸入視埠名稱

UCSVIEW = 1　UCS 會與視圖一起儲存

輸入選項 [UCS(U)/正交(O)/輔助(A)/剖面(S)]: ←[Enter]

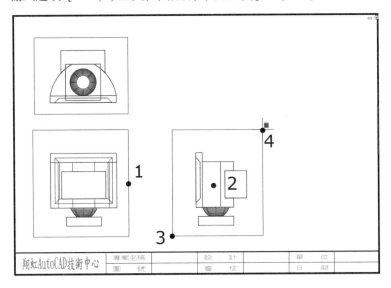

❖ **圖層管理員畫面顯示：建立了九個圖層。**

狀	名稱 ▲	打	凍	視	鎖	出	顏色	視埠...	線型	視埠線型	線粗	視埠線粗
▱	VV-FF-DIM						■白	■白	Continu...	Continu...	—— 預設	—— 預設
▱	VV-ff-HID						■白	■白	HIDDEN	HIDDEN	—— 預設	—— 預設
▱	VV-ff-VIS						■白	■白	Continu...	Continu...	—— 預設	—— 預設
▱	VV-RR-DIM						■白	■白	Continu...	Continu...	—— 預設	—— 預設
▱	VV-RR-HID						■白	■白	HIDDEN	HIDDEN	—— 預設	—— 預設
▱	VV-RR-VIS						■白	■白	Continu...	Continu...	—— 預設	—— 預設
▱	VV-UP-DIM						■白	■白	Continu...	Continu...	—— 預設	—— 預設
▱	VV-UP-HID						■白	■白	HIDDEN	HIDDEN	—— 預設	—— 預設
▱	VV-UP-VIS						■白	■白	Continu...	Continu...	—— 預設	—— 預設

第一篇

第九章 ▼ 三視圖立體圖互轉與基準、剖面與詳圖

✪ **步驟五** 執行 SOLDRAW 繪製視圖。

指令: SOLDRAW
選取要繪圖的視埠..
選取物件:　　　　←選取由 SOLVIEW 所建立的三個視埠
選取物件:　　　　← [Enter]

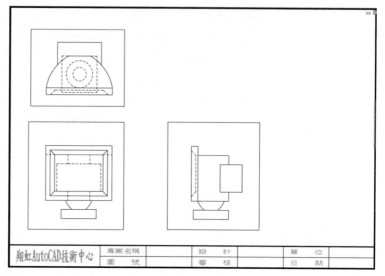

✪ **步驟六** 選取三個視埠後，按選滑鼠右鍵→顯示已鎖住→是，以確保視埠比例尺不被破壞。

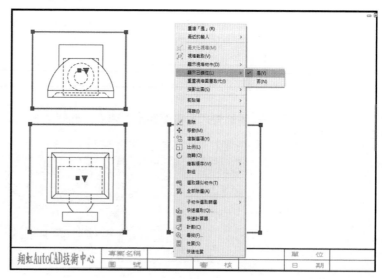

✪ 步驟七 單獨建立一個視埠與調整到東南角度。

❖ 執行 MVIEW，點選右側兩個視埠角點。

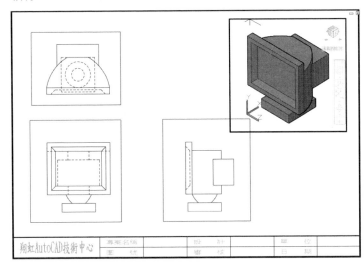

✪ 步驟八 圖層切換到 DIM。

❖ 到上視圖視埠執行尺寸標註。

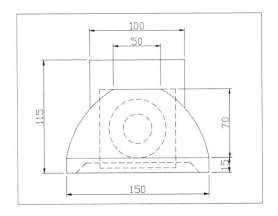

✪ **步驟九**　到其它二個視埠內執行尺寸標註。

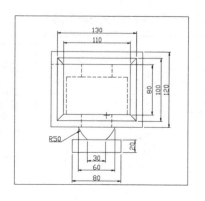 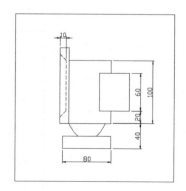

✪ **步驟十**　關閉 VPORTS 圖層，輕輕鬆鬆完成立體圖轉三視圖。

(將三個 VIS 圖層線粗設定為 0.5，呈現出來的出圖效果更棒)

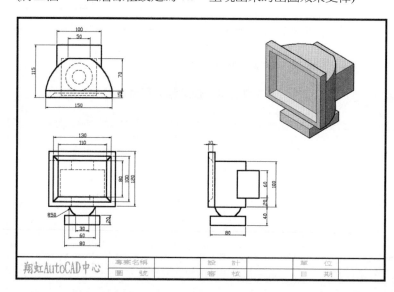

6 **精選範例：立體圖設計變更轉三視圖**

期望目標 已經繪製好的 3D 立體圖變更設計→自動轉換三視圖。

原有圖面

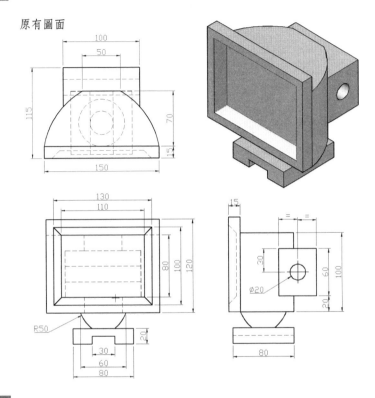

關鍵指令

指令	SOLDRAW
說明	將 SOLVIEW 建立的視埠產生輪廓線

✪ **步驟一** 請開啟隨書檔案 3D-SOLVIEW-OK.dwg，切換到『A4-1』。

❖ 進入右上角的 3D 實體的視埠內。

❖ 先設定目前層到 3D-STR。

❖ 準備進行 3D 修改的任務。

✪ **步驟二** 在後面挖一洞 (半徑=10，配合動態 UCS 可輕鬆完成)。

先畫一個圓　　　　　　　在執行 PRESSPULL 按拉

完成挖洞

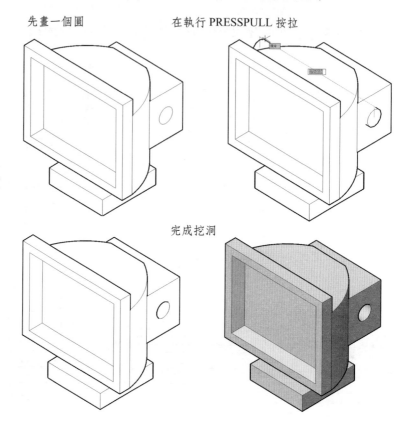

✪ **步驟三** 在底座挖一個槽。

❖ 先畫一個 BOX 實體 (長 30、寬 80、高 10) 在 MOVE 到底部中間後執行 SUBTRACT 差集。

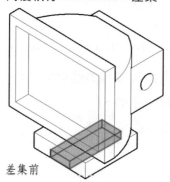

差集前

差集後

❂ **步驟四** 打開 VPORTS 圖層。

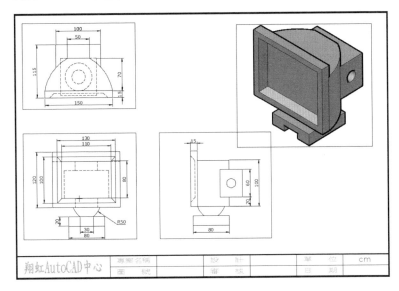

❂ **步驟五** 執行 SOLDRAW，選取三個三視圖的視埠框，一聲令下輕鬆完成。

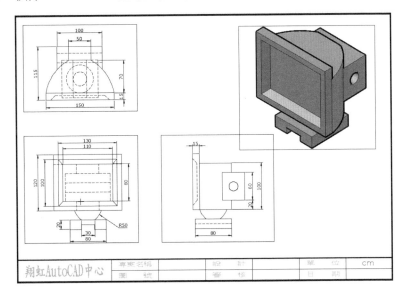

❂ **步驟六** 關閉 VPORTS 層，三視圖更新大功告成。

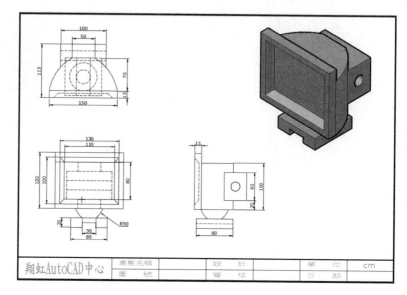

❂ **步驟七** 再到 DIM 層補上尺寸標註，調整位置及顏色完成圖形。

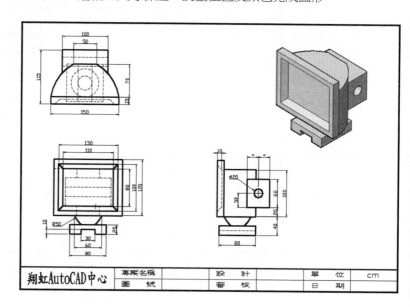

7　精選範例：平面快照投影視圖

期望目標　已經繪製好的 3D 立體圖→三視圖+尺寸標註+立體圖的表現。

原始圖面

期望目標

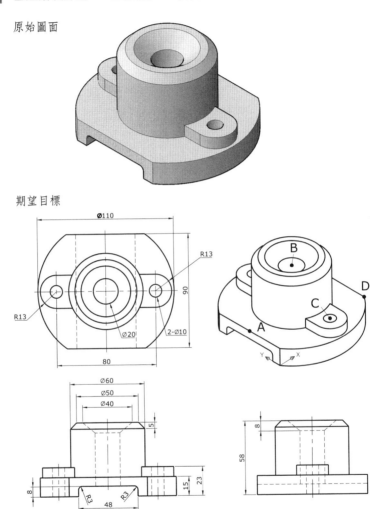

關鍵指令

指令	FLATSHOT
說明	平面快照

平面快照

執行前重點叮嚀

與 SOLVIEW 不同，FLATSHOT 直接在『模型』空間作業即可。

✪ **步驟一**　　請開啟隨書檔案 3D-FLATSHOT.dwg，切到東南視圖。

　　　　❖ 於『配置 1』定義四個視埠，並分別調整各視埠視圖。

　　　　　　指令: -vports

　　　　　　請指定視埠的角點或 [打開(ON)/關閉(OFF)/佈滿(F)/描影出圖
　　　　　　(S)/鎖住(L)/物件(O)/多邊形(P)/還原(R)/圖層(LA)/2/3/4] <佈滿>:
　　　　　　　　　　　　　　　　　　　　　　　　←輸入 4

　　　　　　請指定第一角點或 [佈滿(F)] <佈滿>:　←輸入 [Enter]
　　　　　　正在重生模型。

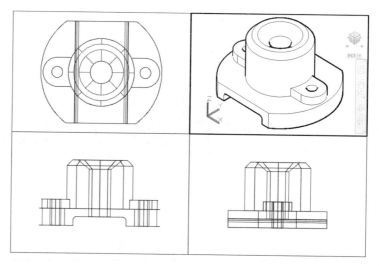

✪ **步驟二**　　在上視圖視埠執行 FLATSHOT 平面快照，被遮掩的線改為 HIDDEN。

　　　　❖ **目標：**插入為新圖塊。

　　　　❖ **前景線：**給 4 號青色。

　　　　❖ **隱蔽線：**給 3 號綠色與線型給 HIDDEN，線型如果不存在，請
　　　　　　　　　　　選取『其他』直接載入。

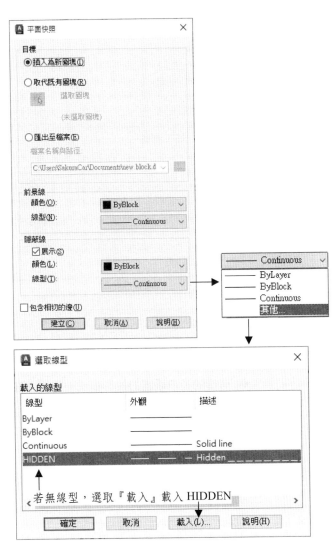

❄ **步驟三**　選取按鍵『建立』平面快照。

　　　　　指令: FLATSHOT

　　　　　單位: 公釐轉換:　　1.0000

　　　　　指定插入點或 [基準點(B)/比例(S)/X/Y/Z/旋轉(R)] ←任意給一點

　　　　　輸入 X 比例係數，指定對角點，或 [角點(C)/XYZ(XYZ)] <1>:

　　　　　　　　　　　　　　　　　　　←[Enter]

　　　　　輸入 Y 比例係數<使用 X 比例係數>:　←[Enter]

指定旋轉角度<0>:　　←[Enter]

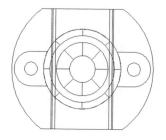 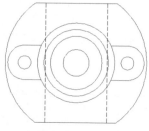

輕鬆完成上視圖快照

✪ **步驟四**　依此類推，切換到前視圖，執行 FLATSHOT 平面快照。

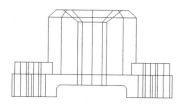 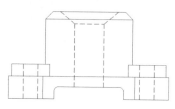

輕鬆完成前視圖拍照

❖ 可惜的是前視圖的投影變成一條線，在前視圖很干擾。

❖ 第二個問題是方向與前視圖不同，無法一起呈現。

❖ 圖層也直接就地用目前層。

✪ **步驟五**　剪下前視圖平面快照，貼到上視圖。

❖ 選取『前視圖平面快照』圖塊，執行 CUTCLIP 或直接按右鍵→
　 快顯功能表→剪貼簿→剪下。

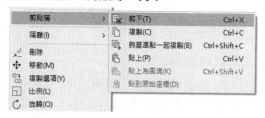

❖ 切換到『上視圖』，執行 PASTECLIP 貼上或直接按右鍵→快顯功
　 能表→貼上：配合物件追蹤抓點，請將圖形位置上視圖與右視圖
　 對應好。

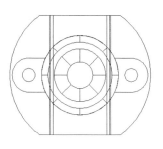
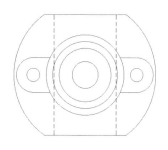

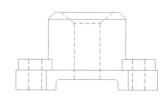

✪ **步驟六** 　依此類推，切換到右視圖，執行 FLATSHOT 平面快照。

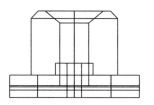
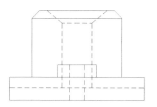

✪ **步驟七** 　同步驟五方式，剪下右視圖平面快照，貼到上視圖一起整合，配合物件追蹤抓點，請將圖形位置前視圖與右視圖左右對應好。

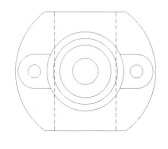

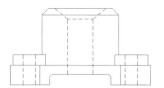
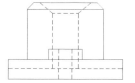

✪ **步驟八** 　依此類推，切換到等角視圖，執行 FLATSHOT 平面快照。

等角圖直接放到大概的位置

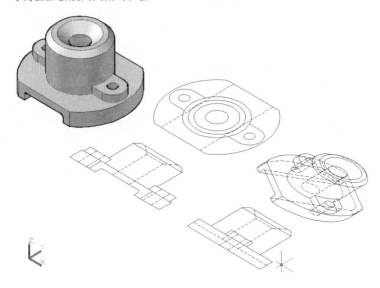

✪ **步驟九** 　切回單一視埠到上視圖觀看三視圖整合效果。

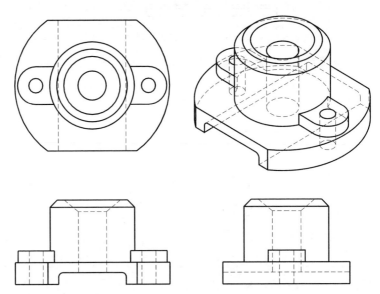

✪ **步驟十** 　大功告成，必要時加上尺寸標註另存成 3D-FLATSHOT-OK.dwg。

3D 投影視圖功能威力強大，更輕鬆的完成 3D 各不同方位的投影視圖！

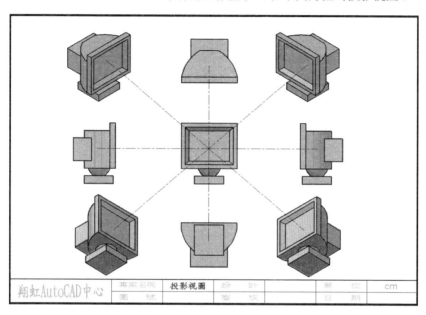

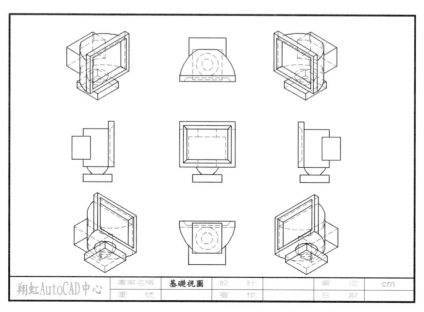

✪ 『圖面視圖』功能區面板

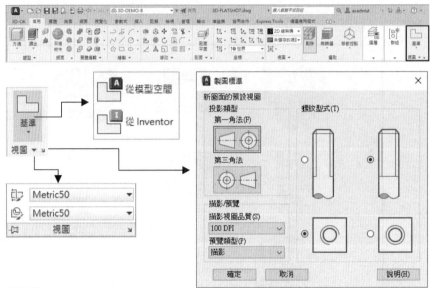

✪ 相關指令

指令	功能說明	指令	功能說明
VIEWSTD	製圖標準	VIEWSECTION	剖面視圖
VIEWBASE	基準視圖	VIEWDETAIL	局部詳圖
VIEWEDIT	編輯視圖	VIEWCOMPONENT	編輯元件
VIEWUPDATE	更新視圖	VIEWSYMBOLSKETCH	符號草圖
VIEWPROJ	投影視圖	VIEWSECTIONSTYLE	剖面視圖型式

✪ 相關的投影視圖繪製圖層對照表

當建立投影視圖時，程式會根據圖形所表示的內容，在預設圖層繪製視圖。

幾何圖形所代表圖元	繪製圖層	3D 模型來源	
		Inventor	模型空間
視圖邊 (可見)	MD_Visible	是	是
視圖邊 (隱藏)	MD_Hidden	是	是

幾何圖形所代表圖元	繪製圖層	3D 模型來源	
		Inventor	模型空間
詳圖邊界	MD_Annotation	是	是
詳圖視圖標示(多行文字)	MD_Annotation	是	是
干涉邊 (隱藏)	MD_Hidden Narrow	是	是
干涉邊 (可見)	MD_Visible Narrow	是	是
簡報視圖結尾線	MD_Tweak Trail	是	否
參考零件邊	MD_Reference	是	否
剖面線	MD_Annotation	是	是
剖面視圖標示(多行文字)	MD_Annotation	是	是
剖面視圖填充線(填充線)	MD_Annotation	是	是
向下折彎板金中心線	MD_Centerline	是	否
向上折彎板金中心線	MD_Centerline	是	否
板金折彎實際範圍	MD_Bend Extent	是	否
板金扭轉中心線	MD_Centerline	是	否
簡化表現法 (隱藏)	MD_Hidden Narrow	是	否
簡化表現法 (可見)	MD_Visible Narrow	是	否
相切邊 (隱藏)	MD_Hidden Narrow	是	是
相切邊 (可見)	MD_Visible Narrow	是	是
螺紋端點 (可見)	MD_Visible	是	否
螺紋端點 (隱藏)	MD_Hidden	是	否
螺紋線 (可見)	MD_Visible Narrow	是	否
螺紋線 (隱藏)	MD_Hidden Narrow	是	否

✪ 注意事項重點叮嚀

❖ 圖層只會建立支援視圖所需的圖層，建立後即使不再使用，也不會自動刪除，可自行用 LAYER 指令刪除或 PURGE 指令清除未使用的圖層。

第一篇 第九章 ▼ 三視圖立體圖互轉與基準、剖面與詳圖

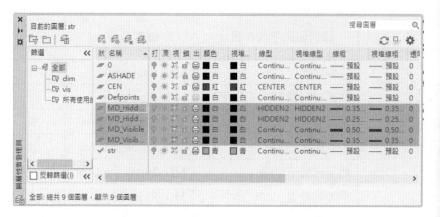

❖ 預設的線型樣式和線粗是以 ISO 128-20:1996 為依據。若有必要，可用 LAYER 指令來變更這些設定值。

❖ 如果公司有制定標準作業的特定圖層名稱，則可以在建立圖層後進行圖層更名，建立的後續視圖則使用更名的圖層。

❖ 『隱藏線』選項設定為可見線的模型空間實體視圖，只會建立『MD_Visible』可見圖層。

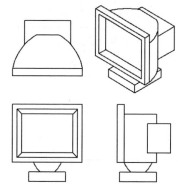

❖ 對於相同視圖，若變更邊緣可見性以顯示相切邊，將導致建立『MD_Visible Narrow』可見圖層。

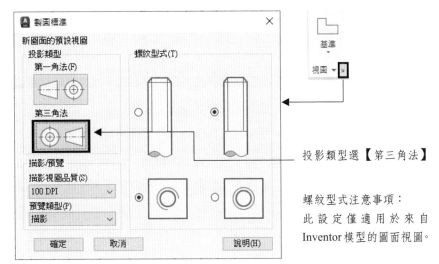

9 VIEWSTD－製圖標準

指令	VIEWSTD
說明	定義基礎製圖標準

功能指令敘述

指令: VIEWSTD

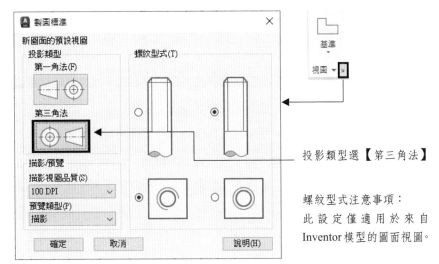

投影類型選【第三角法】

螺紋型式注意事項：
此設定僅適用於來自
Inventor 模型的圖面視圖。

✪ **投影類型：** 分為【第一角法】與【第三角法】二種。

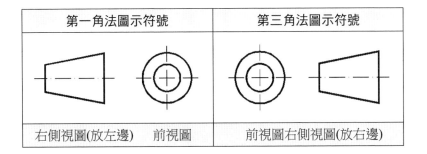

第一角法圖示符號	第三角法圖示符號
右側視圖(放左邊)　前視圖	前視圖右側視圖(放右邊)

第一角法

下視圖至於上方，左視圖至於右方

第三角法（一般皆使用此法）

上視圖至於上方，右視圖至於右方

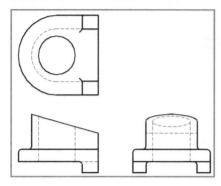

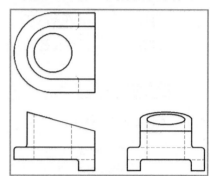

❖ 【第三角法】是目前業界最常用的投影法，本書的範例視圖，均使用第三角法。

❖ 同一張圖中，採用第三角法時，不得同時採用第一角法，反之亦同。

❖ 六種主要平面視圖：前視圖、後視圖、右側視圖、左側視圖、俯視圖、仰視圖，其中「前視圖」又稱為「正視圖」，「俯視圖」又稱為「上視圖」。

第一角法 又稱為第一象限法，是以【觀察者、物體、投影面】三者順序排列。

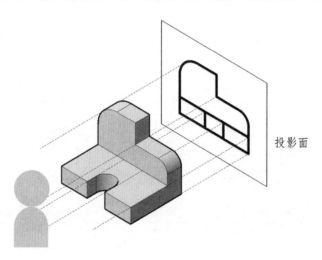

投影面

✪ 投影之三種主要平面視圖

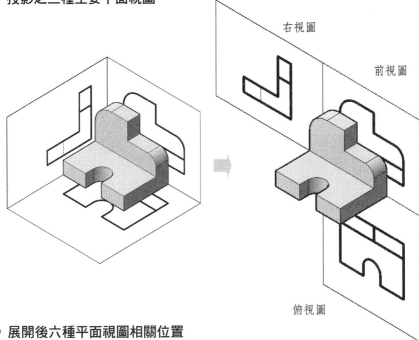

右視圖

前視圖

俯視圖

✪ 展開後六種平面視圖相關位置

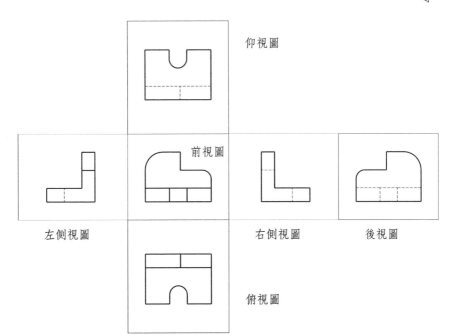

仰視圖

前視圖

左側視圖

右側視圖

後視圖

俯視圖

第三角法 又稱為第三象限法，是以【觀察者、投影面、物體】三者順序排列。

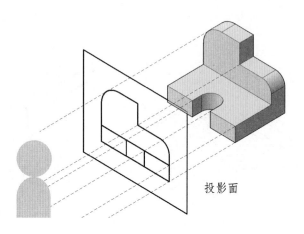

投影面

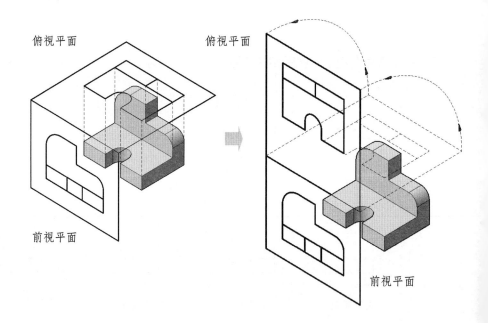

俯視平面

俯視平面

前視平面

前視平面

❂ 投影之三種主要平面視圖

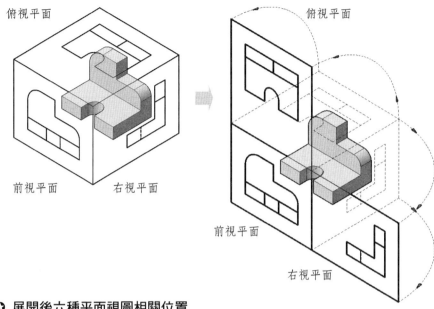

俯視平面

俯視平面

前視平面　　　右視平面

前視平面

右視平面

❂ 展開後六種平面視圖相關位置

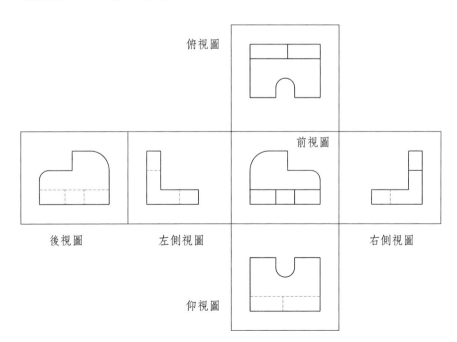

俯視圖

前視圖

後視圖　　　左側視圖　　　右側視圖

仰視圖

✪ **描影視圖品質**

100 DPI

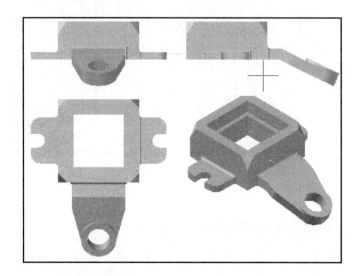

300 DPI

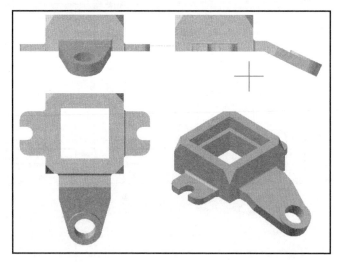

期望目標　已經繪製好的立體圖➔基準視圖+3D 輪廓線圖。

原始圖檔

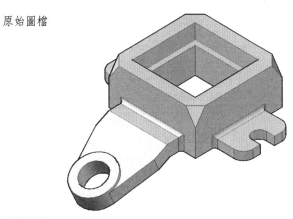

期望目標

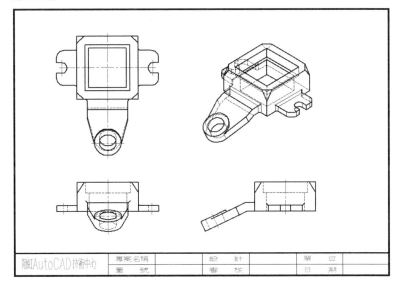

關鍵指令

指令	VIEWBASE
說明	從模型空間或 Autodesk Inventor 模型建立基準視圖

執行前重點叮嚀

❂ 必須是在『配置』空間中才可以執行

❂ 不需要預先建立任何視埠

❂ **步驟一**　請直接叫出隨書檔案 VIEWBASE.dwg：

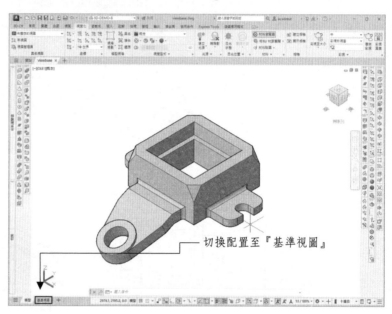

切換配置至『基準視圖』

❂ **步驟二**　執行 VIEWSTD 製圖標準，將投影類型改為第三角法。

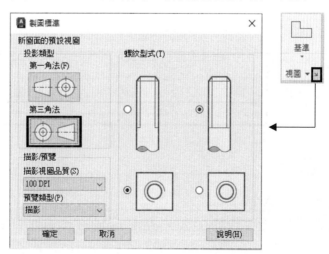

✪ 步驟三 以 VIEWBASE 建立第一個「前視圖」基準視圖。

❖ 分別定義：

1. 模型來源→從模型空間

2. 將方位→『前』視圖

3. 隱藏線→可見線和隱藏線

4. 比例→1:2

指令:VIEWBASE

指定模型來源 [模型空間(M)/檔案(F)] <模型空間>: _M

類型 = 基準和投影隱藏線 = 可見和隱藏線比例 = 1:2

指定基準視圖的位置或 [類型(T)/選取(E)/方位(O)/隱藏線(H)/比例
(S)/可見性(V)] <類型>:　　　　　　←點選前視圖位置

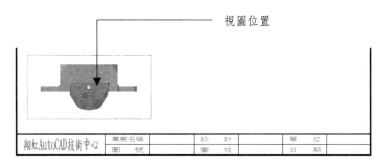

選取選項 [選取(E)/方位(O)/隱藏線(H)/比例(S)/可見性(V)/移動
(M)/結束(X)] <結束>:　　　　　　　　　←[Enter]結束
指定投影視圖的位置或<結束>:　　　　　　←點選右側視圖位置

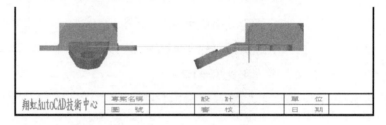

指定投影視圖的位置或 [⋯(X)] <結束>:　←點選上視圖位置
指定投影視圖的位置或 [⋯(X)] <結束>:　←點選東南等角視圖位置
指定投影視圖的位置或 [退回(U)/結束(X)] <結束>:←[Enter]結束

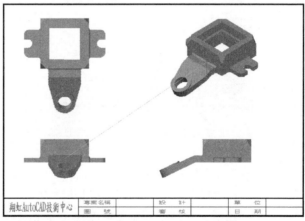

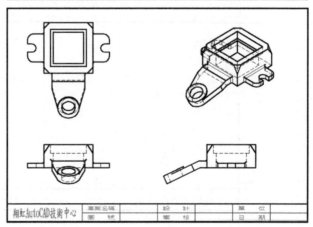

調整整體線型比例 LTSCALE→0.5

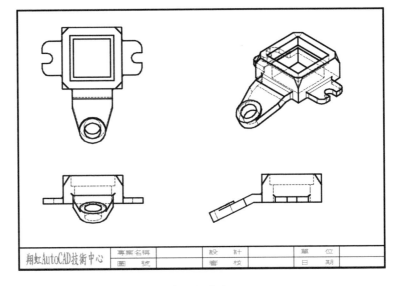

翔虹AutoCAD技術中心

| 專案名稱 | | 設 計 | | 單 位 | |
| 圖 號 | | 審 校 | | 日 期 | |

✪**步驟四** 完成後，圖面自動產生四個相關圖層。

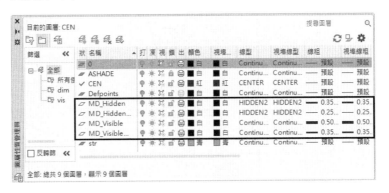

若關閉線粗鍵的效果

『MD_Visible』可見的圖層　　　　　『MD_Visible』+『MD_Visible Narrow』
可見的圖層+窄可見的圖層

　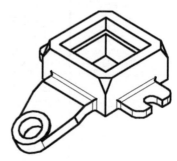

✪ **步驟五**　將作圖層設定到『CEN』層(線型為 CENTER2)加入中心線。

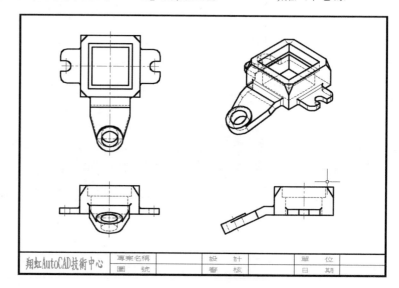

✪ **步驟六**　大功告成，請另存新檔為 viewbase_OK.dwg。

檔名(N):	viewbase_OK.dwg		儲存(S)
檔案類型(T):	AutoCAD 2018 圖面 (*.dwg)		取消

✪ **注意事項**

若模型空間沒有 3D 主體，會出現對話框要求選取 Inventor 的 iam、ipt、ipn 檔案。

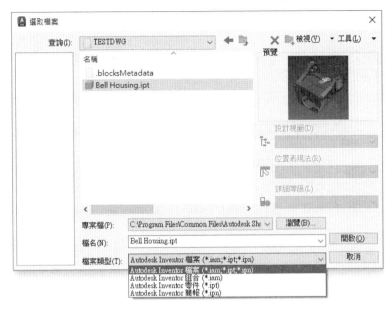

請用本章節學到的技巧，自行完成以下投影圖。

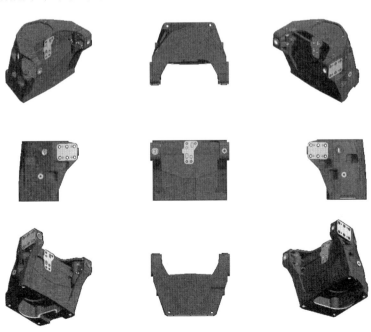

11　VIEWEDIT－編輯視圖

指令	VIEWEDIT
說明	編輯基礎製圖

功能指令敘述 (請開啟隨書檔案 VIEWEDIT.dwg)

指令: VIEWEDIT
選取視圖:　　　　　　　　←選取視圖
選取選項 [表現法(R)/型式(ST)/比例(SC)/可見性(V)/移動(M)/結束(X)] <結束>:

重點叮嚀： 不下指令，直接碰選視圖→上方功能面板→編輯視圖

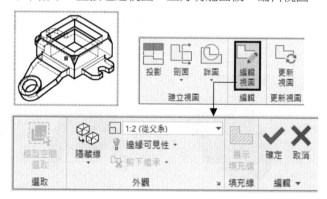

✪ **視圖型式**

❖ **從父系：** 相同於第一個父系視圖的設定，當父系視圖改變，承父系視圖也會跟著改變。

❖ **可見線：**　　　　　　　　　　　　❖ **可見線和隱藏線：**

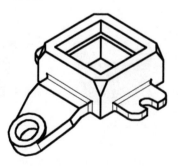
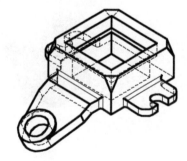

❖ 有可見線的描影：   ❖ 有可見線和隱藏邊的描影：

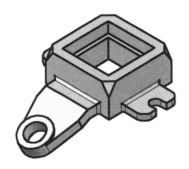   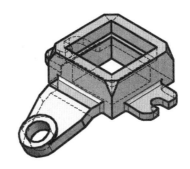

✪ **比例設定**：設定視圖比例，若設為『從父系』則會跟著父系比例而改變。

(本圖的父系視圖為前視圖)

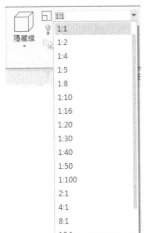   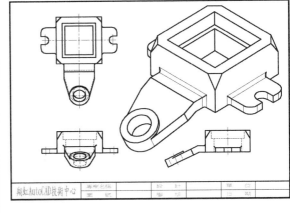

✪ **邊緣可見性**

❖ **干涉邊：**顯示物件干涉邊。

❖ **相切邊：**

打開

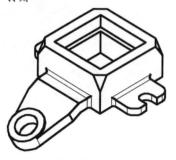

關閉

❖ **相切邊前部縮短：**

打開

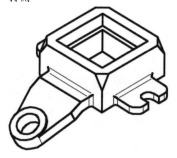

關閉

✪ **檢視選項：**指定視圖對正方式與 Inventor 參考零件。

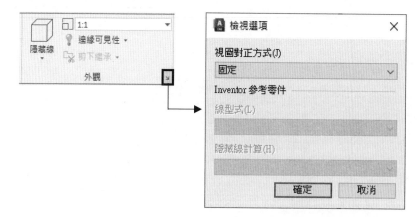

❀ 完成圖：請另存成 VIEWEDIT-OK.dwg。

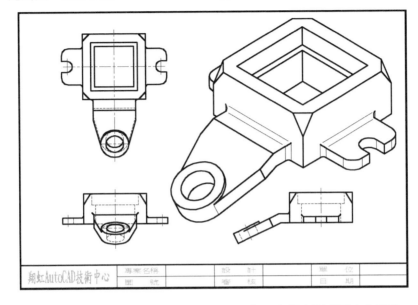

❖ 如果編輯前視圖(父系)的視覺型式效果，上視圖與右側視圖也會連動。

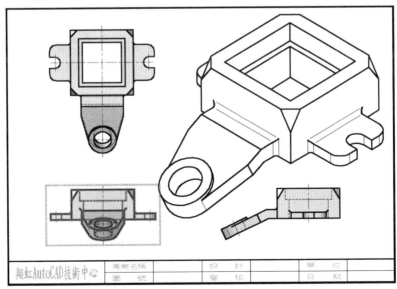

12　VIEWUPDATE－更新視圖

指令	VIEWUPDATE
說明	更新基準視圖

功能指令敘述 (請開啟隨書檔案 VIEWUPDATE2.dwg)

✪ 原始圖共有九個方位視圖

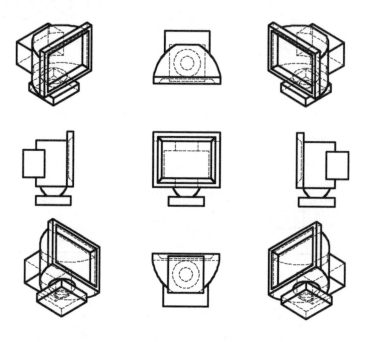

✪ **編輯主體**(模型空間)

  ❖ 挖底槽(80*40*10)

  ❖ 圓角(R5 與 R20)

  ❖ 自由發揮

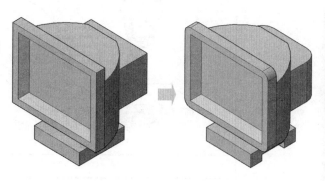

✪ 自動更新

預設值 VIEWUPDATEAUTO=1，所以切回配置後，各視圖「自動更新」。

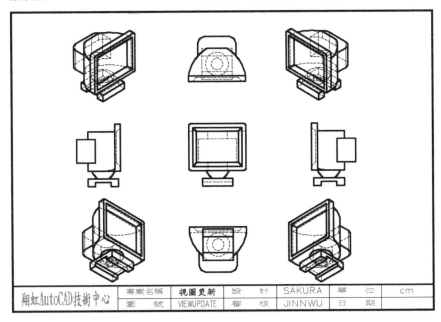

請另存成 VIEWUPDATE2A.dwg。

✪ 手動更新

如果自動更新關閉，切回配置後，則右下角將出現「模型已變更」的警告。

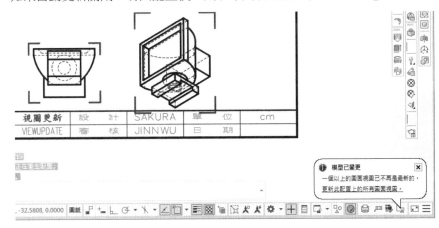

視圖外圍都會出現紅色框框，直到更新才會消失

第一篇

第九章

▼

三視圖立體圖互轉與基準、剖面與詳圖

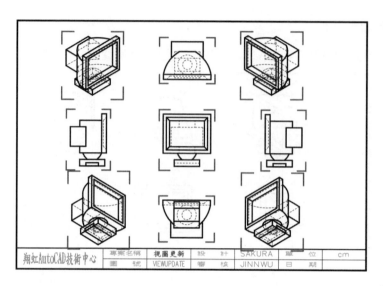

選取「更新此配置上的所有圖面視圖。」即可

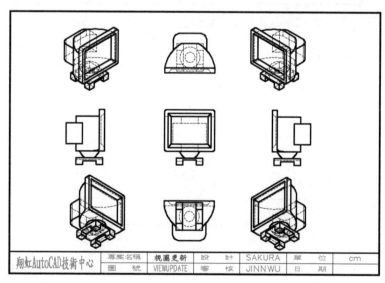

✪ **大功告成：**請另存成 VIEWUPDATE2A-OK.dwg。

13 VIEWPROJ－投影視圖

指令	VIEWPROJ
說明	新增投影視圖

投影

功能指令敘述 (請開啟隨書檔案 VIEWPROJ.dwg)

指令:VIEWPROJ

選取父系視圖:　　　　　　　　　　←選取視圖

重點叮嚀：不下指令，直接碰選視圖→上方功能面板→投影視圖

指定投影視圖的位置或<結束>:　　　←選取新增投影視圖位置

　　　　　　　：　　：
　　　　　　　：　　：

指定此圖為父系視圖
移動滑鼠位置，立即預覽右上
角投影視圖的效果，輕鬆點選
建立的位置點即可。

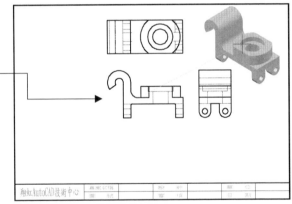

再將滑鼠移到右下角的位置點
即可。

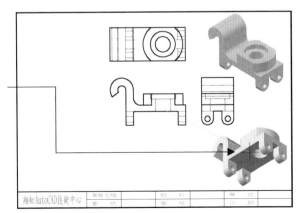

依此類推，再移動滑鼠位置，
輕鬆點選其它適當的位置點，
建立四個投影視圖。

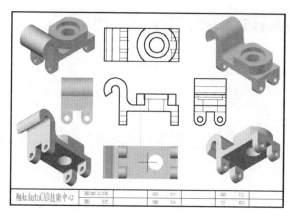

完成投影視圖，熱熱鬧鬧共增加了六個視圖：

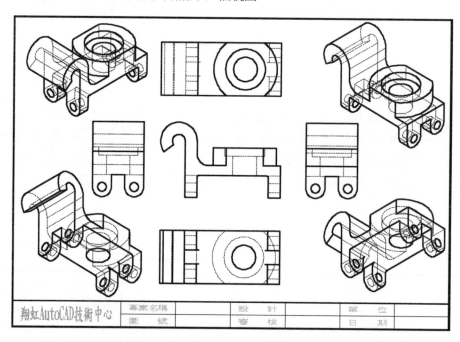

請另存成 **VIEWPROJ-OK.DWG**。

| 指令 | VIEWSECTIONSTYLE |
| 說明 | 剖面視圖型式管理員 |

功能指令敘述 (請開啟隨書檔案 VIEWSECTION-1.dwg)

指令:VIEWSECTIONSTYLE

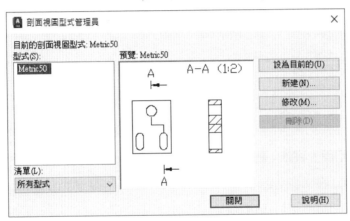

⭐ **新建一組 VS-A 剖面視圖型式:**使標示的效果更符合實際要求標準。

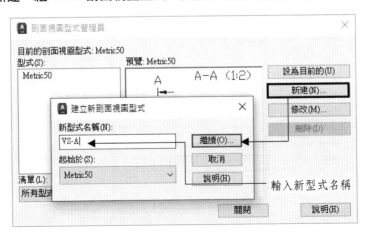

輸入新型式名稱

✪ 『識別碼和箭頭』頁籤：調整識別碼位置→超出方向箭頭線。

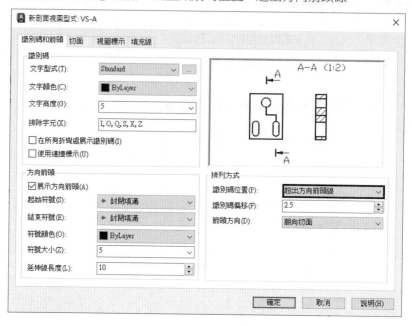

✪ 『切面』頁籤：展示切面線，線型→CENTER2。

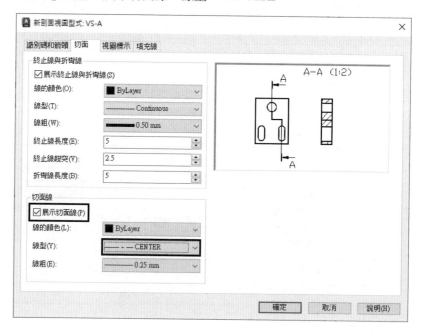

- ✪『**視圖標示**』頁籤：位置→視圖下方，與視圖的距離→5。

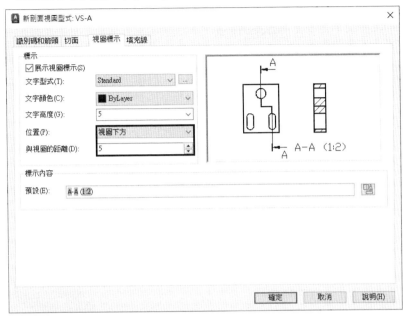

- ✪『**填充線**』頁籤：樣式→使用者定義，比例→2，角度→45(其它刪除)。

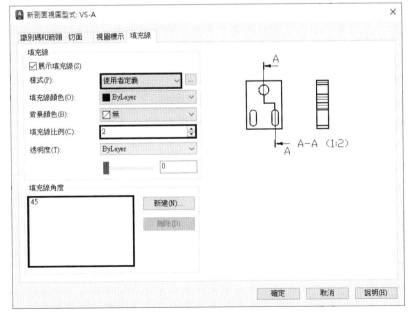

- ✪ **設定完成**：請另存成 VIEWSECTION-1A.DWG 以便進行下一個單元。

15 『剖面視圖』建立與編輯

指令	VIEWSECTION	
說明	建立剖面視圖 對 3D 物件作假想剖切，以更清楚剖析其內部結構	

全剖視圖 (請開啟隨書檔案 VIEWSECTION-1A.dwg)

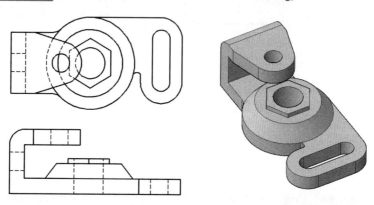

正常的前視圖效果 (如果能有剖切效果，視圖結構更清晰)

✪ 操作流程

指令:VIEWSECTION

選取父系視圖:　　　　　　　　　←選取上視圖

重點叮嚀： 不下指令，直接碰選視圖→上方功能面板→剖面→全剖面

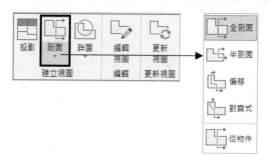

指定起點:　　　　　　　　　←點 1 (左邊垂直線中點往左追蹤適當距離)

指定終點或 [退回(U)]:   ←點 2 (正交 ON+由點 1 往右拖曳適當距離)

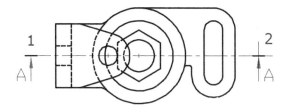

指定剖面視圖的位置: ←點選正下方適當位置

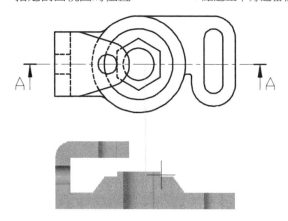

選取選項 [隱藏線(H)/比例(S)/可見性(V)/投影(P)/深度(D)/註解(A)/填充線(C)/
移動(M)/結束(X)] <結束>:   ← [Enter] 結束
成功建立剖面視圖。

❂ **大功告成，完成全剖視圖：**請另存成 VIEWSECTION-1A-OK.dwg。

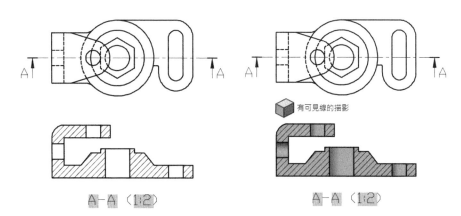

☼ 剖面視圖編輯

選取剖面視圖→上方功能面板→編輯視圖

自動出現「剖面視圖編輯器」頁籤與相關功能面板。

❖ **完整**：剖面線切面以外的所有幾何圖形都會包含在剖面視圖中。

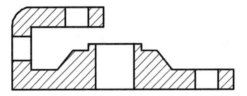

❖ **切割**：剖面線切面以外的所有幾何圖形都會從剖面視圖移除。

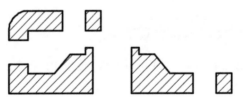

❖ **距離**：剖面線切線與指定距離之間的幾何圖形會包含在剖面視圖中。

輸入距離 6 或直接拉動剖面線切線

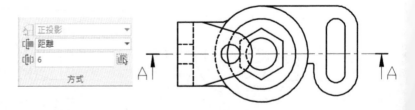

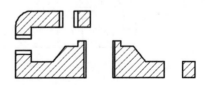

輸入距離 15 或直接拉動剖面線切線

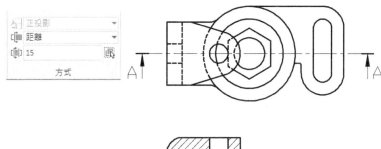

❖ **識別碼**：指定剖面線和產生的剖面視圖的標示。

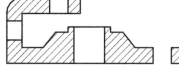

功能面板一修改完識別碼，圖面立刻輕鬆連動修改

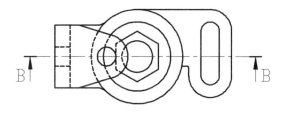

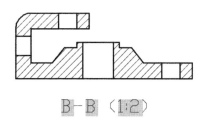

半剖視圖 (請開啟隨書檔案 VIEWSECTION-2A.dwg)

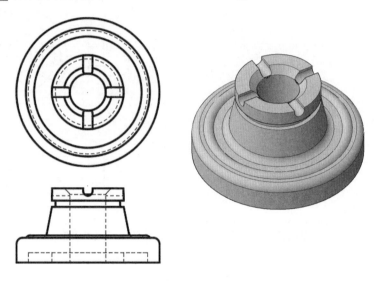

正常的前視圖效果 (無法清楚的比對內部與外圍輪廓的構造)

✪ 操作流程

指令:VIEWSECTION

選取父系視圖:　　　　　　　←選取上視圖

重點叮嚀：不下指令，直接碰選視圖→上方功能面板→剖面→半剖面

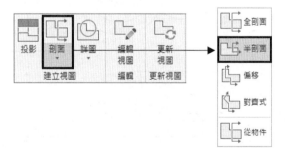

指定起點:　　　　　　　　　←點1 (左邊四分點往左追蹤適當距離)

指定下一點或 [退回(U)]:　　←點2 (中心點)

指定終點或 [退回(U)]:　　　←點3 (中心點往下追蹤適當距離)

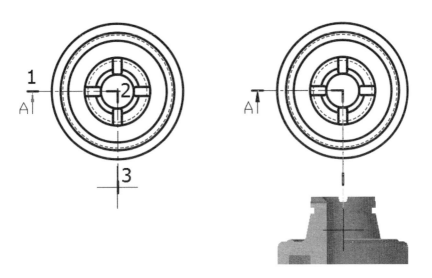

指定剖面視圖的位置: ←點選正下方適當位置

選取選項 [隱藏線(H)/比例(S)/可見性(V)/投影(P)/深度(D)/註解(A)/填充線(C)/移動(M)/結束(X)] <結束>: ← [Enter]結束

成功建立剖面視圖。

✪ **大功告成,完成半剖視圖:** 請另存成 VIEWSECTION-2A-OK.dwg。

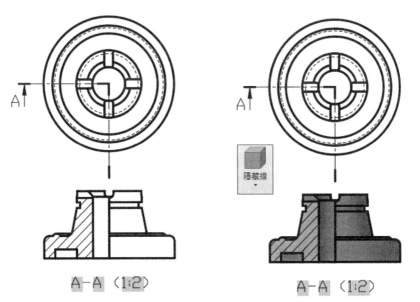

偏移視圖 以偏移切面產生非一直線的偏移剖面視圖。(請開啟隨書檔案 VIEWSECTION-3A.dwg)

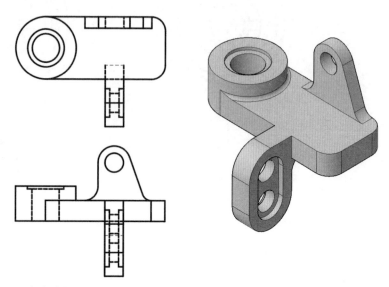

正常的前視圖效果 (下方虛線部分線條太多，很雜亂)

✪ 操作流程

指令:VIEWSECTION

選取父系視圖:　　　　　　　　←選取上視圖

重點叮嚀： 不下指令，直接碰選視圖→上方功能面板→剖面→偏移

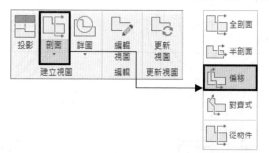

指定起點:　　　　　　　　←選取點 1 (左邊四分點往左追蹤適當距離)

指定下一點或 [退回(U)]:　　←選取點 2 (右邊四分點)

指定下一點或 [退回(U)]:　　←選取點 3 (點 2 往下與下方孔位中心延伸交點)

指定下一點或 [退回(U)]:　　←選取點 4(點 3 往右下追蹤適當距離)

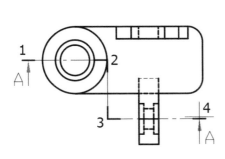

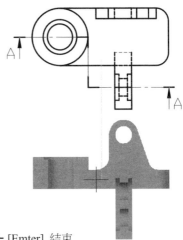

指定下一點或 [退回(U)/完成(D)] <完成>:← [Emter] 結束

指定剖面視圖的位置:　　　　　　←點選正下方適當位置

選取選項 [隱藏線(H)/比例(S)/可見性(V)/投影(P)/深度(D)/註解(A)/填充線(C)/
移動(M)/結束(X)] <結束>:　　← [Emter] 結束

成功建立剖面視圖。

✪ **大功告成，完成偏移剖視圖：**請另存成 VIEWSECTION-3A-OK.dwg。

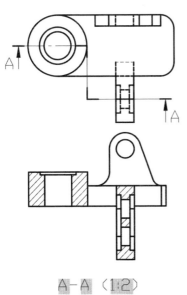

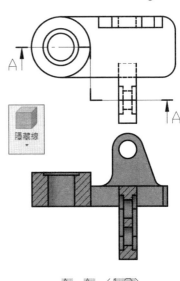

✪ **偏移視圖精選範例**：隨書檔案 VIEWSECTION-3B.dwg。

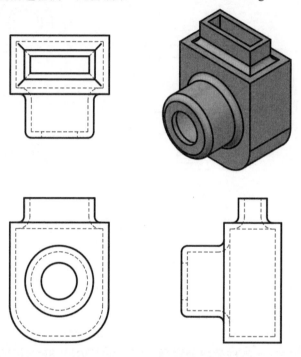

轉正視圖 沿著不同角度切割物件而產生的轉正剖面視圖。(請開啟隨書檔案 VIEWSECTION-4A.dwg)

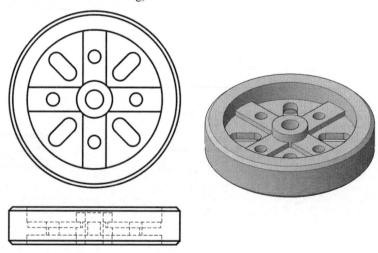

正常的前視圖效果 (一大堆虛線，看起來很雜亂)

✪ 操作流程

指令:VIEWSECTION

選取父系視圖:　　　　　　　　←選取上視圖

重點叮嚀: 不下指令,直接碰選視圖→上方功能面板→剖面→對齊式

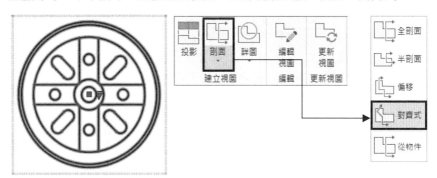

指定起點:　　　　　　　　←選取點 1 (左邊四分點往左追蹤適當距離)

指定下一點或 [退回(U)]:　←選取點 2 (中心點)

指定下一點或 [退回(U)]:　←選取點 3 (用取代角度法< -45 協助)

指定下一點或 [退回(U)/完成(D)] <完成>:　← [Emter] 結束

指定剖面視圖的位置:　　　←點選正下方適當位置

選取選項 [隱藏線(H)/比例(S)/可見性(V)/投影(P)/深度(D)/註解(A)/填充線(C)/
移動(M)/結束(X)] <結束>:　← [Emter] 結束

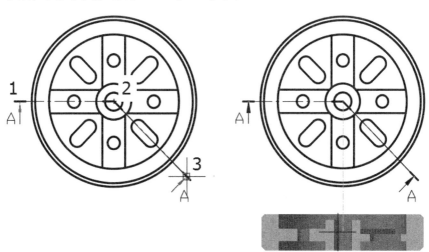

✪ **大功告成，完成轉正剖視圖：**請另存成 VIEWSECTION-4A-OK.dwg。

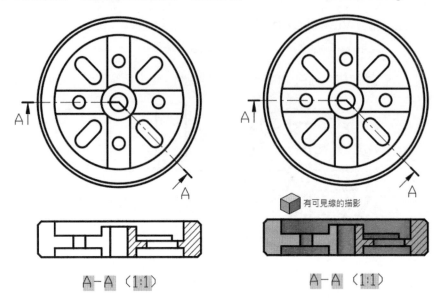

A–A（1:1）　　　　　　　A–A（1:1）

✪ **轉正視圖精選範例** (隨書檔案 VIEWSECTION-4B.dwg)

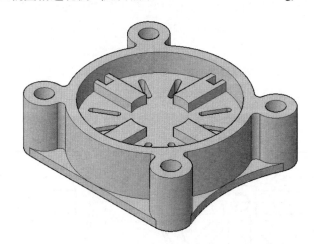

物件剖視圖 藉由選取 2D 物件 (線或聚合線) 來定義切割線而產生所需的剖面
視圖。(請開啟隨書檔案 VIEWSECTION-5A.dwg)

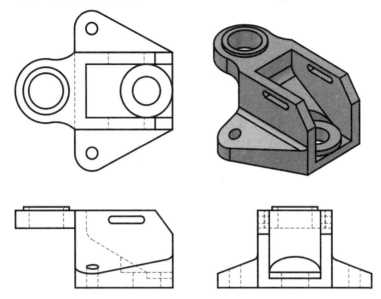

✪ 操作流程

指令:VIEWSECTION

選取父系視圖: ←選取上視圖

重點叮嚀:不下指令,直接碰選視圖→上方功能面板→剖面→從物件

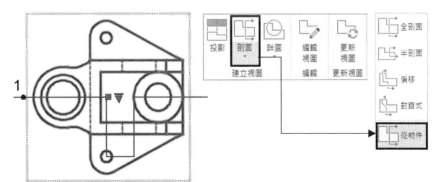

選取物件或 [完成(D)] <完成>:   ←選取物件 1

指定剖面視圖的位置: ←按[Shift]放鬆約束,往右邊點選適當位置

第一篇

第九章

▼

三視圖立體圖互轉與基準、剖面與詳圖

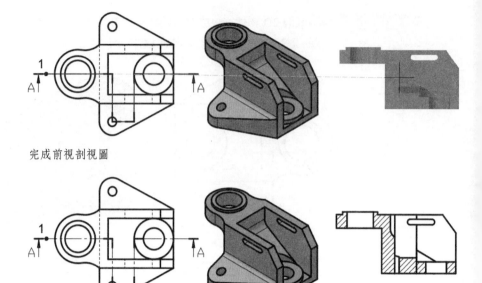

完成前視剖視圖

A-A （1:2）

依此技巧，請自行再作一組從物件 2 的剖視圖

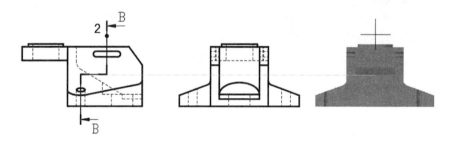

完成右視剖視圖

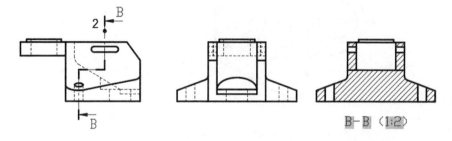

B-B （1:2）

✪ 大功告成，完成物件剖視圖：請另存成 VIEWSECTION-5A-OK.dwg。

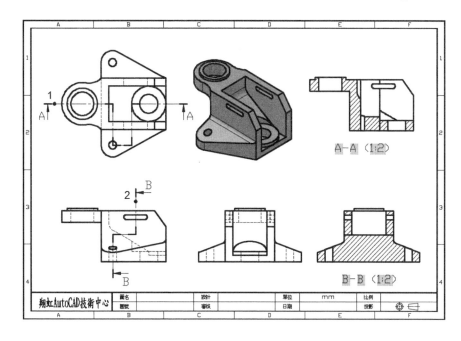

16 『詳圖』型式管理員

指令	VIEWDETAILSTYLE
說明	詳圖型式管理員

功能指令敘述 (請開啟隨書檔案 VIEWDETAIL-1.dwg)

指令:VIEWDETAILSTYLE

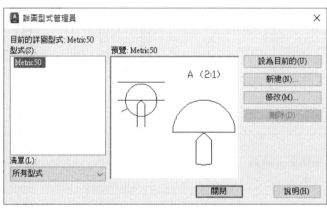

✪ **新建一組 VV-A 剖面視圖型式**：使標示的效果更符合 CNS 要求標準。

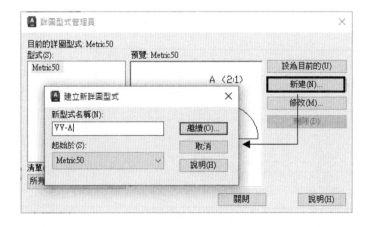

✪ 『識別碼』頁籤：取消→將識別碼從邊界移開時加入引線。

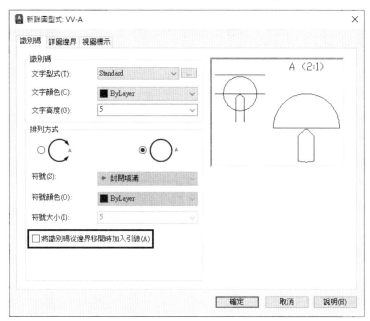

✪ 『詳圖邊界』頁籤：模型邊→選取「平滑並加入框線」。

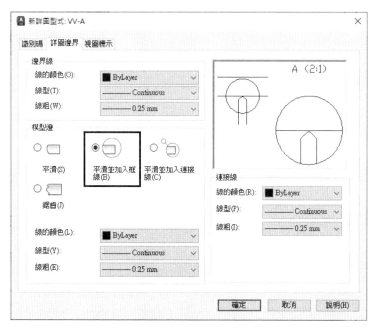

✪ 『**視圖標示**』**頁籤**：位置→視圖下方，與視圖的距離→5。

✪ **設定完成**：請另存成 VIEWDETAIL-1A.DWG 以便進行下一個單元。

17 『詳圖』建立與編輯

指令	VIEWDETAIL	
說明	建立局部詳圖	

杯架詳圖 (請開啟隨書檔案 VIEWDETAIL-1A.dwg)

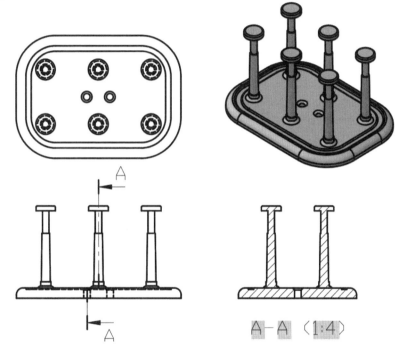

雖然有 A-A 剖視圖，但是細部尺寸依舊看不清楚

(如果能有局部詳圖，視圖結構更清晰)

✪ 操作流程

指令:VIEWDETAIL

選取父系視圖:　　　　　　　　　　　←選取前視圖

邊界 = 圓形模型邊 = 平滑邊界比例 = 1:2

指定中心點或 [隱藏線(H)/比例(S)/可見性(V)/邊界(B)/模型邊(E)/註解(A)] <邊
界>:　　　　　　　　　　　←輸入 B

重點叮嚀：不下指令，直接碰選視圖→上方功能面板→詳圖→圓形

指定中心點或 [隱藏線(H)/比例(S)/.../註解(A)] <邊界>:　←指定下方底座中點
指定邊界大小或 [矩形(R)/退回(U)]:　　　　　　　　←拖曳點選適當半徑

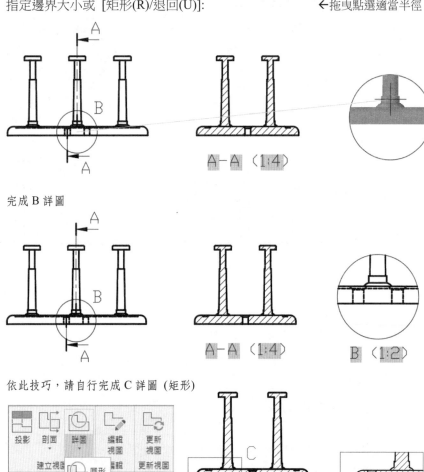

完成 B 詳圖

依此技巧，請自行完成 C 詳圖 (矩形)

⭐ **大功告成，完成杯架二個詳圖：**請另存成 VIEWDETAIL-1A-OK.dwg。

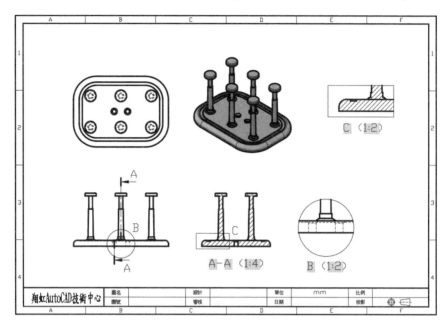

杯架詳圖編輯 (請開啟隨書檔案 VIEWDETAIL-1A-OK.dwg)

指令:　VIEWEDIT

選取視圖:　　　　←選取 B 詳圖

重點叮嚀：不下指令，直接碰選視圖→上方功能面板→編輯視圖

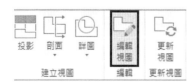

自動出現詳圖編輯功能面板

✪ 模型邊緣

平滑　　　　　　　　　　平滑(含邊界)　　　　　　　　鋸齒

平滑(含連接線)

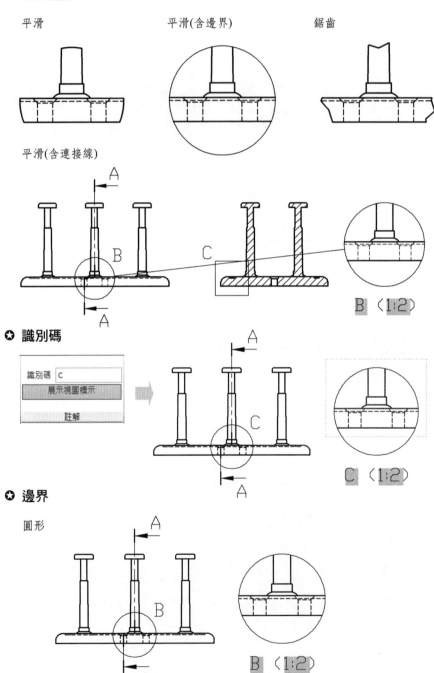

✪ 識別碼

識別碼 C

展示視圖標示

註解

✪ 邊界

圓形

矩形

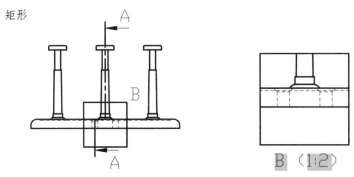

B （1:2）

☆ **比例：**選取 B 與 C 詳圖調整成 1：1，可以看更清楚。

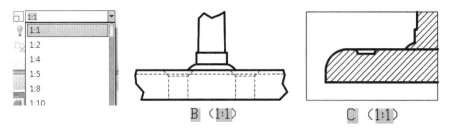

B （1:1）   C （1:1）

另外一種快速調整比例尺的方式(選取視圖+比例選單下拉)

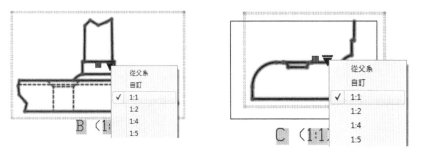

B （1:1）   C （1:1）

☆ **展示填充線：**選取 C 詳圖。

展示

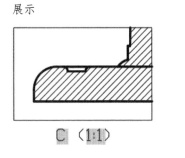

C （1:1）

不展示

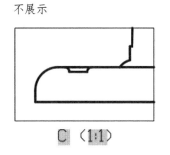

C （1:1）

✪ **大功告成：**完成詳圖編輯，請另存成 VIEWDETAIL-1A-OK2.dwg。

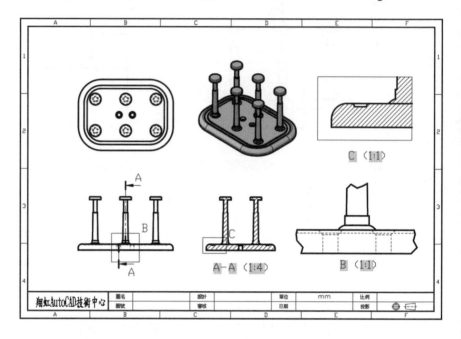

✪ **詳圖精選範例** (請開啟隨書檔案 VIEWDETAIL-2A.dwg)

自行練習完成 A 詳圖 (或參考 VIEWDETAIL-2A-OK.dwg)

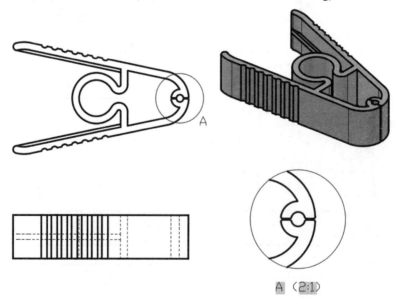

第一篇 第十章

輕鬆掌握 3D 透視、相機與動畫

第一篇 第十章 ▼ 輕鬆掌握 3D 透視、相機與動畫

1　拍出 3D 透視傑作的關鍵

透視效果 是建築、室內設計、景觀、產品設計在表現上非常重要的一環。

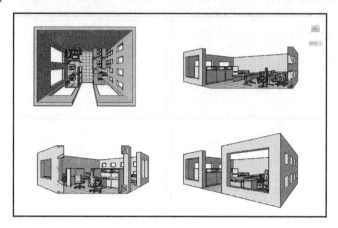

關鍵原理 假想生活中『照相』的感覺是什麼？

✪ **準備相機拍照**

✪ **再決定拍照的位置**

✪ **先決定拍攝的目標** (焦距對準的點 XYZ 座標)

✪ **看到畫面後，若不盡理想** (如景物太大或景物太小)，**準備調整**

✪ **二種主要的方式處理調整問題**

❖ **第一種：**是『鏡頭不變』，而由拍攝者的前進或後退距離 (DISTANCE) 來調整景物視景的大小。

❖ **第二種：**是『拍攝者位置不變』，而由鏡頭伸縮 (ZOOM) 自由作變換：

　◉ 超長鏡頭　　300mm 以上　超局部放大效果 (涵蓋角度範圍很小)

　◉ 中長鏡頭　　100-300mm　局部放大效果 (涵蓋角度範圍小)

　◉ 長鏡頭　　　70-100mm　稍微局部放大效果 (涵蓋角度範圍較一般略小)

　◉ 標準鏡頭　　35-50mm　一般透視效果

　◉ 廣角鏡頭　　20-35mm　建築室內設計拍攝建議鏡頭

　◉ 超廣角鏡頭　10-20mm　建築室內設計拍攝誇張透視

　◉ 魚眼鏡頭　　10mm 以下　誇張透視效果 (不建議使用)

✪ 確認效果後，按下快門，完成拍攝動作

✪ 重新循環以上之步驟，為下一張傑作而繼續努力

✪ 設計者的手繪透視圖基礎好壞對電腦透視的好壞已不重要了

也非關鍵因素，讀者們大可放心，因為真正的成敗是設計者的『創意』與『美感』，電腦的軟體一定是愈來愈強，愈來愈親和性，愈來愈容易，效果也愈來愈棒，聰明的您，千萬不要在 3D 的潮流缺席了，否則除了圖面競爭力嚴重減弱外，信心也會因此而大打折扣，就糟糕了！

✪ 在 AutoCAD 中，顛覆傳統照相最大的不同是

❖ 取之不盡，用之不竭的 Camera 鏡頭。

(從超廣角至超長型…等)

❖ 您可以在任何位置模擬照相神通廣大。

(上天、下海、空中、地面…)

❖ 光拍照若還不過癮，那就用動畫模擬。

❖ 您的想像空間要更有勇氣與創意。

✪ 欲拍出更好的透視傑作，以下技巧的搭配應用不可缺

❖ 以視圖管理員 VIEW 將精心調整的成果儲存與取回。

❖ 以圖紙空間分割視埠展現與輸出不同的透視。

❖ 以消除隱線 HIDE 與彩現 RENDER 美化透視。

❖ 材質貼附，讓物件更具真實感。

❖ 對場景打燈光，有明有亮，效果更棒。

❖ 透視效果的好壞，最重要的關鍵更首推要有好的 3D 實景與主體了，否則巧婦難為無米之炊也！

動畫功能

- ✪ 原本在 3DS MAX/VIZ 中才能擁有的優異功能，在 AutoCAD 不斷強化 3D 功能中令人驚艷！

- ✪ 這種感覺就好比數位攝影機的主流誕生，令原本掌上明珠的數位相機光環大減。

學習捷徑化功能 用心、決心、恆心→邁向專業。

- ✪ **熟悉它、掌握它、勤加練習**

- ✪ **別擔心害怕**

  因為只要您有心，加上這本『3D 超級特訓教材』還有什麼學不好的呢？再加上『不斷的練習』與『經驗值的累積』，您一定能真正成為名符其實的 AutoCAD 3D 專業工程師。

2 透視技法輕鬆特訓－鳥瞰視景

原始圖面 請直接叫出隨書檔案中的 3D-WALL-DEMO1.DWG 進行練習。

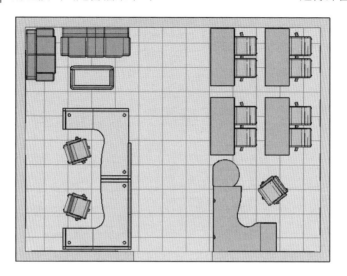

✪ **步驟一** 先調透視投影：於螢幕右上角 VIEWCUBE，按選滑鼠右鍵，出現功能表，選取『透視』即可，或執行系統變數 PERSPECTIVE 調整。

| 0 | 平行投影 |
| 1 | 透視投影 |

展開『常用』頁籤→『視圖』修改鏡頭長度=50

(輕鬆調整鏡頭長度與視野)

✪ **步驟二** 調整鏡頭長度為 50 與 3DZOOM 縮放到適當大小。

使用 3DZOOM 調整看到全圖 (以滑鼠左鍵上下控制畫面大小)

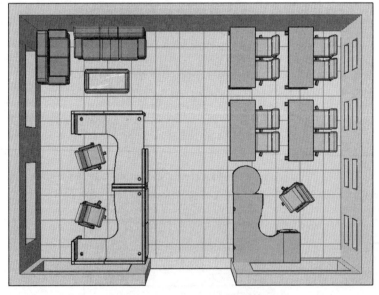

鏡頭長度為 50 前方與左方的窗戶看不到任何縫隙

✪ **步驟三** 執行 VIEW 建立新視圖 1-UP-Z50 拍照留念。

視圖名稱：1-UP-Z50，視圖品類：鳥瞰圖

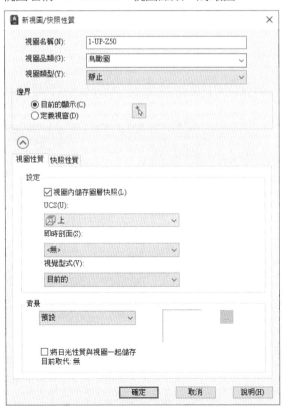

✪ **步驟四**　調整鏡頭長度為 35 與 3DZOOM 縮放到適當大小與拍照留念。

鏡頭長度為 35 前方與左方的窗戶縫隙更清楚呈現

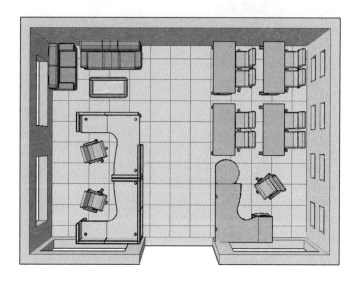

建立新視圖拍照留念 (視圖名稱：1-UP-Z35、視圖品類：鳥瞰圖)

✪ **步驟五**　調整鏡頭長度為 20 與 3DZOOM 縮放到適當大小與拍照留念。

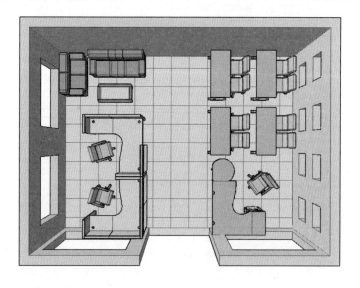

建立新視圖拍照留念 (視圖名稱：1-UP-Z20、視圖品類：鳥瞰圖)

✪ 步驟六 調整鏡頭長度為 5 與 3DZOOM 縮放到適當大小與拍照留念。

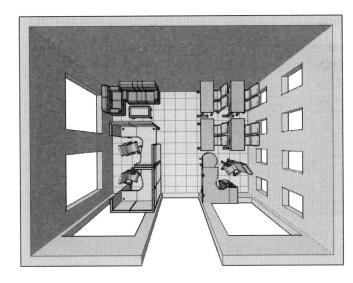

建立新視圖拍照留念 (視圖名稱：1-UP-Z05、視圖品類：鳥瞰圖)

✪ 步驟七 呼叫預先儲存的視圖。

VIEW 視圖管理員輕鬆管理與切換視圖

快按滑鼠左鍵二下【1-UP-Z20】即可設為目前的視圖

『常用』頁籤→『視圖』可
看見以建立完成的視圖，直
接點選或切換。

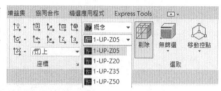

也可以由螢幕左上角，拉下視圖選單，選取自訂的視圖

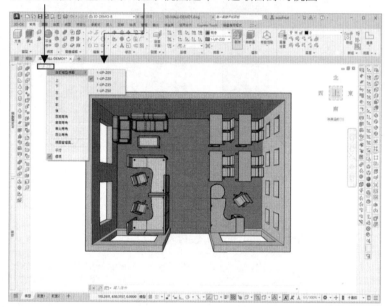

重點叮嚀

✪ 經過以上的練習，所完成的鳥瞰透視圖，您是不是覺得很有成就感呢？若您
是機械背景者，所學非建築、室內設計，甚至從來沒有畫過透視圖，則您應
會更興奮才對！

✪ 鳥瞰圖的一點透視表現，美感很重要，除非特殊需求，否則強度不夠或過分
誇張的透視都是不受歡迎的！

✪ 建築與室內設計透視表現，建議可以將鏡頭鎖定在 20-28mm，再以 3DZOOM
調整來取得理想的透視畫面！

✪ 請另存新檔爲 3D-WALL-DEMO1A.DWG。

3　輕鬆掌握正面『一點透視』

原始圖面　請直接叫出隨書檔案中的 3D-WALL-DEMO1A.dwg 進行練習。

✪ **步驟一**　從 VIEWCUBE 選取南或上方箭頭調整至
前視圖。

於 VIEWCUBE 圖像，按選滑鼠右
鍵出現功能表選取→透視

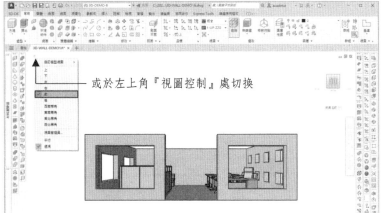

或於左上角『視圖控制』處切換

✪ **步驟二**　調整為透視後，再將鏡頭長度調整為 50 與 3DZOOM 縮放到適當大
小與拍照留念。

建立新視圖拍照留念 (視圖名稱：1-FRONT-Z50、視圖品類：正面
透視)

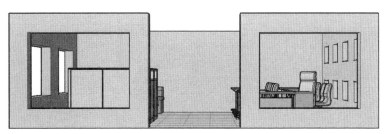

✪ **步驟三** 調整鏡頭長度為 35 與 3DZOOM 縮放到適當大小與拍照留念。

建立新視圖拍照留念 (視圖名稱：1-FRONT-Z35、視圖品類：正面透視)

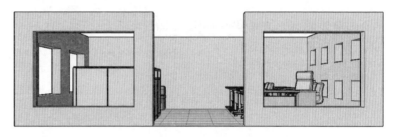

✪ **步驟四** 調整鏡頭長度為 20 與 3DZOOM 縮放到適當大小與拍照留念。

建立新視圖拍照留念 (視圖名稱：1-FRONT-Z20、視圖品類：正面透視)

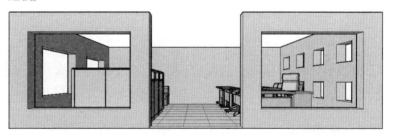

✪ **步驟五** 調整鏡頭長度為 5 與 3DZOOM 縮放到適當大小與拍照留念。

建立新視圖拍照留念 (視圖名稱：1-FRONT-Z05、視圖品類：正面透視)

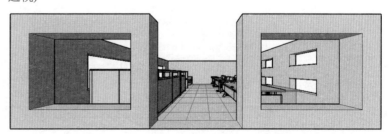

✪ **步驟六**　呼叫預先儲存的視圖。

『常用』頁籤→『視圖』可看見已建立完成的視圖，直接點選切換。

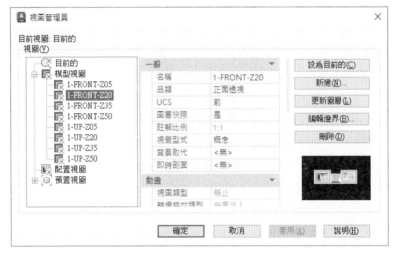

輕輕鬆鬆建構四組一點透視→正面透視投影視圖

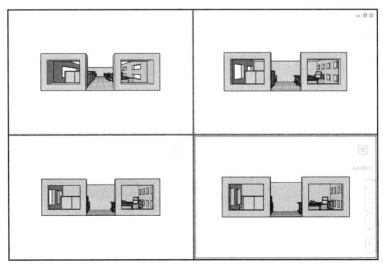

關閉相機圖示，執行指令 CAMERADISPLAY：

指令: CAMERADISPLAY

輸入 CAMERADISPLAY 的新值<1>: 0 ←輸入 0 可關閉圖示

✪ 步驟七　調整 VIEW 視圖管理員→背景取代→漸層。

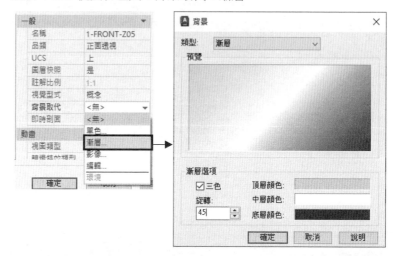

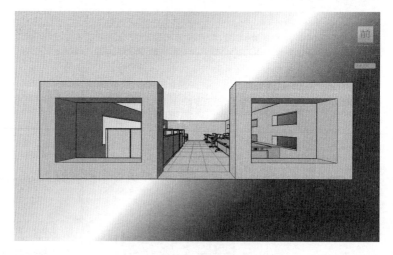

✪ 步驟八　請另存此圖檔為 3D-WALL-DEMO2A.DWG。

4 輕鬆掌握『二點透視』

請開啟上一個範例之圖檔 3D-WALL-DEMO2A.dwg，並另存新檔為 3D-WALL-DEMO2B.dwg。

✪ **步驟一** 『常用』頁籤→『視圖』設定 1-FRONT-Z20。

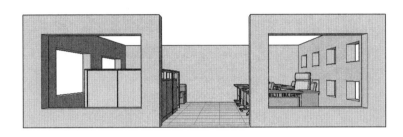

✪ **步驟二** 由正面『一點透視』直接變身『二點透視』。

❖ 執行『導覽列』→自由環轉，或指令 3DFORBIT。

(導覽列可由畫面左上角『視埠控制』勾選打開)

	環轉
✓	自由環轉
	連續環轉

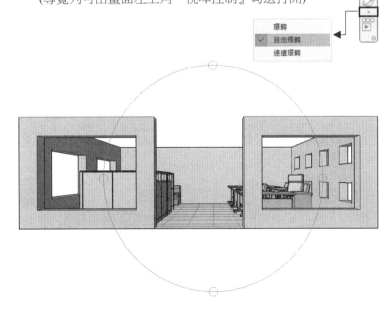

❖ 按選自由環轉右側控制點，左右移動視圖，再配合 3DZOOM/3DPAN 來調整。

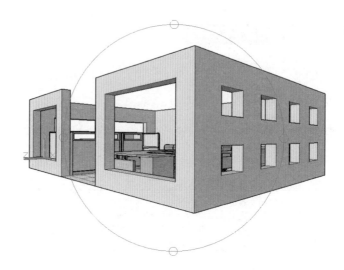

❖ 輕鬆調整完成二點透視，請將 VIEW 視圖管理員將視圖存成 2-RIGHT-DEMO。

❖ **步驟三**　由『右側二點透視』直接變身『左側二點透視』。

❖ 執行『導覽列』→自由環轉，或執行 3DFORBIT。

❖ 按選自由環轉左側控制點，左右移動，再配合 3DZOOM/3DPAN 來調整視圖。

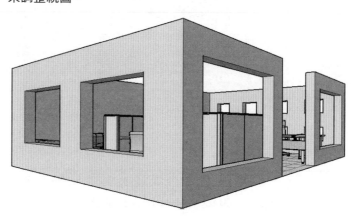

❖ 輕鬆調整完成二點透視，請將 VIEW 視圖管理員將視圖存成
2-LEFT-DEMO。

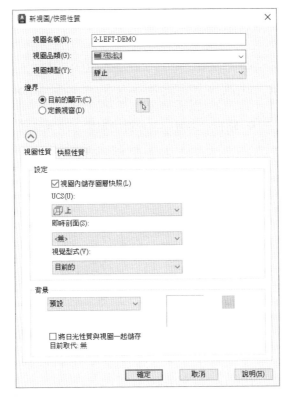

❤ **步驟四** 輕鬆完成二組『二點透視』，大功告成！請直接儲存圖檔。

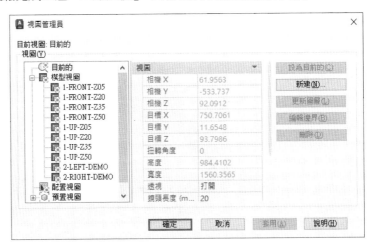

5 輕鬆掌握特殊的『二點透視』

接著本單元要挑戰的是特殊的二點透視，延續上一範例圖檔 3D-WALL-DEMO2B.dwg。

✪ **步驟一** 請呼叫視圖管理員中設定 1-FRONT-Z20 正面一點透視為目前的。

✪ **步驟二** 由正面『一點透視』直接變身特殊的『二點透視』。

    ❖ 執行『導覽列』→自由環轉。

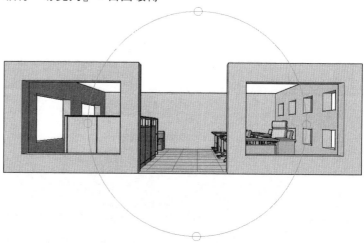

    ❖ 按選自由環轉上方控制點，上下移動，再配合 3DZOOM/3DPAN 來調整視圖。

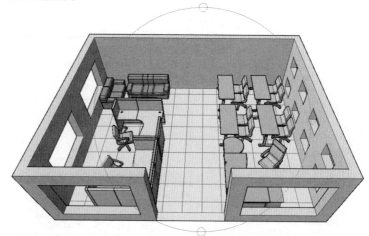

6　輕鬆掌握『透視的截面』

接著本單元要挑戰的是透視的截面，延續上一單元 3D-WALL-DEMO2B.dwg，請另存為 3D-WALL-DEMO2C.dwg。

✪ **步驟一**　請呼叫視圖管理員中設定 1-FRONT-Z20 正面一點透視為目前的。

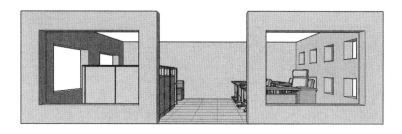

✪ **步驟二**　截面調整的關鍵指令 3DCLIP 控制前截面。

❖　執行 3DCLIP 開啓截面視窗畫面

	調整前截面		縮放
	調整後截面		前截面開關
	建立切割面		後截面開關
	平移		

❖ 打開前截面與調整前截
面到隔開牆的位置。

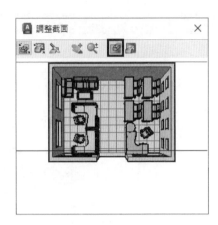

牆被截掉了

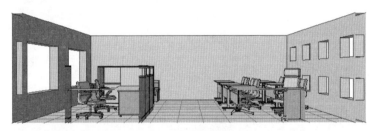

❖ 輕鬆調整完成正面透視
之截面效果，請用 VIEW
視圖管理員將視圖存成
3DCLIP-1。

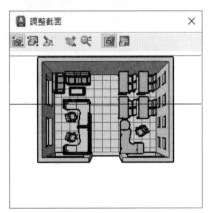

屏風也被截掉了

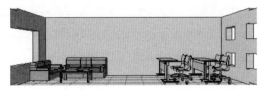

✪ 步驟三 截面調整→控制後截面。

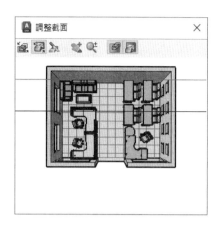

前後截面都打開(前後牆都不見了)

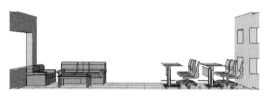

❖ 輕鬆調整完成正面透視之前後截面效果,請用 VIEW 視圖管理員將視圖存成 3DCLIP-2。

✪ 步驟四 截面調整→控制西南二點透視的前截面效果。

❖ 呼叫 2-LEFT-DEMO 視圖來調整與用 VIEW 視圖管理員,將視圖存成 3DCLIP-3。

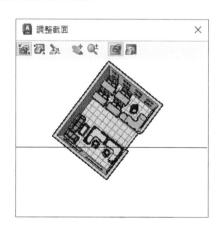

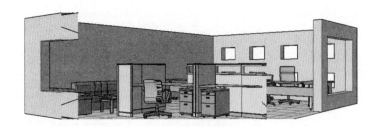

✪ **步驟五**　截面調整➜控制東南二點透視的前截面效果。

❖ 呼叫 2-RIGHT-DEMO 視圖來調整與用 VIEW 視圖管理員將視圖存成 3DCLIP-4。

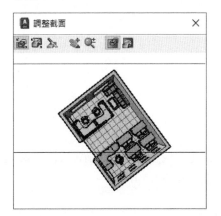

7　輕鬆掌握『透視效果大整合』

本單元要挑戰的是透視的效果大整合與出圖，請叫出 3D-WALL-DEMO-ALL.dwg
直接練習。

✪ **步驟一**　切到配置 1→插入 A4BLK 圖框在 BORDER 圖層。

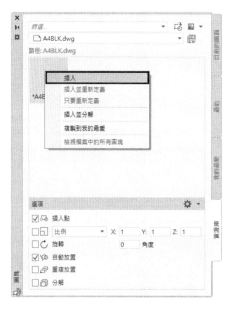

翔虹AutoCAD技術中心	專案名稱		設　計		單　位	
	圖　號		審　校		日　期	

✪ **步驟二**　　建立四個視埠於 VPORTS 圖層→間距給 3。

✪ **步驟三**　　快按左鍵二下進入左上角視埠浮動模型空間。

　　❖ 執行 VIEW 指令並將 1-UP-Z20 設為目前的視圖。

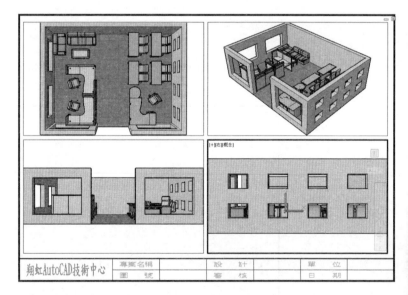

或由左上角選取『自訂模型視圖』中的『1-UP-Z20』

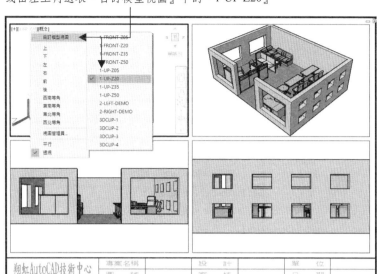

☯ **步驟四** 　快按左鍵二下進入右上角視埠浮動模型空間。

　　　　　❖ 將 1-FRONT-Z20 設為目前的視圖。

☯ **步驟五** 　快按左鍵二下進入右下角視埠浮動模型空間。

　　　　　❖ 將 2-RIGHT-DEMO 設為目前的視圖。

☯ **步驟六** 　快按左鍵二下進入左下角視埠浮動模型空間。

　　　　　❖ 將 2-LEFT-DEMO 設為目前的視圖。

☯ **步驟七** 　大功告成，請將圖檔另存為 3D-WALL-DEMO-ALL-OK.DWG。

　　　　　❖ 再把圖框資料填入後直接準備 PLOT 出圖。

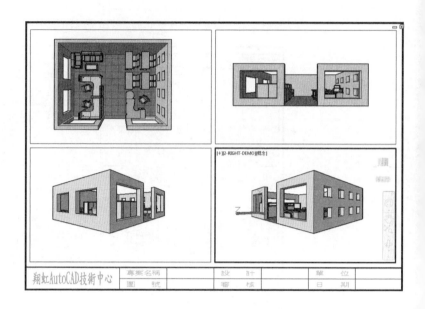

✪ **步驟八** 試試看！依照上例，讀者請自行將配置 2 處理成另外的效果。

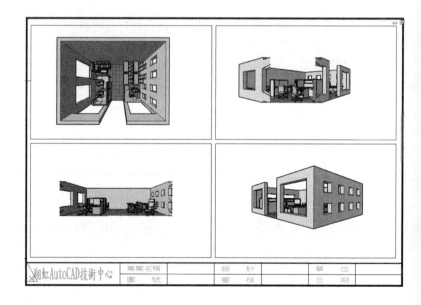

接著本單元要挑戰的是相機透視的效果大整合與出圖。

✪ **步驟一**　請叫出 3D-CAMERA.dwg 直接練習。

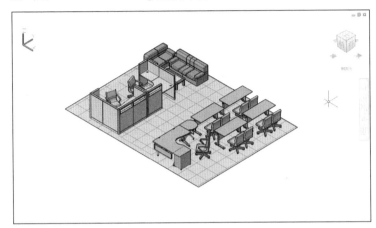

✪ **步驟二**　以 VPORTS 建立四視埠，並調整成如下圖視圖。

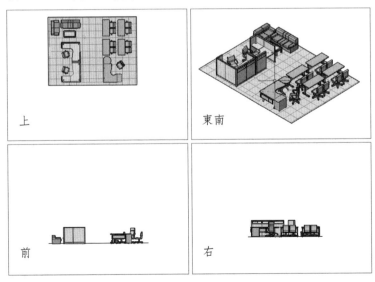

✪ **步驟三**　以 CAMERA 建立第一台相機 (請先切到上視圖位置)。

　　❖ 執行 CAM 快捷鍵。

指令: CAMERA

目前的相機設定: 高度=0 鏡頭長度=15 mm

指定相機位置:.XY　　　　　　←輸入 .XY

於　　　　　　　　　　　←進入左上視窗，點選圖所示位置

於(需要 Z):　　　　　　　←進入左下視窗，點選圖所示位置

指定目標位置:　　　　　　←進入左上視窗，點選圖所示位置

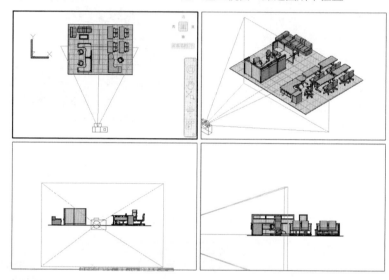

輸入選項 [?/名稱(N)/位置(LO)/高度(H)/目標(T)/鏡頭(LE)/截取(C)/視圖(V)/結束(X)]<結束>:　　　←輸入 N

輸入新相機的名稱<相機 1>:　　←輸入 CAM-1

輸入選項 [?/名稱(N)/位置(LO)/高度(H)/目標(T)/鏡頭(LE)/截取(C)/視圖(V)/結束(X)]<結束>:　　　←輸入 H

指定相機高度<0>:　　　　　←輸入 150

輸入選項 [?/名稱(N)/位置(LO)/高度(H)/目標(T)/鏡頭(LE)/截取(C)/視圖(V)/結束(X)]<結束>:　　　←輸入 LE

指定鏡頭長度 (mm) <15>: 35　←輸入 35

輸入選項 [?/名稱(N)/位置(LO)/高度(H)/目標(T)/鏡頭(LE)/截取(C)/視圖(V)/結束(X)]<結束>:　　　← [Enter] 結束

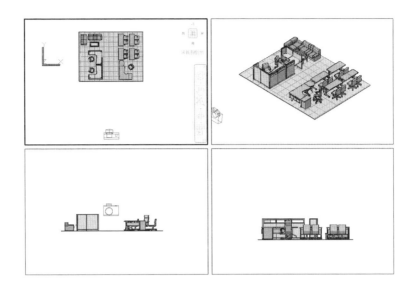

⭐ 步驟四 　將左上角視圖調整為 CAM-1 視圖。

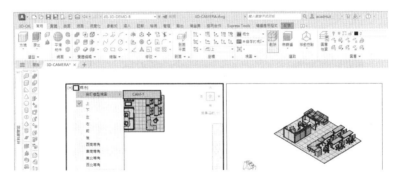

效果並不理想，凍結 FLOOR 圖層再看清楚

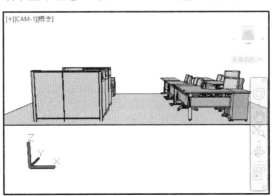

第一篇

第十章 ▼

輕鬆掌握 3D 透視、相機與動畫

✪ **步驟五** 在上視圖碰選 CAM-1 相機會立刻跳出相機預覽，再呼叫性質調整相機設定。

✪ **步驟六** CAM-1 的各種性質調整效果。

❖ 目標 Z 值改為 150 與相機一樣，鏡頭長度改成 20。

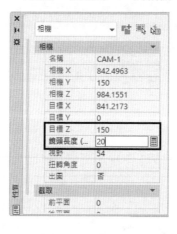 

✪ **步驟七**　碰選 CAM-1 相機跳出相機預覽，呼叫性質調整相機設定。

❖ 調整相機的目標 Z 值為-500，距離往後退能看到的範圍就更廣。

❖ 調整相機的扭轉角度=30。

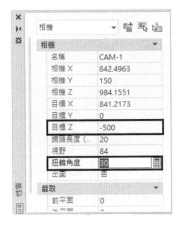 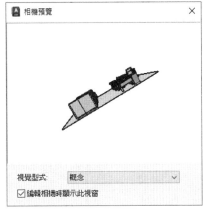

❖ 調整相機的扭轉角度=345，視野=60。

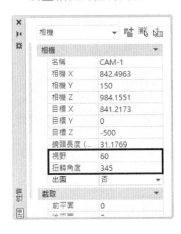 

✪ **步驟八**　直接在圖面中拉伸 CAM-1 可以輕鬆調整相機的各種性質，只是沒有性質指令來的嚴謹而已。

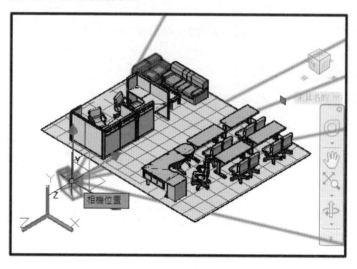

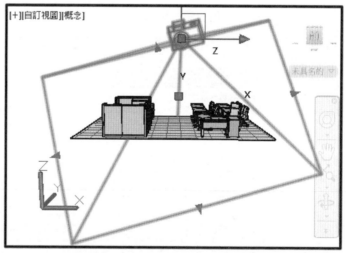

✪ **步驟九**　以 CAMERADISPLAY 控制相機圖示之開關。

指令: CAMERADISPLAY

輸入 CAMERADISPLAY 的新值<1>: 0　　←輸入 0 關閉相機圖示

9　輕鬆製作『第一個 3D 動畫』

接著本單元要挑戰的是製作『第一個 3D 動畫』

☆ **步驟一**　請叫出 3D-ANIPATH.dwg 在上視圖畫一個圓並把圓往 Z 軸抬高 150
　　　　　　準備作為動畫的路徑。

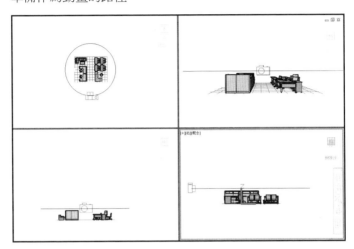

☆ **步驟二**　先預設相機之鏡頭長度 LENSLENGTH=35 標準鏡頭。

☆ **步驟三**　執行『運動路徑動畫』ANIPATH 製作動畫。

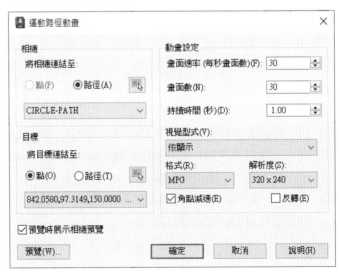

❖ 相機路徑請選取圓，並命名爲 CIRCLE-PATH，您可以將相機連結至線、弧、橢圓弧、圓、聚合線、3D 聚合線或雲形線。

❖ 目標切換爲點模式，直接抓取圓心，並命名爲 CEN-PT1。

❖ **畫面速率**：設定動畫執行時每秒的畫面數，有效範圍 1 到 60 的值，預設值爲 30。

❖ **畫面數**：設定動畫中的畫面總數。

❖ **持續時間**：動畫總秒數=畫面數/畫面速率。

❖ **畫面速率、畫面數、持續時間三者的關係**：

畫面速率	畫面數	持續時間（動畫總秒數）
30	30	1 秒
30	90	3 秒
30	300	10 秒
60	150	2.5 秒

❖ **視覺型式**：

有很多不同效果的選擇，對於製作動畫的時間差異影響很大，效果愈好付出的代價就是製作時間(詳見視覺型式與彩現章節)。

❖ 格式：

動畫的格式有 AVI、MPG 及 WMV 三種：

AVI	Windows 視訊檔
MPG	動畫檔
WMV	Windows 多媒體檔 須加裝 Microsoft Windows Media Player

❖ 解析度：

設定在螢幕顯示單位中所產生動畫的寬度和高度。

❖ **角點減速**：設定在相機旋轉角點時是否以較慢的速率移動相機。

❖ **反轉**：設定是否反轉動畫的方向。

❖ **執行動畫預覽**：

⭐ **步驟四** 若預覽效果不佳，可能需要調整鏡頭長度或路徑。

✪ **步驟五**　儲存動畫檔案，大功告成。

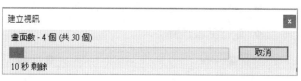

步驟六 播放動畫 RealPlayer 或 Windows Media Player，讀者可以直接叫出
ANIPATH-1.mpg 來欣賞。

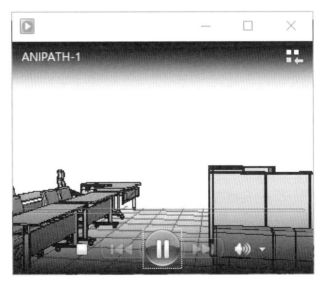

第一篇　第十章　▼　輕鬆掌握 3D 透視、相機與動畫

第一篇　第十章 ▼ 輕鬆掌握 3D 透視、相機與動畫

10　輕鬆製作『第二個 3D 動畫』

✪ **步驟一**　請叫出 3D-ANIPATH-2.dwg 在上視圖畫一個 SPLINE 雲形線路徑。

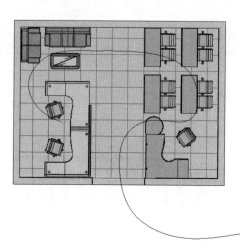

✪ **步驟二**　執行 ANIPATH 製作動畫設定。

❖ 相機路徑請選取雲形線，並命名為 SPLINE-PATH。

❖ 目標這一次改為路徑，同樣再抓取這一條雲形線路徑，這樣一來，動畫就沒有固定一個點目標了，如同手拿相機沿著指定的路徑錄製動畫一般。

❖ 欲製作十秒鐘的動畫：

畫面速率	畫面數	持續時間
30	300	10 秒

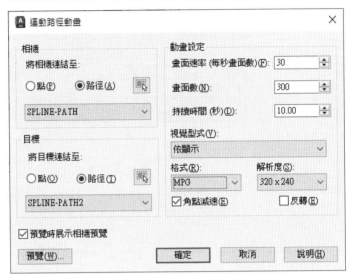

✪ 步驟三　儲存動畫檔案 ANIPATH-2.mpg。

✪ **步驟四** 預覽看一下效果。

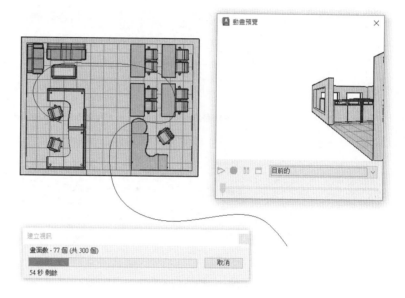

✪ **步驟五** 享受甜美的成果，大功告成！讀者可以直接叫出 ANIPATH-2.mpg 來欣賞。

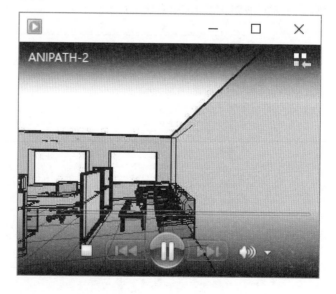

第一篇 第十一章

掌握 3D 尺寸標註技巧

單元		工具列	中文指令	說　　明	頁碼
1	3D 尺寸標註概述				11-2
2	DIMLINEAR	⊢ 線性	線性標註	水平垂直尺寸標註	11-3
3	DIMALIGNED	對齊式	對齊式標註	對齊式尺寸標註	11-6
4	DIMRADIUS	半徑	半徑標註	圓或弧半徑尺寸標註	11-8
5	DIMDIAMETER	直徑	直徑標註	圓或弧直徑尺寸標註	11-9
6	DIMANGULAR	角度	角度標註	角度尺寸標註	11-10
7	MLEADER	多重引線	多重引線	多重引線標註	11-11

更多詳細尺寸標註介紹,請參考另一本『TQC+ AutoCAD 2025 特訓教材－基礎篇』,此處不再詳述。

1 3D 尺寸標註概述

各種標註方式

✪ 圖例一

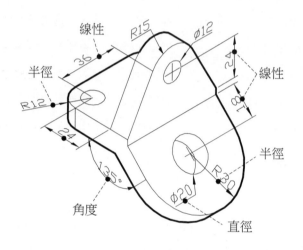

✪ 圖例二

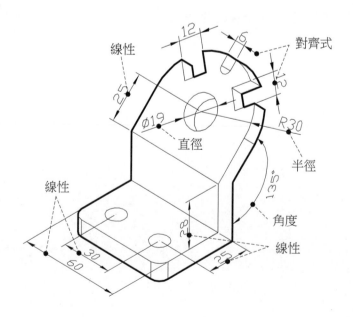

2 | DIMLINEAR－線性標註

指令	DIMLINEAR		快捷鍵	DLI
說明	水平垂直尺寸標註			
選項功能	多行文字(M)：切至 MTEXT 多行文字模式編寫文字內容 文字(T)：切至 DTEXT 單行文字模式編寫文字內容 角度(A)：設定尺寸標註文字寫入角度 水平(H)：水平標註 垂直(V)：垂直標註 旋轉(R)：設定尺寸標註旋轉角度			

├─┤線性

功能指令敘述

✪ 選取兩點標註尺寸 (請呼叫隨書檔案 DIMENSION.dwg)

指令: DIMLINEAR

指定第一條延伸線原點或<選取物件>:   ←選取點 1 (或 [Enter] 選取物件)

指定第二條延伸線原點: ←選取點 2

指定標註線位置或[多行文字(M)/文字(T)/角度(A)/水平(H)/垂直(V)/旋轉(R)]:

                                       ←選取位置點 3

❖ 標註不同面的尺寸，先調整 UCS：

1. 按滑鼠左鍵碰選 UCS 圖像啟動掣點。

2. 點選原點掣點，將 UCS 移至要標註面上。(如下頁右圖中點位置上)

第一篇 第十一章 ▼ 掌握 3D 尺寸標註技巧

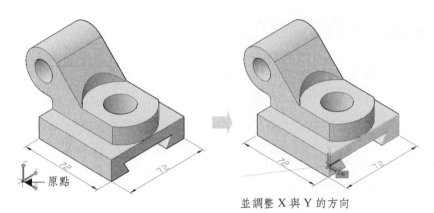

並調整 X 與 Y 的方向

指令: DIMLINEAR

指定第一條延伸線原點或<選取物件>:　　　　　←選取點 1

指定第二條延伸線原點:　　　　　　　　　　　←選取點 2

指定標註線位置或[多行文字(M)/文字(T)/角度(A)/水平(H)/垂直(V)/旋轉(R)]:　　　　　　　　　　　　　　　　　　　←選取位置點 3

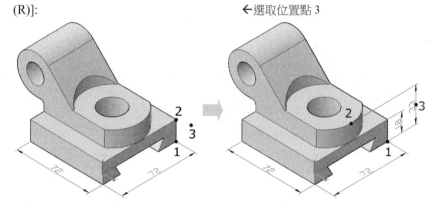

✪ **選取物件標註尺寸**

❖ 先調整 UCS：

1. 按滑鼠左鍵碰選 UCS 圖像啟動
   掣點。

2. 點選原點掣點，將 UCS 移至要標
   註面上。(如圖中點位置上)

3. 再調整 X 與 Y 的方向。

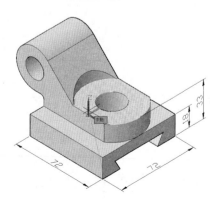

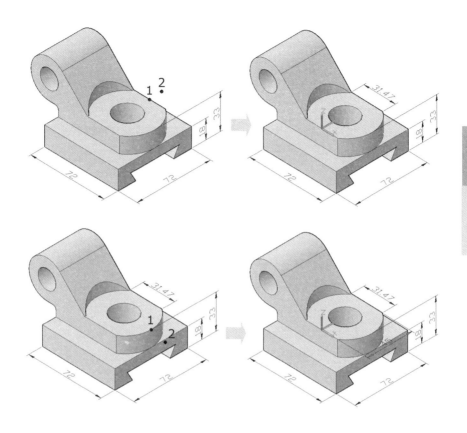

設定標註圖層

如果設定為『使用目前的設定』，則標註物件回相同於
目前的圖層，若有指定圖層則標註物件就會不同於目
前的圖層，相當方便。

3 DIMALIGNED－對齊式標註

指令	DIMALIGNED	快捷鍵	DAL	⟍ 對齊式
說明	對齊式尺寸標註			
選項功能	多行文字(M)：切至 MTEXT 多行文字模式編寫尺寸文字內容 文字(T)：切至 DTEXT 單行文字模式編寫尺寸文字內容 角度(A)：設定尺寸標註文字寫入角度			

功能指令敘述

○ **選取兩點標註尺寸** (請呼叫隨書檔案 DIMENSION2.dwg)

❖ 先調整 UCS，如下頁左圖位置，再標註尺寸：

指令: DIMALIGNED

指定第一條延伸線原點或<選取物件>:   ←選取點 1

指定第二條延伸線原點: ←選取點 2

指定標註線位置或[多行文字(M)/文字(T)/角度(A)]: ←選取點 3

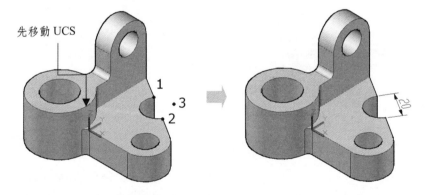

先移動 UCS

指令: DIMALIGNED

指定第一條延伸線原點或<選取物件>:   ←選取點 1

指定第二條延伸線原點: ←選取點 2

指定標註線位置或[多行文字(M)/文字(T)/角度(A)]: ←選取點 3

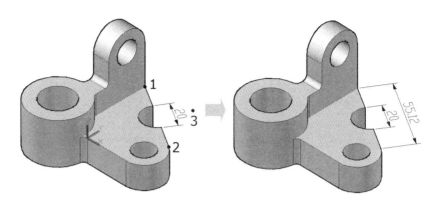

❖ 請呼叫隨書檔案 DIMENSION3.dwg，先將 UCS 移到正確的位置，再執行尺寸標註：

指令: DIMALIGNED

指定第一條延伸線原點或<選取物件>: ← [Enter]

選取要標註的物件: ← 選取物件 2

指定標註線位置或[多行文字(M)/文字(T)/角度(A)]: ← 選取點 3

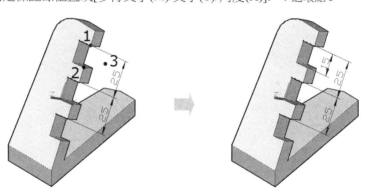

第一篇 第十一章 ▼ 掌握 3D 尺寸標註技巧

4 DIMRADIUS－半徑標註

指令	DIMRADIUS	快捷鍵	DRA	
說明	圓或弧半徑尺寸標註			半徑

功能指令敘述 (請呼叫隨書檔案 DIMENSION4.dwg)

指令: DIMRADIUS

選取一個弧或圓:　　　　　　　　　　　　　　　←選取弧 1

標註文字 = 70

指定標註線位置或 [多行文字(M)/文字(T)/角度(A)]:　←選取標註位置 2

先調整 UCS 位置

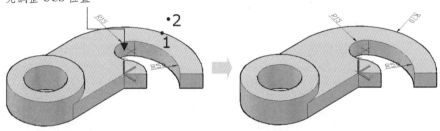

調整變數 DIMTOH=1，DIMTOFL=0　　　　　調整變數 DIMFIT=1，DIMTOH=1

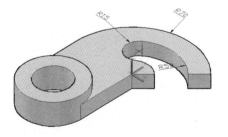

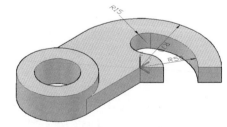

5　DIMDIAMETER—直徑標註

指令	DIMDIAMETER	快捷鍵	DDI	
說明	圓或弧直徑尺寸標註			

功能指令敘述 (請呼叫隨書檔案 DIMENSION4.dwg)

指令: DIMDIAMETER
選取一個弧或圓:　　　　　　　　　　　　　←選取圓或弧 1
標註文字 =70
指定標註線位置或 [多行文字(M)/文字(T)/角度(A)]:　←選取標註位置 2

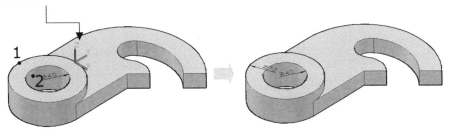

調整變數 DIMTOH=1，DIMTOFL=0　　　　調整變數 DIMFIT=1 標註於圓內

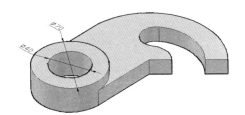
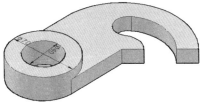

6 | DIMANGULAR－角度標註

指令	DIMANGULAR	快捷鍵	DAN	⬠ 角度
說明	角度尺寸標註			

功能指令敘述 (請呼叫隨書檔案 DIMENSION3.dwg)

指令: DIMANGULAR
選取弧, 圓, 線或<指定頂點>:　　　　　　　　　　　　←選取物件 1
選取第二條線:　　　　　　　　　　　　　　　　　　　←選取物件 2
指定標註弧線位置或[多行文字(M)/文字(T)/角度(A)/象限(Q)]:　←選取位置點 3
標註文字 ＝58

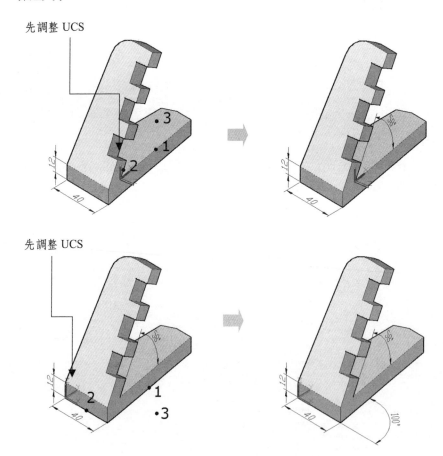

7　MLEADER－多重引線

指令	MLEADER	快捷鍵	MLD	
說明	多重引線標註			多重引線

功能指令敘述 (請呼叫隨書檔案 DIMENSION2.dwg)

✪ 調整 UCS 為平行於 XY 平面

指令: UCS

目前的 UCS 名稱: *無名稱*

指定 UCS 的原點或 [面(F)/具名(NA)/物件(OB)/前一個(P)/視圖(V)/世界(W)/X/Y/Z/Z 軸(ZA)] <世界>: V

指令:MLEADER

指定引線箭頭位置或 [引線連字線優先(L)/內容優先(C)/選項(O)] <選項>:
　　　　　　　　　　　　　　←選取起點 1

指定引線連字線位置:　　　　←選取點 2

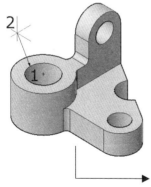

輸入文字後，按選『關閉文字編輯器』，完成標註

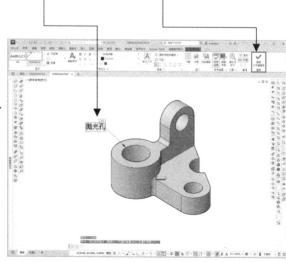

第一篇 第十一章 ▼ 掌握 3D 尺寸標註技巧

✪ 執行 MLEADERSTYLE 可設定多重標註型式

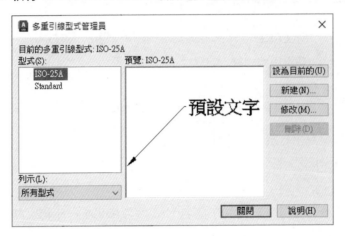

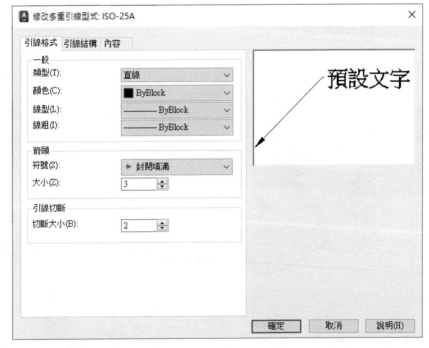

第一篇 第十二章

輕鬆掌握彩現關鍵技巧

1 RENDER－彩現

指令	RENDER	快捷鍵	RR
說明	彩現視圖		

功能指令敘述 (開啟隨書檔案 RENDER3.DWG)

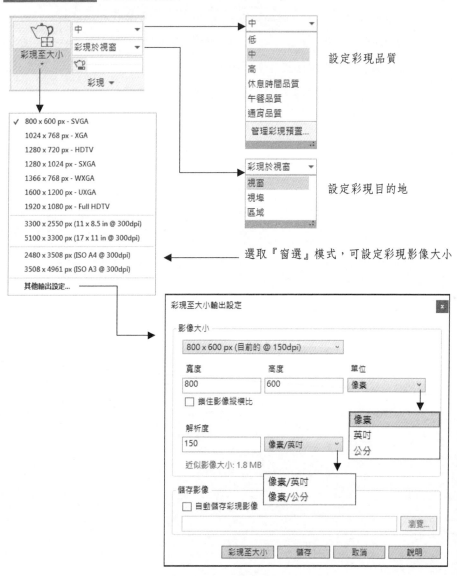

設定彩現品質

設定彩現目的地

選取『窗選』模式，可設定彩現影像大小

指令: RENDER　(品質愈好，付出的時間代價愈高)

✪ 透過『視覺化』頁籤→『彩現』面板→控制彩現的品質

低

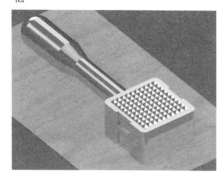

中

高

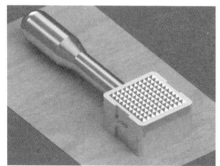

休閒時間品質

✪ 彩現目標：

❖ 窗選：彩現於視窗。

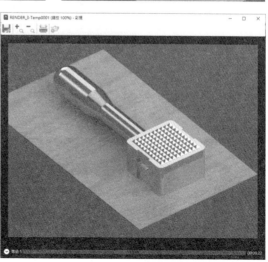

❖視埠：彩現於視埠。

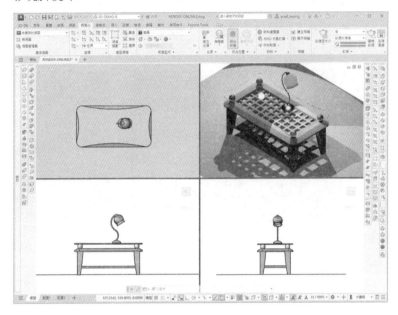

❖區域：彩現於局部範圍。

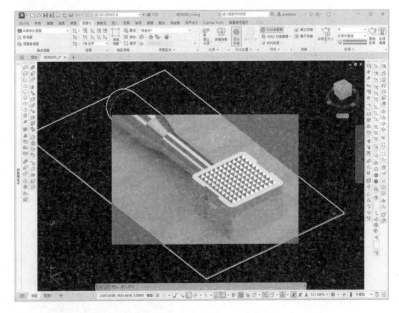

2 | RPREF－進階彩現設定

指令	RPREF
說明	進階彩現環境設定

功能指令敘述 (開啟隨書檔案 RENDER_1.DWG)

指令:RPREF

『視覺化』頁籤→『彩現』面板

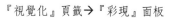

選取箭頭處可開啟 RPREF

⊙ **彩現品質設定**

　　設定彩現的品
質,相關效果請參
考本章單元 1。

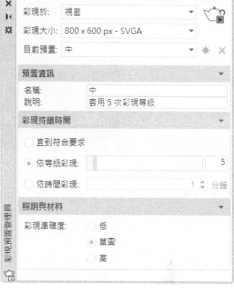

⊙ **彩現程序設定**:選取模式 | 視窗 視埠 區域 | ,再按右上角 鍵。

❖ **窗選**: 以目前選取的視埠為目標,指定好彩
現大小,彩現於視窗。設定輸出檔案
的名稱,可輸出檔案的類型如右圖清
單所示。

✓ 800 x 600 px - SVGA
1024 x 768 px - XGA
1280 x 720 px - HDTV
1280 x 1024 px - SXGA
1366 x 768 px - WXGA
1600 x 1200 px - UXGA
1920 x 1080 px - Full HDTV

3300 x 2550 px (11 x 8.5 in @ 300dpi)
5100 x 3300 px (17 x 11 in @ 300dpi)

2480 x 3508 px (ISO A4 @ 300dpi)
3508 x 4961 px (ISO A3 @ 300dpi)

其他輸出設定...

第一篇 第十二章 ▼ 輕鬆掌握彩現關鍵技巧

視窗

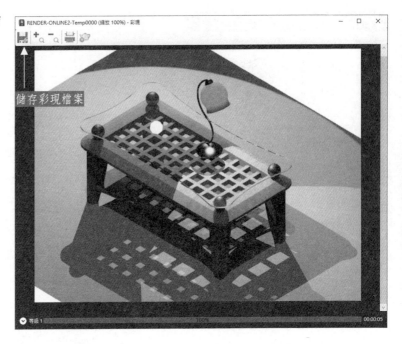

儲存檔案：

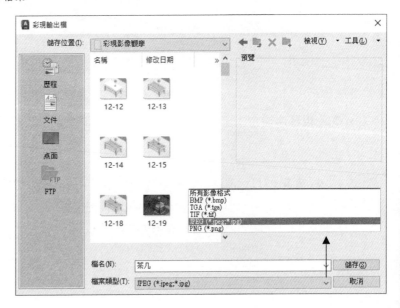

❖ **視埠**：以目前視埠為目標，彩現於視埠。

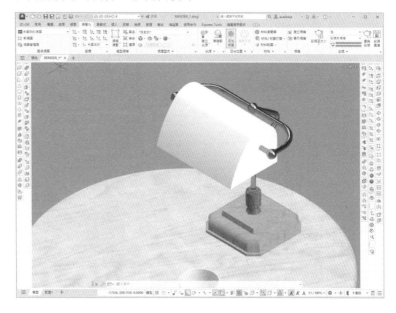

❖ **區域**：以選取局部範圍作彩現。

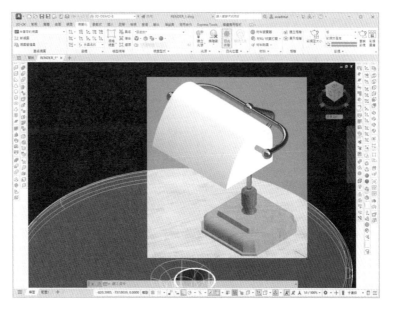

✪ **定義與刪除預置：**

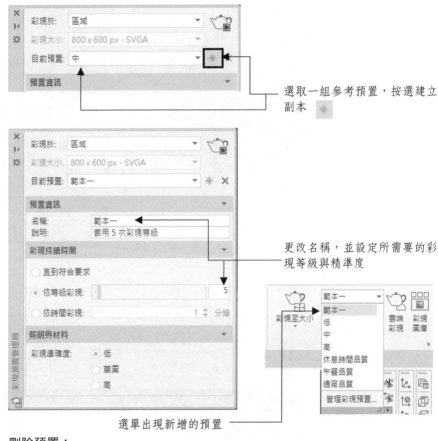

選取一組參考預置，按選建立副本

更改名稱，並設定所需要的彩現等級與精準度

選單出現新增的預置

刪除預置：

選取要刪除的預置，按選 ✕

3 RENDERWIN－顯示彩現視窗

指令	RENDERWIN	快捷鍵	RW
說明	啟用彩現視窗		

🖻 彩現視窗

功能指令敘述

指令: RENDERWIN　(執行視窗彩現時，關閉視窗後再次叫出彩現視窗)

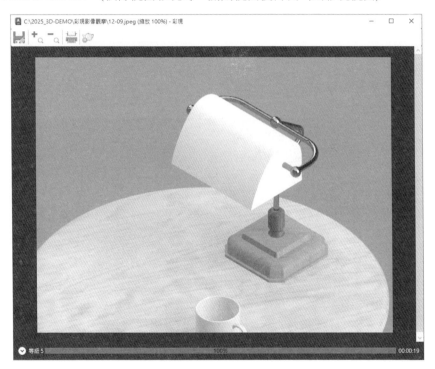

○ 彩現視窗內有很清楚的影像，提供檢視者參考。

○ 又要效果好，又要速度快的彩現，電腦的配備可馬虎不得，尤其是記憶體與顯示卡。

○ 好的作品，務必即時儲存，圖檔也要記得留底，這些都是重要而珍貴的 3D 資產，別偷懶了！

4 RENDERCROP－彩現裁剪視窗

指令	RENDERCROP	快捷鍵	RC
說明	彩現選取的裁剪視窗		

功能指令敘述

指令: RENDERCROP

點選要彩現的裁剪視窗:　　　　←選取視窗第一點

請輸入第二個點:　　　　　　　←選取視窗第二點

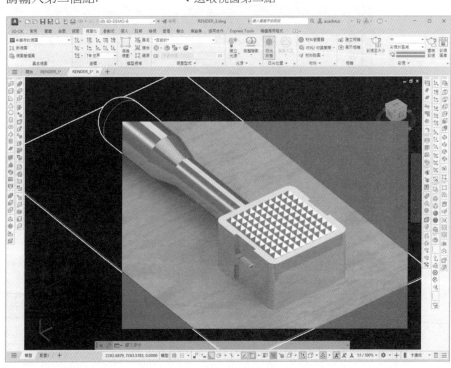

5 | 精選範例：輕鬆掌握茶几與檯燈的材料貼附

✪ **步驟一** 請呼叫隨書檔案 3D-TABLE-LIGHT.dwg。

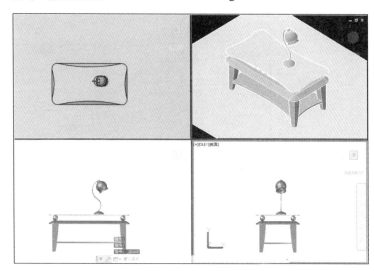

從『視覺化』頁籤→『材料』面板→開啟 ⊛ 材料瀏覽器 選取材料：

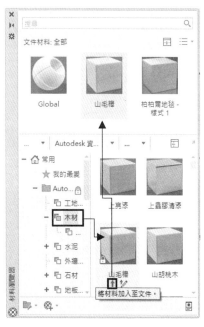

1. 載入材料→選取左側清單 『木材』中『山毛櫸』，載入 後出現於上方圖像清單。

2. 先選取茶几底座，再選取上 方圖像清單中『山毛櫸』。

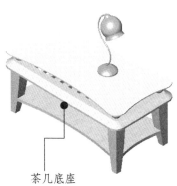

茶几底座

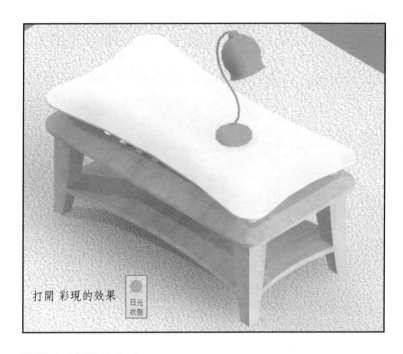

打開 彩現的效果

日光狀態

✪ **步驟二** 貼附玻璃材質於桌面。

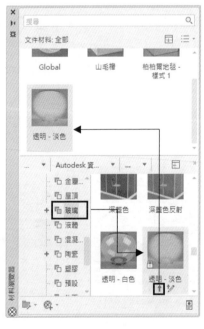

1. 載入材料→選取左側清單『玻璃』中『透明-淡色』，載入後出現於上方圖像清單。

2. 先選取茶几桌面，再選取上方圖像清單中『透明-淡色』。

茶几桌面

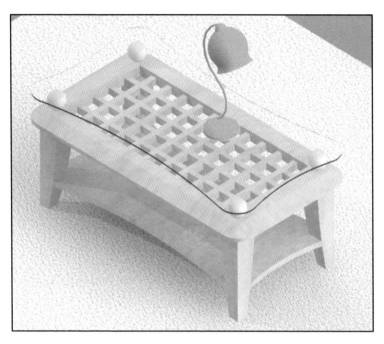

✪ **步驟三**　貼附桌面下的四顆圓球。

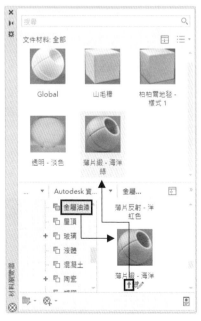

1. 載入材料→選取左側清單『金屬油漆』中『薄片緞－海洋綠』，載入後出現於上方圖像清單。

2. 先選取四個球體，再選取上方圖像清單中『薄片緞－海洋綠』。

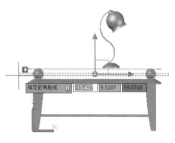

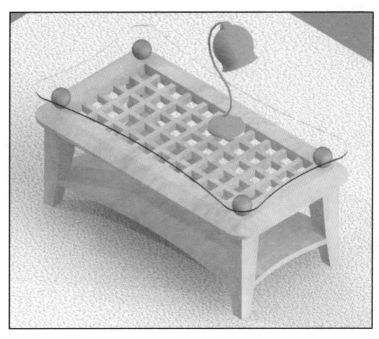

✪ **步驟四**　貼附材質於檯燈座與燈罩上。

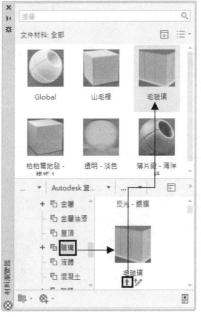

1. 載入材料 → 選取左側清單 『玻璃』中『毛玻璃』，載入 後出現於上方圖像清單。

2. 先選取燈罩，再選取上方圖 像清單中『毛玻璃』。

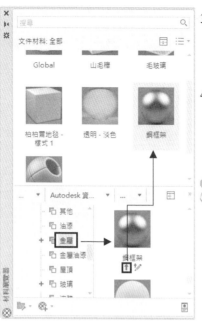

3. 載入材料→選取左側清單
   『金屬』中『鋼框架』，載入
   後出現於上方圖像清單。

4. 先選取燈座，再選取上方圖
   像清單中『鋼框架』。

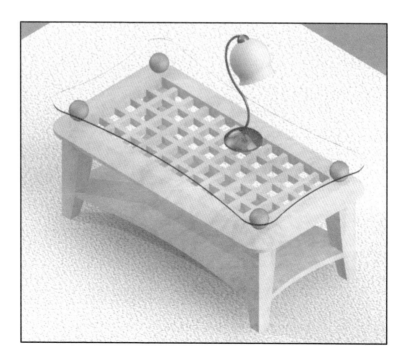

❖ 為了要更容易辨識每一個物件所貼附的材料，我們要執行『視覺化』頁籤 →『材料』面板→開啟 材料瀏覽器 來一一修改每一個載入材料的名稱：

毛玻璃

原為：毛玻璃
改為：燈罩玻璃

薄片緞 - 海洋綠

原為：薄片緞－海洋綠
改為：支撐球

透明 - 淡色

原為：透明－淡色
改為：茶几桌板清玻璃

山毛櫸

原為：山毛櫸
改為：茶几底座

鋼框架

原為：鋼框架
改為：燈底座

❖ 這樣在材料編輯器中，就更容易找到您要的材料：

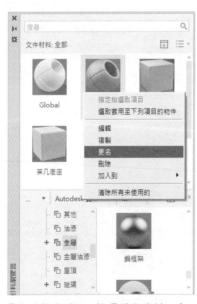
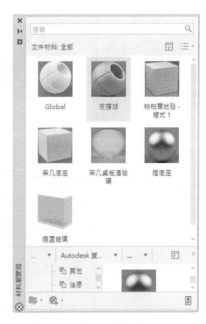

選取要修改項目，按選滑鼠右鍵，出現功能表，選取『更名』，再輸入正確的名稱

6　精選範例：輕鬆掌握茶几與檯燈場景的光源佈置

續上例，讓我們進行三大光源的基本佈置。

✪ **步驟一**　打開日光狀態，於『視覺化』頁籤→光源，選取『日光狀態』 (或直接由變數 LINEARBRIGHTNESS 調整)。

請開啟隨書檔案 3D-TABLE-LIGHT-1.dwg

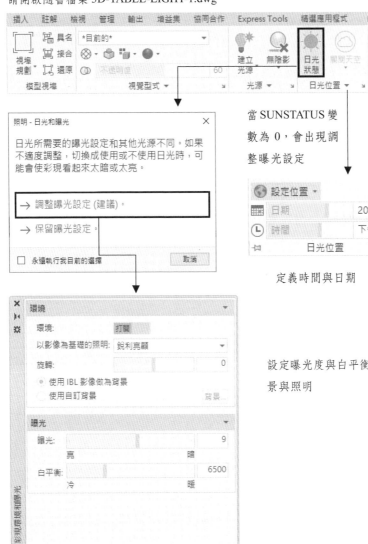

當 SUNSTATUS 變數為 0，會出現調整曝光設定

定義時間與日期

設定曝光度與白平衡，與環境的背景與照明

曝光=9 白平衡 6500 日期 2024/9/16 下午 3:00

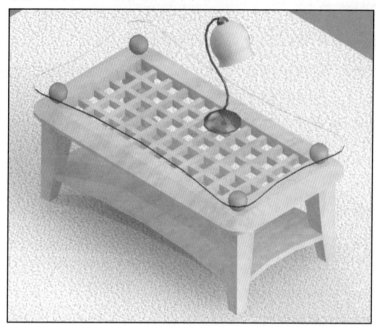

✪ **步驟二** 於檯燈內放置一盞點光源，關閉預設照明，關閉日光狀態。

先設定：曝光=12 白平衡 15000

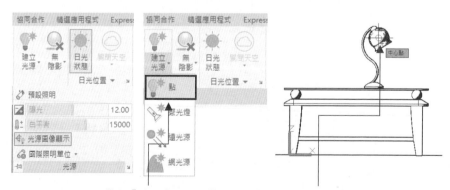

選取『點』光源，切換至左下角視圖，選取燈罩中心點

指定來源位置<0,0,0>: ←選取燈罩中心點
輸入要變更的選項 [名稱(N)/強度係數(I)/狀態(S)/光度測定(P)/陰影(W)/衰減
(A)/篩選顏色(C)/結束(X)] <結束>: ← [Enter]

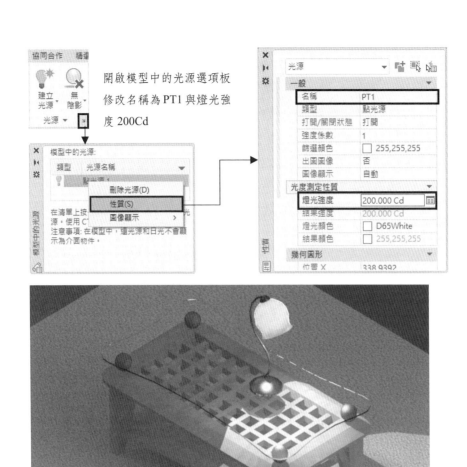

開啟模型中的光源選項板
修改名稱為PT1與燈光強
度 200Cd

✪ **步驟三** 再放置一盞遠光源，環境光源、日光光源不變。

選取『允許遠光源』

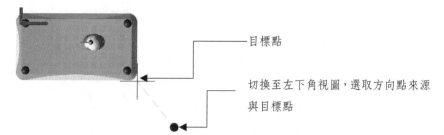

目標點

切換至左下角視圖，選取方向點來源
與目標點

指定光源方向來源<0,0,0>或 [向量(V)]: ←選取光源方向來源點
指定光源方向目標<1,1,1>: ←輸入『.xy』，選取目標點
於 (需要 Z): ←100
輸入要變更的選項 [名稱(N)/強度係數(I)/狀態(S)/光度測定(P)/陰影(W)/篩選
顏色(C)/結束(X)] <結束>: ← [Enter]

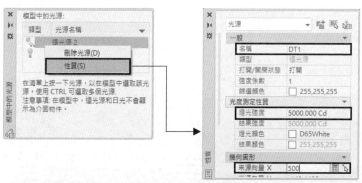

✪ **步驟四** 最後放置一盞聚光燈。

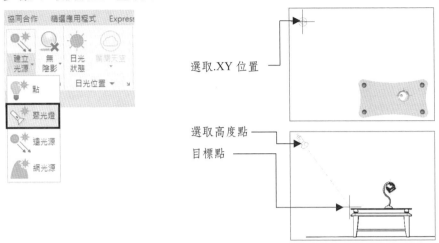

選取.XY 位置

選取高度點
目標點

指定來源位置<0,0,0>:   ←輸入『.xy』

-                        ←選取上視圖點

(需要 Z):   ←選取高度點

指定目標位置<0,0,-10>:   ←選取目標點

輸入要變更的選項 [名稱(N)/強度係數(I)/狀態(S)/光度測定(P)/聚光角(H)/衰退角(F)/陰影(W)/衰減(A)/篩選顏色(C)/結束(X)] <結束>:← [Enter]

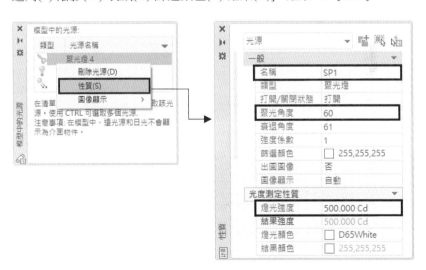

✪ 步驟五 管理與編輯光源。

透過模型中的光源 (LIGHTLIST) 做各種設定

以滑鼠左鍵雙擊遠光源，開關或修改光源：

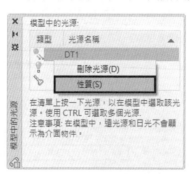

第一篇 第十二章 ▼ 輕鬆掌握彩現關鍵技巧

打開點光源 PT1 (強度=2)、聚光燈 SP1 (強度=1)，關閉遠光源 DT1

打開聚光燈 SP1 (強度係數改為 3)，關閉遠光源 DT1、點光源 PT1

打開遠光源 DT1 (強度=3)，點光源 PT1 (強度=2)、關閉聚光燈 SP1

打開聚光燈 SP1 (強度係數改為 1，燈光強度 500)

打開遠光源 DT1 (強度係數改為 1，燈光強度 5000)

打開點光源 PT1 (強度係數改為 1，燈光強度 200)

✪ 設定彩現類型與輸出名稱、輸出品質

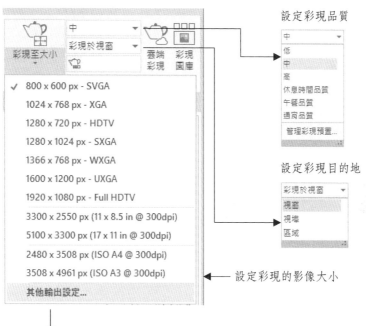

設定彩現品質

設定彩現目的地

設定彩現的影像大小

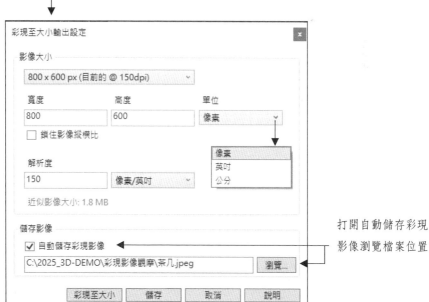

打開自動儲存彩現
影像瀏覽檔案位置

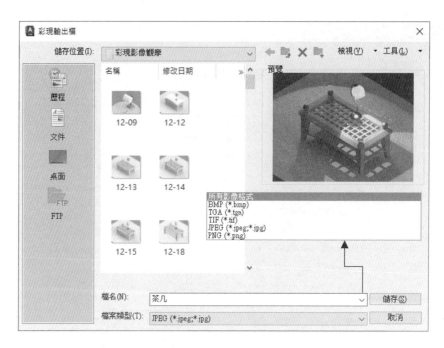

✪ 完成彩現後，檔案也同時儲存

以檔案總管查詢：

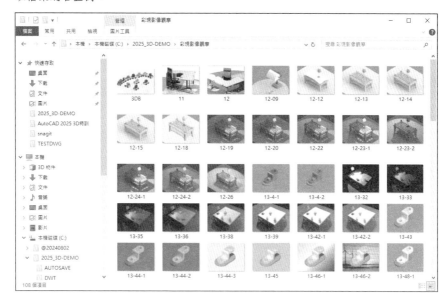

開啟影像檔案：

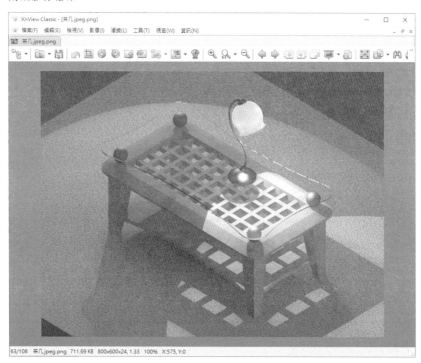

隨手札記

第一篇 第十三章

輕鬆掌握材料與光源關鍵技巧

單元		工具列	中文指令	說　明	頁碼
1	MATBROWSEROPEN	⊛ 材料瀏覽器	材料瀏覽器	導覽與管理材料	13-2
2	MATERIALATTACH	依圖層貼附	依圖層貼附	依圖層貼附材料	13-21
3	MATERIALASSIGN	移除材料	移除材料	移除物件的材料	13-23
4	MATERIALMAP		貼圖	材料貼附位置與比例調整	13-24
5	POINTLIGHT		點光源	建立點光源	13-31
6	SPOTLIGHT		聚光燈	建立聚光燈	13-34
7	DISTANTLIGHT		遠光源	建立遠光源	13-37
8	WEBLIGHT		網光源	建立網光源	13-40
9	SUNSTATUS	日光狀態	日光狀態	設定日光狀態	13-43
10	SUNPROPERTIES		日光性質	設定日光性質	13-47
11	LIGHTLIST		光源清單	開啟圖面中的光源清單，可修改光源	13-49
12	光源設定				13-51

1　MATBROWSEROPEN－材料瀏覽器

指令	MATBROWSEROPEN	快捷鍵	MAT
說明	導覽與管理材料		

材料瀏覽器

功能指令敘述

指令:MATBROWSEROPEN

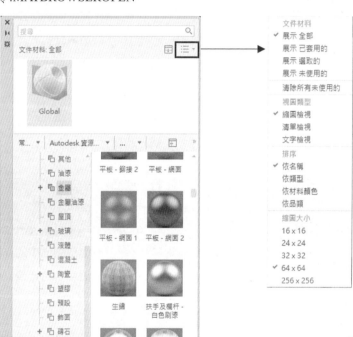

✪ **載入材料至圖面與貼附物件**

請呼叫隨書檔案

MATBROWSEROPEN.dwg

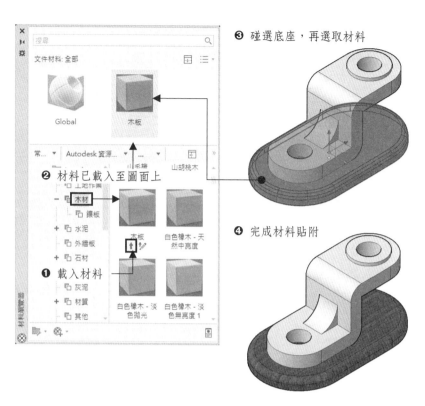

❸ 碰選底座，再選取材料

❷ 材料已載入至圖面上

❶ 載入材料

❹ 完成材料貼附

❖ 載入『金屬』→『不鏽鋼－緞－疏刷淡色』選取支架，再貼載入的材質。

❂ 更換不同的材質

從『金屬油漆』項目中載入『亮面－
森林綠』貼附於支架。

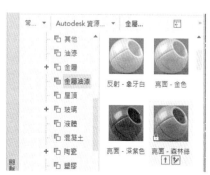

✪ **兩組材質彩現後的效果** (開啟日光位置，設定日期與時間)

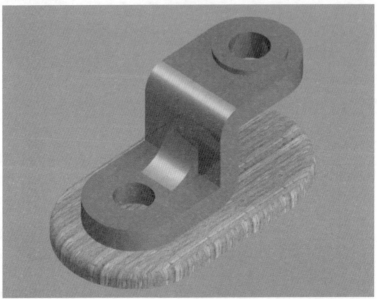

✪ 移除載入多餘的材料

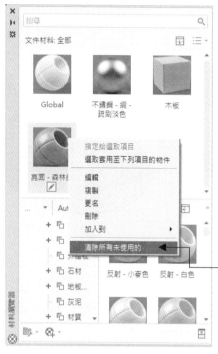

於圖像窗框中，按滑鼠右鍵出現快顯功能表，選取『清除所有未使用的』項目，即可快速移除未使用的材質。

✪ 材料/材質顯示關閉與打開

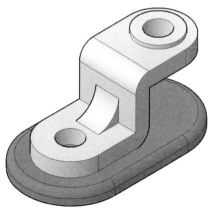

指令: VSMATERIALMODE

輸入 VSMATERIALMODE 的新值<1>: ←輸入設定值

設定值	工具選項
0	材料/材質關閉
1	材料打開/材質關閉
2	材料/材質打開

材料/材質關閉

材料打開/材質關閉

材料/材質打開

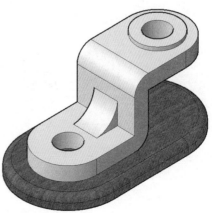

✪ 材料瀏覽器快顯功能表

將滑鼠移到要使用的材料名稱上，按選滑鼠右鍵，會出現快顯功能表。

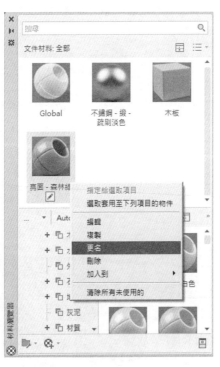

❖ **指定給選取項目**：先預選圖面上的物件，指定其中的材質貼附至選取的物件。

❖ **編輯**：呼叫 MATEDITOROPEN 材料編輯器，編輯材料內容，詳細說明請參考下一個單元。

❖ **更名**：更新目前選取的材料的名稱。

❖ **刪除**：刪除目前選取的材料，如果材料已使用會出現警告訊息。

❖ **選取套用至下列項目的物件**：依選取的材料，查看套用於哪一些物件。

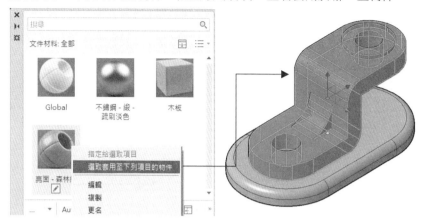

❖ **加入到**：將所選取的材料加入到『我的最愛』或『作用中的工具選項板』。

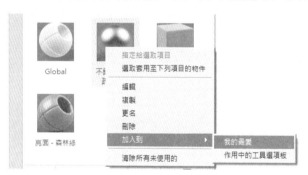

✪ 材料瀏覽器快顯功能表

❖ 展示全部：展示所有載入的材料項目。

❖ 展示已套用的：展示已套用於物件的材料項目。

❖ 展示選取的：展示由圖面上選取物件的材料項目。

❖ 展示未使用的：展示未貼附於物件的材料項目。

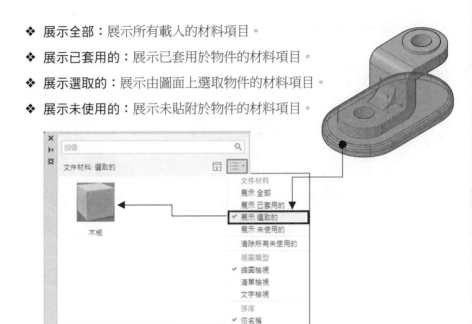

✪ 排序材料

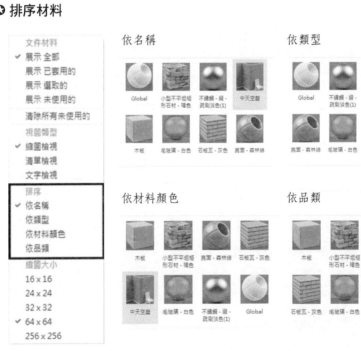

✪ 檢視材料

文件材料
✓ 展示 全部
　展示 已套用的
　展示 選取的
　展示 未使用的
　清除所有未使用的

┌─────────────┐
│ 視圖類型 │
│ ✓ 縮圖檢視 │
│ 　清單檢視 │
│ 　文字檢視 │
└─────────────┘

排序
✓ 依名稱
　依類型
　依材料顏色
　依品類

縮圖大小
16 x 16
24 x 24
32 x 32
✓ 64 x 64
256 x 256

縮圖檢視

木板　　小型不平坦矩　亮面 - 森林綠　石板瓦 - 灰色
　　　　形石材 - 褐色

中天空藍　毛玻璃 - 白色　不鏽鋼 - 緞　　Global
　　　　　　　　　　　　　疏刷淡色(1)

清單檢視

木板　　　一般　　　木材: 鑲板 ✎

小...色　　磚石　　　石材

不鏽...1) 一般　　　金屬: 鋼

文字檢視

名稱	類型	品類	
木板	一般	木材: 鑲板	
小...色	磚石	石材	
不鏽...1)	一般	金屬: 鋼	
亮...綠	金屬油...	金屬油漆	✎
石...色	石材	屋頂	
毛...色	實體玻...	玻璃	
Global	一般	預設	
中...藍	牆面油...	牆壁塗料: 霧面	

✪ 縮圖大小設定

　展示 選取的
　展示 未使用的
　清除所有未使用的
　視圖類型
✓ 縮圖檢視
　清單檢視
　文字檢視
排序
✓ 依名稱
　依類型
　依材料顏色
　依品類

┌─────────────┐
│ 縮圖大小 │
│ 16 x 16 │
│ 24 x 24 │
│ 32 x 32 │
│ ✓ 64 x 64 │
│ 256 x 256 │
└─────────────┘

32x32

木板　小型不　不鏽鋼　亮面 -　石板瓦　毛玻璃　Global
　　　平...　 - 緞 -...　森林綠　- 灰色　- 白色

中天空
藍

64x64

木板　　小型不平坦矩　不鏽鋼 - 緞 -　亮面 - 森林綠
　　　　形石材 - 褐色　疏刷淡色(1)

石板瓦 - 灰色　毛玻璃 - 白色　　Global　　中天空藍

第一篇 第十三章 ▼ 輕鬆掌握材料與光源關鍵技巧

編輯與建立新材料

✪ 啟動材料編輯器 (mateditoropen)

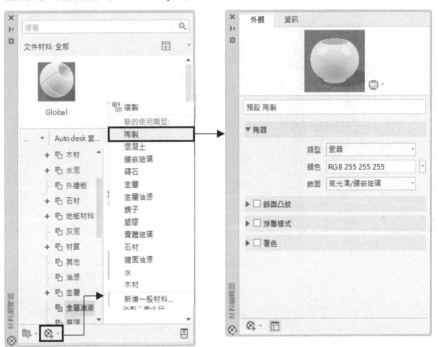

✪ 選取『材料』後，依所需要定義材料名稱

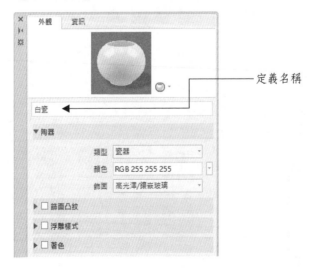

定義名稱

✪ 材料設定介紹

❖ **類型：**定義材料類型，例如陶器可分為陶製與瓷器兩種。

❖ **顏色：**除了呼叫對話框設定顏色外，還可透過 拉下功能表，做更多設定。

❖ 方格

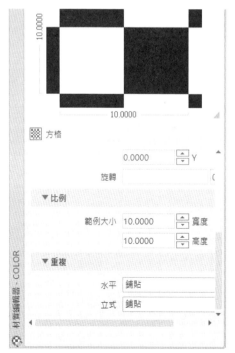

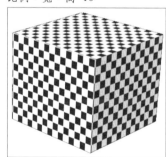

比例：寬、高=10

比例：寬、高=25

比例：寬、高=20
位置：旋轉=45º

比例：寬度=35 高度=20

❖ 漸層

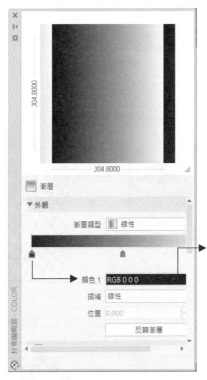

碰選箭頭處 📐 於『顏色 1』出現該位置的漸層顏色，欲修改顏色直接點選 RGB 色號處，出現顏色對框：

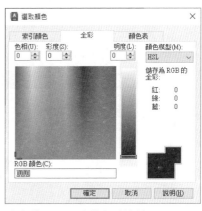

拖曳箭頭，可改變漸層效果

點選位置，可增加漸層點

往外拖曳箭頭，可移除漸層點

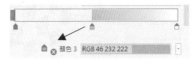

反轉漸層：左右反轉漸層效果。

位置：調整箭頭位置，也可以直接移動箭頭。

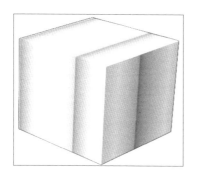
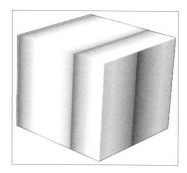

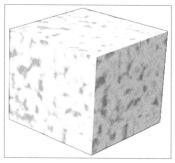

❀ 大理石

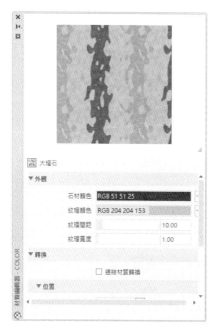

紋理間距=10 紋理寬度＝1

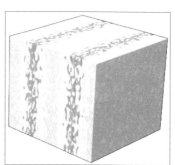

第一篇 第十三章 ▼ 輕鬆掌握材料與光源關鍵技巧

❖ 噪波

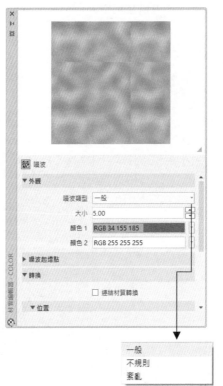

類型：一般　　大小=5

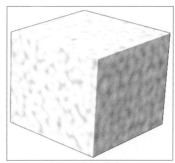

類型：紊亂　　大小=7

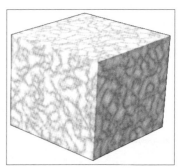

❖ 斑點

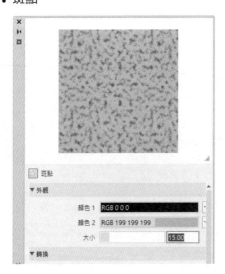

大小=15

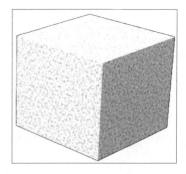

✿ 瓷磚

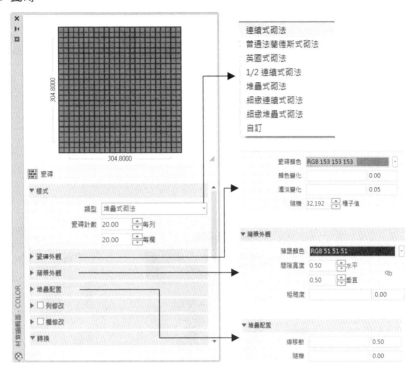

連續式砌法
普通法薩德斯式砌法
英國式砌法
1/2 連續式砌法
堆疊式砌法
細緻連續式砌法
細緻堆疊式砌法
自訂

瓷磚顏色	RGB 153 153 153	
顏色變化		0.00
濃淡變化		0.05
隨機	32,192	種子值

▼ 薄漿外觀

薄漿顏色	RGB 51 51 51	
間隙寬度	0.50	水平
	0.50	垂直
粗糙度		0.00

▼ 堆疊配置

| 線移動 | 0.50 |
| 隨機 | 0.00 |

▼ 瓷磚外觀

瓷磚顏色	RGB 204 153 36	
顏色變化		0.00
濃淡變化		0.05
隨機	32,192 ⬍	種子值

▼ 瓷磚外觀

瓷磚顏色	RGB 204 153 36	
顏色變化		4.00
濃淡變化		10.00
隨機	32,192 ⬍	種子值

薄殼外觀：間隙寬度=0.1

間隙寬度=0.5

連續式砌法

普通法蘭德斯式砌法

英國式砌法

1/2 連續式砌法

細緻連續式砌法

細緻堆疊式砌法

♣ 波浪

分佈：3D

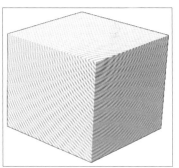

分佈：2D

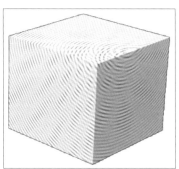

❖ 木材

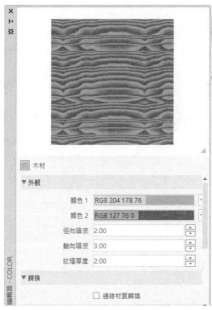

紋理厚度：2

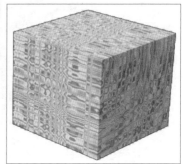

紋理厚度：6

❖ 影像

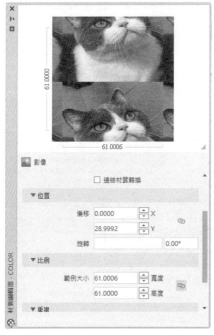

比例：寬 3.5　　高度 4

❖ 飾面凸紋：

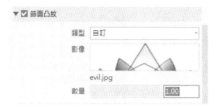

自訂

❖ 浮雕樣式：

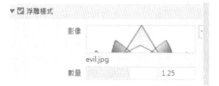

影像

❖ 選取樣板造型和彩現品質：

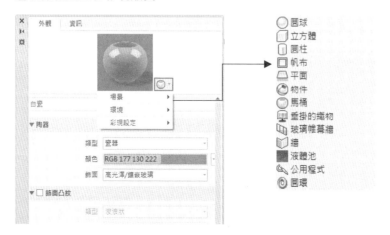

第一篇　第十三章　▼　輕鬆掌握材料與光源關鍵技巧

圓球　　　　　立方體　　　　圓柱　　　　　帆布

平面　　　　　物件　　　　　馬桶　　　　　垂掛的織物

玻璃帷幕牆　　　牆　　　　　液體池　　　　公用程式

草圖品質　　　一般品質　　　生產品質　　　格線光源

✪ **材料資訊查詢**

2 MATERIALATTACH－依圖層貼附

指令	MATERIALATTACH
說明	依圖層貼附材料

依圖層貼附

功能指令敘述

指令: MATERIALATTACH (或於『彩現』頁籤→『材料』面板選取『依圖層貼附』)

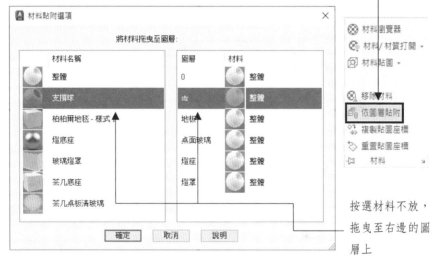

按選材料不放，
拖曳至右邊的圖
層上

❂ 逐一拖曳材料至指定的圖層上，完成貼附

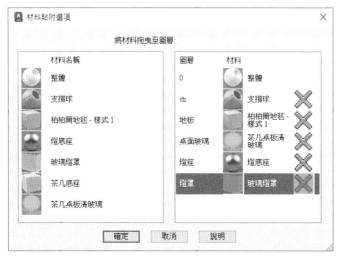

如果要再次修改
圖層材料，只要
再一次拖曳覆蓋
即可快速修改

✪ 讓物件依著圖層指定材料

如果貼圖方式是指定物件方式，想要更改為『圖層』定義模式，則必須呼叫性質工具

將材料改為 ByLayer

✪ 取消圖層材料貼附

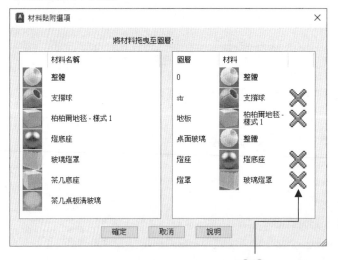

按選 ✖ 鍵，可取消材料貼附

3　MATERIALASSIGN－移除材料

| 指令 | MATERIALASSIGN |
| 說明 | 移除物件的材料 |

移除材料

功能指令敘述

指令:MATERIALASSIGN (或於『彩現』頁籤→『材料』面板選取『移除材料』)

選取物件:　　　　　　　←選取要移除材料的物件

　　:　　:

選取物件[退回(U)]:　　　←[Enter] 結束選取

選取屋頂

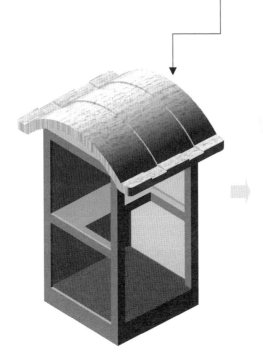

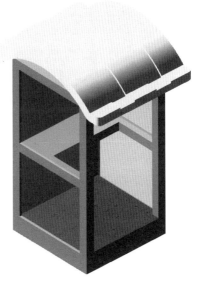

4　MATERIALMAP－貼圖

指令	MATERIALMAP
說明	材料貼附位置與比例調整
選項功能	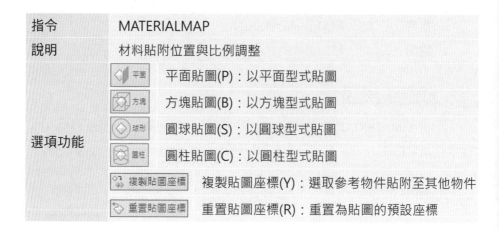

平面貼圖(P)：以平面型式貼圖

方塊貼圖(B)：以方塊型式貼圖

圓球貼圖(S)：以圓球型式貼圖

圓柱貼圖(C)：以圓柱型式貼圖

複製貼圖座標(Y)：選取參考物件貼附至其他物件

重置貼圖座標(R)：重置為貼圖的預設座標

功能指令敘述

✪ **先定義一組材質** (請開啟隨書檔案 materialmap.dwg)

執行 MATBROWSEROPEN，材料指定如下：貼圖為『cat_5.jpg』。

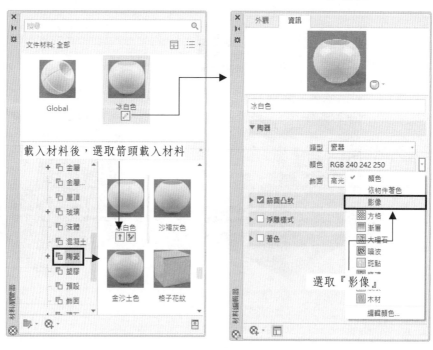

出現檔案對話框，選取隨書檔案→『cat_5.jpg』

修改比例與位置：

第
一
篇

第
十
三
章
▼
輕
鬆
掌
握
材
料
與
光
源
關
鍵
技
巧

✪ **設定好材質，請貼附於物件上**

✪ **平面貼圖**

指令: MATERIALMAP

選取選項 [方塊(B)/平面(P)/球形(S)/圓柱(C)/將貼圖複製到(Y)/重置貼圖(R)] <

方塊>: _P   ←輸入選項 P，或按選   平面

選取面或物件: ←選取物件或面

選取面或物件: ← [Enter] 結束選取

接受貼圖或 [移動(M)/旋轉(R)/重置(T)/切換貼圖模式(W)]:

               ←輸入選項，或由圖面上直接旋轉或拉動貼圖比例

❖ **移動：**（於旋轉或移動的 UCS 軸中，按選滑鼠右鍵可切換旋轉或移動）

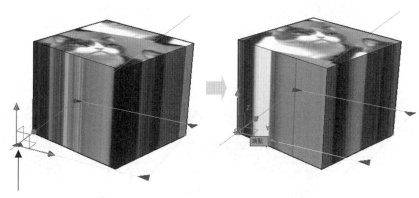

點選軸線，依選取軸移動位置

❖ **旋轉：**（於旋轉或移動的 UCS 軸中，按選滑鼠右鍵可切換旋轉或移動）

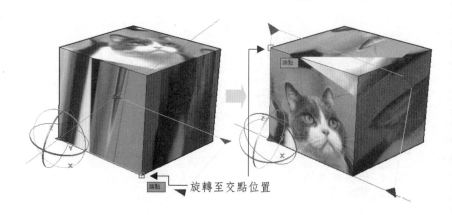

旋轉至交點位置

❖ 移動：將圖案移至中間。

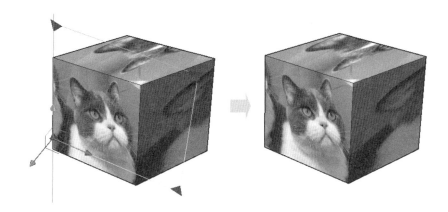

❖ 重置：還原回原貼圖軸。

✪ 方塊貼圖

指令: MATERIALMAP
選取選項 [方塊(B)/平面(P)/球形(S)/圓柱(C)/將貼圖複製到(Y)/重置貼圖(R)] <
方塊>: _B　　　　　　　←輸入選項 B，或按選  方塊

箭頭可調整貼圖比例

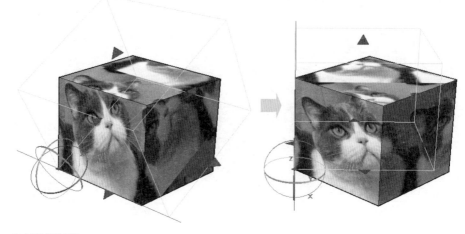

✪ 圓球貼圖

先開啟材質編輯器，修改影像大小：(或直接點選影像即可開啟)

調整影像寬度與高度比例 (例如 0.5)

指令: MATERIALMAP

選取選項 [方塊(B)/平面(P)/球形(S)/圓柱(C)/將貼圖複製到(Y)/重置貼圖(R)] <
方塊>: _S ←輸入選項 S，或按選 球形

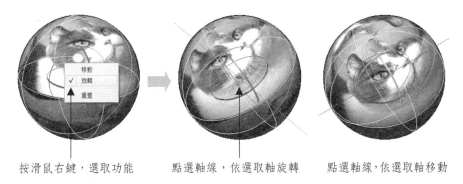

按滑鼠右鍵，選取功能　　　　點選軸線，依選取軸旋轉　　　　點選軸線,依選取軸移動

✪ 圓柱貼圖

 開啟材質編輯器編輯影像，將影像寬度與
高度調整適當的比例

指令: MATERIALMAP

選取選項 [方塊(B)/平面(P)/球形(S)/圓柱(C)/將貼圖複製到(Y)/重置貼圖(R)] <
方塊>: _C ←輸入選項 C，或按選 圓柱

藍色箭頭控制貼圖軸向比例大小　　　　　　　　　　點選軸線，依選取軸移動

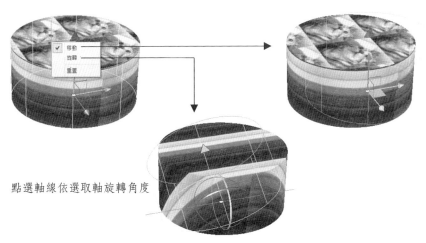

點選軸線依選取軸旋轉角度

第一篇　第十三章 ▼ 輕鬆掌握材料與光源關鍵技巧

✪ 重置貼圖座標

指令: MATERIALMAP  重置貼圖座標

選取選項 [方塊(B)/平面(P)/球形(S)/圓柱(C)/將貼圖複製到(Y)/重置貼圖(R)] <
方塊>: _R　　←輸入選項 R

選取面或物件:　←選取物件或面

選取面或物件:　← [Enter] 離開選取

✪ 將貼圖複製到

指令: MATERIALMAP 複製貼圖座標

選取選項 [方塊(B)/平面(P)/球形(S)/圓柱(C)/將貼圖複製到(Y)/重置貼圖(R)] <
方塊>: _Y　　←輸入選項 Y

選取面或物件:　←選取物件或面 (如圖圓柱)

選取要將貼圖複製至此的物件:

選取面或物件:　←選取物件或面 (如圖的球形)

選取面或物件:　← [Enter] 離開選取

 　　　選取圓柱為參考，複製到圓球

5　POINTLIGHT－點光源

指令	POINTLIGHT
說明	建立點光源

功能指令敘述 (請開啟隨書檔案 POINTLIGHT.DWG)

指令: POINTLIGHT

代表符號

（如果預設照明打開則會
出現對話框，建議關閉）

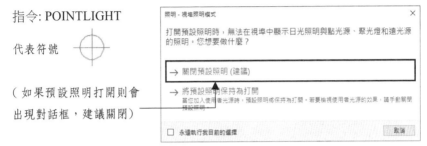

指定來源位置<0,0,0>:　　　　　←選取點光源位置
輸入要變更的選項 [名稱(N)/強度係數(I)/狀態(S)/光度測定(P)/陰影(W)/衰減(A)/
篩選顏色(C)/結束(X)] <結束>:　　←輸入設定選項

❂ 選項說明

❖ **名稱**：定義點光源名稱。

❖ **強度係數**：設定光源的強度或亮度，範圍從 0 到系統所支援的最大值。

❖ **狀態**：打開和關閉點光源，如果圖面中沒有啟用照明此設定不會生效。

❖ **光度測定**：對可見光源發光強度的測定。

❖ **陰影**：光源投射陰影，『鮮明』顯示鮮明的陰影，執行速度較快，『柔和』
　　　　顯示邊緣柔和的擬真陰影。

❖ **衰減**：控制光線隨著距離衰減方式，離點光源越遠，物件愈暗。

❖ **篩選顏色**：設定點光源顏色。

❂ 範例說明：分別於桌上放置一盞點光燈 (要關閉動態 UCS　以避免錯誤)。

指令:POINTLIGHT
指定來源位置<0,0,0>:　　　←進入左下角前視圖選取中心點
輸入要變更的選項 [名稱(N)/強度係數(I)/狀態(S)/光度測定(P)/陰影(W)/衰減

(A)/篩選顏色(C)/結束(X)] <結束>:   ←輸入選項 N

輸入光源名稱<點光源 4>:   ←輸入名稱『PT1』

輸入要變更的選項 [名稱(N)/強度係數(I)/狀態(S)/光度測定(P)/陰影(W)/衰減

(A)/篩選顏色(C)/結束(X)] <結束>:   ←[Enter] 結束

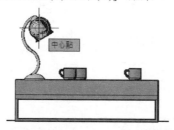

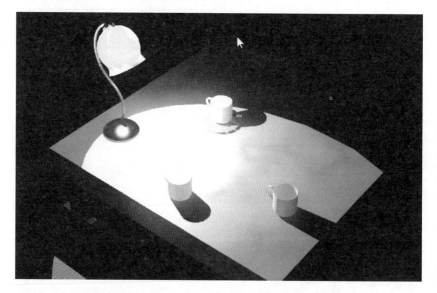

❖ **產生點光源彩現效果：**選取光源，按滑鼠右鍵可修改性質。

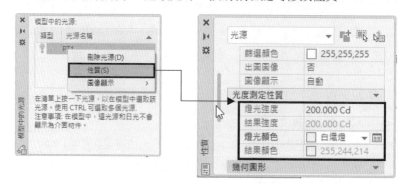

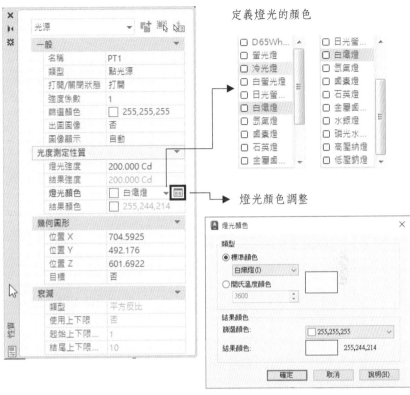

定義燈光的顏色

燈光顏色調整

6 **SPOTLIGHT－聚光燈**

指令	SPOTLIGHT
說明	建立聚光燈

功能指令敘述 (請開啟隨書檔案 SPOTLIGHT.DWG)

指令: SPOTLIGHT

代表符號

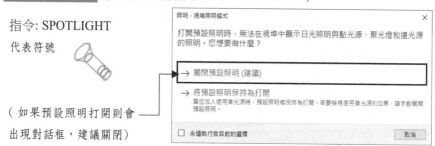

(如果預設照明打開則會
出現對話框，建議關閉)

指定來源位置<0,0,0>: ←選取聚光燈位置

指定目標位置<0,0,-10>: ←選取目標位置

輸入要變更的選項 [名稱(N)/強度係數(I)/狀態(S)/光度測定(P)/聚光角(H)/衰退角(F)/陰影(W)/衰減(A)/篩選顏色(C)/結束(X)] <結束>: ←輸入設定選項

⊕ **選項說明**

❖ **名稱**：定義聚光燈名稱。

❖ **強度係數**：設定光源的強度或亮度，範圍從 0 到系統所支援的最大值。

❖ **狀態**：打開和關閉聚光燈，如果圖面中沒有啟用照明此設定不會生效。

❖ **光度測定**：對可見光源發光強度的測定。

❖ **聚光角**：定義最亮光錐的角度 (光線角度)，範圍從 0 到 160 度之間。

❖ **衰退角**：定義完整光錐的角度也稱為範圍角度，範圍從 0 到 160 度之間。

❖ **陰影**：光源投射陰影，『鮮明』顯示鮮明的陰影，執行速度較快，『柔和』顯示邊緣柔和的擬真陰影。

❖ **衰減**：控制光線隨著距離衰減方式，離點光源越遠，物件愈暗。

❖ **篩選顏色**：設定聚光燈顏色。

✪ 範例說明

指令: SPOTLIGHT

指定來源位置<0,0,0>: 　　　　　　←輸入『.xy』，進入左上角上視圖選取點1

- (需要 Z): 　　　　　　　　　←輸入1500

指定目標位置<0,0,-10>:←輸入『.xy』，進入左上角上視圖選取點2

- (需要 Z): 　　　　　　　　　←輸入0

輸入要變更的選項 [名稱(N)/強度係數(I)/狀態(S)/光度測定(P)/聚光角(H)/衰退角(F)/陰影(W)/衰減(A)/篩選顏色(C)/結束(X)] <結束>: 　←輸入選項N

輸入光源名稱<聚光燈 5>: 　　　←輸入名稱『SP1』

輸入要變更的選項 [名稱(N)/強度係數(I)/狀態(S)/光度測定(P)/聚光角(H)/衰退角(F)/陰影(W)/衰減(A)/篩選顏色(C)/結束(X)] <結束>: 　←[Enter] 結束

❖ 可於上視圖碰選聚光燈後，調整位置點或聚光角、衰退角範圍。

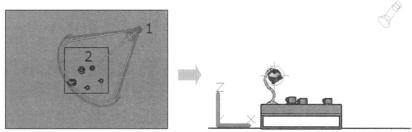

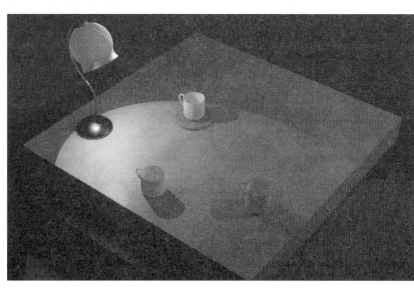

第一篇 第十三章 ▼ 輕鬆掌握材料與光源關鍵技巧

❖ 可用性質選項板調整聚光燈的各種性質。

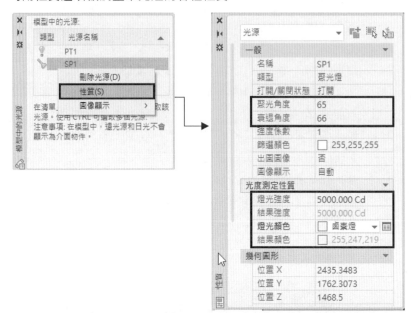

7 DISTANTLIGHT－遠光源

指令	DISTANTLIGHT
說明	建立遠光源

功能指令敘述 (請開啟隨書檔案 DISTANTLIGHT.DWG)

指令: DISTANTLIGHT

（出現光度控制建議對話框）────▶

指定光源方向來源<0,0,0>或 [向量(V)]:　　　←選取遠光源位置
指定光源方向目標<1,1,1>:　　　　　　　　←選取目標位置
輸入要變更的選項 [名稱(N)/強度係數(I)/狀態(S)/光度測定(P)/陰影(W)/篩選顏色
(C)/結束(X)] <結束>:　　　　　　　　　　←輸入設定選項

✪ 選項說明

❖ **名稱**：定義遠光源名稱。

❖ **強度係數**：設定光源的強度或亮度，範圍從 0 到系統所支援的最大值。

❖ **狀態**：打開或關閉遠光源，如果圖面中沒有啟用照明此設定不會生效。

❖ **光度測定**：對可見光源發光強度的測定。

❖ **陰影**：光源投射陰影，『鮮明』顯示鮮明的陰影，執行速度較快；『柔和』
　　　　顯示邊緣柔和的擬真陰影。

❖ **篩選顏色**：設定遠光源顏色。

✪ 範例說明

指令: DISTANTLIGHT
指定光源方向來源<0,0,0>或 [向量(V)]:　　←輸入『.xy』於左上視圖選取點 1
- (需要 Z):　　　　　　　　　　　　　　←選取點或直接輸入高度

指定光源方向目標<1,1,1>:   ←輸入『.xy』於左上視圖選取點 2

- (需要 Z):   ←選取點或直接輸入高度

輸入要變更的選項 [名稱(N)/強度係數(I)/狀態(S)/光度測定(P)/陰影(W)/篩選

顏色(C)/結束(X)] <結束>:   ←輸入選項 N

輸入光源名稱<遠光源 10>:   ←輸入名稱『DT1』

輸入要變更的選項 [名稱(N)/強度係數(I)/狀態(S)/光度測定(P)/陰影(W)/篩選

顏色(C)/結束(X)] <結束>:   ←[Enter] 結束

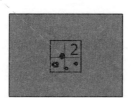
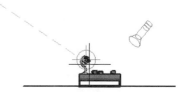

❖ 修改光源性質：

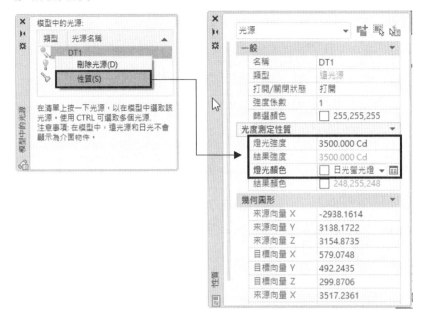

8 WEBLIGHT－網光源

指令	WEBLIGHT
說明	建立網光源

功能指令敘述 (請開啟隨書檔案 WEBLIGHT.DWG)

指令:WEBLIGHT

照明 - 視埠照明模式 ✕

打開預設照明時，無法在視埠中顯示日光照明與點光源、聚光燈和遠光源的照明。您想要做什麼？

→ 關閉預設照明 (建議)

→ 將預設照明保持為打開
當您加入使用者光源時，預設照明將保持為打開。若要檢視使用者光源的效果，請手動關閉預設照明。

☐ 永遠執行我目前的選擇　　　　　　　取消

（如果預設照明打開則會出現對話框，建議關閉）

指定來源位置<0,0,0>:　　　　　　　　　　←選取網光源位置
指定目標位置<0,0,-10>:　　　　　　　　　←選取目標位置
輸入要變更的選項 [名稱(N)/強度係數(I)/狀態(S)/光度測定(P)/網光源(B)/陰影(W)/篩選顏色(C)/結束(X)] <結束>:　　　←輸入設定選項

❖ 選項說明

❖ **名稱**：定義網光源名稱。

❖ **強度係數**：設定光源的強度或亮度，範圍從 0 到系統所支援的最大值。

❖ **狀態**：打開和關閉網光源，如果圖面中沒有啟用照明此設定不會生效。

❖ **光度測定**：當系統變數 LIGHTINGUNITS 設為 1 或 2 時，可以使用光度測定，光度測定是指對可見光源發光強度測定，發光強度是對光源沿特定方向發出的可感知能量的測定。

   ❖ **光通量**：指每單位立體角中的可感知能量。

   ❖ **燈的總光通量**：指來自所有方向的可感知能量。

   ❖ **明度**：指入射到單位面積曲面上的總光通量。

   ❖ **新燭光** (符號：cd) 是發光強度 (光源沿特定方向發出的可感知能量) 的國際單位。Cd/Sr

❖勒克司 (符號：lx) 為照度的國際單位。Lm/m^2

❖呎燭光 (符號：fc) 為照度的美制單位。Lm/ft^2

❖ **網光源**：指定球形格線上點光源的強度。

　　檔案：指定要用於定義網光源性質的網檔。網檔的副檔名為 .ies。

　　X：指定網光源 X 旋轉。

　　Y：指定網光源 Y 旋轉。

　　Z：指定網光源 Z 旋轉。

❖ **陰影**：光源投射陰影，『鮮明』顯示鮮明的陰影，執行速度較快；『柔和』
　　　　顯示邊緣柔和的擬真陰影。

❖ **篩選顏色**：設定網光源的顏色。

✪ **範例說明**

指令:WEBLIGHT

指定來源位置<0,0,0>:　　　　　　　　←輸入『.xy』於左上視圖選取點

於 (需要 Z):　　　　　　　　　　　　←選取點，或直接輸入高度

指定目標位置<0,0,-10>:　　　　　　　←選取目標位置點

輸入要變更的選項 [名稱(N)/強度係數(I)/狀態(S)/光度測定(P)/網光源(B)/陰影
(W)/篩選顏色(C)/結束(X)] <結束>:　　←輸入選項 N

輸入光源名稱<網光源 1>:　　　　　　←輸入名稱『W1』

輸入要變更的選項 [名稱(N)/強度係數(I)/狀態(S)/光度測定(P)/網光源(B)/陰影
(W)/篩選顏色(C)/結束(X)] <結束>:　　←輸入[Enter]

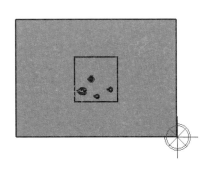
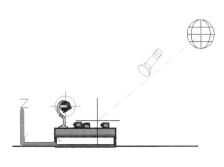

❖ 修改光源性質：

(關閉遠光燈)

光度測定性質		
燈光強度	5000	
結果強度	1500.000 Cd	
燈光顏色	☐ D65White	
結果顏色	☐ 255,255,255	

9　SUNSTATUS－日光狀態

指令	SUNSTATUS
說明	設定日光狀態

功能指令敘述

指令: SUNSTATUS

輸入 SUNSTATUS 的新值<0>:　　　←輸入 1

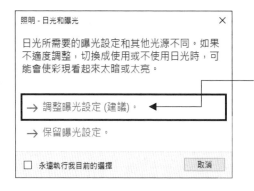

選取『調整曝光設定』

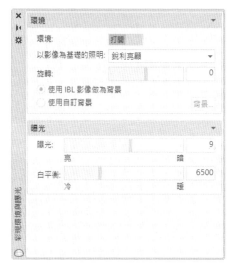

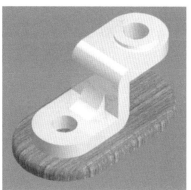

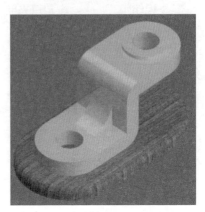

✪ **設定環境光源**

❖ 使用 IBL 影像作為背景：

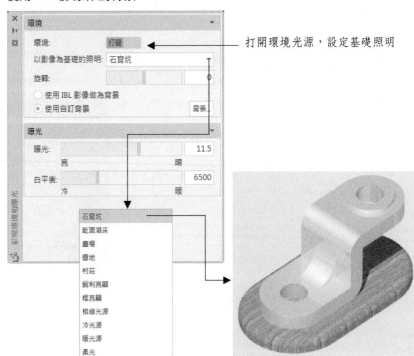

打開環境光源，設定基礎照明

❖ 使用自訂背景：

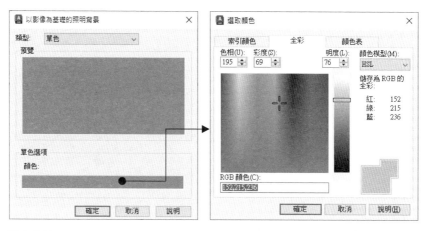

單色背景：

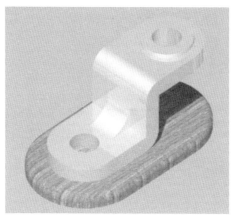

漸層背景：

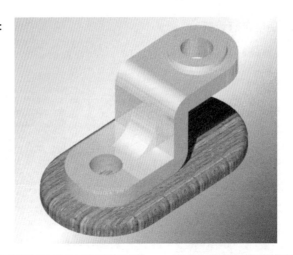

影像背景：

10　SUNPROPERTIES－日光性質

指令	SUNPROPERTIES
說明	設定日光性質

功能指令敘述

指令: SUNPROPERTIES

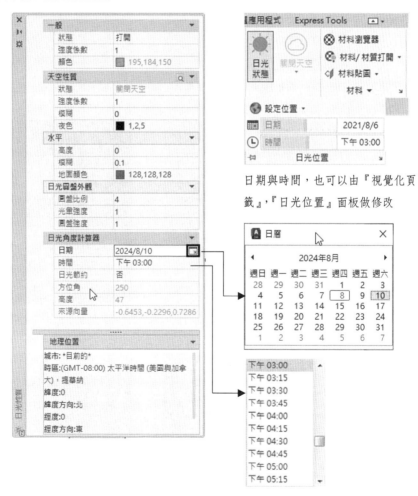

日期與時間，也可以由『視覺化頁籤』，『日光位置』面板做修改

照明：銳利亮顯

日期：2024/8/10 時間：下午 3:00

照明：框亮顯

日期：2024/8/21 時間：下午 1:10

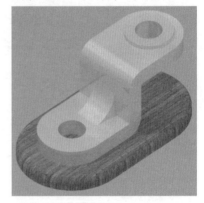

曝光 13 白平衡 10000 照明：石膏坑

日期：2023/8/15 時間：下午 12:45

關閉彩現環境曝光一般強度係數 2

日期：2024/8/30 時間：下午 3:00

關閉彩現環境曝光一般強度係數=1.5

日期：2024/8/30 時間：上午 9:00

關閉彩現環境曝光一般強度係數=1

日期：2024/8/30 時間：下午 1:00

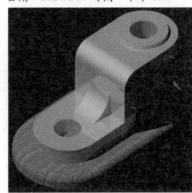

11　LIGHTLIST—光源清單

指令	LIGHTLIST
說明	開啟圖面中的光源清單，可修改光源

功能指令敘述

指令:LIGHTLIST (可由此處選取)

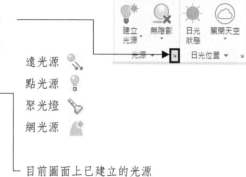

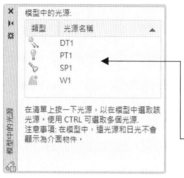

遠光源
點光源
聚光燈
網光源

目前圖面上已建立的光源

❂ 點選光源項目，修改光源內容

遠光源性質

點光源性質

聚光燈性質

網光源性質

❖ **類型**：光源類型也可以依需要，由點光源改為聚光燈或遠光源。

❖ **打開/關閉狀態**：開關建立完成的光源。

12 光源設定

面板功能介紹 切換至『視覺化』頁籤，於光源、日光工具列找到相關指令。

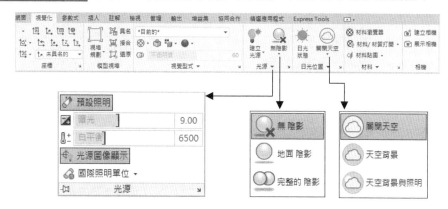

○ **打開日光狀態：** 可設定日期與時間。

曝光 15 白平衡 10000 強度係數 1
日期：2024/8/9 時間：上午 7:23

曝光 13.5 白平衡 14000 強度係數 2
日期：2024/11/15 時間：下午 2:30

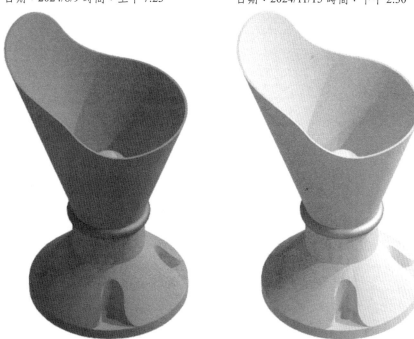

基礎照明：廣場

日期：2024/9/06 時間：下午 3:00

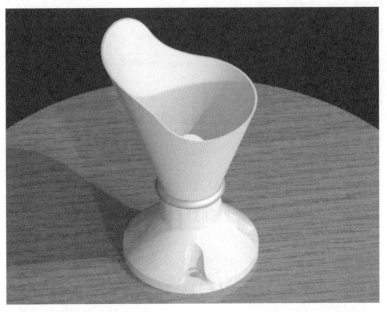

基礎照明：乾枯湖床

日期：2024/6/30 時間：下午 2:00

精選 3D 基礎教學

第二篇 ▼ 精選 3D 基礎教學

1

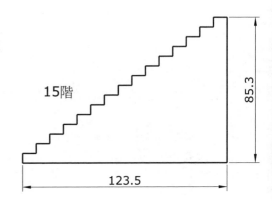

15階

85.3

90

123.5

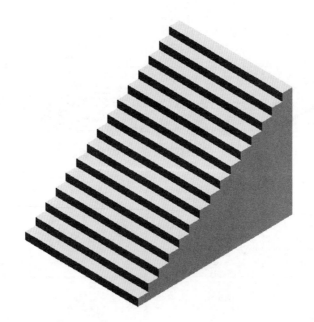

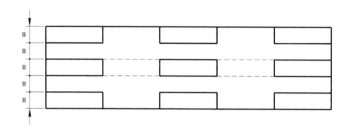

180

36　36　36　36

4-R10

50

50

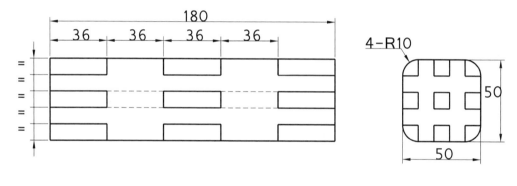

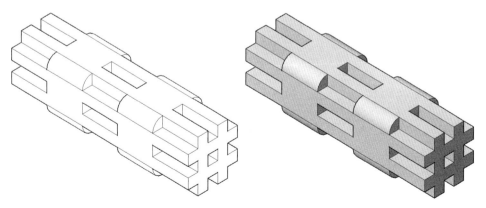

3

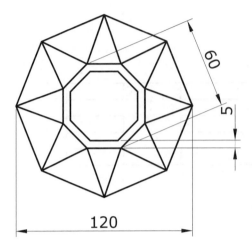

60

5

120

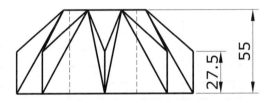

55

27.5

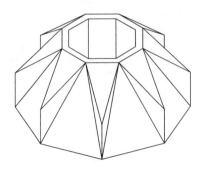

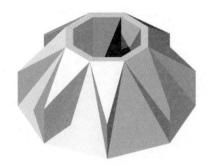

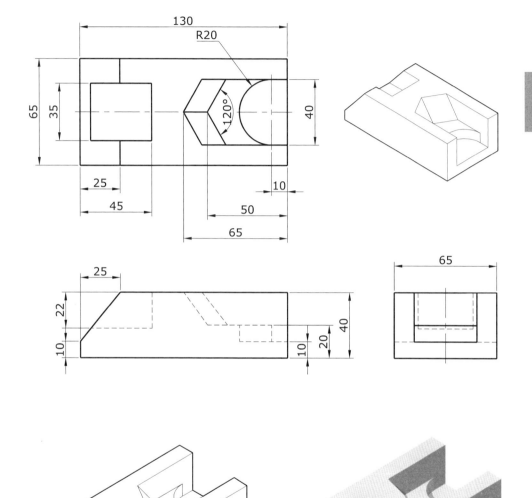

5

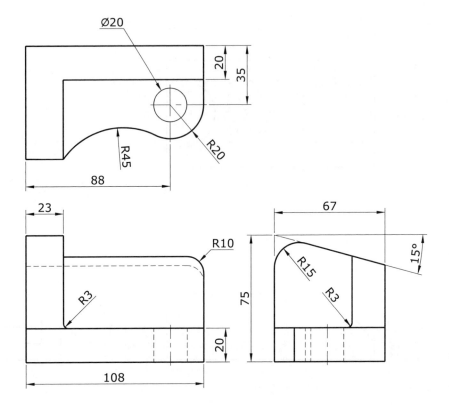

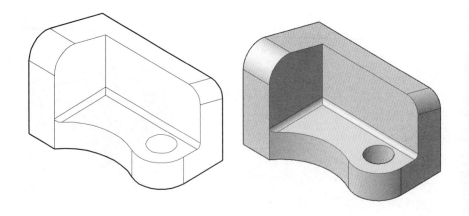

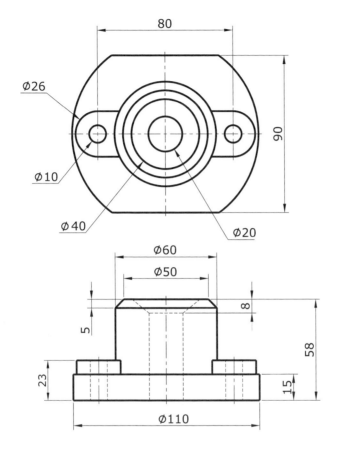

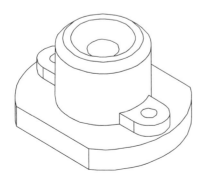

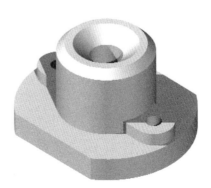

第二篇

精選 3D 基礎教學

7

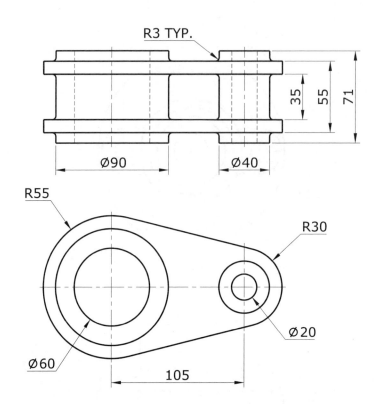

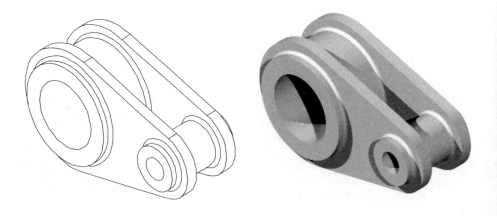

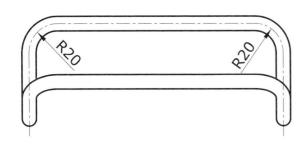

註：圓管直徑=10

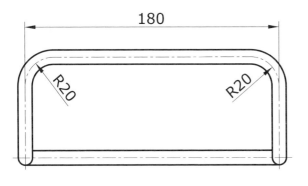

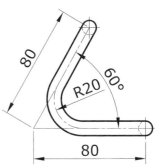

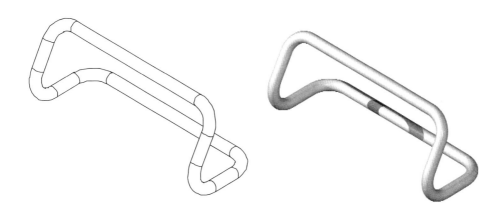

第二篇

精選 3D 基礎教學

9

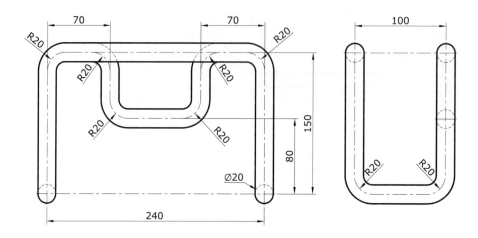

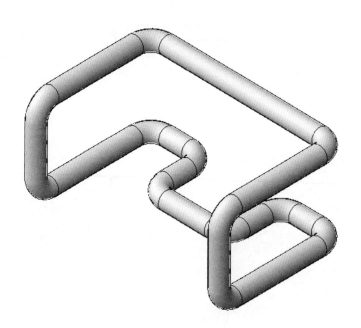

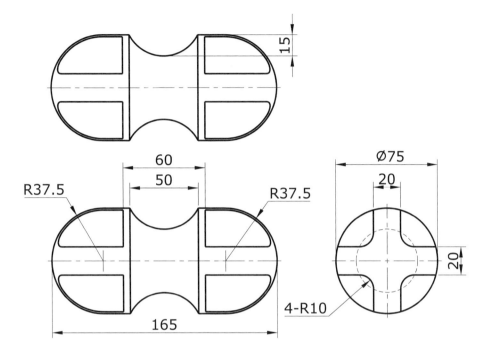

15

60

50

R37.5

R37.5

165

Ø75

20

20

4-R10

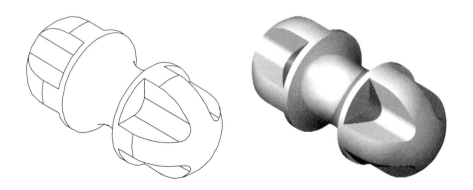

11

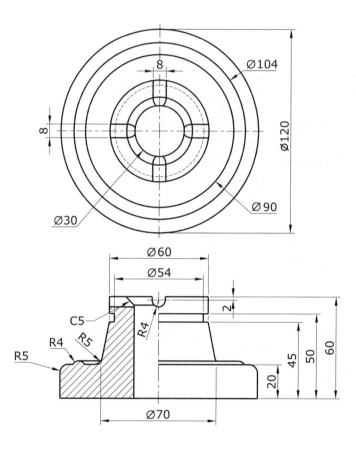

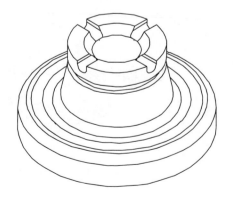

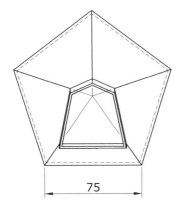

75

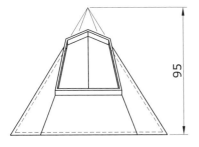

95

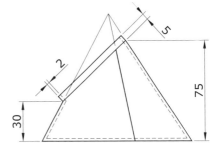

5

2

30

75

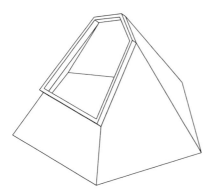

13

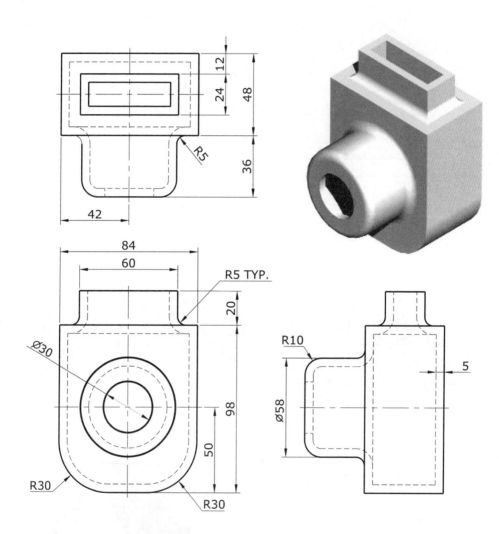

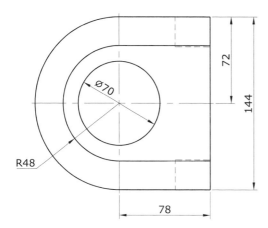

∅70

R48

72

144

78

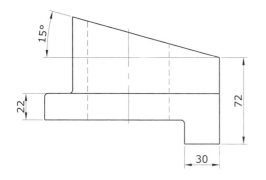

15°

22

72

30

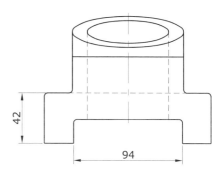

42

94

註：凡未標註的圓角均為 R3

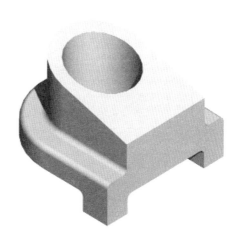

15

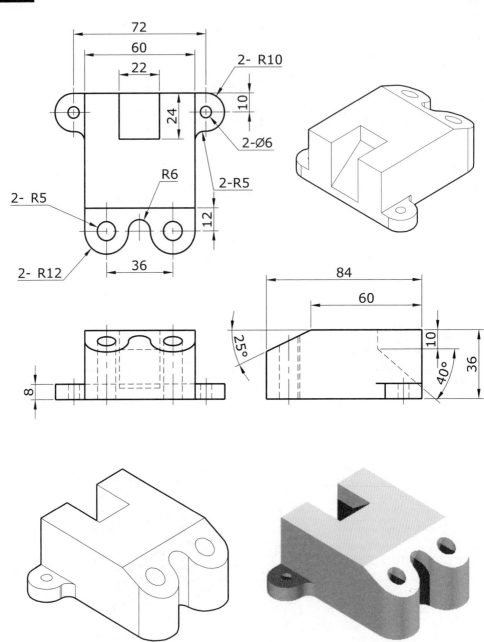

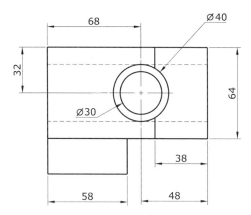

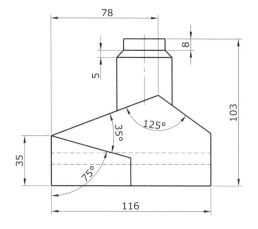

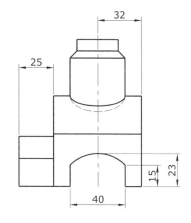

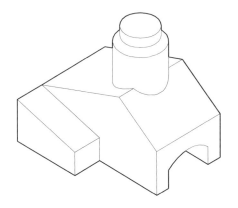

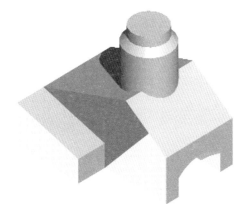

第二篇

▼

精選 3D 基礎教學

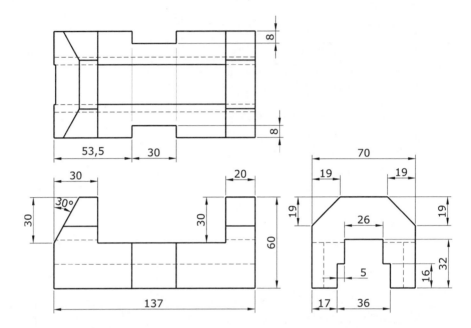

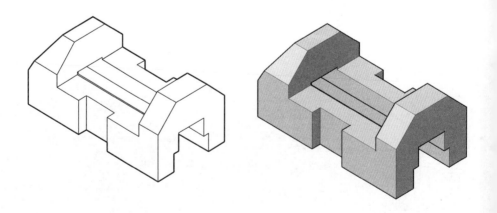

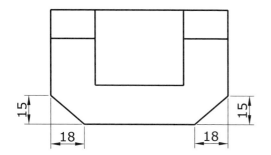

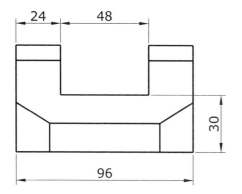

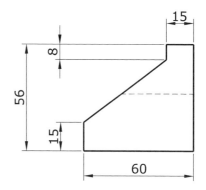

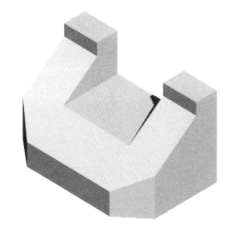

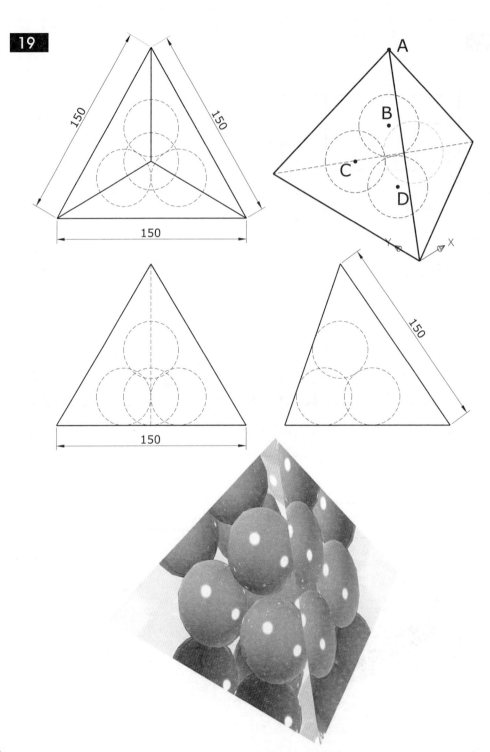

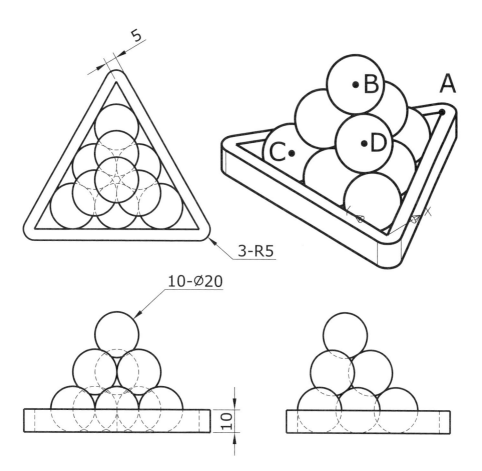

5

3-R5

10-Ø20

10

隨手札記

精選 3D 實力挑戰

第三篇

精選 3D 實力挑戰

1

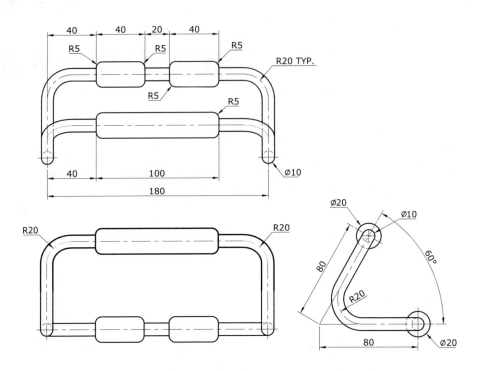

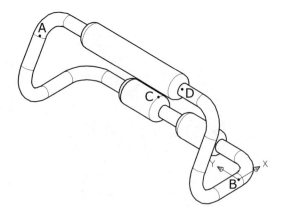

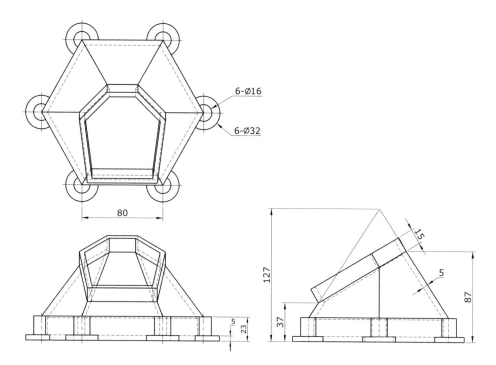

6-Ø16

6-Ø32

80

127

37

15

5

87

5

23

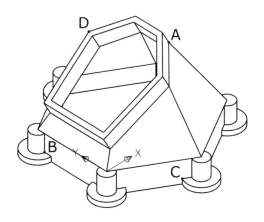

D

A

B

X

X

C

3

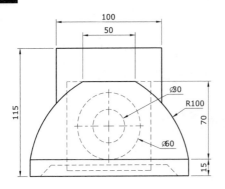

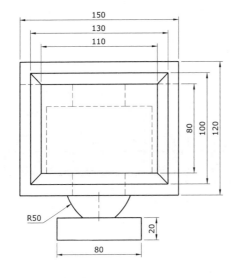

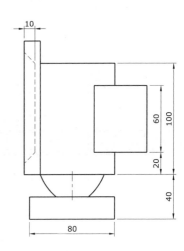

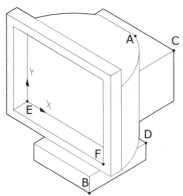

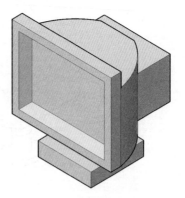

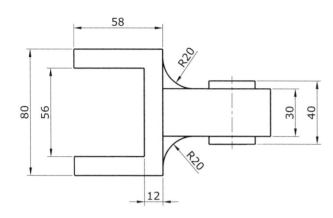

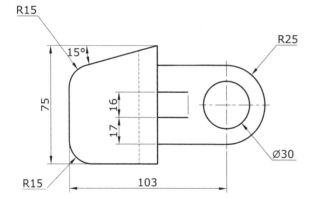

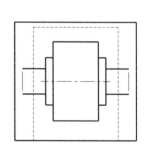

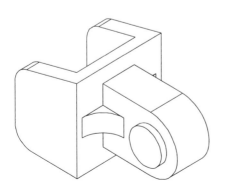

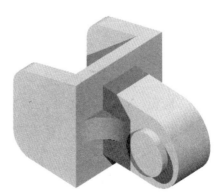

5

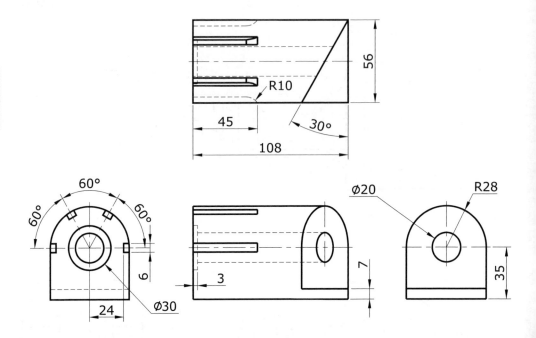

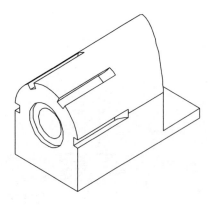

註：凡未標註的圓角均為 R3

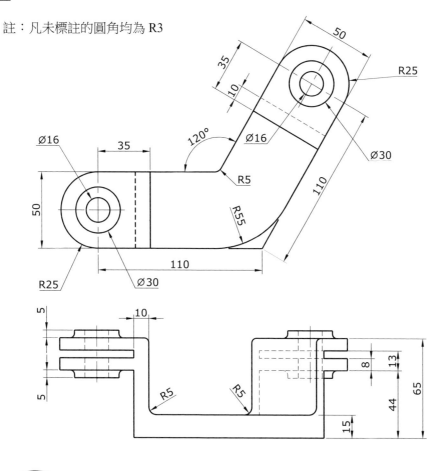

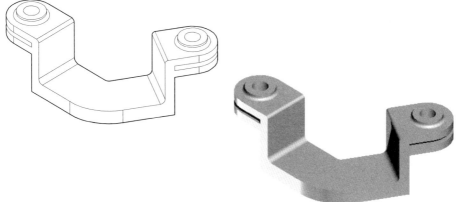

7

第三篇

精選 3D 實力挑戰

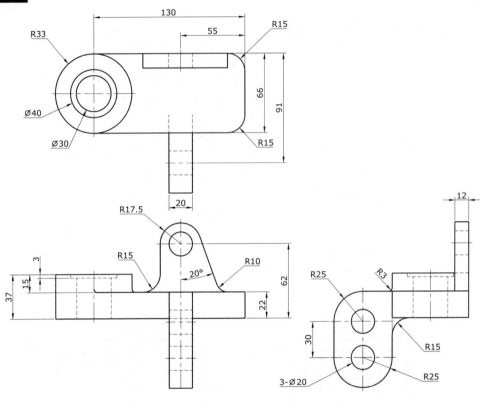

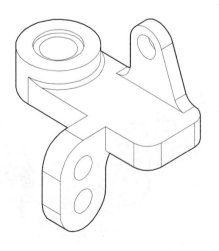

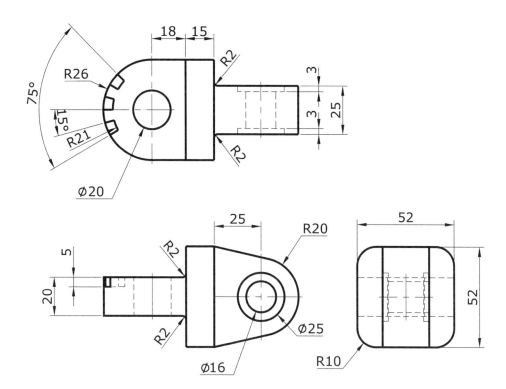

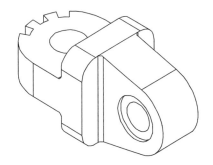

9

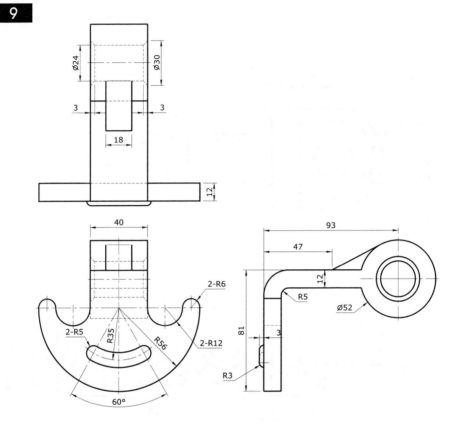

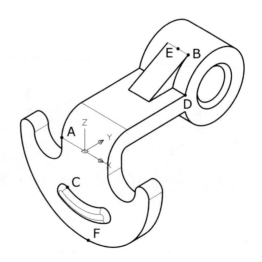

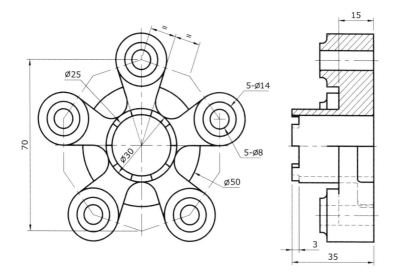

第三篇

精選 3D 實力挑戰

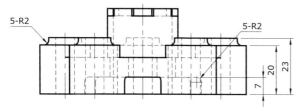

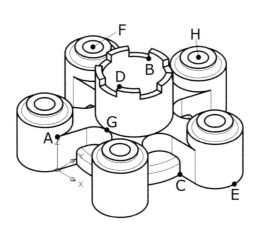

11

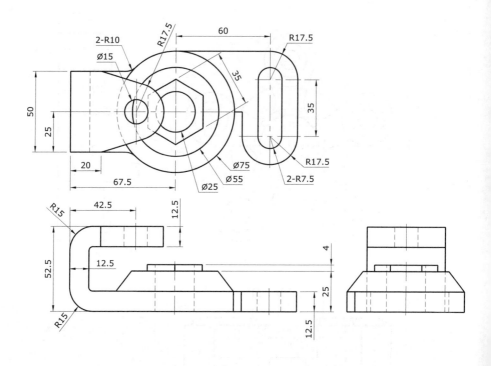

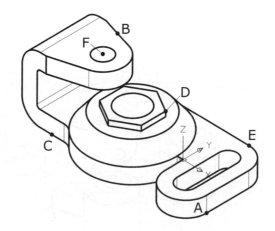

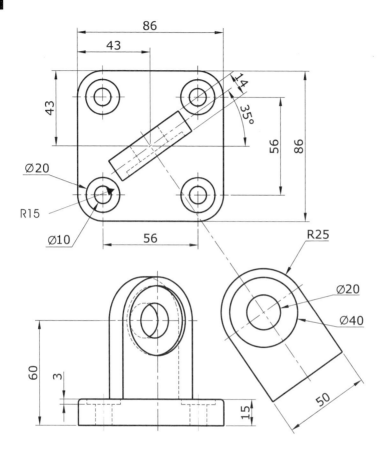

註：凡未標註的圓角均為 R2(絞孔深度 3)

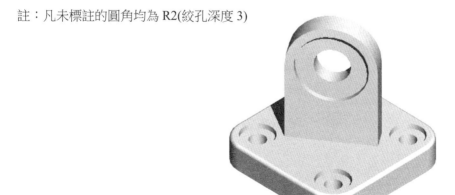

13

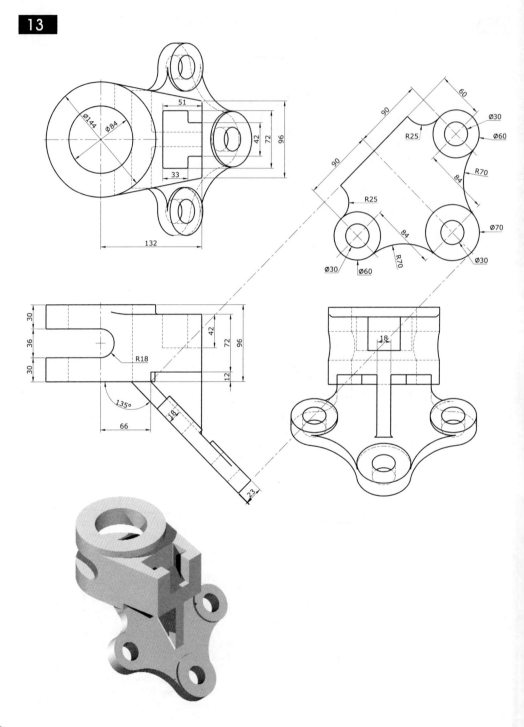

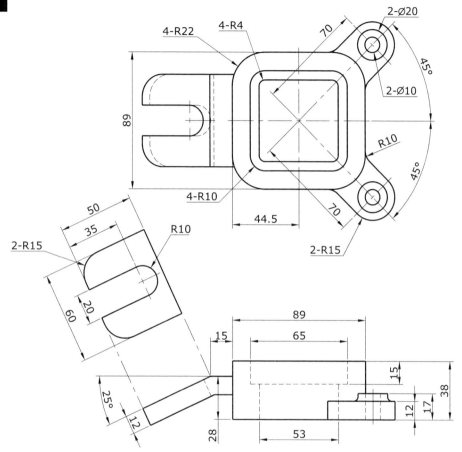

註：凡未標註的圓角均為 R3

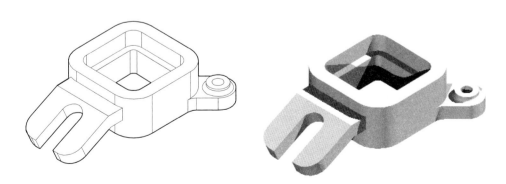

15

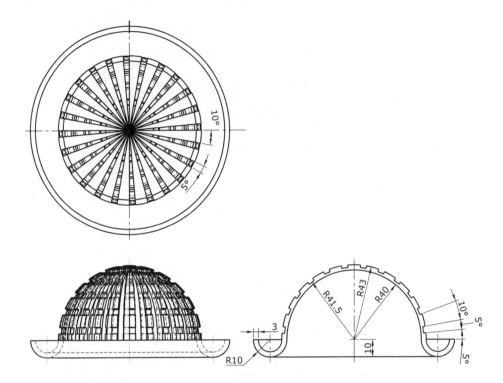

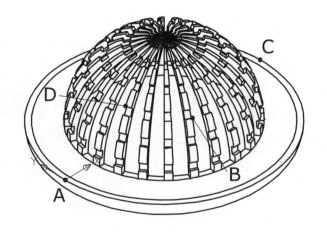

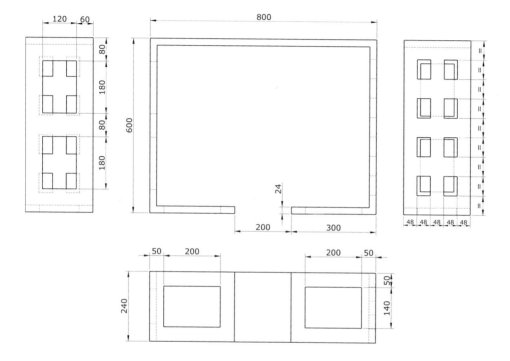

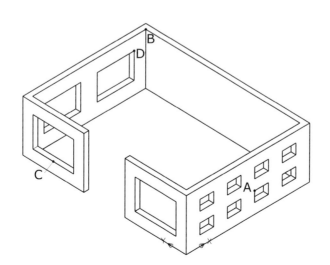

17

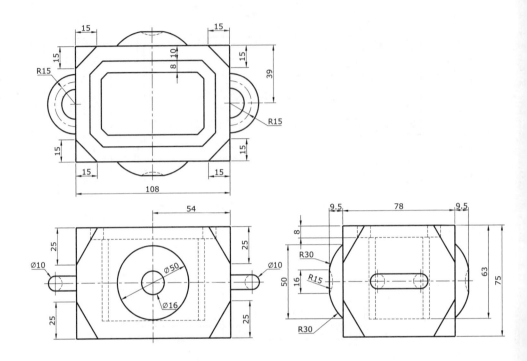

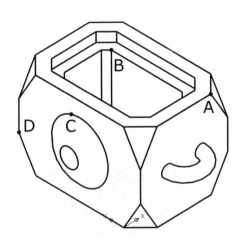

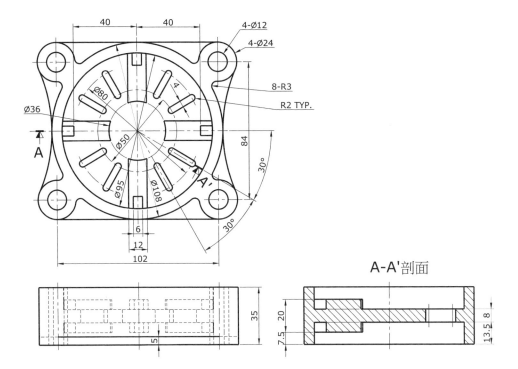

A-A'剖面

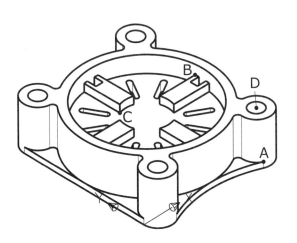

19

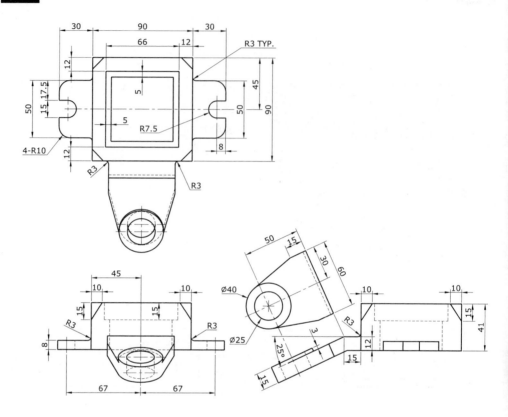

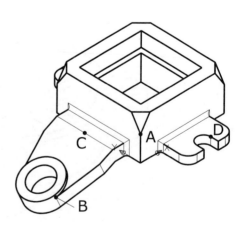

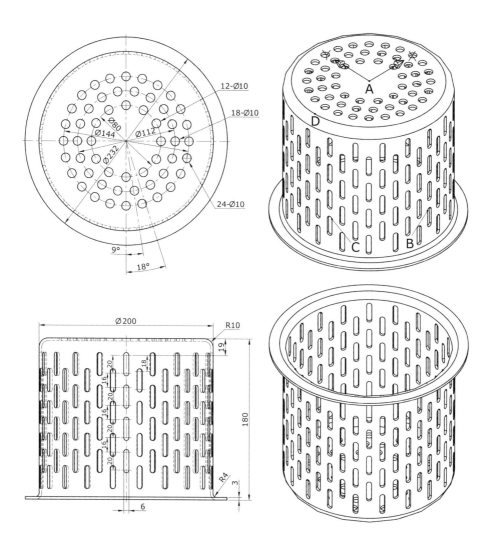

12-Ø10

18-Ø10

24-Ø10

Ø80

Ø144

Ø112

Ø232

9°

18°

A

D

C

B

Ø200

R10

19

18

20

16

20

16

20

16

20

180

R4

3

6

21

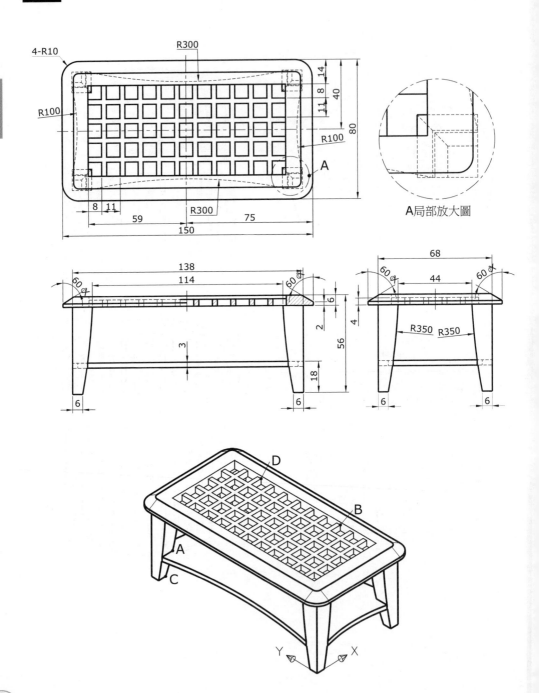

A局部放大圖

精選 3D 生活用品

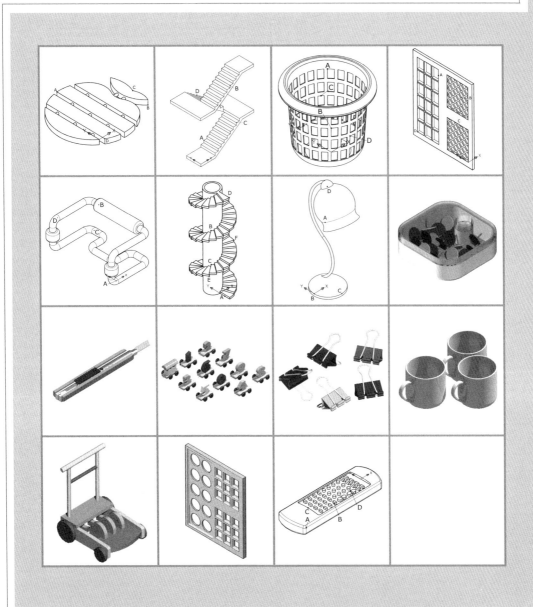

1 精選範例：桌墊

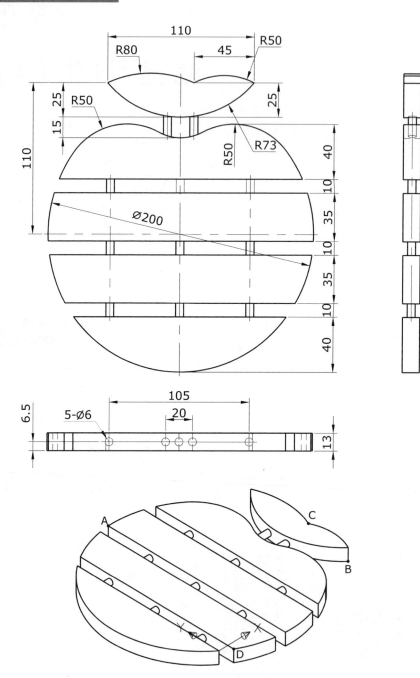

2　精選範例：樓梯

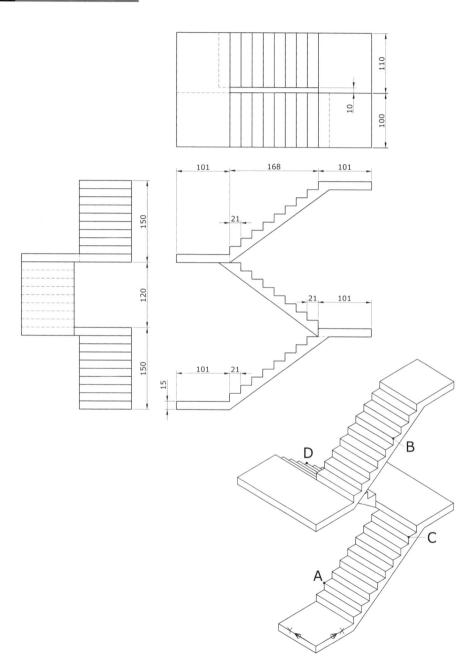

3 精選範例：洗衣籃

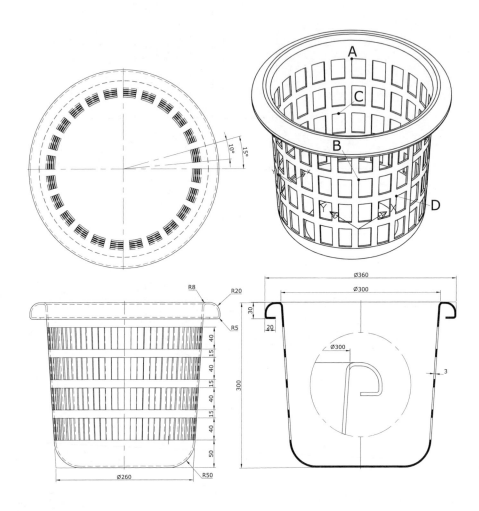

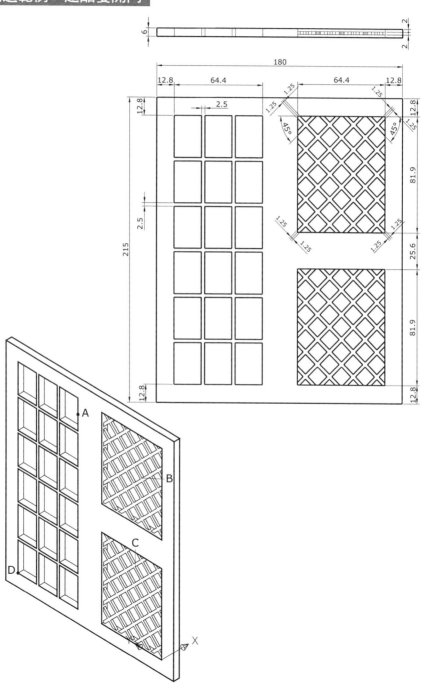

5　精選範例：輕巧鋼管椅

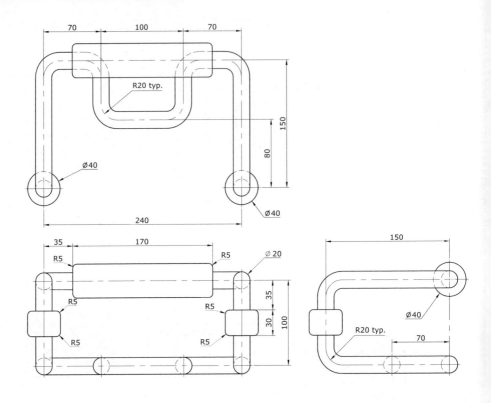

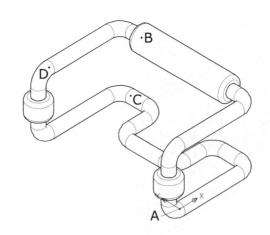

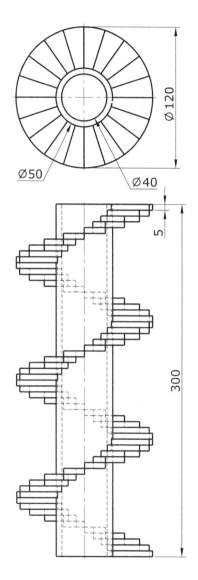

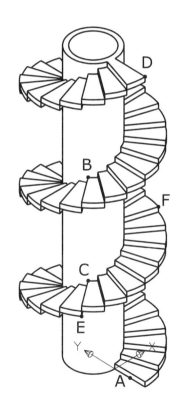

7　精選範例：可愛小桌燈

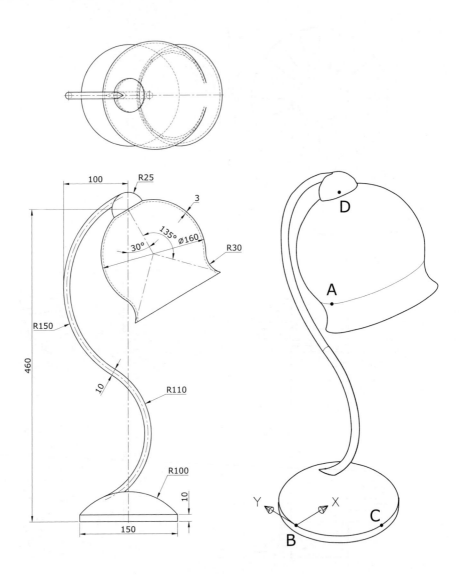

8 精選範例：圖釘盒+圖釘

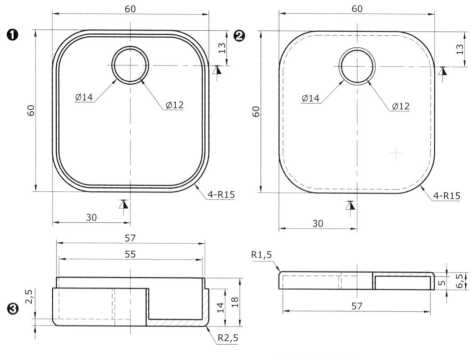

本圖尺寸僅供參考，如不足部分請自行
給予概略的數值，也可以由隨書檔案
4-8a.DWG 來製作 3D 圖檔。

比例=2:1

9 精選範例：美工刀

第四篇

精選 3D 生活用品

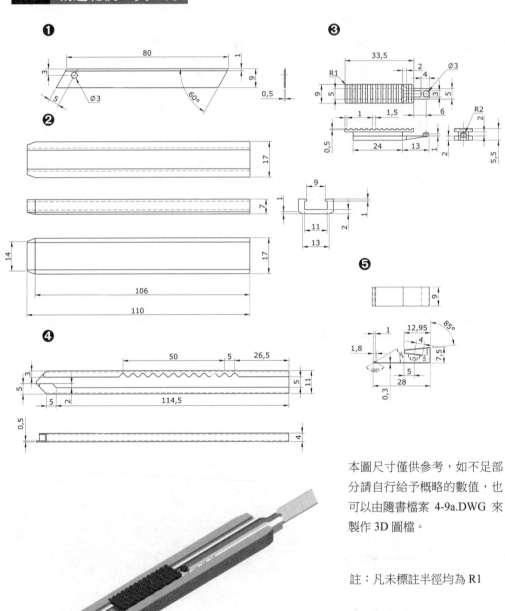

本圖尺寸僅供參考，如不足部分請自行給予概略的數值，也可以由隨書檔案 4-9a.DWG 來製作 3D 圖檔。

註：凡未標註半徑均為 R1

❶

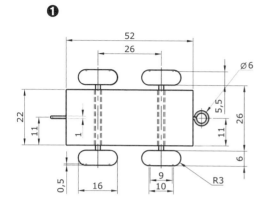

❷

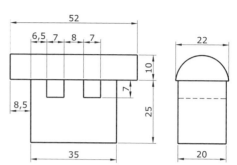

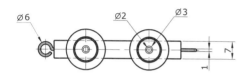

本圖尺寸僅供參考，如不足部分請自行給予概略的數值，數字部分可以由隨書檔案 4-10a.DWG 來製作 3D 圖檔。

第四篇

精選 3D 生活用品

11　精選範例：小夾子

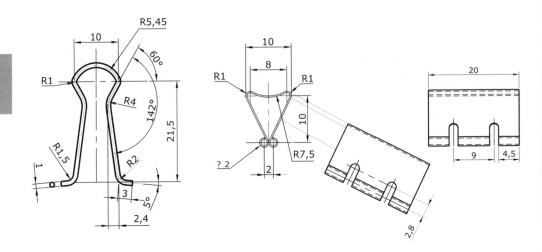

本圖尺寸僅供參考，如不足部分請自行給予概略的數值，數字部分可以由隨書檔案 4-11a.DWG 來製作 3D 圖檔。

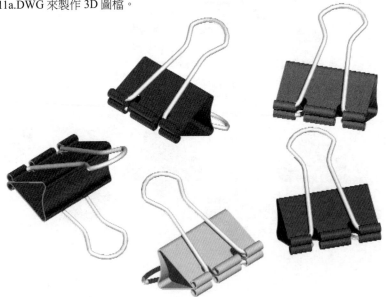

本圖尺寸僅供參考，如不足部分請
自行給予概略的數值，也可以由隨
書檔案 4-12a.DWG 來製作 3D 圖
檔。

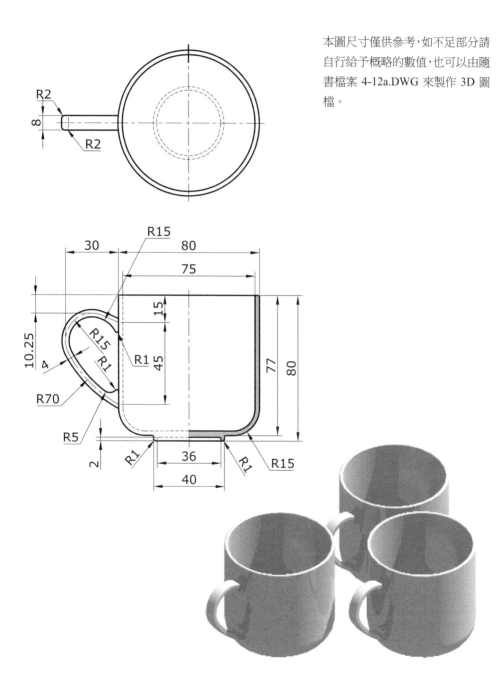

第四篇

精選 3D 生活用品

13 精選範例：幼兒學步車

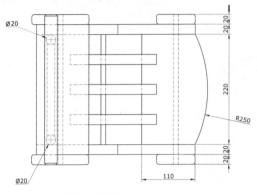

註：凡未標註圓角均為 R5

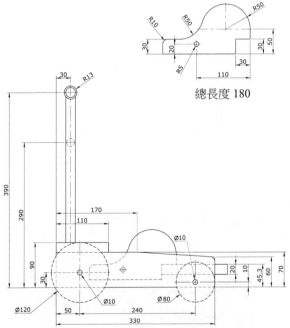

總長度 180

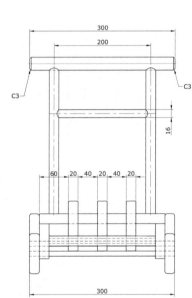

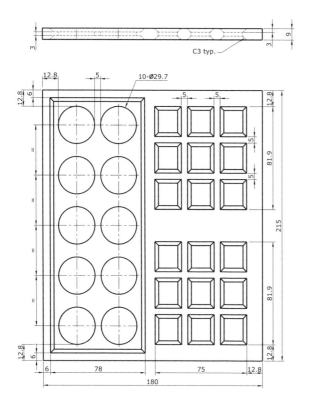

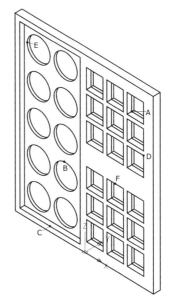

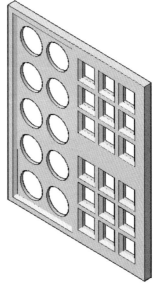

第四篇

精選 3D 生活用品

15 精選範例：遙控器

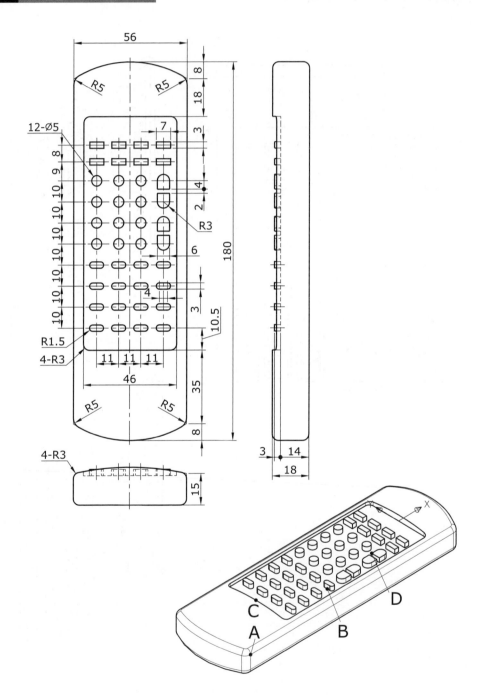

第 五 篇

精選 AutoCAD 技能檢定試題

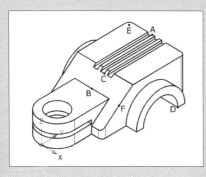

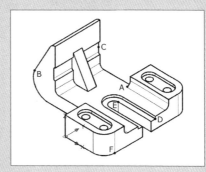

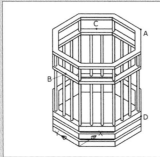

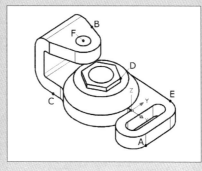

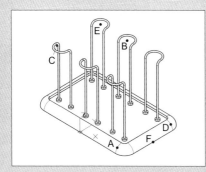

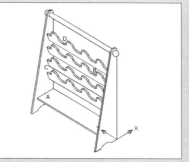

1 精選範例 1

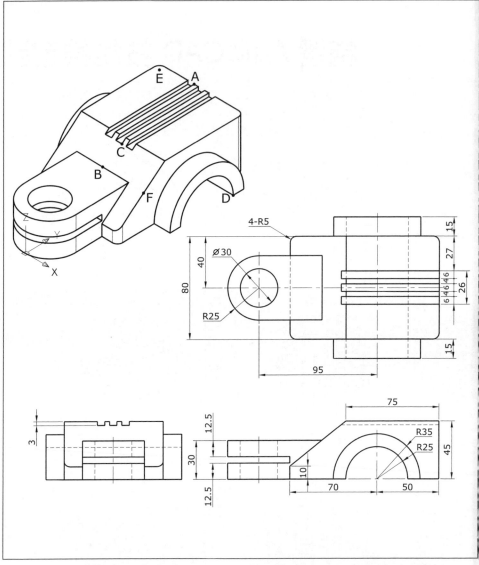

1. 此立體圖形表面積的近似值為何？

2. 此立體圖形體積的近似值為何？

3. 交點 A 至中點 B 兩點間距離為何？

4. 交點 C 至端點 D 兩點間距離為何？

5. 中心點 E 至中點 F 兩點間距離為何？

2 精選範例 2

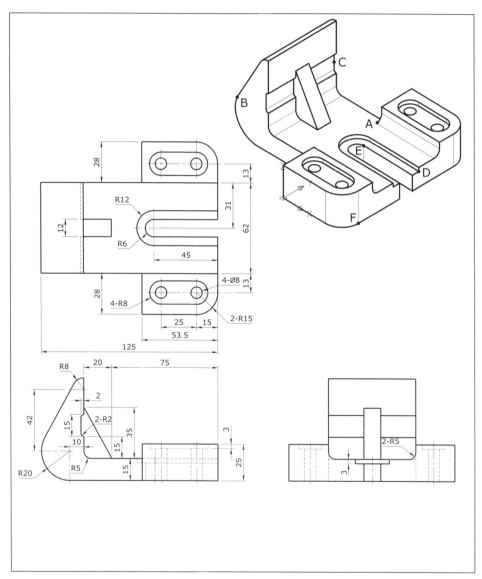

1. 此立體圖形表面積的近似值為何？

2. 此立體圖形體積的近似值為何？

3. 端點 A 至端點 B 兩點間距離為何？

4. 中點 C 至端點 D 兩點間距離為何？

5. 端點 E 至端點 F 兩點間距離為何？

3　精選範例 3

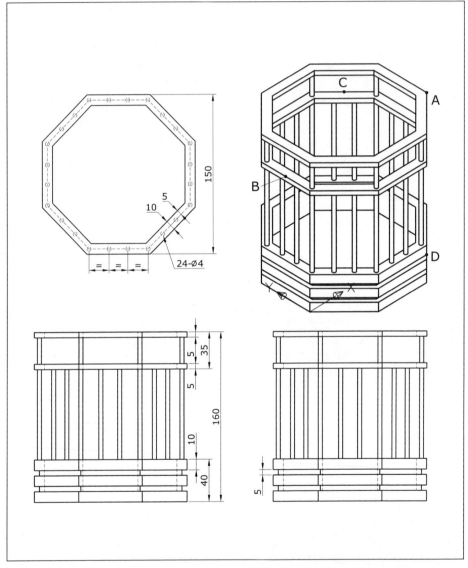

1. 此立體圖形表面積的近似值為何？

2. 此立體圖形體積的近似值為何？

3. 此立體圖形質心在 Z 方向的座標值的近似值為何？

4. 端點 A 至中點 B 兩點間距離為何？

5. 中點 C 至端點 D 兩點間距離為何？

4 精選範例 4

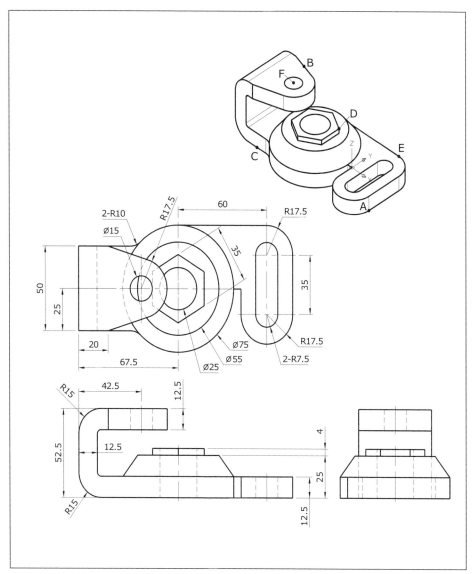

1. 此立體圖形表面積的近似值為何？

2. 此立體圖形體積的近似值為何？

3. 端點 A 至中點 B 兩點間距離為何？

4. 中點 C 至端點 D 兩點間距離為何？

5. 端點 E 至中心點 F 兩點間距離為何？

5 精選範例 5

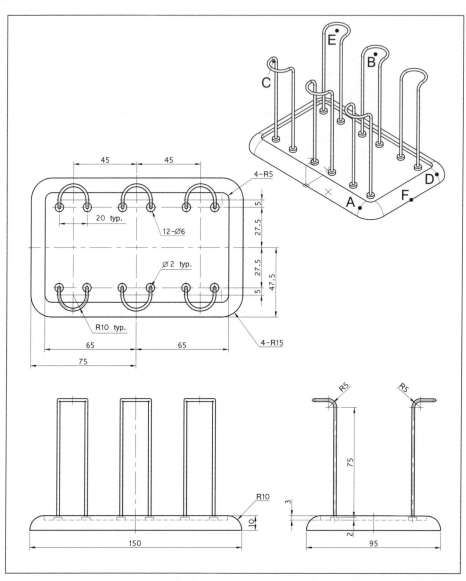

1. 此立體圖形表面積的近似值爲何？

2. 此立體圖形體積的近似值爲何？

3. 中點 A 至中心點 B 兩點間距離爲何？

4. 中心點 C 至 中點 D 兩點間距離爲何？

5. 中心點 E 至中點 F 兩點間距離爲何？

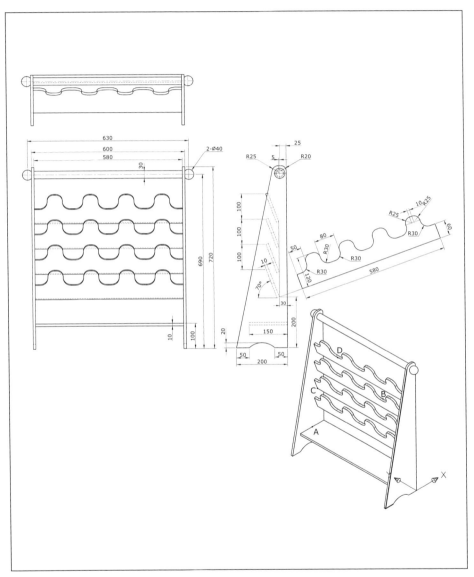

1. 此立體圖形表面積的近似值爲何？

2. 此立體圖形體積的近似值爲何？

3. 此立體圖形質心在 Z 方向的座標值的近似值爲何？

4. 中點 A 至中點 B 兩點間距離爲何？

5. 端點 C 至中點 D 兩點間距離爲何？

隨手札記

附錄 TQC+ 專業設計人才認證簡章

　　TQC+ 專業設計人才認證是針對職場專業領域職務需求所開發之證照考試。應考人請於報名前詳閱官網簡章之說明內容，並遵守所列之規範，如有任何疑問，請洽詢各區推廣中心。簡章內容如有修正，將於網站首頁明顯處公告，不另行個別通知。

壹、 報名及認證方式

一、 本年度報名與認證日期

各場次認證日三週前截止報名，詳細認證日期請至 TQC+ 認證網站查詢（https://www.tqcplus.org.tw），或洽各考場承辦人員。

二、 認證報名

1. 報名方式分為「個人線上報名」及「團體報名」二種。

(1) 個人線上報名

A. 登錄資料

a. 請連線至 TQC+ 認證網，網址為
https://www.TQCPLUS.org.tw

b. 選擇網頁上「考生服務」選項，進入考生服務系統，開始進行線上報名。如尚未完成註冊者，請選擇『註冊帳號』選項，填入個人資料。如已完成註冊者，直接選擇『登入系統』，並以身分證統一編號及密碼登入。

c. 依網頁說明填寫詳細報名資料。姓名如有罕用字無法輸入者，請按 CMEX 圖示下載 Big5-E 字集。並於設定個人密碼後送出。

d. 應考人完成註冊手續後，請重新登入即可繼續報名。

B. 執行線上報名

a. 登入後請查詢最新認證資訊。

b. 選擇欲報考之科目。

C. 選擇繳款方式

系統顯示乙組銀行虛擬帳號，同時並顯示應繳金額，請列印該畫面資料，並依下列任何一種方式一次繳交認證費用。

a. 持各金融機構之金融卡至各金融機構 ATM（金融提款機）轉帳。

b. 至各金融機構臨櫃繳款。

c. 電話銀行語音轉帳。

d. 網路銀行繳款

繳費時可能需支付手續費，費用依照各銀行標準收取，不包含於報名費中。應考人依上述任一方式繳款後，系統查核後將發送電子郵件確認報名及繳費手續完成，應考人收取電子郵件確認資料無誤後，即完成報名手續。

D. 列印資料

上述流程中，應考人如於各項流程中，未收到電子郵件時，皆可自行上網至原報名網址以個人帳號密碼登入系統查詢列印，匯款及各項相關資料請自行保存，以利未來報名查詢。

(2) 團體報名

20 人以上得團體報名，請洽各區推廣中心，有專人提供服務。

2. 各科目報名費用，請參閱 TQC+ 認證網站。

3. 各項科目凡完成報名程序後，除因本身之傷殘、自身及一等親以內之婚喪、重病或天災等不可抗力因素，造成無法於報名日期應考時，得依相關憑證辦理延期手續（以一次為限且不予退費），請報名應考人確認認證考試時間及考場後再行報名，其他相關規定請參閱「四、注意事項」。

4. 凡領有身心障礙證明報考各項測驗者，相關注意事項請至官網查詢。

三、 認證方式

1. 本項認證採電腦化認證，應考人須依題目要求，以滑鼠及鍵盤操作填答應試。

2. 試題文字以中文呈現，專有名詞視需要加註英文原文。

3. 題目類型

(1) 測驗題型：

A. 區分單選題及複選題，作答時以滑鼠左鍵點選。學科認證結束前均可改變選項或不作答。

B. 該題有附圖者可點選查看。

(2) 操作題型：

A. 請依照試題指示，使用各報名科目特定軟體進行操作或填答。

B. 考場提供 Microsoft Windows 內建輸入法供應考人使用。若應考人需使用其他輸入法，請於報名時註明，並於認證當日自行攜帶合法版權之輸入法軟體應考。但如與系統不相容，致影響認證時，責任由應考人自負。

四、 注意事項

1. 本認證之各項試場規則，參照考試院公布之『國家考試試場規則』辦理。

2. 於填寫報名表之個人資料時，請務必於傳送前再次確認檢查，如有輸入錯誤部分，得於報名截止日前進行修正。報名截止後若有因資料輸入錯誤以致影響應考人權益時，由應考人自行負責。

3. 凡完成報名程序後，除因本身之傷殘、自身及一等親以內之婚喪、重病或天災等不可抗力因素，造成無法於報名日期應考時，得依相關憑證辦理延期手續（以一次為限且不予退費），請報名應考人確認後再行報名。

4. 應考人需具備基礎電腦操作能力，若有身心障礙之特殊情況應考人，相關注意事項請至官網查詢，以便事先安排考場服務，若逕自報名而未告知主辦單位者，將與一般應考人使用相同之考場電腦設備。

5. 參加本項認證報名不需繳交照片，但請於應試時攜帶具照片之身分證件正本備驗（國民身分證、駕照等）。未攜帶證件者，得於簽立切結書後先行應試，但基於公平性原則，應考人須於當天認證

考試完畢前，請他人協助送達查驗，如未能及時送達，該應考人成績皆以零分計算。

6. 非應試用品包括書籍、紙張、尺、皮包、收錄音機、行動電話、呼叫器、鬧鐘、翻譯機、電子通訊設備及其他無關物品不得攜帶入場應試，違者扣分，並得視其使用情節加重扣分或扣減該項全部成績。（請勿攜帶貴重物品應試，考場恕不負保管之責。）

7. 認證時除在規定處作答外，不得在文具、桌面、肢體上或其他物品上書寫與認證有關之任何文字、符號等，違者作答不予計分；亦不得左顧右盼，意圖窺視、相互交談、抄襲他人答案、便利他人窺視答案、自誦答案、以暗號告訴他人答案等，如經勸阻無效，該科目將不予計分。

8. 若遇考場設備損壞，應考人無法於原訂場次完成認證時，將遞延至下一場次重新應考；若無法遞延者，將擇期另行舉辦認證或退費。

9. 認證前發現應考人有下列各款情事之一者，取消其應考資格。證書核發後發現者，將撤銷其認證及格資格並吊銷證書。其涉及刑事責任者，移送檢察機關辦理：
   (1) 冒名頂替者。
   (2) 偽造或變造應考證件者。
   (3) 自始不具備應考資格者。
   (4) 以詐術或其他不正當方法，使認證發生不正確之結果者。

10. 請人代考者，連同代考者，三年內不得報名參加本認證。請人代考者及代考者若已取得 TQC+ 證書，將吊銷其證書資格。其涉及刑事責任者，移送檢察機關辦理。

11. 意圖或已將試題或作答檔案攜出試場或於認證中意圖或已傳送試題者將被視為違反試場規則，該科目不予計分並不得繼續應考當日其餘科目。

12. 本項認證試題採亂序處理，考畢不提供試題紙本，亦不公布標準答案。

13. 應考時不得攜帶無線電通訊器材（如呼叫器、行動電話等）入場應試。認證中通訊器材鈴響，將依監場規則視其情節輕重，扣除該科目成績五分至二十分，通聯者將不予計分。

14. 應考人已交卷出場後，不得在試場附近逗留或高聲喧嘩、宣讀答案或以其他方式指示場內應考人作答，違者經勸阻無效，將不予計分。

15. 應考人入場、出場及認證中如有違反規定或不服監試人員之指示者，監試人員得取消其認證資格並請其離場。違者不予計分，並不得繼續應考當日其餘科目。

16. 應考人對試題如有疑義，得於當科認證結束後，向監場人員依試題疑義處理辦法申請。

貳、 成績與證書

一、 合格標準

1. 各項認證成績滿分均為 100 分，應考人該科成績達 70（含）分以上為合格。

2. 成績計算以四捨五入方式取至小數點第一位。

二、 成績公布與複查

1. 各科目認證成績將於認證結束次工作日起算兩週後，公布於 TQC+ 認證網站，應考人可使用個人帳號登入查詢。

2. 認證成績如有疑義，可申請成績複查。請於認證成績公告日後兩週內（郵戳為憑）以書面方式提出複查申請，逾期不予受理（以一次為限）。

3. 請於 TQC+ 認證網站下載成績複查申請表，填妥後寄至本會各區推廣中心辦理（每科目成績複查及郵寄費用請參閱 TQC+ 認證網站資訊）。

4. 成績複查結果將於十五日內通知應考人；遇有特殊原因不能如期複查完成，將酌予延長並先行通知應考人。

5. 應考人申請複查時，不得有下列行為：

(1) 申請閱覽試卷。

(2) 申請為任何複製行為。

(3) 要求提供申論式試題參考答案。

(4) 要求告知命題委員、閱卷委員之姓名及有關資料。

三、 證書核發

1. 單科證書：

單科證書於各科目合格後，於一個月後主動寄發至應考人通訊地址，無須另行申請。

2. 人員別證書：

應考人之通過科目，符合各人員別發證標準時，可申請頒發證書（每張證書申請及郵寄費用請參閱 TQC+ 認證網站資訊）。

請至 TQC+ 認證網站進行線上申請，步驟如下：

(1) 填寫線上證書申請表，並確認各項基本資料。

(2) 列印填寫完成之申請表。

(3) 黏貼身分證正反面影本。

(4) 繳交換證費用

申請表上包含乙組銀行虛擬帳號及應繳金額，請以轉帳或臨櫃繳款方式繳交換證費用。該組帳號僅限當次申請使用，請勿代繳他人之相關費用。

繳費時可能需支付銀行手續費，費用依照各銀行標準收取，不包含於申請費用中。

(5) 以掛號郵寄申請表至以下地址：

105 台北市松山區八德路三段 32 號 8 樓

『TQC+ 專業設計人才認證服務中心』收

3. 各項繳驗之資料，如查證為不實者，將取消其頒證資格。相關資料於審查後即予存查，不另附還。

4. 若應考人通過科目數，尚未符合發證標準者，可保留通過科目成績，待符合發證標準後申請。

5. 為契合證照與實務工作環境，認證成績有效期限為 5 年（自認證日起算），逾時將無法換發證書，需重新應考。

6. 人員別證書申請每月 1 日截止收件（郵戳為憑），當月月底以掛號寄發。

7. 單科證書如有毀損或遺失時，請依人員別證書發證方式至 TQC+ 認證網站申請補發。

參、 本辦法未盡事宜者，主辦單位得視需要另行修訂

本會保有修改報名及測驗等相關資料之權利，若有修改恕不另行通知。最新資料歡迎查閱本會網站！

（TQC+ 各項測驗最新的簡章內容及出版品服務，以網站公告為主）

本會網站：https://www.CSF.org.tw

考生服務網：https://www.TQCPLUS.org.tw

肆、 聯絡資訊

應考人若需取得最新訊息，可依下列方式與我們連繫：

TQC+ 專業設計人才認證網：https://www.TQCPLUS.org.tw

電腦技能基金會網站：https://www.CSF.org.tw

TQC+ 專業設計人才認證推廣中心聯絡方式及服務範圍：

北區推廣中心

新竹（含）以北，包括宜蘭、花蓮及金馬地區

地　　址：105 台北市松山區八德路 3 段 32 號 8 樓

服務電話：(02) 2577-8806

中區推廣中心

苗栗至嘉義，包括南投地區

地　　址：406 台中市北屯區文心路 4 段 698 號 24 樓

服務電話：(04) 2238-6572

南區推廣中心

台南（含）以南，包括台東及澎湖地區

地　　址：807 高雄市三民區博愛一路 366 號 7 樓之 4

服務電話：(07) 311-9568

TQC+ 問題反應表

親愛的讀者：

感謝您購買「TQC+ AutoCAD 2025 特訓教材-3D 應用篇」，雖然我們經過縝密的測試及校核，但總有百密一疏、未盡完善之處。如果您對本書有任何建言或發現錯誤之處，請您以最方便簡潔的方式告訴我們，作為本書再版時更正之參考。謝謝您！

讀　　　者　　　資　　　料			
公　司　行　號		姓　　名	
聯　絡　住　址			
E-mail Address			
聯　絡　電　話	（O）	（H）	
應用軟體使用版本			
使　用　的　PC		記憶體	
對本書的建言			
勘　　　誤　　　表			
頁　碼　及　行　數	不當或可疑的詞句	建　議　的　詞　句	
第　　　頁			
第　　　行			
第　　　頁			
第　　　行			

覆函請以傳真或逕寄：

地址：　105台北市松山區八德路三段32號8樓
　　　　中華民國電腦技能基金會 教學資源中心 收

TEL：(02)25778806 轉 760

FAX：(02)25778135

E-MAIL：master@mail.csf.org.tw

TQC+ AutoCAD 2025 特訓教材-
3D 應用篇

作　　者：吳永進 / 林美櫻
總 策 劃：財團法人中華民國電腦技能基金會
企劃編輯：郭季柔
文字編輯：王雅雯
設計裝幀：張寶莉
發 行 人：廖文良

發 行 所：碁峰資訊股份有限公司
地　　址：台北市南港區三重路 66 號 7 樓之 6
電　　話：(02)2788-2408
傳　　真：(02)8192-4433
網　　站：www.gotop.com.tw
書　　號：AEY044900
版　　次：2024 年 10 月初版
建議售價：NT$720

國家圖書館出版品預行編目資料

TQC+ AutoCAD 2025 特訓教材. 3D 應用篇 / 吳永進, 林美櫻編
著. -- 初版. -- 臺北市：碁峰資訊, 2024.10
　　面；　公分
　　ISBN 978-626-324-937-0(平裝)
　　1.CST：AutoCAD 2025(電腦程式)　2.CST：考試指南
312.49A97　　　　　　　　　　　　　　　　113015282